0~3岁

宝宝健康成长宝典

[德] 比吉特·格鲍尔－泽斯特亨 安妮·普尔基宁
凯特琳·埃德尔曼 著
封诚诚 译

陕西新华出版传媒集团
太 白 文 艺 出 版 社

目 录

2 岁

3 岁

提示：出于阅读方便，我们使用的职业名称都用男性的称呼，但是这些人士通常既有女性又有男性（比如医生）。

比吉特·格鲍尔-泽斯特亨（Birgit Gebauer-Sesterhenn），营养学专业毕业，专业记者。曾为不同杂志撰稿，发表的文章在怀孕、生产和育儿，以及营养学领域给读者提供了一系列有效的建议，并被翻译成13种语言出版。除了作为图书作家外，她最主要的工作是一名母亲，她认为这是最美好的一项职业。感谢她的三个孩子宝琳娜（Paulina）、萨莫尔（Samuel）和索菲（Sophie），让她和她的丈夫能够一起经历三次孩子出生后头三年的成长。比吉特·格鲍尔-泽斯特亨现与家人生活在阿莫湖（Ammersee）地区。

安妮·普尔基宁（Anne Pulkkinen），教育家，教育学博士，布拉格亲子课程（PEKiP）培训师，戈登（Gordon）家庭教练。自1982年起，她开始从事家庭教育和成人教育。作为PEKiP的小组领导，她陪伴着许多家长与他们的孩子一同成长。同时，她还负责培训PEKiP集团领导人。安妮·普尔基宁已经领导父母与1～3岁子女游戏小组超过十年的时间。她做报告，讲授教育课程。此外，她还负责托儿所老师的技能培训工作。安妮·普尔基宁有两个孩子，现与家人生活在奥格斯堡（Augsburg）地区。

凯特琳·埃德尔曼医学博士（Dr. med. Katrin Edelmann），儿童和青少年精神病学、精神疗法的专业医师，在布吕尔（Brühl）经营自己的大型专业诊所。除药物和行为治愈精神病学之外，她还接受过大量其他的培训，比如在以解决问题为导向的短期治疗、分类学工作和催眠治疗。其诊所的主要业务除对于发展迟缓和学习问题的治疗外，还包括婴儿问题辅导和诊断，幼儿问题指导和治疗。2008年，她成立了全方位儿童治疗研究所。她是三个孩子的妈妈。

前 言

亲爱的父母们，衷心地祝贺你们！孩子是上天赐予我们的礼物——如果你有了孩子，那么你就有足够的理由得到这份衷心的祝贺。

父母是孩子安全的港湾

作为父母，你一定会经历这样激动人心的时刻：从现在开始，你的身边就多了一个小小的人儿，他想要时时刻刻待在你身边，因为只有这样他才会感觉很舒服。你的爱、关怀和情感的倾注助他茁壮成长。在他长大成人的路上，无论是他迈出一大步还是一小步，你都可以从旁给予约束和关注。

孩子在婴幼儿时期会发生很多的变化。他们会在短短的几个月内，从一个无助和脆弱的新生儿迅速蜕变成一个健壮的小孩儿，此时的他们会精力充沛、心情大好地满屋子乱爬。当你的宝宝在头几个星期内主要用叫喊或非叫喊的方式与你沟通时，那是他正在通过牙牙学语，以及之后的音素发音来学习说话。他的第一声“妈妈”或“爸爸”，想必你永远不会忘记。

宝宝在出生后的头几年只对你有着极强的辨别力，因为作为父母的你是他安全的港湾：在你那里，他能够感受到舒适和安全，你的爱让他变得强大，你给他提供了生命的安全感。你的孩子对此感受到的越多，今后他独立生活得就越好。因为在几年时间内，你的孩子将开阔视野，并与他的第一批朋友建立自己的新联系。

没有说明书

无论是手机还是洗衣机，在你刚刚购入的时候都会免费获得一份使用说明书。读过之后通常就会知道机器上的按钮都是做什么的，以及机器如何能够顺利工作。

你的孩子不是机器，也不会配说明书。你的孩子是独一无二的，拥有自己的、不同于他人的愿望和需求。当你作为父母能够参与、理解他的愿望，并尽可能满足他的要求的时候，你也就教会了他如何把家庭生活过得美满幸福。家庭生活就是一个持续不断地给予和接受的过程。不久之后你就会发现，你的孩子也能够有他们自己的“按钮”了……

各阶段的内行建议

有时成长的速度如此之快，以至于作为“观众”的我们几乎无法赶上他们的步伐。相似的情况还有从孩子出生起的那些不可避免的问题，孩子的行为方式、能力和知识是否处于“正常”的范围内。

本书将详细地描述你的宝贝出生后的头三年在机能、认知、社会情感和语言发展上各个阶段的特点，并给你提供建议。此外，你还可以从中获悉有关教育、健康、睡眠、饮食，以及如何在不过分要求的情况下通过游戏提高孩子能力的详细信息。

最后祝你阅读愉快并开启成功的家庭生活！

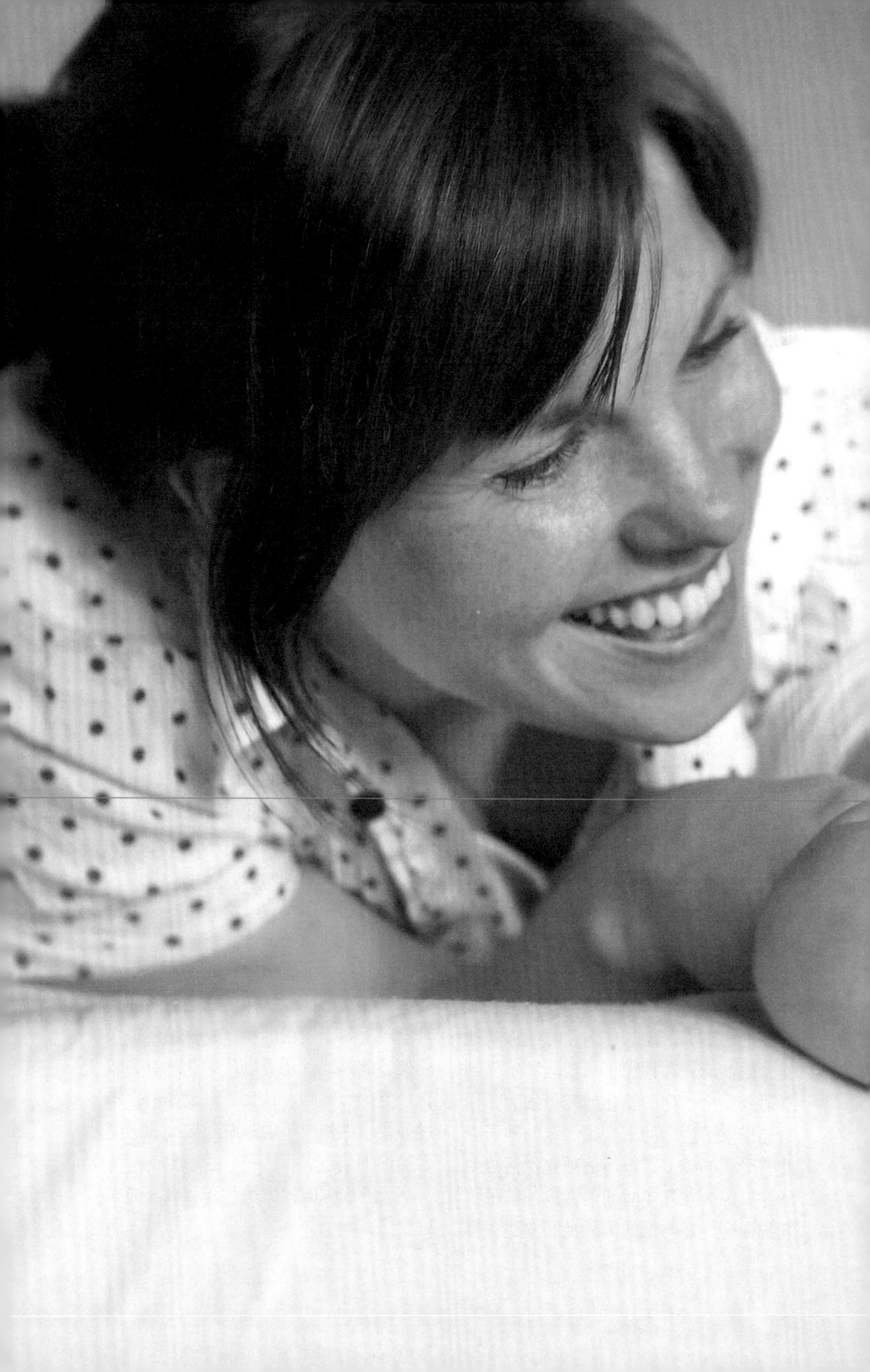

婴幼儿时期的共同点

大踏步地发展

当准父母得知自己的宝宝即将诞生的时候，心情是复杂的。可能是渴望已久的孩子终于到来时的喜悦，可能是比预想来得要早时的手足无措，也可能是（还）从未想过要孩子……但是从医生确认成为准父母的那一刻起，所有的准父母都会提出相似的问题：妈妈肚子里的宝宝是健康的吗？接下来的几个月里宝宝需要什么？孕妇允许或者应该吃什么、喝什么才能保证宝宝茁壮成长？直到孩子出生，这种不安的情绪仍不会消失，接下来父母的问题开始围绕新生儿的健康与发展而展开。所以，新生儿的预防性检测常常是伴随着父母的不安进行的。但幸运的是，儿科医生在大多数情况下都能够确认你的小生命是健康的，是符合该年龄段的生长发展特点的。尽管如此，许多父母直到孩子长到 20 多岁，或许有一天他们也自豪地宣布“我怀孕了”的时候才会停止对他们的担心。

学习是一项基本需求

人类发展学家们长久以来都在争论一个问题：孩子到底是受基因影响大，还是受环境影响大？也就是说，他是社会的“作品”，还是自己的“作品”？现代人类发展学家的共同观点是，新生儿虽然与生俱来拥有一份基因蓝图（专业术语叫作天性），但是环境（培育）和孩子获得的经验也扮演着重要的角色。另外，孩子的个人动机对其成长和发展也产生着作用。他想要继续成长，就会有内驱力促使他走向下一个阶段。也就是说，孩子会出于自身的动力并运用所有的感官来进行自我发展。因此，学习、发现和理解新事物就给他带来了无限的乐趣，因为他的好奇心完全出于天性。

有些人认为，婴儿是无助且纯粹受反射支配的，但这种观点很长一段时间以来都遭到了反驳。自 20 多年前人们就知道婴儿从出生的第一天起就对学习充满了渴望。比如一个孩子在几个月后终于学会了爬行，但是很快就会不满足于此。不久之后，他就会想要站起来。当然，此时的他肯定不能顺利地站起来，但是他会试图优化技能，比如扶着墙壁来保持平衡。他会想要继续发展——这是他一生的追求。而文化环境也会影响他的发展，孩子的成长环境与当地普遍的风俗习惯都起着至关重要的作用。因为孩子要很好地适应他们的个人发展条件（人类发展学家将这一过程称为适应性）。比如，大多数的孩子能够在 1 岁半的时候自己用杯子喝水或拆礼物——前提是他们事先可能有规律地观察过他人做这一动作，并且自己不断地尝试过。相反，如果一个孩子由于家庭的原因没有机会练习这些能力，那么他做这些事情的时候就很有可能遇到困难。但是这并不意味着他的发展过程就是迟缓的或者特别的，他只是到目前为止在相应的技能上没有获得经验。

信息

钢琴和钢琴演奏者

除了对配偶的选择这一因素外，父母对孩子的基因系统是没有影响的。相反，他们对孩子的发展会产生非常大的影响。我们可以把孩子比作一首钢琴奏鸣曲。钢琴本身相当于基因，钢琴家就是环境。能否发挥好钢琴的作用取决于演奏者如何给曲子赋予生命。如果他只是毫无规律地胡乱弹奏，那么就会发出怪异的声音，听上去好像偶尔碰到了同一个音符。因此，想要演奏出美妙的钢琴奏鸣曲，就必须和谐地按键。

什么叫作发展正常?

“你的孩子已经能爬了，虽然比我的孩子小 6 个月。”“我的孩子到现在还不会走，可你的儿子 11 个月的时候就会走了。”全世界的父母都会拿自己的孩子与别人的孩子对比，因为他们害怕自己孩子的发展水平与该年龄段孩子的水平不符，因此有压力就在所难免。但是没有一个孩子会和别的孩子发展得一模一样，所以，父母过多地参照在书和杂志上看到的发展时间表是不可取的。

这些表格应该只是作为参考。那些被定义出的“正常”只是一个纯粹的数据统计的结果。人类发展学家们在被测试的孩子们身上最常观察到的能力就被当作标准。

当我们把上述的数据与“慕尼黑功能性发展诊断（MFED）”和“丹佛发育筛选测验（DDST）”进行比较时就会发现上述的数据是多么不准确了。德国儿科医生常常用这两组诊断测试数据来判断一个孩子的发展状况。虽然这两种测试所获得的数据是严格按照科学方法进行并全力确保其准确性的，但是有时有关年龄的数据还是会有明显的不同。根据“慕尼黑功能性发展诊断”的结果，12 个月大的宝宝应该能够自由站立，而“丹佛发育筛选测验”的结果则显示这一行为应发生在第 13 个月。

速度因人而异——但是（几乎）都是按照这个顺序进行

特别是在宝宝出生后的第二个半年里，个体发展差异开始越来越明显。比如有些宝宝在 5 个月的时候就能够翻身了，而有些宝宝在 9 个月的时候才能做到。此外，爬行和走路的起始时间也会因个体差异而存在很大的区别。因此关注发展的时间顺序比单纯地在意年龄更重要。比如宝宝学会爬行顺序的过程远比学会爬行的年龄更能说明宝宝的发展状况。比如在三个 10 个月大的宝宝中，有一个已经能够灵巧地满屋子爬，能够自己上沙发，而且还能摇摇晃晃地站起来了；第二个宝宝正在四肢爬行地往前走，刚刚能够不太稳健地用四肢支撑地面；第三个宝宝已经迈出了第一步。对于面临这种状况的爸爸妈妈来说，重要的是：这三个宝宝中的每一个都是不同的，但却是符合各自年龄发展规律的。因为每个孩子有他自己的发展速度。在到达目的地之前所要经历的每个发展阶段的顺序对所有孩子来说都是一样的，只是有时会有 10% 的上下浮动。

另外，有些孩子可能在运动技能方面发展得很快，但是在语言发展上却稍有迟缓。有些孩子行动力不强，但是能更加仔细地观察这个世界，并如实地感受身边所有的事物。这一区别的原因就

信息

最好立刻去看医生

几乎没有任何一门学科像发展心理学这样有这么多的外行了。你在经历孩子成长的过程中，一定会遇到孩子心理不稳定的状况，此时不要去向其他父母寻求建议，这样只会给自己增加压力，最好立刻去看儿科医生或儿童及青少年心理专家。因为只要你的孩子还没有达到相应的节点，大多数情况下就不需要治疗，很有可能只是遇到了发展的转变。

在于投入精力的不同和兴趣的不同。

对于每一个发展阶段，孩子都需要足够的时间。任何时候都是不可预见的发展的临时结果。因为每个人都会以个人的独一无二的方式进行发展。有一句谚语："拔苗不会助长。"相反，这甚至有可能带来伤害。

多方面平行发展

发展是一个多方面的过程，它可以分为以下几个方面：运动技能（粗糙运动技能和精细运动技能）的发展、语言发展、感官和社会及精神（认知）发展。虽然每一个发展步骤都被人为地分割开来，但是发展的过程都是在日常生活中不经意间发生的，以下的例子就可以清晰地说明：

10个月的莎拉（Sarah）在客厅里爬向（粗糙运动技能）同龄的拉尔斯（Lars）（社会发展：走近他人），并在他的身旁坐了下来（粗糙运动技能）。这两个宝宝小心地举起吸管（精细运动技能），吸管是莎拉的妈妈给两个人玩的玩具。玩了一会儿之后，莎拉又爬向厨房（生活实践性的学习：我能够用爬行的方式改变我的位置，跟着位于另一个空间内的妈妈）。在去那里的路上，她不断地发现房间里的新事物（知觉训练）。到达目的地后，莎拉打开最下面的抽屉，这是为她"预留"的抽屉：抽屉里有她喜爱的玩具。在关注莎拉的认知发展过程中可以发现，她已经得出了结论：当我想要一个彩色的汤碗时，就得爬到厨房里（认知发展：如果—那么）。

一直领先

从出生那一刻起，当然也可能之前就已经开始了，小不点儿们已经经历了巨大的发展过程。在他尚且年轻的生命里的每一刻都意味着继续迈出发展和学习的步伐。

新生儿在趴着的时候还无法把身体放平，会保持弓着身体的姿势，在很用力的情况下才能把头转到一边。同样，仰面躺着的时候也无法把四肢伸直。他会把两只小手攥成拳头，当听到巨大的声响或突然被移动时，他会发生莫洛反射（Moro Reflex）。而只需12个月，宝宝就会灵巧地在房间里爬行了。半数的1岁宝宝甚至已经可以迈出人生第一步或者说出人生中的第一个词语，比如"爸爸"或"妈妈"了。在孩子在场的情况下，把一个物品藏在三个杯子中的一个里，此时他已经能够毫不费力地把这个物品找到，而且可以巧妙地把地上的面包碎屑收集起来。现在你就可以想象出一个3岁的孩子已经能够迈腿行走于一个个台阶上，能够骑脚踏车，能够画画，能够几乎毫无语法错误地说出由三个词构成的句子了。这是多么大的进步啊！现在出生的宝宝预计可以有80年的寿命。到那时，他还会学习许多东西，并一直持续发展着，但是已经达不到他出生后头三年的学习速度了。特别是在孩子出生后头三年的语言发展阶段，他的学习速度几乎达到了顶峰。

时间窗和批评性阶段

发展心理学的研究结果，特别是现代大脑研究的结果表明，人类终身都在学习。只有少量的发展时间窗是无论何时都处于完全关闭状态的，且会阻碍孩子形成原本可以及时学会的能力。另外，这些错误的阶段还有可能限制孩子器官的发育。比如，一个孩子在他出生后的头六个月里得不到视觉刺激的话，那么他的视力就几乎不能正常发展，这种情况就叫作时间窗关闭。

对于父母来说，意识到学习是终身事业这一事实就意味着大大地减轻了负担。有不少人会常年处于压力之下，只为了不会错过正确的时间点。但其实更重要的是注意一些敏感阶段，在这些阶段孩子特别容易学会一种能力或一种行为方式。在这一时间段里，他对于来自外界的特定刺激非常容易接受，而且很感兴趣。如果一个 2 岁的宝宝在一天之内能够提出 100 个“这是什么”的问题，那么他一定刚好处于拓展词汇和“理解世界”的敏感阶段。孩子这么做绝不是想让你发疯，即使他连珠炮似的“十万个为什么”确实会让你感到疲倦。这时的孩子迫切地需要你成为他的发展向导。

发展任务

在过去几年里，一个新的概念越来越普遍：发展任务。开始时，许多父母都会错误地理解这一概念，他们将“任务”误认为只是学校的作业——这感觉往往不太好。

但实际上，发展任务是指孩子在出生的头几年需要完成的发展课题。比如孩子在头三个月里必须学会养成规律性睡眠习惯，要学会自己进食，之后还要完成断奶的过程。同一个或几个人建立联系也是一个中心话题，这与学会学习、学会独立或学会发现世界同样重要。学习走路和说话，产生空间想象力（比如建造塔楼时），以及学会控制自己的排泄行为（清洁教育），对于 3 岁以下的孩子来说也是很重要的课题。最后，自我发展（自治）在 3 岁末时奠定了在下一生命阶段（4~6 岁）内继续发展的基础。

信息

外语、音乐和竞技运动

专家们指出，如果人们超过 10 岁才开始学习外语的话，在不知重音的情况下是不可能说好外语的。对于乐器和体育运动的学习似乎也是有理想的时间段的：从 12 岁才开始学习弹钢琴或滑冰的人几乎无法成为第二个莫扎特或奥运冠军。但是这并不意味着他无法弹好钢琴或在运动中发现不了乐趣。难道这一点不是更重要吗？

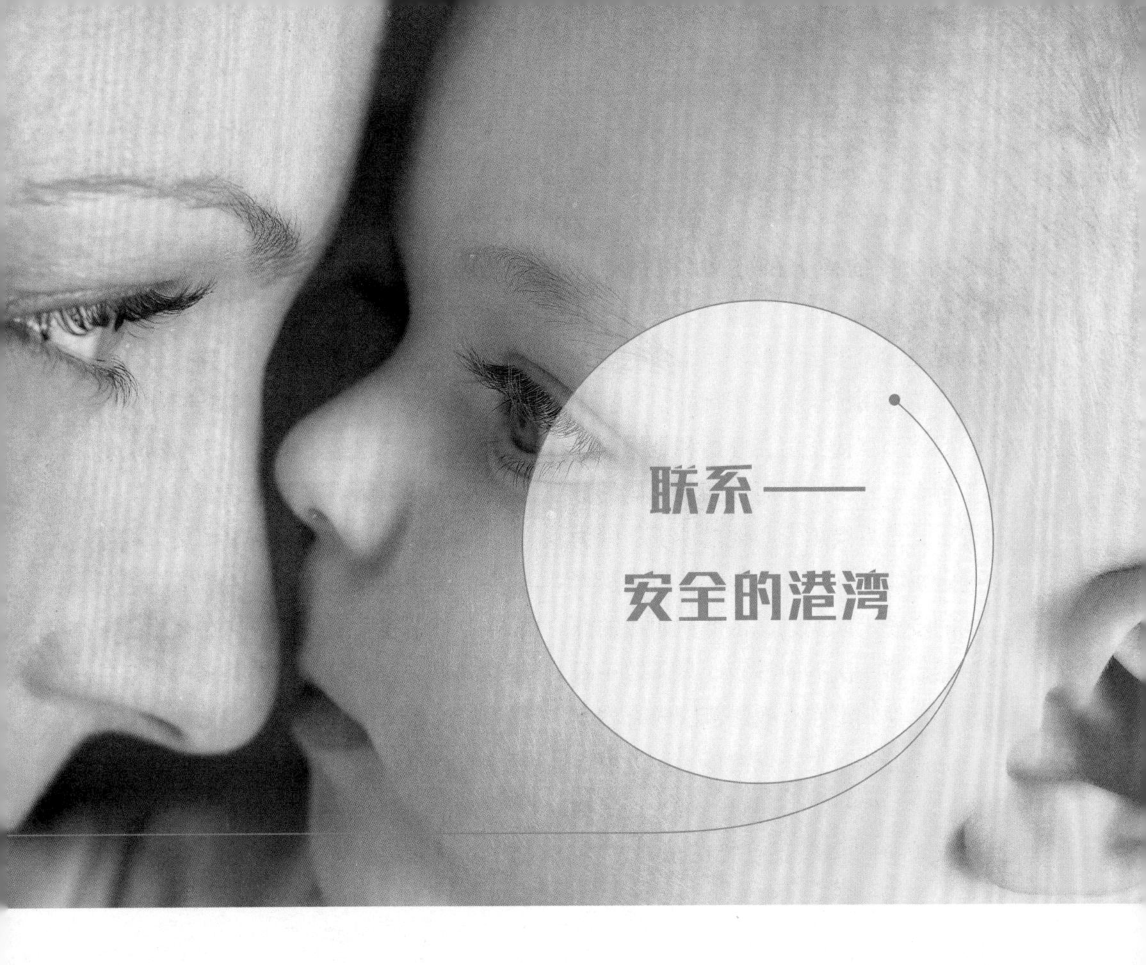

实际上，专家们得出的结论并不足为奇：父母的爱是维系良好的、稳定的亲子关系最需要的纽带。而稳定的亲子关系则是孩子健康、全面发展的基础，以及终身学习的基石。

联系和侦察

联系系统和侦察系统是孩子们与生俱来的两种行为系统，并且会相互影响。孩子们利用这两种普遍的行为系统来表达他们对于远近、安全，以及关怀和照顾的需求。根据年龄的不同，孩子们会采用不同的行为方式来结束其认为不舒适的状况（比如饥饿、疲劳、疾病或不安）。人们将这种行为方式称为联系行为，因为在此过程中孩子们通过与他人建立联系而产生安全感。比如新生儿在感到饥饿或寒冷的时候就会哭或喊。这种哭喊行为就是一种与生俱来的联系行为，其目的是建立联系和满足自身的基本需求。孩子通过喊叫、观察、紧抓、找人和爬行的方式来向父母发出信号，告知父母他在某些地方出现了问题，他需要帮助。而这种与他人的联系就这样一次次地得以加强。

联系行为和联系回馈

像每天下午一样，14个月的卢卡斯和妈妈来到附近的游乐场玩耍。同在游乐场玩耍的孩子和妈妈们有的认识他，有的不认识他。开始时，妈妈和儿子一起在沙箱里玩，但是卢卡斯随即发出了想单独用铲子挖沙子玩的信号。于是妈妈就坐在椅子上，开始和她旁边的女士聊天。卢卡斯不时地朝着妈妈的方向看看，然后继续安心地挖沙子，因为他确定妈妈就在那里。他偶尔也会迈着笨拙的步子走向妈妈，依偎在妈妈的怀里，然后再一次返回沙箱。只需要一眼就够了，他知道在有效的范围内有着安全的港湾。当有大一点的孩子接近卢卡斯的时候，他只需要与妈妈有一个眼神上的交流就可以发出这样的信号："他只是想在我身边挖沙子玩。"如果卢卡斯曾经有过很坏的经历（"这家伙可能会像昨天的那个小女孩儿一样抢走我的铲子。"），那么他的表现就会不同了。这时眼神或许已经不够了，卢卡斯会跑向他的妈妈，来寻求安全感。

幸运的是，大自然赋予了父母对于子女的关爱系统。

父母用联系反馈（如抱在怀里、交流、摇晃、建立身体接触）来对宝宝的联系行为做出反应。当宝宝再次感觉到安全时，他就会继续探索这个世界，就像卢卡斯在与妈妈进行过眼神交流之后做的事情一样。

信息

依偎激素——催产素

新生儿在出生的那一刻特别愿意与人沟通。这位地球上的新居民拥有大概 1000 亿个细胞，每一个细胞都在寻找着与外界的接触。宝宝出生后就被立刻送入了妈妈的怀抱，贴近妈妈的身体，感受妈妈温柔的抚摸，聆听妈妈慈爱的声音，闻着妈妈的体香，这一切的一切都在宝宝的大脑里建立起了一张大网，开启了与他人的联系。如果你看到过新生儿那双清澈的眼睛，那么你终生都不会忘记。而妈妈在对宝宝产生基本的、积极的感情之前，早已具备了作为母亲的天然本能。科学家们在近几年才发现产生这种"本能"的信号物质——催产素，也叫作联系激素或母爱激素。在妊娠末期和生产过程中，女性体内就会分泌催产素。人们早就猜测催产素具有刺激乳腺分泌和子宫收缩的双重作用。而如今，人们知道了这种激素（在性行为中也会分泌）还可以促进联系行为。在肌肤接触过程中（最好是肚子间的接触）宝宝体内也会分泌出这种激素，它不仅具有减轻压力和安抚情绪的功效，还可以辅助建立情感上的联系。举一个例子：在几乎每一个相册中你都会看到这样一张照片，照片上妈妈或者爸爸让宝宝趴在自己身上，自己则躺在沙发上，温情地相互凝望或双双沉沉地睡去。这时就产生了联系激素。

只有当联系行为系统平复下来时，侦察系统才会被激发，相反亦如此。这一点可以在爬行的小宝宝身上得以印证：他们一直在寻找安全的港湾或者大本营（妈妈、爸爸）以及与之相伴的身体接触。只有当他们获得了足够的联系能力时，才会再次踏上发现之旅，去学习新事物。他的安全港湾能够提供给他减速停止并原路返回的可能性——无论他在发现之旅中走出多远。因此，联系是安全的源泉，是发现世界的稳定基础，没有联系就没有教育。

黏合意味着什么？

黏合和联系经常被当作同义词使用，即使这不完全正确。黏合是指在生产后母亲与孩子（或者在剖宫产手术后）第一次促成联系的接触。相反，联系在一定程度上是黏合的终极产物。在宝宝出生后的头三年中产生的联系对其整个人生阶段都有着影响。因此，父母需要非常负责。

稳定的联系和敏锐性

在与他人联系的过程中，涉及的不仅仅是存在和照顾，孩子还需要感觉到被理解，需要鼓励和情绪上的反馈。宝宝在1岁时就会知道，当他感觉疼痛、不舒服或者害怕时就能从父母那里获得安慰。爸爸妈妈会把他抱起来，轻轻地爱抚他，为他减轻压力。父母的积极反应能让孩子产生较大的信任感：他知道在危险情况下他能够在父母那里寻求保护和亲近，他会有安全感；当他无法独立完成时，他能够获得帮助。

科学家证实，父母（以及其他联系人）必须具有三种与孩子建立良好联系的能力，必须着手培养孩子的自信和之后的自主性：

- **敏锐性：**敏锐的父母会特别注意宝宝发出的信号，并做出适当的、快速的反应。
- **信任：**宝宝知道，他的需求会得到满足，他能够在任何情况下完全信任和依赖他的父母，这是一种最原始的信任感。
- **可预见性：**这种可预见性给了宝宝足够的安全感，因为宝宝知道，他的爸爸妈妈在相似的情境下总是会做出相似的

敏锐性

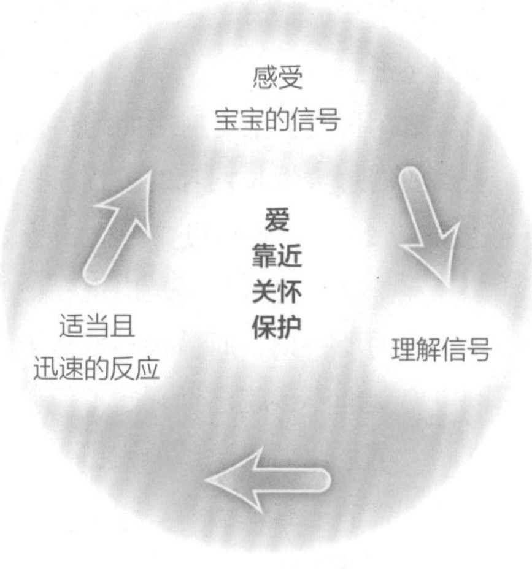

好的联系的前提是父母理解了宝宝发出的信号，并能对此做出相应的反应。

反应（不是今天这样，明天又那样）。

现在请你闭上眼睛，想象你面前有一棵大树。大树的根深深地扎入地下，无论是在狂风还是暴雨中都会给大树提供有力的支撑。于是大树的树干得以笔直生长，树枝尽情地向四周延伸。这棵大树就是稳定的亲子关系的写照：树根代表着依偎、关怀、信任、保护和爱，后期还会给大树提供支撑，使它在暴风雨中不会被刮倒。大树的根部越强大，它的抵抗能力就越强（心理弹性，见第 11 页）。

放手 ——联系的组成部分

让我们再来回想一下之前提到的那棵大树。想象一下，在它繁茂的枝杈上站着不计其数的鸟儿。幼鸟在妈妈满怀担忧的注视下尝试着自己的首次飞行。练得足够多、足够熟练的小鸟就可以独立起飞了。

站在我们想象之树上面的鸟儿就代表着我们宝宝生长发育的过程。孩子们也会“飞走”。他们想要独立，想要展翅高飞。这一愿望并不是出现在他们真正离家的那一刻，而是很早就有了。才刚刚会爬的小孩就已经开始了他对于独立的尝试，比如在游乐场或爸爸妈妈的聚会上他会一直往前爬，爬向其他的孩子和他们的妈妈。

稳定的联系并不会让孩子产生依赖性，相反会培养孩子的自信和独立。印度有一句古老的谚语：“孩子小的时候，给他根。孩子长大之后，给他翅膀。”放手，也是稳定联系的一个重要组成部分。

一个孩子需要多少个联系人?

长久以来，传统的心理学分析认为宝宝只会与一个人建立稳定的联系，那就是妈妈，专家将这一现象称为母婴二元体。但是现在人们知道，孩子最多可以和三个人建立联系，当然，在大多数情况下，最强的还是和妈妈建立的联系。

慢慢地，孩子也学会了区分这些联系（按照等级排列），就像他学会分辨父母一样 ——不仅仅是因为他们长得不一样，还因为他们提供给孩子的东西不一样，他们相互间的行为也不一样。此外，孩子们还会辨认出第一联系（妈妈、爸爸）和第二联系（比如爷爷、奶奶、姥姥、姥爷、幼儿园老师或保姆）的不同。即便如此，后者还是会被称为联系人。因此，他们对于孩子来说也是很重要的角色。比如当父母生病或不在他们身边时，这些联系人的存在就会让孩子们觉得自己并不孤单，并能获得相应的安全感。

联系使人强大

著名的亲子联系研究员卡琳 · 格洛斯曼博士（Dr. Karin Grossmann）经过很长时间的研究后发现，同样是 3 岁的孩子，在竞争游戏中，已与联系人建立起稳定联系的孩子要比未建立稳定联系的孩子更努力。前者的沟通范围更广，社会一体化程度更高。原因是在日常生活中，他们的父母给他们更清楚地展示了作为孩子的安全界限——“我知道我能够在哪些范围内活动。”

早先，心理学家们想要寻找人们感到害怕的原因，或者他们为什么会感到恐慌。但是现在，科学家们对心灵的保护机制更感兴趣。他们想要知道为什么有些人就是比其他人的抗压能力和自我意识更强，从而能够更好地抵御危机。为什么同样是 2 岁的孩子，一个会比另一个能够更从容地应付沙桶对抗赛，而后者可能将来甚至再也不想踏入游乐场了。那么，强大的人格和情感的力量来自哪里？

自信的孩子

研究人员把心理上的抗压能力称为心理弹性。它的基础是：

○ 自我规范的能力（比如能够控制自己的情绪）。

信息

联系发展的阶段

0~3 个月

宝宝向所有人发出信号，对所有人做出反应，然后使自己平静下来。最早在出生 1 个月后，宝宝就开始区分信任的人和陌生人了。

3~6 个月

在“三月恐惧”之时，宝宝开始区分熟人和陌生人，同时他会更多地关注他的联系人，并想要待在他们身边。但是宝宝此时还不会有意识地拒绝陌生人。

6~12 个月

宝宝在这一阶段可能会形成更成熟的交际模式。他们的联系系统行为（比如爬行）只会朝向少数人。当联系人离开安全空间的时候，分离恐惧就会出现。宝宝大约在 8 个月的时候就会开始怕生（“八月恐惧”），此时才会产生实际的联系。

2~3 岁

随着语言能力的提高，宝宝已经开始能够用言语影响联系人的行为了。他越来越能够更好地决定他什么时候需要亲近，什么时候不需要。而且他知道妈妈会一直在他身边，即使当时她可能并不在场。比如当宝宝看到妈妈的照片时也会平静下来。当然，结果也可能正相反，当他看到并未在场的妈妈的照片时，反而会伤心。

联系行为方式，如大哭或紧紧抓住父母，会随着时间的流逝慢慢变少。小孩子会变得越来越坚强，想获得更多的自主权。科学家将这一阶段称为修改目标的伙伴关系阶段。联系人是不可换的，联系是一条长时间持续的情感纽带。

◎ 清晰的自我价值观。

◎ 强大的自信（“我能够做得很好。”）。

◎ 交际能力、社会技能和冲突处理能力。

◎ 解决问题的能力（比如从错误中吸取经验的能力）。

◎ 自主性（自我的发展）。

◎ 压力调节能力。

◎ 好奇心。

◎ 开放性。

过去人们认为心理弹性是与生俱来的。但是今天人们知道，它的根源来自婴幼儿早期阶段：如果亲子关系健全，那么孩子就会形成坚强的性格，这种稳定的联系有助于弥补孩子的负面经验。如果孩子在早期已感受到了关怀和爱，他的行为得到了认可，发展的能力得以适当地提高，并允许与同龄人建立良好的社会交往，那么孩子就会具备终生的心理弹性。

信息

稳定的联系 ——父母的支持

有时在建立稳定联系的道路上也会遇到拦路虎。有些起步是艰辛的，比如当孩子生病的时候就会很难进行自我控制，或者妈妈得了产后抑郁症。如果遭遇了这些情况，那么就需要到咨询处或者青少年心理诊所寻求帮助。为了建立稳定的亲子联系，科学家们创立了不同的课程来帮助父母克服困难。无论你是初为人父母，还是已为人父母多年，都可以在这些课上学习如何与孩子进行更好的相处，能够对孩子发出的信号做出更正确、更及时的反应——因为这是稳定联系的前提。以下面三个课程为例：

理解宝宝：“预防性课程”是由海德堡大学开创的。助产士在宝宝出生前就会向准父母讲解他们应该如何与宝宝建立稳定的关系。老师还会提供影像资料来帮助准父母理解宝宝发出的信号。

父母的保障：这项训练项目由卡尔-海因茨·布利希博士（Dr. Karl-Heinz Brisch）创立于慕尼黑。该项目的进行起始于孕期，会有受过专业训练的老师将准父母分成小组并陪伴他们度过宝宝出生后的头一年。当有问题出现的时候，父母们就可以向自己所在的小组求助（通过电话的方式也可以）。

布拉格亲子课程：布拉格亲子课程由夫妇克里斯塔博士（Dr. Christa）和汉斯·鲁珀特博士（Dr. Hans Ruppelt）创立于20世纪70年代初（更多相关信息见第140页）。该课程创立至今已将近40年，在课程期间，专业的布拉格亲子课程的老师在宝宝出生后重要且敏感的第一年里一直陪伴在新晋父母的左右。新晋父母以小组的形式，周复一周地学习如何仔细地观察自己的宝宝，并对宝宝发出的信号做出适当的反应。

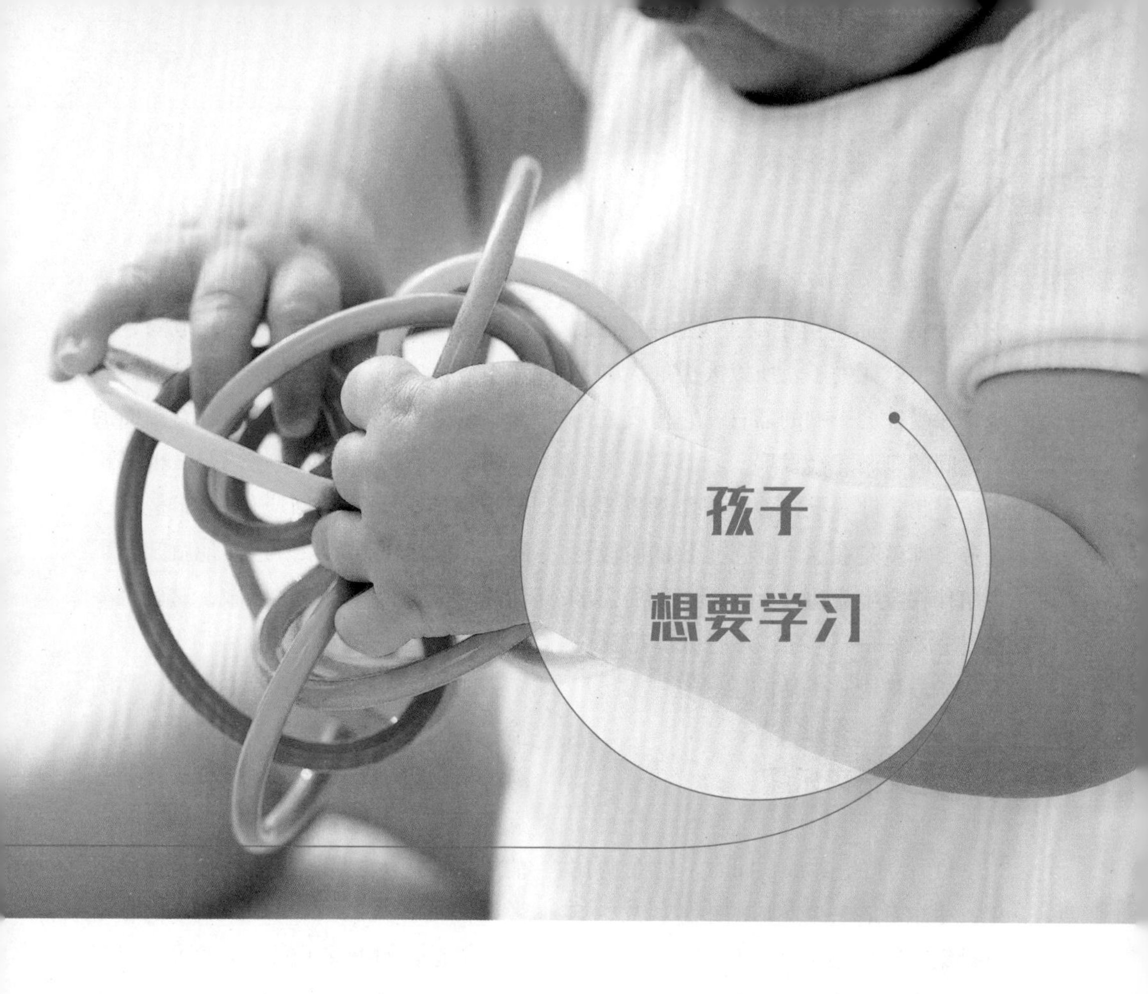

孩子想要学习

人类的大脑在出生头三年的发展速度是以后任何时段都无法赶超的。因此这几年对于日后的学习来说最重要。小孩子都是好奇的、爱好实验的、开放的，并且易受鼓舞的。一切事物对他来说都是新鲜的。他们就像一块海绵一样将所有的印象吸入脑中。他们想要认识这个世界，探究这个世界。他们的大脑就这样尽情地补充着精神食粮。

大脑需要刺激

与人类整体的身心发展过程一样，先天因素和环境因素同时对大脑的发育起着相应的作用：基因决定了大脑的初步蓝图，而外界的影响在人类一生的时间里对神经细胞进行着重建、精确和优化。

但是为了发挥出潜在的能量和天赋，我们的小探索家们还需要充满爱意的支持、陪伴和鼓励。否则天赋就会浪费——或者干脆像下面这个故事描述的一样慢慢消失：国王弗里德里希二世（Friedrich II，1194—1250）为了研究人类的原始语言而将一些婴儿在出生后立刻带离自己母亲的身边，让他们在与外界完全隔离的环境下长大。护士们只被允许给孩子们喂奶和清洗，但不能与他们说话或爱抚他们。

实验最终失败了。孩子们根本没有学会说话，而且由于缺少关怀和照顾，他们很快就死去了。所以人类的大脑是一个深受社会影响的器官，它需要人与人之间的刺激才会发展。

因此父母就承担着一项非常重要的任务，那就是在这个非常重要的阶段一直陪伴在宝宝身边，并给予他们所需的精神食粮——学习，人们可以把这一人生阶段称为“生活的学习”。

学习给人带来乐趣

11个月的安娜（Anna）坐在厨房里，手里拿着一个圆形的小金属片，这是她第一次接触它。她摆弄着，从各个角度观察着，然后再用嘴碰一碰。宝宝想理解和感受这个物体最真实的意义。一不小心金属片掉到了地板上，随即发出“当啷”一声。接下来安娜不断地让金属片一次又一次的摔落在地上。之后她还会用其他的“实验”与之相对比：金属片摔落在木地板上的声音会不一样，木头发出的声音与塑料不同，塑料与纸箱发出的声音又会不同……

另外一个例子：8个月的保罗（Paul）在浅色的沙发上爬行，突然在座位上发现了一个黑色的小盒子。它的盖子是半开着的，宝宝能够清楚地看到里面的东西，他的好奇心被唤起了。保罗尝试着爬到盒子的附近，但是他的胳膊不够长。他再一次进行了尝试，呼吸和脉搏都加速了，即使他并没有遇到危险，也并不是在逃跑。最后他终于把盒子拉到自己的身边，并高兴地开始翻看里面的东西。保罗把头转向爸爸妈妈，他们正用积极的面部表情回应他：“那是什么呀？你发现了什么？”这样他就知道了他的父母是否喜欢他这样做，这就是一种社会行为。

现在，大脑研究学者主张有乐趣的学习。因为他们发现，小孩子乐于发现新鲜事物。但是可惜的是这种天然的直觉和好奇心会随着年龄的增长（部分）消失掉：在压力和强迫下，甚至伴随着考试焦虑，大脑无法以最佳的状态学习。但是，如果孩子们有了学习可以带来乐趣的经验，那么之后他们还会喜欢接触新鲜事物；同时，大脑会释放特定的信号，产生愉悦的感觉，就像一剂身体兴奋剂一样发挥着作用（在一些麻醉品中也有类似的物质）。

孩子的大脑在很大程度上很自然地就具有学习的欲望，并不断地寻找着刺激。这并不意味着孩子不需要偶尔付出点努力（就像小保罗想要靠近新鲜事物时所做的那样）。即使没有成功，也可以从错误中吸取经验教训，从而变得聪明。或许愉悦和失落之间的情绪波动恰恰是早期学习的先决条件，其实对于以后亦如此。因为孩子在这个过程中学习到了如何学习，学习到了如何独立地解决问题和克服困难。而且又一次加强了孩子的自信："虽然很辛苦，但是我独立完成了。"如果这让妈妈也很喜欢，比如她露出了甜甜的微笑，那么宝宝就会更高兴，因为他让另一个人也感到高兴了。

信息

大脑是个小交警

大脑在宝宝出生头三年里承担着巨大的工作量。因为每一个新的体验和发现都需要产生突触联系，这些联系又会慢慢形成网络或神经的基本模式，这就要求大脑不断地对新体验和新发现进行整理、比较、分类、传播和定位。这样就形成了学习轨迹。我们可以把大脑的任务比作交通警察，交警需要协调小轿车、摩托车和自行车，使其避免撞到行人。当组织不成功（受到干扰）的时候，生命体就会出现异常，就像大城市的交通信号灯坏掉，而警察又不在时所出现的交通混乱一样。

科研焦点上的宝宝们

长久以来，人们对于大脑的研究都是从宝宝 3 岁时开始的，也就是从宝宝会说第一句话时开始的。但是今天，科学家们在宝宝出生的那一刻起就对他们产生了浓厚的兴趣。在过去的二三十年里出现了许多惊人的数据和成果。在美国，20 世纪 90 年代甚至被认为是"大脑的十年"。人类从未停止过研究大脑的脚步。在不久的将来，发展心理学和早期教育学很有可能会继续得出有趣的研究结果。

快速发育

在胎儿几周大的时候大脑就开始建构：每分钟大约会产生 25 万个神经细胞。在宝宝出生的时候细胞数量大约可以达到 1000 亿个——几乎与银河系的星星一样多。一个新生儿的大脑重量大约为 370~400 克（这相当于一只成年黑猩猩的大脑重量）。仅仅一年以后，大脑重量就会攀升至 1100 克，宝宝 5 岁时大脑的重量甚至已经可以达到成人大脑重量的 90%（大约为 1350 克）。大脑会按照孩子所体验过的相似经历来成长。一个新生儿已经具有全部必需的神经细胞。所有的生物学基本功能都已经发育完全，如血液循环、呼吸和反射。与之相反，负责思考、语言、记忆和算术的大脑皮层还没有发育完全。为了生成必要的神经细胞通道和开关，大脑从一开始就需要刺激和促进发展的经验。因此婴幼儿的发展必须依赖于外界。

重复很重要

为了建立神经上的联系，婴幼儿必须不断地重复收听相同的声音，认知相同的事物或者用相同的材料，比如用颜料或黏土做实验。如果大脑缺少这种持久的重复，那么它就不会努力地忆起某

依偎在妈妈的怀里学习，妈妈用绘本向宝宝讲述他所生存的这个世界。

些事物，那么就会导致遗忘。对于孩子来说，重复并不无聊：小孩子很享受听同一首歌或小诗，或一直不停地从书架上抽出同一本书。

你的孩子已经长大一些了吗？那么你很快就会体会到步行前往游乐场或面包房是何其艰难。因为你的宝宝可能会一会儿跑到路肩上找平衡，一会儿又第 100 次跑到邻居家的花园里玩石头。3 岁以下的儿童在某些方面还是相当保守的，但是如果人们对他们做一件事情的次数足够多的话，他们就会学会，就像草地上原本一条狭窄的小径，走的人多了就会变成宽广的大路。如果你总是给你的宝宝唱那首你最爱的歌，那么在这一刻你就是在奠定他大脑发展的基础。如果你的宝宝在幼儿园里已经玩了四个星期的水了（更确切地说是在做实验），那么你就可以确定老师们是在进行最新的大脑研究，并不是在偷懒。

尽管如此，3 岁以下的孩子还是“教育的游牧民”：他们在发展过程中不会在同一个地方停留很久，而是像小羊吃草一样，兴趣和想法会不断地发生变化。大脑通过这种方式获得了新的动力，学习就会继续进行下去。由此可见，不断的重复对于大脑的发展非常重要，但是偶尔“不走寻常路”同样也很重要。偶尔让你的孩子尝试着用另一只手去刷牙或者让他倒着跑 —— 或者你自己也尝试一下。这其实一点也不困难，但是对于大脑来说是很有意义的神经联系。

信息

人类要终身学习

有一句众所周知的古老谚语：“少壮不努力，老大徒伤悲。”现如今已不再适用了。现在人们说的往往是神经适应性的问题：人类终身都有可能在神经细胞间建立新的通路 —— 人类即使到了高龄仍然具有学习能力。当然，60 岁的老人与 10 岁的孩子相比在学习外语方面会面临更大的困难，这是事实。根据练习程度的不同，神经细胞的极强可塑性在成年人中间表现得并不明显，但是神经突触是从不会退休的。

初始能力

直到20世纪中叶，人们还在把新生儿和几周大的婴儿比作是未被书写的白纸，并将之称为“无知的头三年”。但是下面的例子能够清楚地表明，小宝宝们是极具天赋的。

- 科学家发现，人们可以通过新生儿的哭喊声分辨出是法国宝宝还是德国宝宝。
- 另外一项研究显示，新生儿能够清楚地识别出当时在妈妈肚子里时每天听过两遍的故事。
- 宝宝在新生儿时期就能够模仿小表情了，比如伸舌头。科学家在大约20年前就已经发现了这种模仿行为的细胞中介，它们被叫作镜像神经元（模拟神经元）。镜像神经元使宝宝从一开始就能够与他的联系人进行沟通。为了避免模仿行为消失，镜像神经元就需要持续不断地“补给”，其形式就是相互间的镜像交流。
- 人们很早就知道，宝宝能够通过声音来辨别一个人是用母语还是用外语和他说话。现在，加拿大研究人员还发现，4~6个月的宝宝甚至能够通过说话时的嘴唇和表情来判断。但是这种天赋在8个月后又会消失，除非孩子是在双语环境下长大。
- 新生儿有辨认人脸的能力，他们往往与生俱来带着一张“人脸识别图”，识别的特征就是眼睛、鼻子和嘴。如果有人给他描绘了一幅句号— 句号— 逗号— 横杠的图，便会唤起他的兴趣。但是当人们把这幅图旋转一下时，宝宝就会感到困惑了。
- 如果准妈妈在怀孕期间吃了许多茴香味的食物，那么宝宝出生以后再闻到茴香的味道就会有反应。他可能会回想起这种气味，因为他在妈妈体内时一直沐浴在“茴香水”之中。

信息

神经突触间的竞赛

突触是指两个神经细胞或一个神经细胞和一个肌肉细胞间的接触点。2岁宝宝的突触数量比成人还要多。只是大脑在开始的时候还不知道宝宝会使用哪些神经连接。因此，在宝宝出生后的头几年里（在之后的青春期也一样，那时大脑又会变成一处“建筑工地”），神经突触之间存在着激烈的竞争。只有经常被激活的突触才有机会存活下来，无用的通路会被剔除（也就是我们所说的“用之或弃之”）。宝宝不再使用的神经连接会慢慢消退或消失——就像抓握反射：轻触婴儿手掌，婴儿即紧握拳头。到5个月大的时候，这种反射就会变成有意识的抓握，原始的突触就不再需要了。这是一个非常自然的过程。进步不只是构建，还需要拆卸。

初始能力

如今，发展心理学表明新生儿并不是无助的、被动的存在，而是富有天赋的、积极的个体。他们求知若渴、充满好奇心，观察着世界并逐渐融入周围环境，并对环境产生着影响。这位地球的新居民正用他所有的感官来学习，进行着大部分的自我塑造工作。

基本需求

宝宝能够清晰地表达需求和喜好，相关人须正确理解。当父母满足了他们这些基本需求时，就完成了宝宝学习的前提——每一座高塔都需要一个牢固的基石。

社会存在

宝宝的成长还需要其他人和固定的联系人的参与。宝宝通过与他人的接触来进行学习——不限定是与成人或是与孩子接触。

初始个性

婴儿在出生的时候就已经有独立的个性了。他们的天赋、兴趣和爱好，以及完全与众不同的发展速度与生俱来。与特定发展阶段相关的时间点和持续时间的长短也是因人而异的。

直接和间接推动

宝宝需要直接（比如使用杯子的能力）和间接（比如被激发出来的环境）的发展动力。推动力很重要，但它不是有目的的练习，而是开放性的激发。周围环境提供了大量的素材，孩子可以全盘吸收或部分吸收，但也可以完全拒绝。

带着乐趣学

引发坏情绪的推动力对宝宝的发展更多的是负面的影响。学习必须是有意义的、有所触动的、深入心扉的。宝宝必须亲自实践去发现这个世界是怎样的，然后他们才会有学习的乐趣，并且想要继续学习。

不同的兴趣

没有宝宝会对所有的发展领域都产生相同的兴趣，具有相同的动机。每个人都有自己的偏好，并具有特殊的“天赋”。因此与同龄人的发展情况进行比较通常是不可取的。每一个人都有他自己的发展速度。

需要支持

很长时间以来，每当宝宝的发展程度与父母的期望不相符时，宝宝的能力就会遭到质疑。比如 1 岁半的小孩儿还不会自己用杯子喝水，人们往往就会开始找原因，问罪责。

如果宝宝的某些能力无法发展，那么环境因素也可以发挥作用。比如，一棵健康的植物已经不继续生长了，谁还会去拔它？因为没有园丁需要对房屋墙壁上的野生葡萄负责，如果它不密集的话，他宁可怀疑自己的绿色拇指。

及早练习

大脑发育、亲子联系和学习是相辅相成的，因此必须在宝宝出生后的头三年得到父母的足够重视。此外，宝宝出生前累积的经验以及出生后的社会环境对于大脑的（今后的）工作能力非常重要（见第 7 页“联系和侦察”）。教育从宝宝出生的第一天就开始了，而这个开始往往是最重要的。这一观点在 20 世纪 70 年代中期美国的一份研究报告中就有所体现。研究人员向父母询问了宝宝开始感知世界的时间。极少有父母会回答宝宝从 2 个月才开始这样的行为。后期，研究人员还对所有参与者的发展情况进行了调查和比较，其结果显示：那些早早就被父母开始训练理解力的宝宝发展得最快，他们的大脑由于较早地受到适当的刺激而获得了足够的“养料”。

用所有感官进行学习

与同样是通过知识传递的方式来学习的成年人相比，婴儿的大脑能够更好地完成积极的学习和认知。为了能够发展新的结构、网络和通路，大脑需要接受以各种方式进行的尽可能及时的刺激，比如对感觉中枢、运动中枢和感情中枢的刺激。研究报告还表明，积极的情绪，即愉快的、兴奋的基本态度，会加快大脑内部的存储过程。也就是说当你带着宝宝一边移动（比如随着节拍摇晃或放在膝盖上颠簸），一边给他唱歌或讲小故事的时候，宝宝也在做适当的大脑运动。

相反，电视节目和特殊的婴儿学习 DVD 并不能让宝宝变得更聪明，因为这缺少对感情中枢和社会中枢的刺激。观看影像并不是亲身经历，宝宝只是一个被动的旁观者。因此英国人倡导“从做中学”(Learning By Doing)。就像你作为乘客行驶在陌生的路段，如果你必须在一周以后才可以独立驾车行驶在这一路段，那么你很有可能在方向感上存在问题。

美国的调查甚至表明，宝宝在 3 岁以前长时间无节制地看电视会对今后的学习产生消极的影响。“电视宝宝”在学龄前会出现认知和语言障碍，行动迟缓，对主动与周围环境接触的兴趣少等问题。毫无疑问，这是因为他们长时间只是在被动参与。

睡觉时防止过多的刺激

婴幼儿每天都在学习很多东西——而且是同时进行的。那么随之而来的一个问题是，大脑是否会在某一时刻受到的刺激过多。这种担心其实是没有根据的。如果孩子没有被强迫学习，并在一个宽松的环境下（但是没有刺激过度）成长，那么他就会具有一个自然的保护功能，以便大脑不会疲劳过度：长时间的睡眠。

宝宝年龄越小，他需要的睡眠时间就越多。你可以观察一下，一个还只会爬的宝宝从早上醒来到上午睡觉之间都发现和探索到了什么。

这些经历会在睡觉的时候，更确切地说是在睡梦中或快速眼动睡眠阶段（见第 107 页）被加工。宝宝在睡觉的时候，大脑是不休息的，它还在继续辛勤地工作着。

你一定观察过，你的宝宝在玩过运动强度大的游戏（游戏、研究和学习对于儿童早期行为来说是同义词）后，都会短暂地躺下休息一会儿。

记忆在哪儿？

婴幼儿短时间内学到的知识的数量是惊人的。年轻的大脑能够储存许多信息，还能够被再次唤起。但是为什么我们成年人记不起这段重要的时光？我们的第一步是怎样的？我什么时候开始说话的？我什么时候站起来的？我什么时候不再需要尿布的？对于幼儿园时期的事情，我们的记忆都是模糊的，比如关于幼儿园里刺猬组的那个叫敏妮还是拉斐尔的和蔼可亲的老师的记忆。从 5 岁开始，记忆就越来越具体了：我在旅行途中掉了第一颗牙；第一天上学的时候我穿的是一件红色的连衣裙；我最好的朋友叫安娜，脸上长着有趣的雀斑……

年轻的健忘和自传的记忆

无法回忆起出生后头三年到四年间发生的事情——科学家把这种现象称为年轻的健忘，这种“无能为力”会随着年龄的增长慢慢被自我的记忆所替代。（这一步与语言发展和自我发展有关系，通常是从 18 个月开始）宝宝有意识经历的事情会在大脑中留下它们的痕迹。

为了记住这些痕迹，孩子就需要语言、社会和情感的陪伴。当你第二天吃早饭谈论起昨天你们全家去拜访外婆，而且在外婆家还吃到了好吃的草莓蛋糕的时候，就会唤起宝宝在各个层面上的记忆：与外婆的接触（情感上和社会上）、草莓的香味（嗅觉）、蛋糕的口感（味

信息

生命留下痕迹

大脑研究专家证实，比起基因（天资），记忆更多是受经验（环境）来支配。在出生时，我们的大脑是不认识界限的：我们能在任何一种文化，任何一种语言中成长起来，能够适应任何一种环境——无论我们在孩提时是在非洲的小乡村还是在欧洲的大城市中长大。这种适应能力的缺点是大脑也会形成坏的或缺失的印象。就像拇指划过黏土会留下运动轨迹一样，人类的每一次相互感知都会留下痕迹。但是随着时间的推移，这种“痕迹”会越来越难成型，从而导致学习也会越来越难。

觉）…… 这是第二次“经历”拜访外婆了—— 宝宝已经将它储存在大脑里了。出于这个原因，睡前交谈也是非常重要的。对于过去事件的谈论在宝宝的大脑里留下了痕迹，通往自传记忆的小径就会越来越宽，“交通”就会越来越繁忙。

小朋友其实已经能够帮忙做家务了。他在看爸爸妈妈做的同时自己也学着做，而且慢慢地变得更加有意识地去做：“看，我可以的！”

成长繁荣期

2岁的莎拉与父母生活在一座大城市。妈妈的工作是半天班，爸爸需要一直工作到很晚。莎拉上的是一所私立的德英双语幼儿园，幼儿园里有许多不同的促进宝宝成长的活动。下午2点的时候妈妈接莎拉回家。周一妈妈会带她去参加音乐早教培训。周二莎拉放学后，妈妈会先把她接回家，下午3点半的时候再出发去做预防性作业治疗。周三和周四也同样有固定的计划。周五晚上，莎拉和妈妈从陶瓷课下课回家，途中遇到了邻居阿姨和她2岁半的儿子。邻居阿姨满脸笑容地告诉莎拉和妈妈，他们刚刚在树林里玩了两个小时。“我们是没有时间去树林里玩的，但是好在我们计划了每周四会带莎拉到‘我们的城市公园里’玩一个小时。这样她可以呼吸到新鲜的空气，还能看到一些植物和树木。”

结论：这个例子看上去有些夸张，但很可惜，它实际上很贴近许多家庭的现实。父母想要把最好的东西都给孩子。但是自国际学生评估项目（PISA）调查结果问世以来，许多人都在很严肃地思考这样一个问题，你的孩子是否足以承受这个以成绩和能力论成败的社会的高要求。在当今社会人们可以看到，父母们越来越早地、越来越多地想要提高孩子的能力。过去的“电视童年”早已变成了“汽车童年”：“妈妈牌出租车”把孩子从一个提高班载到另一个提高班。为了不浪费任何有价值的时间，顺利地连接两个节点，孩子必须参加所有父母能想到的提高课程。

因此，人们完全可以引入“提高童年”的概念。但是学习本应该是在毫无压力和强迫的情况下进行的。专家认为，如果孩子天生的发现欲和好奇心没有在头几年被强行压迫的话，那么其学习兴趣在后来的学校环境中就会被保留下来。

少一点就是多一点

如果你去询问一名儿科医生，那么他的诊断有可能是："我很担心地观察到在孩子们中间正不断蔓延着一种传染病——提高综合征。"相反，政治家和科学家自国际学生评估项目（PISA）调查结果问世以来要求孩子在 3 岁以下接受更多的教育和学习。实际上，孩子的头几年确实蕴藏着巨大的发展潜能。

但是如果孩子学习的东西已经很多，而且很容易的话，那么是不是就可以顺理成章地将学校的课程提前提上日程呢？比如孩子能不能入学时就毫不费力的同时再学习一门外语，而不是三年级才开始学呢？

带着这样的思考，幼儿园被当作是非正式的学习基地（正式的学习基地是学校）。但是，幼儿园真的应该成为学习基地吗？答案是清楚的"不"。襁褓中的"研究员"不需要挖空心思想出来的学习课程——在家里不需要，在幼儿园也不需要。当然他们也不需要额外的提高班。最新的大脑研究甚至证明，过多的提高，特别是在高度压力且毫无兴趣的情况下会起反作用：大脑中的学习中枢会被锁死或者干脆不去存储记忆。就像无论是刺激缺失还是刺激过度，个体都会受到不同程度的伤害（精神萎靡、记忆力退化）。毫无疑问，无间歇的、残酷的提高对孩子产生的负面影响不比工作场上的压力和负担对成人的影响小。如果大脑必须在强迫、害怕、不安和压力下进行学习，那么它就会陷入不安和焦虑。

当说到 3 岁以下儿童的教育，就不得不提到以下几点，因为它们构成了学习的基础：

- 关怀。
- 安全。
- 信任。
- 联系。

即使可能会把黏土或面粉弄到地上，也需要偶尔尝试一下，学习给人带来乐趣。

此外，父母对于宝宝发展步骤的意识也是很重要的。同样，充足的时间和多样的学习环境也对教育和学习有作用。因此，宝宝的成长对于父母来说就是每天花时间和宝宝一起玩。只有感到安全和被爱的孩子才会学习。

在日常生活中

小孩子在日常生活中时刻进行着学习和增长知识，比如一旦他能做，就开始让他帮忙把全家人的餐具拿到桌子上（这能教会孩子对秩序和数学的理解），叠衣服（认知能力），切水果和蔬菜（精细运动能力），或者在花园里种花（日常技巧）。如果所有这些事情都发生在一个轻松愉悦的环境下，而且有语言交流，那么你在宝宝的精神教育上就给予了很大的帮助。

对于成长的正确理解应该是“内心”和“理解力”，稳定的情感联系是早期学习的基础，是发生在家里、幼儿园或者保姆那里的。孩子们需要的不是专家，而是成长陪伴者和助理。因此，不是过早地帮助孩子尝试，而是在孩子进行不下去的时候充满爱意地从旁给予支持，并感同身受地、仔细地回答他提出的各种好奇的问题。

虽然在孩子的自我主动性和父母的要求之间寻找到正确的平衡点一定不是一项容易的工作，但是这个努力绝对是值得的。

“3 岁以下的教育”意味着什么？

大约在 200 年前，威廉·冯·洪堡（Wilhelm von Humboldt，1767—1835）就将“教育”这一概念引入了德语教育学。今天，教育又延伸到了 3 岁以下的宝宝，因此许多父母也承受着这样的压力：婴幼儿到底需要怎样的提升？就像有句话说的一样：用大脑、心和手共同做一件事情就是提高。

比如 16 个月的拉丽莎用五颜六色的积木一块一块地垒出了一座塔。放第四块积木的时候塔还是稳的，但是放第五块的时候刚刚建起的塔的雏形就瞬间倒塌了。我们的小建筑师又得重新开始了。她的朋友西蒙，2 岁，在此期间一直在按照颜色整理衣夹。两个孩子静静地研究着这个世界，并从中增长了知识。所以说，教育，特别是对 3 岁以下宝宝的教育，可以简单地用四个字定义：理解世界。一些教育学家也把这个过程称为认知环境的自我教育。孩子们在成长过程中不断地进行着自我教育。

孩子们像真正的研究员一样对这个世界做出各种假设，然后再一个个印证这些假设。从出生起，他们就具备了从精神上研究世界的能力。他们根据自己的经验创造出了“生命的语法”，比如通过观察，孩子们学会了在遇到其他人时如何与他们打招呼。人们会说“你好”“嗨”，会握手，相互亲吻或者相互蹭鼻子——打招呼的方式取决于人们居住的环境。

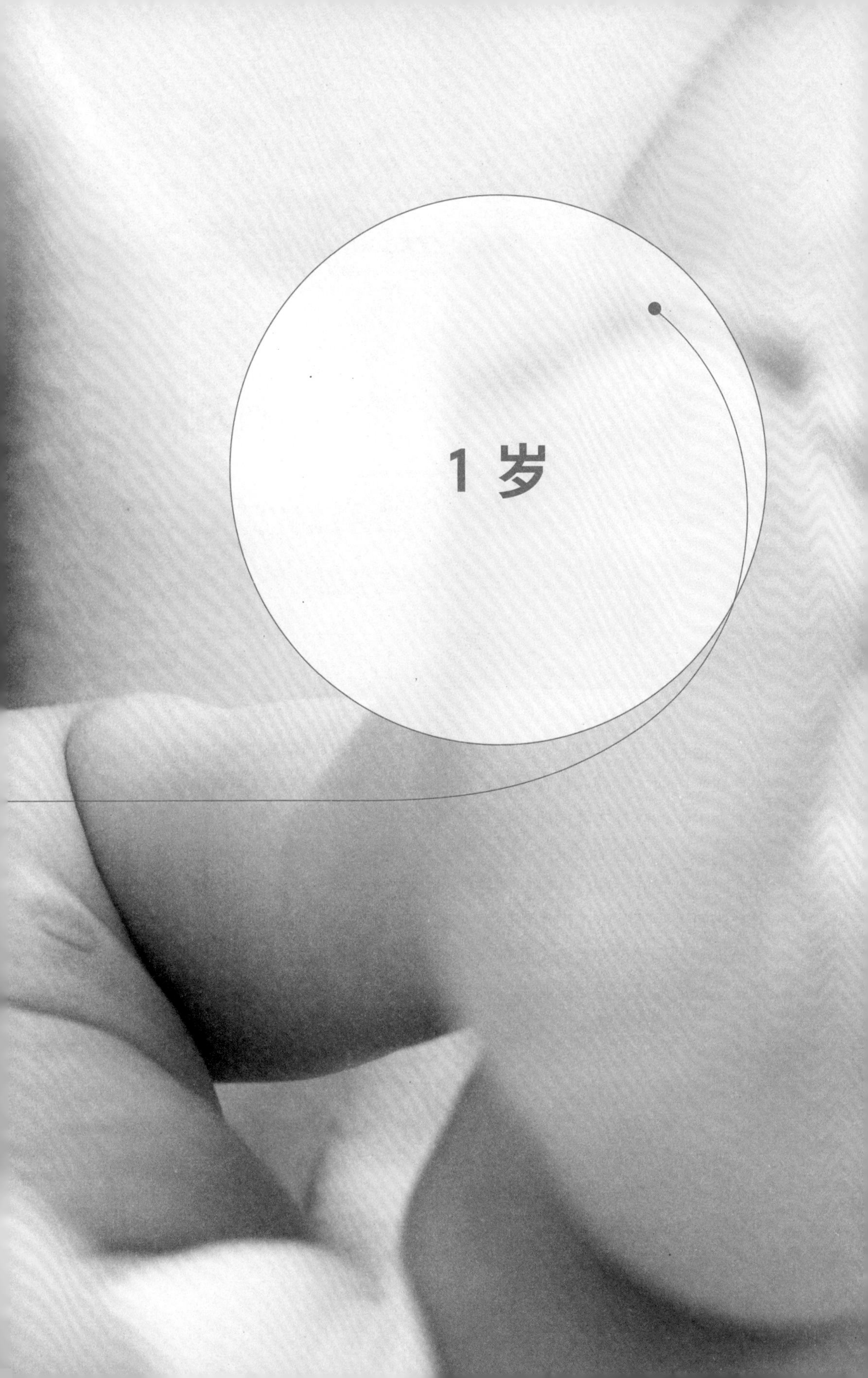

1 岁

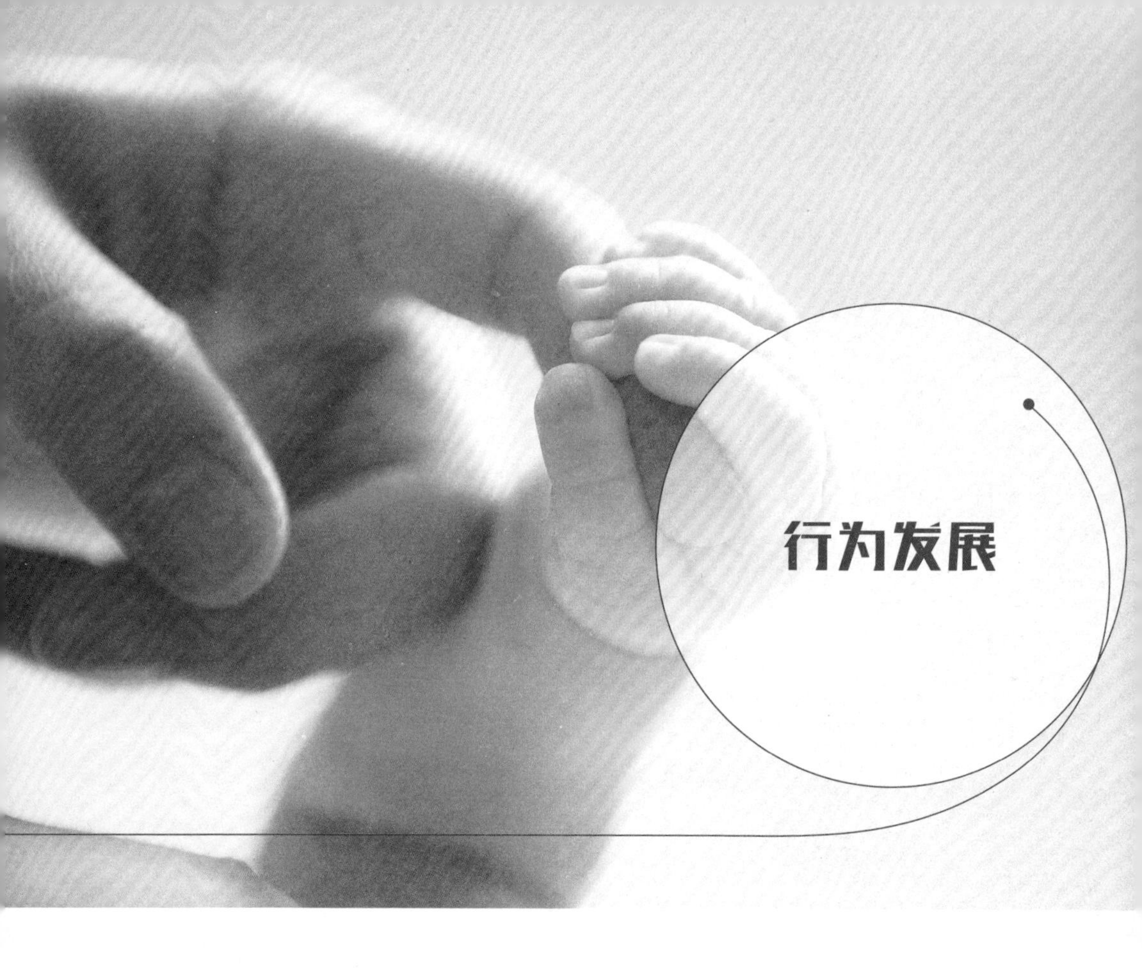

与爸爸相比，妈妈有着明显的优势：在生产前，她就和住在她肚子里的宝宝有了长达数月之久的肌肤接触。妈妈能够感觉到宝宝什么时候是活跃的，什么时候更安静一些，在哪些外界的刺激（比如噪音）下宝宝会用蹬脚的方式“回应”；妈妈还能感觉到自己如何移动就可以安抚宝宝。但是直到宝宝出生的那一刻，才是真正地认识。

每一个宝宝都不相同

新生儿和婴幼儿的行为不仅取决于他在母体中获得的经验，生产持续的时间和过程也同样存在着影响，比如宝宝是过早出生还是过晚出生都有可能产生不同影响。从外在影响来看，宝宝自出生时就带有自己独特的秉性。有些宝宝一开始就很安静，且不那么活跃；有些宝宝则相反，他们时刻充满了能量，一直在运动，急切地想要做事情。有些孩子即使噪音也无法改变他原有的安静状态，有些孩子则在很小的声音下就已经做出了反应。这些小公民们看上去是如此的不同，不仅他们的性格不同，就连他们对于环境做出的反应也不同。

如果你从一开始就观察你的孩子在不同场景下的行为，就能够最迟在 2~3 个月后对他的个性有所认知：他更倾向于是安静型的宝宝还是活泼好动型的宝宝?

对于这些固有的性格特点，你是不会产生任何影响的。

宝宝会以直观上正确的方式行动

宝宝从出生开始就拥有不同的能够确保其生存下来的生物学能力，比如呼吸、进食以及调节体温。但是为了融入社会环境，这些能力是远远不够的，宝宝还需要培养更多其他的能力。

哭喊

宝宝出生时还不会说话，但是他们能够通过哭喊引起别人的注意。大多数情况下，大人们会立刻对此做出反应，比如给宝宝喂食或把他抱在怀里。这就说明，婴儿从一开始就有能力建立社会联系。在某种程度上可以说，哭喊是一种安全的生存程序。

自我调节

自我调节是指排除或适应干扰刺激的能力（例如即使有噪音，宝宝也能睡着）。在这种情况下，一些宝宝会用吮吸拇指、奶嘴或毛巾的方式来安抚自己的情绪。而联系行为（见第 7 页）则可以帮助孩子重建其内部平衡。孩子们会得到安慰，一切又会归于平静。

有些宝宝有时会要求交流，并以此来进行自我调节。但是如果宝宝与其他人有过多的眼神接触，那么他就会直接避开这种眼神交流。而有些宝宝却很难自律，比如他出生时遇到难产、生病或者存在身体障碍，那么其中的一个表现就是经常哭泣。在这样的情况下你需要寻求专业人士的帮助，比如母婴咨询机构、儿童门诊、整骨疗法诊所，或者青少年精神科。

模仿

大脑中的镜像神经元（见第 17 页）使宝宝能够模仿最初接触到的事物。因此，新生儿就可以模仿他的父母。比如你伸出了舌头，你的宝宝也许就会模仿着伸出舌头。大多数情况下，当你在他面前做过这个动作之后，他都能成功地张开嘴，或者挤压嘴唇。

“问候行为”和眼神接触

如果父母在距离宝宝 20~25 厘米的地方注视着他的话，宝宝通常会用一种全球皆同的“问候语”来“回应”他的父母:将眼睛睁得大大的，抬起眉毛，张大嘴巴，然后将头微微向后仰。宝宝用这种方式“回应”父母与他的接触尝试。交流就从这里开始了。

新生儿已经有能力与妈妈或爸爸建立频繁的眼神交流了。这构成了共识和联系的基础。相对大一点的头部（占整个身体的四分之一），高高隆起的额头，以及大大的圆眼睛——专家将这种组合称为“小朋友的标配长相”——几乎可以引起所有大人的关爱，从而促进交际行为。

“天生”就是父母

不仅是宝宝，所有的新生父母都天生具有无意识进行的直觉的行为方式。

牙牙学语

“你好好吗？你累累吗？嗯嗯，你累累！”宝宝感兴趣的并不是话语的内容，而是被简化了的以及被夸张了的语调。科学家证明，父母往往是自觉使用这些言语的。当他们想要安抚自己的宝宝时就会选择降低音调；当他们想要激发和鼓舞宝宝时，就会提高自己的声音和语调。

适当的距离

当父母将宝宝抱在怀里喂母乳或用奶瓶喂奶的时候，会本能地选择一个新生儿视野最好的距离（20~25 厘米）。

有规律的刺激

爸爸妈妈会用各自的韵律来摇晃膝间或臂弯里的宝贝。他们试图用这种方式让宝宝平静下来，给他安全感和原始的信任感，而这就将发展成为联系。随着时间的流逝（到 3 个月时），宝宝开始对正在摇晃他的人产生认知。同样，宝宝还会观察父母在爱抚和敲打自己后背时的个人“笔迹”。

模仿

就像宝宝尝试着模仿父母的表情一样，父母也在对宝宝做出反应。他们会用同样的大声打哈欠或吮吸嘴唇来“回应”宝宝的哈欠和吮吸的声音。这也是相互交流的早期形式——完全出于自觉。

理解宝宝发出的信号

从宝宝的行为中我们可以读出来他现在的感觉怎么样。但是他发出的信号并不总是那么清晰地能让他的爸爸妈妈

小建议

自己的时间

伴随着孩子的出生，你的生活就一天一天地完全改变了，不再是原来的样子。即使你的孩子不再是“哭闹宝宝”了，你的日常生活还是在围绕着他——这是多么美妙的事情，但有时也是非常费力的。你的宝宝决定了你一天的生活，宝宝越小，就越需要你。因此你会越来越有意识地安排自己的时间，使自己的精力不会完全消耗殆尽。或许你可以和你的伴侣协商好每人每周给自己留出一个小时或两个小时的时间来看书、游泳、睡觉、听音乐……妈妈在刚开始的两个小时可能没办法享受其中，因为她必须要给宝宝喂奶。但是很快她们就能很干脆地走出家门，将整天围绕宝宝的日常生活抛到脑后了。当你精疲力竭的时候，回忆与宝宝相处的美好时光就非常有用了：他闻起来是那么的香甜，他的第一次微笑，他躺在你臂弯里安静地睡着或者心满意足地呆坐在你面前，然后你就会很庆幸你拥有全世界最漂亮、最可爱的宝宝！这给了你无限的力量。

立刻明白他的意图，并能够给出适当的反应。有时只需通过肢体上的信号就能够表明宝宝感觉不舒服，比如不均匀的呼吸、皮肤颜色的改变（略呈红色、出现斑点或变得惨白）或者打寒战。急促的运动、强力的或无力的身体紧绷以及避免眼神接触都是宝宝感觉不舒服的信号。观察症状，如果出现症状加深的情况就要立刻去看儿科医生。

如果你仔细地观察过你的宝宝，就会注意到，他的注意力程度能够借助于在他出生前几天就形成的七种不同的行为和意识形态显示出来。如果你成功地辨认出了这些信号，那么你就知道什么时候该和宝宝一起玩、一起爬，他什么时候需要安慰，什么时候又想要睡觉了。

观察的时间

有规律地花些时间去观察你的宝宝——其他什么事情也不做。享受这个深入了解彼此的过程。仔细观察他在哪儿，他是怎样看人看事物的，他是怎样呼吸的？这一刻他需要什么？他想和你一起玩吗？他更想一个人待着还是躺在你的臂弯里？

安静的清醒状态——“我观察你和这个世界”

宝宝几乎不能动，但他的眼睛睁着，还放着光芒。视觉和听觉被激活，他感受着周围的环境，在你给他展示某一物品的时候，他会做出反应。这一过程就是宝宝在为一次安静的游戏和对话所做的准备。

活跃的清醒状态——“和我一起玩”

宝宝睡醒了，吃饱了，他是快乐的，好奇的。他挥舞着四肢，发出“咿咿呀呀”的声音，十分活跃，现在就是你和他一起玩的时间了，而宝宝也可以自己玩得很好。

哭哭啼啼地闹——“我不舒服”

你的宝宝做出了冷不防的、不合作的动作，并且哭闹个不停，那他就有可能是累了或者饿了（对于食物和亲近的渴望）。在这一过渡阶段，宝宝想要引起关注，他感觉不舒服了。如果你能够及时地辨认出这个信号，并且找出宝宝不舒适的原因，那么你的宝宝通常情况下就会很快安静下来。

哭喊——“我感觉不好，我需要你”

喊叫通常是极其不安的信号（饥饿、口渴、疼痛、渴望靠近），而哭则是其前兆。也许宝宝累了，他需要休息。因为身体在喊叫时会释放压力激素，宝宝通常无法自己安静下来。如果你能在此时帮助他，那他就会知道他的需求得到了满足。

半睡半醒——“我还很累”或者“我变得很累”

宝宝不只是需要简单的睡眠，他还

需要足够的入睡和醒来的时间。比如他会用手摩擦眼睛或者拉扯耳朵，那么这就到了上床睡觉的时间了。宝宝在这个过渡阶段比过度疲劳和兴奋时睡得更好。

就像宝宝不是从这一刻到下一刻就进入睡眠了一样，他从睡着到醒来也需要一定的时间。在清醒的过程中，宝宝不时地睁开、闭上自己的眼睛，或半睁着眼睛。他给人一种安静的印象，但是好像还缺乏一点“精神”，他还需要一些时间完全清醒过来。给他时间。你可以享受这份安静，观察你的宝宝是怎样慢慢地从睡梦中回到现实的，就像一个新的探索者一样。

做梦——“我的大脑是活跃的”

宝宝的眼睛虽然是闭着的，但是你能够清晰地看到在眼皮下面他眼睛的转动：专业术语叫作“快速眼动睡眠阶段”（见第 107 页）。宝宝有时也会活动一下，做个鬼脸，皱皱眉头，或者微笑一下。这是他小小的大脑正在加工他之前经历过的事情呢。许多父母把这些动作错误地理解成醒来的信号，于是把宝宝从床上抱起来，然而这样就在无意中阻碍了宝宝大脑对事件的加工。因此，你要等宝宝自己醒来后再将他抱起来。

信息

我的宝宝为什么会哭？

一个宝宝哭闹或者喊叫一定是一个警示信号，因此你应该尽可能快地试着找出使他产生这种不安情绪的原因，但可惜的是并不总能成功。有些父母甚至有这样的感觉，那就是他们的宝宝整天无缘由地哭闹。通常情况下，如果一个 3 岁左右的宝宝每周有 3 天以上的时间哭闹 3 小时以上的话，医生就会将他们视为哭闹宝宝。但是这条规律只是一个简明法则。作为父母，你完全能够自行判断你的宝宝是不是哭闹宝宝。但当你有疑问的时候，你可以向儿科医生寻求帮助，咨询宝宝的发育是否一切正常。在宝宝出生的头三个月中，哭喊的原因往往是某个部位的疼痛，但是也可能是某处存在阻滞（见第 58 页），因为宝宝现在还没有能力自己调节。

因此你千万不要因为宝宝的哭闹而恼怒。他的哭闹是因为他感觉不舒服，并且需要安慰。一个健康的宝宝哭闹，最常见的原因有：

○ 他累了。
○ 他感觉无聊，想要和你一起玩耍。
○ 他饿了。
○ 他需要依偎和抚摸。
○ 他的尿布湿了。
○ 他需要安静的环境来处理新的印象。
○ 他感觉太冷了或者太热了。
○ 他的肚子疼（腹胀）。
○ 他的衣服挤压了身体某处。
○ 他刚刚经历过一个阶段，就又要立刻进入一个新的发展阶段。
○ 妈妈或爸爸表现出了不安或压力。
○ 最重要的联系人在吵架。

沉睡——"我完全沉睡了"

宝宝现在安静地睡着了，他是放松的，眼睛完全闭着（非快速眼动睡眠阶段，见第107页）。他呼吸深沉且均匀，只是有时能听到叹息声，神经系统处于平静状态。这时你也可以享受你自己的安静时光了。

社会—情感发展

社会发展和情感发展是紧密相连的，而且相互依赖。我们生活在一个完整的社会系统中，孩子们必须慢慢地习惯这个系统。他们学习与其他人建立积极的关系——除了自己的父母以外。在庆祝祖父70岁寿辰而举办的家庭聚会上，一个8个月的宝宝很可能会因为要面对许多新面孔而做出害怕的反应。虽然——或者恰恰是因为——所有人都觉得宝宝很可爱，想要抱抱他，而宝宝认生，就会大哭。害怕的感觉主导了他的行为："我必须通过哭泣来表达我的不安。我需要安慰和安全感。"

在祖父75岁寿辰时，情况就会变得完全不同了，这时宝宝已经将近6岁了，他不仅学到了许多不同的社会制度，还能够更好地、更全面地控制情绪。他学会了如何认识和辨认自己的感觉，同时还有能力解释别人的感觉，无论是大人的还是孩子的。因此，他能够对此做出相应的反应（专家将这种能力称为情绪洞察力）。

1~3个月

触摸到妈妈温暖的、柔软的皮肤是新生儿第一次感受到与其他人的积极接触。连同哺乳，这种肌肤接触对宝宝来说是最美好的。宝宝需要不断的抚爱（"维生素Z"），由此成为（社会的）有生命价值的、能够自己传达积极情绪的人。

重要的感觉

宝宝天生就具有表情表达系统。只需要几个星期，他就能够用表情传达最重要的感觉了：害怕、生气、讨厌、喜悦、伤心和惊讶。因为这些情感在所有文化中都是相通的，各个地方都能理解，所有科学家都将其称为第一基础情绪。

第一次交流

在宝宝出生后的头三个月中基础情绪不断被培养。大概在6~8周的时候，宝宝就会在大人对他说话或笑的时候也回之以笑容。没有人能够避开这种社交微笑，几乎每个人都会本能地回之以笑容。

联系

在宝宝出生后的头三个月里，几乎是被所有人关爱的。宝宝就用吮吸手指和手背的方式来使自己平静下来。在头三个月接近尾声的时候，宝宝会突然能够对熟悉的面孔和声音做出反应：他会直接盯着这个人，手脚并用，来回舞动，并且会停止哭泣；相反，在陌生人面前大多数情况下宝宝会感觉不安，这时 3 个月焦虑期就开始了。

4 ~ 6 个月

宝宝 4~6 个月这个阶段称为欢乐时光。因为这时的宝宝总会左看看右看看，而且会放声大笑 —— 前提是他身体健康，小肚子吃得饱饱的，并充分感受到了亲近和信任。总是对着宝宝友好微笑的人也会收到宝宝灿烂的微笑。这也许是人一生中笑得最多的阶段了。

其他宝宝

宝宝已有能力将人和物区分开——只会对人微笑。他的兴趣点不在大人身上。比如当两个同龄的小宝宝并排躺在地板上，他们会相互看对方或者对对方微笑，以此来与同龄人建立起联系，这往往自宝宝 3 个月时就开始了。他们会在镜子里对着自己笑，因为他们以为自己是在看另一个宝宝。

第一份"友谊"

与同龄人建立联系不只是通过眼神交流。如果宝宝有机会参加布拉格亲子课程（见第 132 页），他也会尝试用手触摸其他孩子，有目的地伸出他的手臂，或者为了离其他宝宝更近一些而做出翻身的动作。宝宝们开始越来越频繁地相互嘟囔 —— 而且他们会在别的孩子微笑、哭泣或打手势等时也做出相同的动作来作为回应。这是由于镜像神经元（见第 17 页）在工作。6 个月末期的宝宝才开始像区分同龄人一样区分大人中熟悉和陌生的脸庞。从现在起，距离他开始认生就不远了。

7 ~ 9 个月

记忆能力越来越频繁地表现出来：保姆每晚来的时候，宝宝就会抓紧双手（联系行为被激活），因为他知道这意味着妈妈和爸爸很快就会离开了。宝宝或许会在儿科医生那里大哭，因为医生在上一次为了注射疫苗而给他打了针。同样，宝宝也会记住最美好的事情，比如看到瓶子的时候就会期待喝水。你总是想，你的宝宝来到这个世上才几个月，尽管如此，他也已经有能力进行这些思想上的活动了。

认生

对陌生成年人的不信任在逐月增长着。一个宝宝认生会多强烈，持续多长时间（8 个月焦虑期），很大程度上取决于他的个人性格。当宝宝突然不想蜷缩在祖母或阿姨身边时，父母往往会感觉不适应：这一阶段与后期出现的抗拒阶段（见第 171 页）都属于自我发展。还有，认生也是安全联系的标志。在不久以前，宝宝对所有人的回之以笑还是完全发自内心的呢——对和善的手工业主或超市的收银员。但是现在宝宝完全知道谁属于他那个联系人的小圈子，谁不属于了。

有时宝宝甚至会对自己的爸爸感到陌生，比如在爸爸到别的城市工作了一周，或者每晚都在宝宝睡着之后才从办公室结束工作回家时。在这种情况下爸爸需要给予宝宝足够的耐心和爱心。如果你给足宝宝像依偎在妈妈怀里的时间，他就会期待很快有同样的游戏发生；他的“工作记忆”就会记录下爸爸也属于信任人。

大约在 1 岁末期的时候，宝宝通常将度过最严重的认生阶段，但是对陌生人的自然怀疑是完全正常的，也是非常重要的。因此在接下来的几年，这种怀疑将会被继续“训练”和保持。

10～12 个月

宝宝在社会发展过程中会有很大的突破，因为他们能够越来越多地通过手势来表达他想要什么。虽然在交流过程中误解是在所难免的，但是手势在很长一段时间里还会是交流的一个固定方式。

交流

你的宝宝可能已经会爬了，能够不通过哭泣引起注意，而是用积极的方式寻求与你的沟通。那么他现在一定已经足够大了，他能够理解一些指示，并能够照指示做了。当你用适当的手势表达“给我！”（伸出手）、“来这儿！”（向这里挥手）、“躺下！”（将头倾斜）时，宝宝都会照做。每度过一周，你们的交流就会变简单一点。

在这个年龄段的宝宝已经能够理解即使他看不到爸爸妈妈，爸爸妈妈也在。尽管如此，大多数情况下，当父母离开房间时，他们还是会跟在后面爬。

对父母的反应

宝宝会用不同的情绪对父母的行为做出反应。在父母“责骂”他们并因此制定了规则时，宝宝会遵从，变得安静或者大哭。但是当妈妈微笑着说“谢谢”来表扬他的帮忙（比如取回了一个球）时，宝宝也会露出灿烂的笑容。

信息

认真对待宝宝的情绪

设想一下，假如你带着 9 个月的宝宝一起去散步。他坐在儿童车里，好奇地看着四周。你遇到了一个邻居，和她愉快地聊了一会儿。你的邻居温柔地抚摸了宝宝的头，说：“你真可爱。”但是对于宝宝来说，这明显是不舒服的。他会把头转向一边，眼神显得不知所措。

你要认真对待这种情感的表达，不要轻视它，比如你可以说：“宝贝，迈尔阿姨只是想跟你打招呼，她喜欢你，看到你她很高兴。”或者你可以试着正确地对宝宝的这种感觉做出“反应”：“是啊，我的宝宝真的很可爱。但是他不喜欢别人摸他的头。”因为你的宝宝能够越来越清晰地“读”懂你的脸，所以他很有可能会意识到你正在认真对待他的感受，他会觉得很安全。

挥手

大约 9 个月的宝宝就可以对“来，挥手，挥手”的命令做出反应，或者在父母招手时也会跟着做了。1 岁末期的宝宝在看到有人走出房间的时候已经会自主地挥手了，这就是后来的“再见”。柔情也需要积极回应，如果你给了他一个吻，那么他就会满脸喜悦地回吻你。同样，在你进行抚摸、拥抱、搔痒等动作时他的反应也一样。

镜像

当你的宝宝在一面大镜子中看到自己的时候就会和“另一个”小孩儿高兴地打招呼，还会冲他笑。因为他想象出来的玩伴也在笑，所以他要回之以笑容。他甚至会拿来玩具，在镜子后面找他的这个玩伴。当他确认镜子后面没人的时候他会感到非常迷惑。因为宝宝根本不认识镜子中的自己。

与其他宝宝的社会交往

与同龄人或其他孩子（比如兄弟姐妹）的社会交往与日俱增。如果两位妈妈在路上偶遇了，每个人手里推着一辆婴儿车，车里都坐着一个宝宝，两个宝宝在离得远的地方就注意到对方了，他们会摆动手臂，相互微笑，嘟嘴或者欢呼。当妈妈们发现了这些，就会自动放慢速度或者停下来。在布拉格亲子课程爬行课中，宝宝甚至已经能够建立真正的小小友谊了。如果你注意观察就会很快发现谁是那个“被选中的人”。

宝宝间的争吵

这时在与同龄人的关系中就有可能出现未知的情况。比如当宝宝看到另一个宝宝手里拿着一样有趣的物品时，他也想看看这个东西，于是就直接拿走了。而在对方那里，这一完全自然的、在孩子好奇心驱使下做出的行为立刻引起了负面的情绪，先是感到震惊，然后就开始哭，这时候就需要你做“中间人”。因为社会行为不是与生俱来的，而是必须要经过后天学习的（“看，菲利克斯正在玩那个桶呢，你应该等他玩过之后再玩，你可以先玩这个铲子。”）。事情也可能会变得不同，如果两个宝宝自己“协商”，最先拥有那样东西的孩子再去找别的东

信息

成长焦虑

宝宝 1 岁时要注意观察他的许多以发展为条件的焦虑。这些焦虑完全正常，就像衣服和玩具会随着宝宝的成长发生改变一样，宝宝随着年龄的增长也会逐渐克服这些焦虑：

○ 3 个月焦虑（见第 31～第 32 页）。

○ 8 个月焦虑（认生，见第 32 页）。

○ 分离焦虑（6~8 个月）。当联系人离开房间时这种焦虑就会表现出来，而且这和他与联系人的远近亲疏有很大关系。

○ 对于噪音的焦虑，比如吸尘器、钻机、大叫的狗或者爆了的气球。这是成长焦虑中最常出现的形式，而且会一直持续到宝宝 4 岁。

西玩。在这种情况下，父母应该克制住自己，因为这里并没有真正的牺牲者或罪犯，而只是求知欲强的年轻研究者。

理解世界——智力发展

为了理解世界，宝宝必须每天发展思考和学习、感知的能力，想象和理解的能力。在此期间，他会越来越积极地想要探究明白周围的环境。1岁时，宝宝会发展这样一些能力，借助这些能力他能够自己认识并理解这个世界（认知发展），其发展速度是一生中最快的。毫无疑问，许多父母根本没有正确地参与到宝宝每周取得巨大进步的过程中。

请在宝宝的智力发展旅程中给予他足够的陪伴。观察他，当他学会一些新东西时和他一起分享快乐。

1~3个月

在宝宝出生的头几个月里，他就开始通过肌肤接触以及观察和倾听而形成对外界的印象。

学会观察

为了能够观察一个物品，宝宝就必须学会给物品定影，即凝视它。3个月的宝宝能够通过转动眼睛、活动头部来获取物品的不同信息。此时的他能够把手够到越来越远的地方，这样可以获得一些关于物品性质的信息。所以，在宝宝出生头几个月时就可以给他一些具有不同表面、不同形状的物品玩。这不仅能够培养宝宝的精细化运动技能，还有助于他的智力发展。因为你的宝宝使用了他的全部感官来理解这个世界。

第一份记忆

宝宝前两岁的生活被称为语言思维阶段。你会惊奇于宝宝的记忆能力。科学家研究表明，2个月的宝宝就能够“唤起”3天前所学的行为了——比如用腿将玩具移动到儿童车上。3个月时，当他看到原始刺激（如玩具）时，他甚至能够回忆起整周的类似事件。其中与运动技能相关的事件，比如骑自行车，会比其他事件的记忆停留的时间更长。

4~6个月

你的宝宝活动得越多，他就越能更

亲近能够使宝宝更好地观察妈妈的脸庞和表情，他会享受妈妈给予的注意。

准确地感受这个世界，而且也有助于继续发展精细运动技能——他能够更好地抓举。

听觉能力加强

你的宝宝能够越来越好地觉察和区分声音和噪音——这是发展语言非常重要的一步。大概 6 个月的时候宝宝就知道声音是从哪个方向来的，并且会转头饶有兴致地寻找。你可以用比如玩具表、小铃铛或者能够发出响声的纸张来制造不同的声音，利用他的好奇心，让他感受来自不同方向的声音。这可以训练他的空间感知力（和运动力）。

记忆力增强

通过眼睛，通过感官，宝宝在 4~5 个月之前都是一旦一个物品离开他的视野，他就会把它忘记的。但是现在这种情况发生了变化。如果你的宝宝趴在那里兴趣盎然地玩着某个东西，而你过去用纸巾盖住他的手和玩具的时候，他会把手连同玩具一起抽出来。然而在几周之前，他还只会把自己的手收回来，玩具还会留在纸巾下。

宝宝的记忆能力在不断增强。当 6 个月左右的宝宝看到你是如何准备他的小瓶子、充好水球或者往浴缸里放满热水时，他会表现出很兴奋的表情。他知道接下来会有美好的事情发生，因为他对此有记忆。

新的尝试

当妈妈或爸爸把宝宝抱在怀里，宝宝把握在手里的勺子掉在地上时，宝宝会看向那个勺子。但是他不会尝试着重新抓起它。为了能够正确估计出掉落高度，宝宝需要用不同的材料来做不计其数的物理实验——但是这不会持续很长时间。

7~9 个月

你的小小探索者对于这个世界所形成的印象越来越丰富多彩了。

准确的观察

对于我们的小小探索者来说，世界变得越来越大了。当你坐在地上，把宝宝抱在膝间，而他看到远处有玩具时，他会弯曲身体，伸长胳膊，直到够到玩具为止。如果这时再把玩具娃娃或玩具熊盖在纸巾下面，只露出一条腿，那么宝宝会满怀期待地把纸巾抽走：“哇，娃娃！”即使你在他面前用一个杯子把一辆小玩具车扣起来，宝宝也能立刻寻找出来，并把杯子高高地举起。

你可以不断地改变这个藏猫猫的游戏，因为这个年龄的宝宝喜欢刺激，比如把一本书放在积木前，或者摊开两张纸巾，并在其中一张下面放一个玩具（宝宝在旁边仔细地观看）。如果宝宝接下来能够揭开有玩具的纸巾，那么这其中给宝宝带来的乐趣会加深他的记忆。

空间感知

如果你把一个小玩具藏在一个杯子中（两者颜色应明显不同以便区分），那么你的宝宝会先抓住杯子的边缘，然后摇晃它。接下来宝宝会有意识地把手伸到杯子里，把玩具拿出来。就是这样！一个新的发展阶段来临了：宝宝已经认识了第三个维度——深度。在游戏中，宝宝还学会了区分前方、下方和后方。如果你的小小探索者在书后面找到了积木，那么“后面”这个关系词就产生了，并在他的大脑中留下了印象。

行为联系

在1岁的第9个月，宝宝会逐渐发展将两种行为联系在一起的能力。比如在他用瓶子或水杯喝水时突然在远处发现了有趣的东西时，他会中断喝水的行为，立刻有针对性地爬向目标物。但是不一会儿他又返回到了水杯这里，重新开始喝水。当然整个情况也可能完全不同：宝宝在玩，感到口渴了，他知道他的水杯在哪，于是他会慢慢地爬过去喝水，然后再次返回到玩具旁边。

识别关联性

当电话响了或者有人敲门时，宝宝都会期待地看着你。他知道特定的声响会导致相应的行为发生，比如这个黑色的设备响的时候，妈妈就会说话，会听到祖母的声音从小盒子里传出来。这种事先的思考使得宝宝能够越来越紧地跟上日常生活的轨迹。

10~12个月

随着运动量的增加，我们的小小爬行者很快就开始了迈出第一步的尝试——宝宝的视野扩大了。但是父母还是发现了许多如果不是以孩子的视角就可能会忽视的东西。

高强度的学习

从第10个月开始，宝宝逐渐开始发展两个重要的基础能力：观察和集中。你的宝宝以与日俱增的兴趣仔细地观察着你在干什么，并且模仿着你。这种“这样做，就好像”的游戏要求他精神高度集中，比如他在没有梳子的情况下梳头时。

你的宝宝还会注意力高度集中地观察他身边事物的最细小的细节，比如玩具车上的轮子或者玩具娃娃的眼睛（或者亲子课程上游戏伙伴的眼睛）。同时他的大脑会储存每一个信息。

玩具需求

宝宝通过在这几个月里的学习，当他想要够远处的物品而手臂又不够长时，会借助于棍子或烹饪木勺来达到取东西的目的。这当然也蕴藏着危险，比如他在桌子上看到某个物品时，他会通过拉桌布的方式来获得。你可以将房间布置成儿童安全房来尽可能避免这种危险的发生。

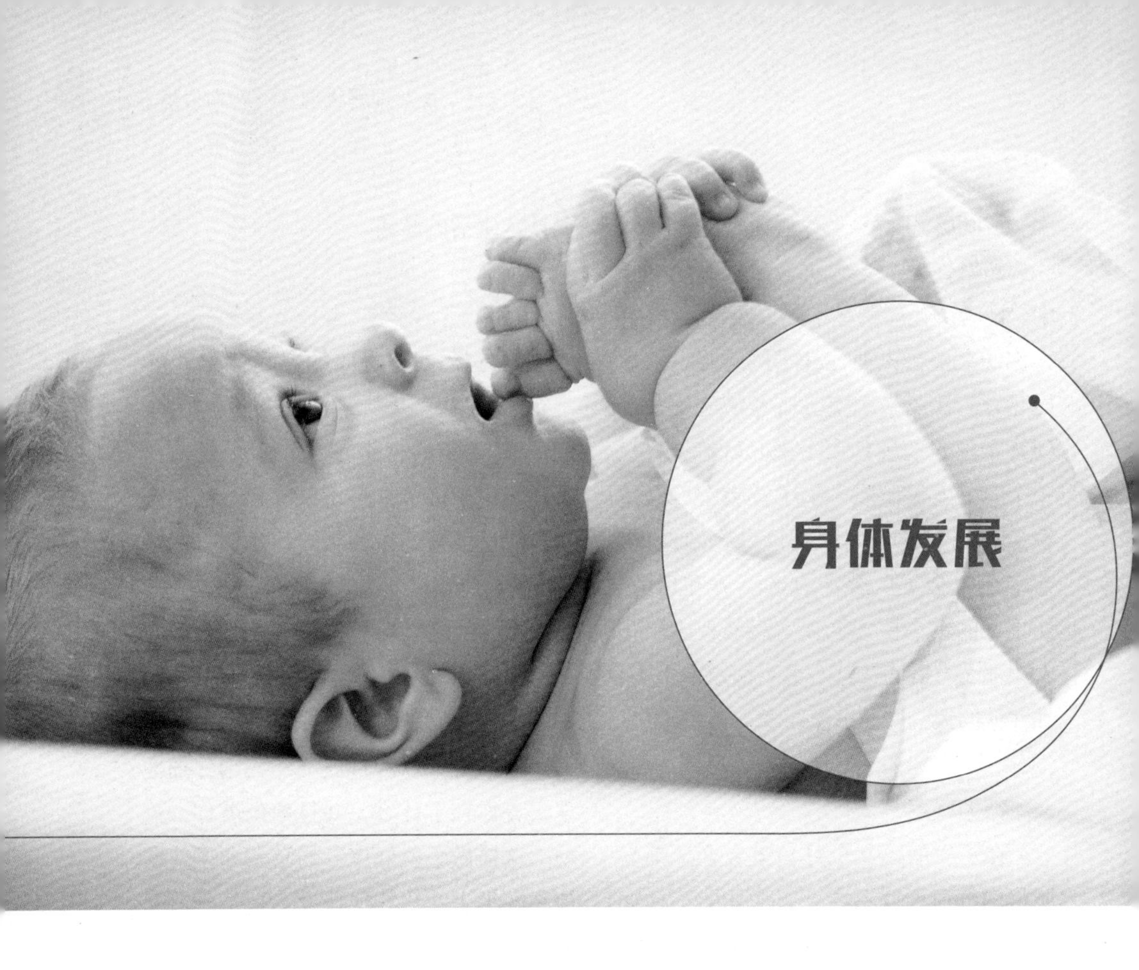

1 岁是很多变的年纪 —— 对于父母和宝宝来说都是。在刚出生的 12 个月中，宝宝的体重会翻 3 倍，会长高 20 厘米，会以惊人的速度发展着自己的感官。人在一生中再没有像在这个时间段内经历过这么多的第一次了：从第一次啼哭到第一次微笑，从第一次翻身到第一次走路，从第一次会坐到第一次说话。

客观地考虑，宝宝即使在母体中待 40 周也是无助和不成熟的。小牛或小山羊在出生几分钟后就能够站立并行走，而人出生后需要一年的时间才能自由站立、奔跑以及有目的地使用双手，因此宝宝要完全依赖父母的关怀。但是他还是具备一些与生俱来的能力，比如自主呼吸。他从一开始就能够找到妈妈的乳头吃奶。他会自己吸奶，消化摄入的食物，筛除所有他不需要的东西。此外，宝宝在一出生就具有非言语表达的能力。当他饿了或者感觉不舒服时，就会大声地发出信号。所有这些能力对于一个健康的宝宝来说都不需要学习，而是与生俱来的 —— 这是生命神奇的开端。

感官

从第一天起，宝宝就感觉得到自己的身体，感受得到他周围的环境。虽然宝宝借助于感官能够获得大量的信息——通常情况下，他能够用眼睛看，用耳朵听，能够感受到自己的身体，但是开始时仍然无法分辨出所有的感觉。比如他还不能够估计毛绒动物玩具离他多远，或者发出美妙旋律的玩具钟挂在了哪里。只有通过随着年龄增长而获得的大量经验，他的大脑才能学会分类整理并理解信息。这些感官是发展的基础。

听

宝宝在母体中就能够感受到声音了——妈妈心脏跳动的声音，血液在血管里流淌的声音，而且外界的声音也会传入他的耳朵。因此有些声音在宝宝出生之后会得到他的信任——特别是妈妈的声音。新生儿的耳朵还能够感知到许多细小的声响，如轻微的窸窣声、地毯上的脚步声或者敲门声。但是宝宝需要通过逐渐学习确定并了解这些声音的来源。

看

即使眼睛发育得已经足够成熟了，但新生儿的视力还是不能像成人那样敏锐。在母体中漆黑的环境下，宝宝还不能训练他的视觉系统。只有在出生后，宝宝的眼睛才会学习处理光线，视力和视敏度才会慢慢做好感受对比度的准备。由于这个原因，新生儿在出生后的头几天看到的许多东西都是模糊的。只有25厘米之内的物体他才能隐隐约约地感知到——他最容易感知到的是有着强烈对比度的大物件（比如白色背景下的黑线）。只有妈妈的面孔宝宝能很好地辨认出，甚至能够和其他人区分开。

嗅

新生儿的嗅觉是非常灵敏的。如果人们在一个宝宝出生后立刻把他放在妈妈的肚子上，那么他就会嗅到妈妈的气味，并记录下来。从现在开始，宝宝就能够用气味辨认出妈妈了——几天之后甚至能够区分妈妈的母乳和其他妈妈的乳汁。他敏锐的小鼻子让他即使在漆黑的环境下也能够准确地找到妈妈的乳头。

如果宝宝闻到了让他感觉不舒服的气味，他会剧烈地手舞足蹈。因此，最好不要通过强烈的气味来刺激宝宝的嗅觉，如香水或面霜。

尝

嗅觉和味觉是紧密相连的两种感官。新生儿能够很好地感知味觉，他从一开始就有能力区分不同的味道：甜的、酸的、苦的和咸的，而他更偏爱甜的味道。

触

皮肤是人体最大的器官。在每一寸

肌肤上都包含着成千上万个细胞和神经纤维，可以立即将任何触觉传递给大脑。新生儿在被高举、抱起以及抚摸的时候他都能感觉得到。他会觉得亲昵是美好的事物，而当尿布接触到皮肤让他感觉不舒服的时候他也会发出信号。宝宝能够很快地区分他触摸到的事物是光滑的还是粗糙的，软的还是硬的。他皮肤感受到的舒适感越多越好。

反射

除了上述五种感官外，新生儿还具有能够保证其存活下来的其他技能：反射。反射是一些无意识的过程，这些过程按照一个特定的模式进行，然后立刻引起一个特定的刺激。人们将其分为：

- **先天反射**：先天反射是由于接触（比如吞咽反射和觅食反射）或者可怕的经历（如拥抱反射）引起的。
- **保护性反射**：比如宝宝在趴着的时候会把头转向一侧以使自己能够正常呼吸。咳嗽反射和喷嚏反射也属于这一类反射。
- **紧张性反射**：它们相互决定身体部位的姿态。
- **扶正反射**：在扶正反射的帮助下，宝宝才有能力调整头部和身体运动以及受重力支配的手臂和腿。
- **状态动力反射**：这一平衡反射存在于人的一生中，它使我们能够保持平衡。这种反射大约从宝宝 7 个月大时开始形成，在第 12 个月基本发育完成。

反射性反应一览

确切地说，人们更应该把儿童早期与生俱来的反射称为反应，因为反射通常情况下是不会发生改变的 —— 相反，反应则会。

最重要的反射性反应包括：

- **觅食反射**：如果你的宝宝感受到了来自侧面的接触，你用食指温柔地抚摸了他或者他触及了妈妈的乳头，那么他就会自动把头转向一边，开始吮吸。这个反应会持续到宝宝 3 个月大时。
- **吮吸反射**：你一旦接触到宝宝的嘴角（用手指、乳头或者奶瓶的奶嘴），宝宝就会张开小嘴，开始吮吸放进他嘴里的东西。这种反应会在 12 周之内消失。
- **抓握反射**：当宝宝感受到你的手指或某一物品（比如摇鼓）触及了他的手心的话，他就会用所有的手指抓住它，用力地握紧它。同样的，当你用手指轻柔地触摸宝宝的前脚掌时，他也会做出相似的反应 —— 他会蜷曲脚趾，试图环住手指。这种反应会在宝宝 5 个月的时候消失。
- **拥抱反射**：宝宝一旦有跌落的感觉（当他的头向下倾斜的时候），或者当他由于突然的运动或刺激而受到

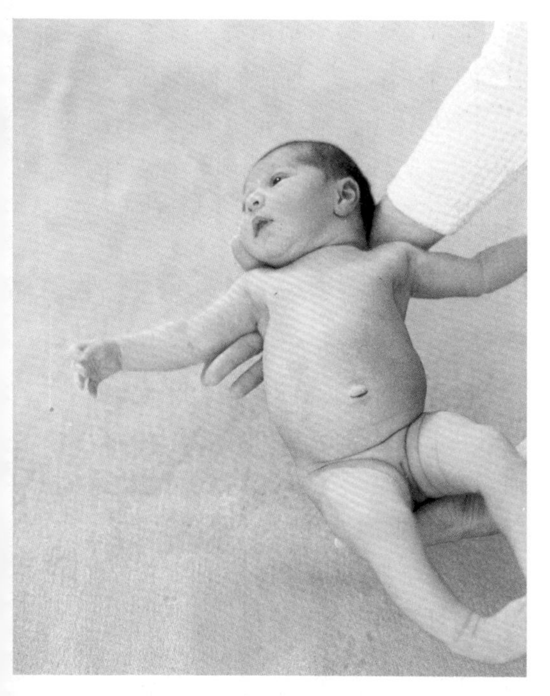

在出生后的头几个月中，宝宝用拥抱反射来对未知的运动做出反应。

惊吓时，他就会采取蜷曲的姿势，张开他的胳膊，然后再立刻放回身体上。人们在被妈妈环抱住的猿类宝宝身上也惊奇地发现了这种反应：当由于妈妈的移动而导致猿类宝宝的头向后倾斜时，猿类宝宝就会把妈妈抱得更紧，以防自己掉下去。爸爸妈妈可以把拥抱反射当作一个提醒性的通知，在宝宝还不能自主控制的时候，要始终小心地托住宝宝的头。

请尽量避免触发宝宝的拥抱反射。让宝宝能时刻拥有安全的感觉，避免突然和匆忙的动作，比如急速高举或毫无准备地放下。同样不要有强烈的刺激，比如强光或突如其来的噪音。所有你准备做的与他有关的事情都要跟他事先说明，解释给他听你要做什么。用这种方式让宝宝对将要发生的事情“做好准备”，也可以防止他产生压力。拥抱反射在宝宝 3 个月时最为明显，但是在 6 个月时就会减少了。

◎ **行走反射**：当你用两手托住宝宝腋下或者让他的脚触及坚硬的地面，他就会抬起一只脚，弯曲膝盖，做出似乎要向前走的动作。这种反应会持续到宝宝 3 个月大时。

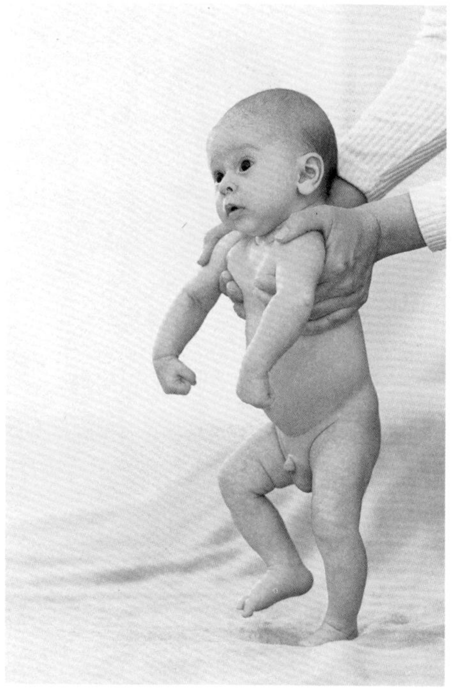

当婴儿的双脚触及地面时即会抬起小腿做出走的动作。

○ **包尔氏反射**：让宝宝俯卧，轻压其足底，宝宝就会想要挣脱，并做出爬行的动作。这种反应也会持续到3个月。

1~3 个月宝宝的运动能力发展

婴儿运动技能的发展最确切地说是从头到脚的发展。眼睛和脖颈的肌肉是宝宝最先能够控制的身体部位。当宝宝用眼睛来观察一个活动的物体时，脖颈的肌肉就需要试图保持头部笔直，以保证眼前的图像不会消失。对于3个月的宝宝来说，一旦他的视线固定到某一个物体上，他就会做出激烈的反应，手舞足蹈，表明他看到了。机灵的宝宝甚至会用两只小手指向物体所在的方向。

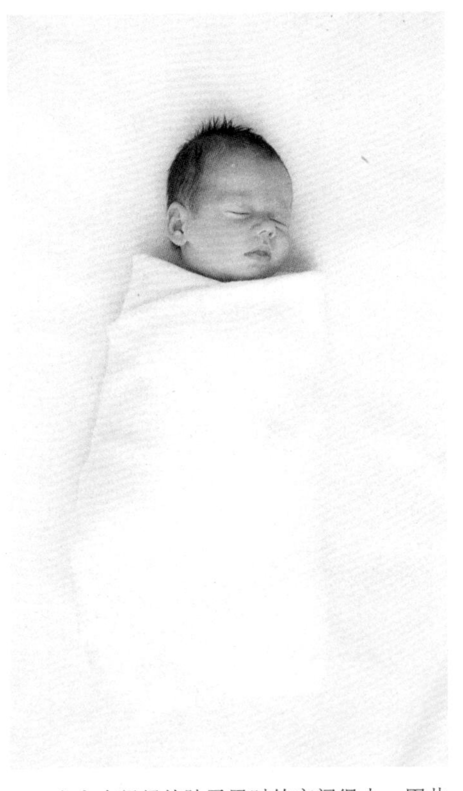

宝宝在妈妈的肚子里时的空间很小，因此在他出生后的几周内他会更享受蜷曲的姿势。

完全弯曲姿势

在前几周，婴儿无论是俯卧还是仰卧时都会保持完全弯曲的姿势：肘部弯曲，手臂蜷曲在胸前。宝宝的腿也会朝肚子的方向拉伸弯曲。小手攥成拳头，把拇指完全包住。此时的他还无法有意识地打开双手，伸开手指。

宝宝2个月时这种完全弯曲姿势就会变得不明显，同样握拳姿势也会变得不明显。第1个月后期的时候宝宝就会越来越经常性地把小手打开，打开的时间也会越来越长。

信息

宝宝会这样：

○ 经常保持弯曲的姿势。

○ 仰卧时将头偏向左边或右边。

○ 两手握拳，拇指扣于其他手指之中。

○ 俯卧时会把头微微抬起。

○ 一旦他感知到手心触及某物时就会做出抓握的动作（抓握反射）。

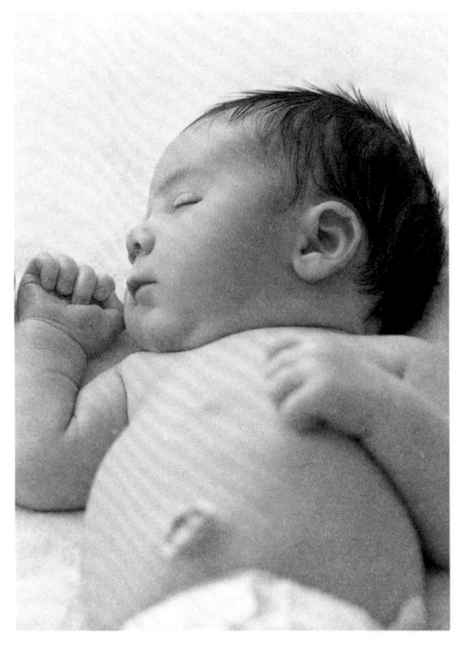

仰卧时把头偏向一边。请注意宝宝有时把头向左偏，有时把头向右偏。

信息

俯卧和夭折

专家们总是会发现父母们不喜欢让宝宝采取俯卧的姿势。“大多数突然死亡的宝宝都是发生在俯卧时。”充满担忧的爸爸妈妈们说。实际上总是长达几小时采取俯卧或者侧卧姿势的宝宝突然死亡的危险是非常大的（见第114页）。但是也并不意味着宝宝完全不能俯卧。在宝宝醒着且腹中尽可能没有食物的状态下，俯卧也是一种很好的姿势，可以加强宝宝爬行时需要的颈部、肩部和躯体肌肉。

宝宝仰卧时会把头向右偏或向左偏，几周之后宝宝就有能力把头保持在中间的位置了，最晚 3 个月之后也可以做到了。

俯卧

1 个月的宝宝已经可以在他俯卧时把头微微抬起了。有时他甚至能够把头从中间的位置偏向一侧抬起，然后再次放下。通常这种情况是由反射引起的头部抬起，即转动的动作。宝宝的胸腔会打开，肺部能够更好地舒展，这让宝宝能够更顺畅地呼吸。俯卧时的头部抬起动作无疑是宝宝出生后头几天最杰出的能力体现。这也是保持脊柱平直最重要的第一步。通过每天的练习以及对于站立和行走的极大意愿，宝宝出生后的 12 个月内在运动技能的发展上会取得巨大进步。那一自己迈出的伟大的第一步就始于这出生后前几天的抬头，然后在接下来几周的俯卧中得到训练。

宝宝，抬头……

大约 3 个月之后宝宝就能够在仰卧时主动把头保持在中间的位置，并能够按照意愿把头偏向一侧，以跟随某一声音或将视线固定在某一物体上。宝宝在俯卧时能够把头从 45 度转到 90 度，并能够自主保持大约 1 分钟的时间。因为他通过这种姿势可以抬起和伸展颈椎和胸椎，所以宝宝能够把上臂从胸前抽出，并用下臂支撑。他的小手张开的程度越大，就越能给下臂支撑提供更坚实的基础。

在宝宝能够把头抬起的同时，他渐渐地也能够放下臀部。伸展出的腿能够额外地给他安全的支撑。随着时间的推移，他身体的重心就会慢慢地移向臀部。这个姿势给宝宝提供了绝佳的视角观察附近存在的事物，而且对于腹肌和背部肌肉都是一个很好的训练。

宝宝还太虚弱，无法用下臂支撑自己，但是他的力量正与日俱增。

使俯卧变得容易

在你的宝宝还不能自行俯卧以及无法自己保持头部位置的时候，他就需要你的帮助。最理想的状态是你辅助他从仰卧经翻身到达俯卧的位置。如果你一次把宝宝翻到左侧，一次又翻到右侧，那么他今后就会更容易向身体的两侧翻转。为了保持俯卧，宝宝需要大量的力气和身体投入。很多情况下他没有足够的力量保持这个姿势。对于这些宝宝来说，加强身体肌肉的“练习”就非常重要了。为了避免宝宝负担过重，你可以经常帮他翻几秒钟，当然更多的是转向肚子——比如在每一次翻转的时候。

宝宝无法抬头

有些宝宝虽然能够俯卧，但是无法抬头，相应的也无法用下臂支撑自己，而是更喜欢停留在一侧——只看向左边或者只看向右边。毫无疑问，这个姿势并不舒服，宝宝会哭闹。只喜欢偏向一侧的原因不仅仅在于缺乏力量，还可能在于脊柱、头关节和胸腔的阻滞（见第 58 页）。或许你的宝宝拒绝俯卧，是因为他由于腹腔压力、胀气、反流或者其他消化问题而觉得这种姿势很不舒服。在这种情况下你可以晚一点再尝试。

当然你的宝宝不喜欢俯卧可能还有其他原因，你不要强迫他做这个姿势，因为这会使情况变糟。你可以向儿科医

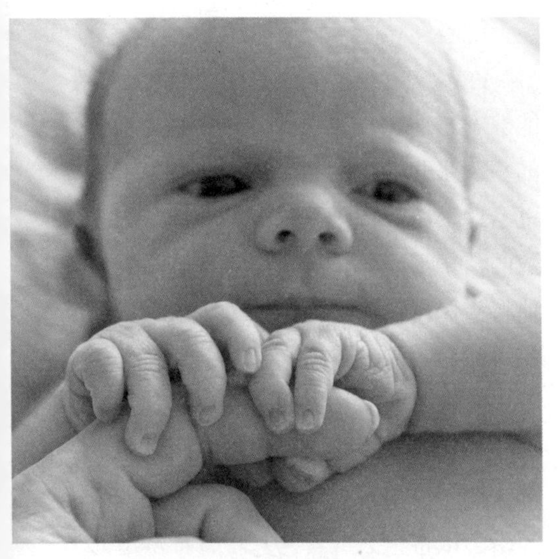

宝宝还这么小，多亏抓握反射，他才能够正确地牢牢握紧。

宝更容易俯卧，你可以将一条卷起的毛巾横放在宝宝的胸部下方，这样一来胸骨下降，宝宝的手臂就能得到更好的支撑。因此下臂支撑就会更舒适，宝宝俯卧的时间就会更长一点。

抓握

抓握反射在前6周表现得非常明显。一旦你触及宝宝的手心（比如用手指），他就会自动用手去抓。“我的宝宝已经能够抓东西了”，许多父母都会兴奋地描述宝宝的这种反射反应。

生咨询。受过专业训练的儿童骨疗师、颅骶疗师和心理诊疗师也可以给你提供帮助，解决现有的阻滞问题，从而使宝宝喜欢上俯卧的姿势。

宝宝不喜欢俯卧

有些宝宝虽然有足够的力量，但总是只保持短时间的俯卧，他不喜欢这么做。他们太寻求安逸了。在这种情况下就需要你来激励他进行俯卧。最简单的激励方式就是你躺在他前面的地板上或者蹲在他前面，这样你们两个的视线就一样高了。然后用温柔的声音表扬他，他能这么勇敢地接受“训练”。还有，能够分散宝宝注意力的玩具（比如摇鼓）也可以起到辅助作用。为了使宝

信息

3 个月的宝宝可以做到：

○ 自我舒展。

○ 张开小手。

○ 用两只下臂支撑身体。

○ 把他的头部保持在中间位置，并能够将头从一边转到另一边。

○ 俯卧时抬头至 45° ~90°，时长 1 分钟。

○ 视线固定在一个人的脸或一个物体上。

○ 半张开手并指向他认识的物体的方向。

○ 对小钟发出的声响有意识地做出反应。

4~6 个月宝宝的运动能力发展

宝宝在出生后的头 3 个月里已经从出生的辛劳里恢复过来，而且积蓄好了能量。现在加强肌肉力量和活动关节就被写在了他的“训练科目”上。这些课程宝宝每天都在很用功地练习……

现在宝宝可以用伸展的双臂支撑住自己了，但是臂肘还几乎无法触地。

俯卧

许多宝宝在第 4 个月刚开始就已经能够安全地、自主地俯卧了。因为宝宝的小手张开的幅度越来越大，所以下臂也给这个姿势提供了稳定的支撑。大多数的孩子都能够在这个姿势下毫不费力地将头保持在一个地方 1 分钟或者更长的时间。

可能用不了几周的时间宝宝就会开始一个新的发展阶段。当宝宝感觉用下臂支撑已经很安全的时候，很快地就会开始尝试将一只或者两只手臂都从地面上抬起来。接下来是将腿抬起，以至身体的整个重心都放在肚子上，就像一个小小的游泳者在积极地用手臂和大腿在空气中划行。

在第 6 个月月末的时候，宝宝就会将手臂伸展，支撑住打开的手掌，肘部不会再接触地面。他的身体重量转移到了耻骨的方向，腰椎伸展——对背部肌肉和腹部肌肉有很好的锻炼。

宝宝 6 个月的时候会具有一项新技能，大多数的宝宝会在第 26 周左右开始尝试在躺着的姿势下保持平衡。你可以在游戏中让他尝试：让躺在毯子上或者毛巾上的宝宝转到俯卧姿势。一旦他把头部抬起，脊柱挺直，用双手支撑地板，你就小心地把下面的毯子或毛巾拉到一边。宝宝会根据经验立刻做出反应，他会用手臂和腿部相互支撑以保持身体的平衡，以防跌到一边。整个过程你都要从旁仔细观察，以防宝宝不受控制地突然仰过去。

抓握

按照经验，抓握反射最晚在 4 个月的时候会逐渐消失。所以大多数的宝宝在这个时候就会发现他有两只手——他可以用它们很好地玩耍，可以触摸它们，可以使它们相互叠加在一起，甚至可以把它们伸进嘴里。所以这个时候放在宝宝面前的东西都不再那么安全了。

宝宝会经常摸自己的手，观察自己的手，这样宝宝就逐渐产生了意识，知道了自己的手在哪。在接下来的几周，宝宝开始眼手合作，他会有目的地去抓你给他的玩具——可能是一块木头魔方、一只勺子或者一个毛绒动物玩具。这时“手掌抓握”就显而易见了：宝宝会用整个手掌连同拇指一起握住这个东西，然后将其旋转以从各个侧面观察它。从这一刻起宝宝开始不断地尝试这个动作。

6 个月的时候，许多宝宝还只会用一只手有目的地抓东西。大多数情况下，他们会同时伸展手臂，张开手，从下往上抓东西。此时他们都是通过中轴线来抓握——这对于日后的自主旋转是非常重要的。当你仔细观察的时候会发现，在宝宝的眼手合作中还有一个重要的里程碑：如果宝宝想要抓住某一物体，他的手就必须立刻在物体前控制住速度，这样才能够抓得住。

手掌抓握

整只手连同伸展的拇指一起握住这个物体。

同样的，许多 6 个月的宝宝还能够把一个玩具从一只手换到另一只手中。如果你在这一刻还不感觉惊奇的话，那么当你听到他接下来会用两只手同时做两件不同的事情时一定会感到震惊。这需要很强的合作能力。

牵拉尝试

当儿科医生试着小心地将宝宝的小手拉高（牵拉尝试）的时候，宝宝通常会屈膝，抬腿至几厘米高。开始时宝宝甚至还会用力将头抬起一会儿，但是随后又精疲力竭地低下头去。

5 个月末的时候，宝宝能够在坐着（还需要你握着他的小手）的时候将头抬起 1 分钟。此外，当人们把他的上身从坐姿小心地转向一侧时，他还能够试着控制头部的倾斜度。在 6 个月末的时候，大多数的宝宝都能够高兴地去抓人们伸给他的手指。他甚至还会尝试自己往上拉。此时的宝宝在做牵拉尝试的时候已经能够很好地控制住头部，有时甚至能够用下巴触及胸部。

6 个月末的时候，许多宝宝无论是在坐（还需要扶持），还是在俯卧或仰卧的时候都可以很好地控制头部了。这为不久就会发生的自主坐姿奠定了坚实的基础。此外，宝宝这时还会有意识地把头抬到肩膀的高度并能够转向两侧。

为什么我的宝宝会把头往后仰？

宝宝总是会找到一个最舒适的姿势。因此，过度伸展的姿势就预示着宝宝的脊柱在出生时受到了猛烈的挤压，或者头关节，也就是颅底和第一颈椎之间的位置发生了阻滞（见第 58 页）。这种阻滞妨碍了宝宝将头向前往胸骨的方向移动。取而代之的是他会一直把头往颈背“放置”，就好像他在向上和向后看，这就是“过度伸展”。

过度伸展的原因是多种多样的：可能是生产时间过长，也可能是宝宝没有滑进骨盆。胎膜早破也同样会导致过度伸展和急产。如果妈妈仰卧，宝宝在离开产道时是以向下看的方式来到这个世界上的，那么就可能导致头关节阻滞。同样，如果宝宝是脸或者额头先出来的话，也可能导致过度伸展。因为出生的姿势对宝宝的脸会产生很大的压力。相反，后头位是最舒适的出生姿势，后头位是指宝宝的头连同下巴位于胸前，脸朝向妈妈的骶骨。在这种姿势下，宝宝的颈椎脊柱更加稳定，不会发生过度伸展。

信息

6 个月的宝宝可以做到：

○ 轻松且笔直地（对称地）仰卧。

○ 当有人辅助他直立时，他能够用足尖支撑自己，也可以用整个脚掌支起双脚。

○ 两只手在体前重叠，还可以把手放在嘴里。

○ 自主翻身到一侧——从俯卧和仰卧的状态。

○ 俯卧时用下臂支撑，并将双手短时抬高（做出游泳的动作）。

○ 俯卧时抬起一只手去抓东西。

○ 用整只手抓东西，拇指伸开。

○ 将玩具在两只手中传递。

○ 仰卧时抬起双膝和双脚玩。

○ 眼神随着跌落的玩具移动。

7~9 个月宝宝的运动能力发展

在过去的几周和几个月里，宝宝主要在发展肌肉的力量。双手体前握，以及对称坐立也是每天必需的“训练课程”，这是为了使头部稳定地保持在中间位置。同时，颈部、肩部和躯体肌肉已经足够强大，以至宝宝能够进行单侧动作：他可以移动身体重心，将身体偏向一侧。他能够同时抬起双臂和双腿，这是爬行所必需的动作。7 个月末的宝宝已经能够在俯卧时伸展手臂达至少 3 秒的时间，这时稳定的躯干就承担了大部分的支撑任务。

仰卧和俯卧

许多宝宝在这一时期仰卧的时候会发现自己的双脚。他甚至会把脚趾放进嘴里 ——这是一个非常显著的能力，因为这显示了宝宝臀部的运动力量有多强大，同时还能看出宝宝的手脚协调能力。这就说明宝宝的发展已经到达了另外一个非常重要的阶段。在接下来的几周，宝宝的目标是:能够自己向前移动。爬行是宝宝发展阶段中非常重要的一个里程碑 ——因为只有这样宝宝才能够移动，但是这需要宝宝事前进行非常刻苦的练习。

儿童医生和心理治疗师称，宝宝大概在 7 个月左右的时候才能够培养出主动从仰卧翻身成俯卧的能力。在这一刻，宝宝的父母总是会难以置信地问其他的家人:“你是把我们的宝宝这样放着的吗，还是他自己翻的身？”在此期间，每一个宝宝都在发展着改变自己姿势的技巧：比如先翻脚和腿，这样臀部就会偏向一侧，最后肩膀再放置在新的位置上。而有些宝宝会先从上半身开始翻转:先把小手置于身体中间偏向一侧，紧接着目光跟随，头部和肩膀跟随，然后翻转臀部，最后腿连同脚一起翻转。这两种技巧产生的效果都是一样的，他会惊奇于自己还会翻身。从现在开始，

信息

从襁褓桌上跌落

一项由德国科学家在 1995—1999 年所做的研究表明：在 3 岁以下宝宝所发事故中，从襁褓桌上跌落占 1.7%；80% 的事故发生于宝宝 1 岁之前。特别引起注意的是：在事故发生的时候，60% 的父母在给宝宝换尿布时都是没有分神的，而是宝宝过于躁动和活跃，或者父母时间紧急，因此很仓促。为了避免颅骨外伤等头部损伤，你要时刻注意照看自己的宝宝 ——即使换尿布对于你来说已经是驾轻就熟的事情了。当宝宝手脚一直动个不停的时候，你可以在地上或者床上给他换尿布。

宝宝的内心独白就可能是:“我不需要你帮我挪地方了，我现在终于可以自己动了！”

向前走

宝宝以多种方式发展着完全不同的前行技能。

5~6个月时，宝宝能够从仰卧翻身成俯卧——不久以后也可以反过来从俯卧到仰卧。俯卧时他可以以自己为轴旋转。

8~9个月时，许多宝宝就会匍匐前进了：用肚子、手臂和腿着地，抬起头向前“拖行”。当右手臂向前移动时，宝宝会同时将左膝向臀部的方向拉伸；同理，左臂向前时，会同时蜷曲右膝，并向臀部方向拉伸。匍匐前进的阶段不会持续很长时间，通常情况下2~3周之后就会过去。因为几天之后，宝宝的肌肉就会被训练得足够结实，能够将下臂从地面上抬起，而不只是双手触地。现在距离爬行就只剩下一小步了。

抓握

大约在7个月的时候你就可以加强对宝宝手眼协调的训练了。如果你同时给宝宝提供两个物品，比如两块积木或者两个勺子，那么他就有可能会用两只手相继去抓物体。在初始阶段，当宝宝用第二只手去抓另一个东西的时候，前一个东西就有可能从第一只手里滑落。但是大多数宝宝8个月时就已经能够用双手分别抓住一个物体，并保持几秒钟了。专家将这种能力称为双边协调——这是宝宝发展过程中的又一个里程碑。

抓握动作渐渐变得越来越精准了。宝宝不再用整个手掌来抓握了，而是越来越知道用弯曲的手指和伸展的拇指来抓东西。当你提供给他细小的物品，如一根毛线、一本薄书或者一个衣夹的时候，你就能够很好地观察到宝宝的这种“剪式抓握”。

哎呀，是什么在叮当作响？

宝宝不仅抓握动作会越来越精确，对待玩具的方式也发生了改变。9个月

当有东西引起宝宝的注意时，宝宝就不会再驻足，而是快速地爬向它。

的宝宝会意识到用手不仅可以抓东西，还可以松开它。他学习到，当他张开他的手时，积木就会掉落，然后发出叮叮当当的声音，这声音真美……

坐

当宝宝仰卧，你把手递给他时，他可能会自己坐起来。许多宝宝在大概 8 个月时甚至已经能够自己坐几秒钟了，即使他还需要用手臂向前支撑自己的身体。而在 8 个月末的时候，许多宝宝在无人帮助的情况下至少能够保持 5 秒钟的坐姿。

当你过一会儿再把宝宝放倒成仰卧姿势的时候，他会自己摆成“躺着的小陶俑”的姿势。他把身体转向一边，保持头部倾斜，用下臂支撑住自己，用另一只手去抓取目标物。这种姿势加强了平衡感，是完成从俯卧到坐姿转换的一个非常重要的起始姿势。

信息

9 个月的宝宝可以做到：

○ 按照自己的意愿从仰卧翻身到俯卧——或者相反。

○ 俯卧时以自己为轴旋转。

○ 能够匍匐前进或爬行。

○ 能够四肢着地，会向前晃或向后晃。

○ 能够独自坐立，持续时间大约 1 分钟，用双手向前支撑。

○ 用两只手抓一个物体，并握住一会儿。

○ 能够将一个物体从一只手传递到另一只手，并有意识地让它落下。

○ 掌握剪式抓握。

正确的时间点

上述的姿势练习类似于儿科医生做的牵拉尝试（见第 47 页），牵拉尝试能够给医生提供很重要的参考点来确定宝宝的发展状态是否符合他的年龄。非常重要的一点是，作为父母你绝不要试图模仿。1 岁宝宝相应的肌肉发育完全的时候才是宝宝独立自由坐立的时间点，这时他的身体会摇摆，会向前或向侧面支撑自己，为了不使自己头朝下倒下来。如果过早地让宝宝坐立，即使用外力做好了支撑，也有可能造成宝宝背部的不适——严重者甚至会导致今后的久坐性驼背。要有耐心！你的宝宝很快就可以在毫无帮助的情况下自己坐起来了——根据经验，这个时间点大约在宝宝 9 个月或 10 个月大的时候。然后宝宝在坐着的时候也会保持头部笔直，而且能够做出点头和摇头的动作——这是头关节能够自由活动的标志。

不同的坐姿

在坐起来的方式上，宝宝是非常具

原来坐起来可以从另一个角度观察这个世界，双手也可以解放出来。

有创造力和想象力的。特别受欢迎的一种方式是：先从四肢着地的姿势开始把屁股向右脚或左脚的方向落向地面，然后通过这种侧坐姿势转换到真正的长坐姿势，也就是两腿伸直地坐。还有的宝宝会选择从“陶俑姿势”过渡到长坐姿势，也就是先侧方位直立，再全部直立。还有一种不太常用的近乎杂技的方式：从俯卧的姿势开始，双手撑地，经过劈叉，再将双腿移回来，摆成坐姿。通常情况下宝宝都会避免自己偏离重心位置，他们最喜欢坐着玩眼前直接能看到的物品。他们绝不会失去平衡，也就是说他们会控制自己以防重心侧移。如果这时你小心地向后推宝宝，他们会很害怕。

有些宝宝骨盆的柔软性不高，而且坐姿所必需的后腿部肌肉也不够松弛。而有些宝宝的双腿却很松弛，他们更喜欢将双腿伸展，不会向肚子的方向拉伸。而这可能是早期头关节或骨盆阻滞的信号。在这种情况下就需要接受医疗性健身体操或骨疗法的治疗。

还有一些孩子虽然能够从四肢撑地的姿势转换到坐姿，但是每次都是从同一侧转。这些宝宝通常只用屁股的一边坐着。他的脊柱会呈 C 形，头更倾向于身体倾斜的反方向。如果你的宝宝更喜欢采用这种坐姿，那么就从他头倾斜的一侧递给他玩具。宝宝的好奇心几乎总是会获胜——好奇心会驱使宝宝很快调整倾斜的坐姿。如果几天之内做了多次试验也没有改变原有状况，那么你就应该带宝宝去看儿科医生、骨疗师或者物理治疗师了，看他是否存在身体单侧行为受限的症状。

9~12 个月宝宝的运动能力发展

在接下来的几周内，你应该观察宝宝是否（能够）爬行，因为婴儿期的爬行非常重要。如果你的宝宝不想自己爬行，那么建议你带宝宝去看一下骨疗师，看是否是由于阻滞问题妨碍了这一发展步骤（见第 58 页）。

从匍匐前进到爬行

在 10 个月末的时候，宝宝在爬的时候屁股开始抬高，以至从匍匐前进变成真正的爬行。在用手和膝盖支撑着向前走时，宝宝会向前或前后摇晃。如果精疲力竭了就会坐在小腿上休息。这就是他学习从匍匐前进转换到爬行的大致过程。

一旦宝宝在向前行进的过程中把屁股抬到了与肩膀同高的位置上，那么我们就说他已经学会了爬行的动作。刚开始时所有的动作还显得不那么协调，当一只手向前时，反方向的那条腿就得跟着向前，这种相互转换的动作还必须要加强训练。很快，宝宝就会协调地向前行进了：右手臂、左腿，左手臂、右腿……通过每天的训练，这种交叉式的协调动作会一次比一次快速，一次比一次流畅。

为什么爬行如此重要？

所有健康的宝宝都会在某一时刻学会站立，学会迈出第一步。一些宝宝更灵活一些，他们在 10 个月的时候就已经学会了这些动作，而有些宝宝则需要更长的时间，在 18 个月的时候才可以独立行走。每一个宝宝都按照自己的能力成长着，速度也会各有不同。如果父母对此一直做到心中有数的话，宝宝的发展也会更从容一些。而至于宝宝什么时候能够独立行走这一点根本不重要。更重要的是宝宝在走路前发展了什么行进技能——更确切地说是宝宝是否能够爬行。因为爬行是一项非常重要的技能。

爬行可以锻炼背部肌肉和腹部肌肉的协同工作，协调运动。肩胛带坚韧的宝宝将来能站得更稳。而且这也可以作为一个信号：几乎不能或根本不能爬行的宝宝在今后很有可能会面临学习困难，因为大脑两半叶还无法做到最佳的协同合作。

目前的发展趋势是每一个宝宝都应该有机会发展自己独特的前进技能，宝宝的运动技能发展不必严格按照教科书进行（匍匐前进、四肢着地、爬行、走）。当宝宝用伸展的双腿匍匐向前行进，一条腿收回靠向屁股的一侧，在房间里游逛，在地毯上摇晃着爬来爬去时，父母、朋友和亲戚会觉得这是一种有趣的个人风格，这表明了宝宝的自主个性。到目前为止，一切都很好。

与动物做比较

当你看到小马在跑的时候会向前抬后腿或者额外发展自己的行进技能时，

信息

婴儿时期就要接受治疗?

毫无疑问，孩子不是一台人们可以简单开关的自动装置。每一个宝宝每天都有其自己发展和进步的速度。因此，作为父母，在宝宝学习爬行的时候不应该强迫他按照时间表和计划表来进行。一些宝宝学得快一点，另一些宝宝学得慢一点，这是很正常的现象。但是在一个问题上人们还是存在分歧：爬行对于宝宝的继续发育是必要的吗？有些人认为不会爬行的宝宝日后也能够站立和行走。另一方则持反对意见："是必要的。爬行是行走的必经过程。而且对于加强大脑左右半球的协同合作具有非同一般的帮助。"尽管如此，针对无法爬行的宝宝，父母还是应该在其婴儿时期就带他去接受治疗。每一个健康的宝宝都有爬行的潜质，而且他们出于上述原因也应该得到密切的观察。在必要时，可能需要一个简短的辅助治疗时期。

你会猜测这些动物的幼崽会因为自己独特的个性而与年纪相仿的小动物的奔跑方式有所不同吗？

或者你预测它们的髋关节或后腿出现了问题，并且需要动物医生的帮助。实际上我们的宝宝在使用了不熟悉的行走技巧之后也经常会出现脊柱或肩膀或骨盆区域的阻滞。如果出现这种情况，宝宝就无法用传统的方式移动。因此我们建议你带宝宝去咨询骨疗师，看是否能够通过相应的治疗解决阻滞的问题。医疗体操的治疗（按照神经生理疗法或 Vojta 疗法）可以增加对宝宝爬的刺激。在这里，你也可以得到如何帮助孩子在家四处移动的指导。这些治疗措施非常有效。

爬行：走路前的训练

我们的大脑由两部分（大脑的左、右半球）构成，它们不仅有不同的任务分工，而且还在用它们各自的方式收集和整理信息。只有当大脑的两个半球共同合作的时候（同时发生），人才能进行清晰或者高效的思考。

大脑的两个半球由一个桥梁连接，即胼胝体。胼胝体由神经纤维束组成，抵达大脑的信息通过胼胝体从大脑的一个半球传输到另一个半球，使两个半球相互合作。左侧身体的所有感官印象都会被传输到大脑右半球，并在那里得到加工。同时大脑右半球控制着左侧身体的肌肉；相反，左半球负责加工来自右侧身体的感官印象，它同时还控制着这一侧身体的肌肉。

我们同时使用左右两侧身体时做出的运动——四肢不是平行使用，而是相互交叉"工作"——能够激活和加强大脑两半球的合作。这种交叉动作学习和训练越早越流畅（就像学习爬行一样），左右半脑之间的信息流运行得就越快。此外，手臂和腿的交叉运动还可以在大脑中开辟新的神经控制点。

从爬到站，再到走

如果会爬了，那么就离下一个发展阶段不远了：宝宝会把屁股抬高，然后膝盖就离开了地面，这样就开始了四肢着地行走——手掌和脚掌触及地面。接下来宝宝很快就能够独自站立。虽然刚开始的时候还会摇晃，不过腿部力量的日益渐长，10 个月的宝宝就能够双腿站立 1 分钟了。当然这是不够的，因为他关注的往往是那些需要他站起来才能看到的东西——无论是在桌子边缘、椅子上、箱子里还是在楼梯上。一旦他感到自己是安全的，就会向物体靠近。90% 的健康宝宝在他 1 岁生日的时候就可以沿着家具朝两个方向走了。

一旦你把双手递给宝宝，宝宝就会抓住它，从坐姿直立，然后双腿站立。接下来你就可以握着他的手，引领他走出人生中的第一步了。宝宝刚开始走路时还会把两腿分开，这样就导致走起路来有些不协调和踉跄。

但是你给宝宝的支撑越少，宝宝就能越早学会如何在躯体和头部离开地面时保持平衡。所以你不必给予他太多的帮助。俗话说熟能生巧，60% 的宝宝在 1 岁生日的时候都能在不借助外力的情况下走出他的第一步。

坐

通常情况下，大多数的宝宝在移动时都是遵循一定轨迹的，通过下面的方法，他们能越来越容易地成功坐起：从俯卧到四肢着地，再到侧坐或陶俑姿势，最后到直立坐起。坐起时双腿前

小建议

学习爬行

如果你看到宝宝已经会四肢着地了，那么你就可以考虑随后开始帮助他学习爬行了。怎么帮？让他觉得有趣，你可以跟着他一起爬。毫不迟疑地用四肢走路，鼓励你的宝宝赶上你。还有一种可能：把你的手或者一个吸引他的玩具（比如一个木头勺、一个球或者一个小盒子）伸向他，让他的好奇心驱使他往前爬：“嘿，这是什么呢？”

如果这样你的宝宝还是没有想要往前爬的意思，那么这招儿可能管用：用一条大一些的毛巾纵向从宝宝的胸部底下穿过，在背部将两端系在一起。然后将毛巾高高地抬起，让宝宝的手掌和膝盖刚刚触及地面。接下来在前进的方向上轻柔地给力，以保证毛巾轻柔地向前移动——能够握住毛巾就可以了，你不必拿它来“散步”。

伸，脊柱也得以完全伸展。专家称这种姿势为长坐姿——是一种宝宝既感觉安全，又能够玩一会儿的稳定坐姿。当宝宝在可抓取范围内看到一样东西，他会毫不犹豫地向前或向侧方向来抓取该物。在整个过程中，宝宝能够很好地平衡身体的倾斜度。但是如果有一只毛绒兔子离得很远，那么他就会把身体重心侧移，转换成四肢着地的姿势，然后开始向目标物爬。在接下来几周，训练的就是宝宝更快速地坐起，保持身体平衡，并从这个姿势进入下一种运动方式的能力。如果他感觉自己要倒了，就会立刻伸开双臂向相应的方向支撑自己的身体。

坐姿这一发育阶段的目的就是让孩子形成保持平衡的能力，以使其在采取长坐姿的时候，即使双腿抬起也不会跌倒。

抓握

在接下来几周，剪式抓握（见第 50 页）得以不断完善，直到学会“钳式抓握”。两者之间细微的不同在于：剪式抓握是拾起伸展的拇指和食指中间的小物件。而钳式抓握是用拇指和食指指尖来抓取东西。

宝宝在 11~12 个月会进一步完善这种钳式抓握，进化成高级钳式抓握。低级钳式抓握虽然也是用拇指和食指指尖抓取微小物件，但宝宝的食指还不会弯曲。但至少从这一刻宝宝开始了对细节的热爱：每一个人以及每一个细小的事物都会引起宝宝的好奇心，而且他会认真地观察，无论是妈妈脸上的一根睫毛，还是地毯上的一片碎纸屑或者盘子旁边的一粒面包屑，这大大锻炼了宝宝的精细运动技能。

宝宝 10 个月的时候，双手的协调能力已发展得很好，即使双手持物（如两个勺子）仍可在体前相握。他还可以一只手拿着东西，凑近，仔细观察。

低级钳式抓握

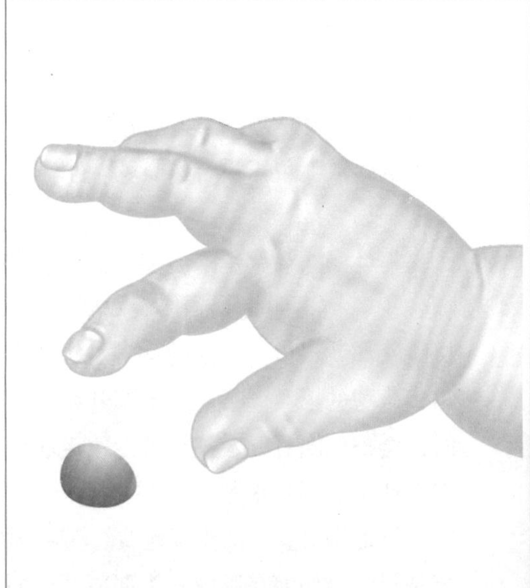

宝宝 10 个月的时候即能够用拇指和食指的指尖抓取到很小的细屑。

高级钳式抓握

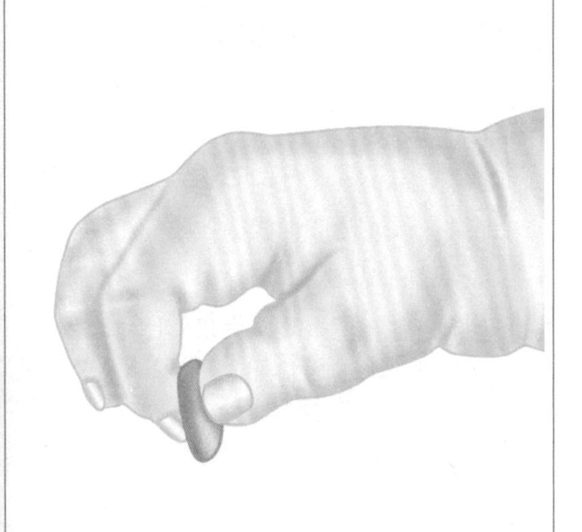

11~12个月的宝宝在抓握时即可自行弯曲食指。

宝宝发育的时间顺序

○ **抓握反射：** 宝宝从出生开始，只要有物体触碰手掌就会用他所有的手指握住这个物体。

○ **手掌抓握：** 几周后，宝宝就可以有目标地、用整个手掌，包括伸展的拇指去抓取一个物体了，比如一个骰子或者一块积木。

○ **剪式抓握：** 宝宝渐渐地开始发展剪式抓握，即用轻轻弯曲的手指和伸展开的拇指抓取东西，比如一支笔。

○ **低级钳式抓握：** 宝宝用拇指和食指指尖"抓"一些小物件，如纤毛或者面包屑。

○ **高级钳式抓握：** 宝宝用弯曲的食指和拇指指尖抓取东西。

身高和体重的发展

宝宝出生时的平均身高是52厘米。长大后的身高和体重取决于很多因素。这与基因、饮食和疾病都有很大关系。

身高增长的阶段

1岁是人一生中身高增长最多、生长速度最快的阶段。宝宝1岁生日时身

下接第60页

信息

12个月的宝宝可以做到：

○ 可四肢协调地、有计划地向前爬。

○ 可独立以双腿前伸的姿态坐立。

○ 可坐着玩东西。

○ 借助于外力可以自己站起来，比如依靠家具向上起身。

○ 从"狗熊站立"的姿势转换到站立。

○ 扶着家具或相似物站立，或者甚至能独自走出人生的第一步。

○ 抓握反射包括剪式抓握、低级钳式抓握和高级钳式抓握。

阻滞

如果人类身体功能因某种方式受到了限制，那么矫形外科医生、按摩师、医生、骨疗师、理疗医师和运动技能理疗师都会称之为“阻滞”。阻滞会造成行动不便，阻碍人体发展。但是，如果人们知道它的存在和产生原因，就能够消除它。消除方法并不是服用药物，而是依靠上述专业人士的双手。他们能够通过精准的按压和触摸发现阻滞的地方，并用温柔的、无痛的方式消除阻滞。

阻滞的不同种类

阻滞可能存在和出现在身体的许多部位，比如发生在器官、结缔组织或者骨骼的阻滞。

颅骨区的阻滞

婴儿的头部在出生时是柔软的，只能倾斜到一定的角度。每一个以自然分娩方式出生的宝宝，其颅内颅骨各有不同，且相互搭接。为了头部能够顺利通过产道，宝宝的头颅要相应缩小。通常情况下，宝宝出生后颅骨会恢复到原来的位置，但这不是绝对的。

颈椎关节和头骨关节阻滞

头骨关节位于颅底（后脑下部尾端）和第一根颈椎之间。头骨关节的存在使得头部可以向侧方位转动或向上和向下移动。头关节的可移动性在宝宝出生时是单项的或者是受限的，这是因为阵痛的巨大压力或出生时不同力量的作用，这些力量对头骨关节都会造成拉伸和猛击。

椎骨阻滞

如果一节或几节椎骨因扭伤而出现了活动困难的现象，那么就可以称之为椎骨阻滞。有时是与肋骨连接处的椎骨的活动受到了严重限制。

骨盆阻滞

人类的骨盆可以比作一个骨质环。它由骶骨（一块由脊柱的最下面 5 块椎骨合并在一起而成的骨头）和 2 块髁骨组成。后者通过两节关节（髁骨关节）与骶骨相连。如果这两节关节的功能受限，那么就会发生骨盆阻滞。还有可能是由于骶骨扭伤，比如难产时。

阻滞的原因

婴儿出现阻滞的原因可能就存在于孕育期间。比如子宫无法扩张到足够大，因为子宫周围的肌肉群不够柔软、不够有弹性或者子宫上的疤痕阻碍了它的扩张。在这两种情况下，子宫中的胎儿都被迫必须采取不自然的姿势。在孕育多胞胎的过程中，胎儿的活动空间减少，也可能引起阻滞。

如果宝宝在妈妈肚子里的姿势不

对、格外重、格外大，或者由于其他原因导致出生的时间过长，婴儿的身体就有可能出现拉伤、挤压和扭伤，而这往往会造成阻滞。急产和剖宫产（主要是指紧急剖宫产）也可能发生类似的情况。

错误的负载

很遗憾，经常会出现这样的情况：胎儿在子宫中发育得很好，而且出生得很顺利，但是日后还是会发生阻滞的现象。父母猛烈地摇晃宝宝一定属于极端例子，还有从襁褓桌上或婴儿车里跌落。

有些父母想要早早地看到宝宝能够坐起或走路，这种急于求成的心理恰恰阻碍了宝宝的个性发展。如果宝宝被迫过早（9个月前）或过长时间躺在摇篮里或用枕头支撑着坐在高椅子上，那么对关节、椎骨和骨骼都会造成巨大的伤害。同样，在学步车的帮助下过早地、非自然地学习走路也会造成同样的后果。非生理的压力可能会阻碍宝宝按照自然规律发展。

预示阻滞的标识

除了运动技能的异常（比如宝宝不能转动或不会爬），如果其他特征表现明显且持续出现（如果宝宝只吐了一次，并不能说明宝宝的身体出现了阻滞）的时间较长，那么也能够作为阻滞的预兆。下面的现象就可以说明出现了阻滞：

○体态不对称。

○脊柱伸展过度（宝宝出现了严重的腰椎突出，且眼睛朝上看）。

○头形非对称。

○运动技能发展迟缓。

○经常性且让人无法理解地叫喊。

○严重胀气且伴有少量排便。

○坐立不安，好动。

○总喜欢采用同一个姿势。

○运动过程中或受到声音及视觉刺激时恐惧。

○不愿运动。

○眼睛经常黏合。

○经常受中耳炎引起的呼吸道感染之苦并发出呼噜声。

○吮吸困难，连带引起饮水困难。

○总倾向于一侧乳房吃奶。

○姿势改变时吐大量口水。

○吞咽困难。

○倾向于用嘴呼吸，嘴一直微张，舌头在双唇间清晰可见。

○汽车行驶或者坐在儿童座椅时明显感觉不适。

○经常伸舌头（至近腭）。

○宝宝6个月以后出现斜视的现象。

○有强烈的被抱和移动的需求（平衡系统的刺激）。

○眼眶不等高。

长大约可增长 25 厘米——也就是平均每月增长 2 厘米。但是需要注意：这些数据不是绝对的，因为宝宝生长的速度不同，所以分配给每一个阶段的生长量也不同。因此，如果宝宝一个月只增长了 1 厘米，这也非常正常；同样，如果一个月增长 4 厘米也很正常。

长高阶段 1（非常快）

宝宝出生头三年的生长速度最快：从出生到第三年可增长 43 厘米。之后你会发现，宝宝的生长速度呈逐年下降的态势。宝宝出生后第一年的生长速度最快（大约 25 厘米），第二年速度减半（约 11 厘米），第三年甚至只长 8 厘米。

长高阶段 2（慢）

身高增长的第二个阶段始于宝宝出生后第四年，一直持续到青春期。女孩的青春期大约开始于 9~14 岁，男孩开始于 10~15 岁。在这段时间内，宝宝年平均增长 5~6 厘米。

长高阶段 3（快）

青春期开始时，青少年的生长速度再次加快，直到青春期中期达到顶峰。

据经验，女孩在初潮（第一次月经）

身高增长阶段

阶段 1 **出生到 3 岁** 非常快速增长	阶段 2 **3 岁到青春期前** 慢速增长	阶段 3 **青春期** 快速增长
在阶段 1 中，宝宝身高的总增长量为 43 厘米	在阶段 2 中，宝宝年平均增长 5~6 厘米	青少年平均每年的增长量为 7~9 厘米
1 岁 +24 厘米 2 岁 +11 厘米 3 岁 +8 厘米	阶段 2 的后半段宝宝的生长速度缓慢	青春期内的年增长量会达到顶峰：据经验，女孩平均长高 17~20 厘米，男孩大约长高 20~24 厘米

前将达到最大的身高增长量，年龄大概在 12 岁。此时的她们每年长高约 7 厘米。男孩将在大概 15 岁时达到最大身高增长量（每年约 9 厘米）。青春期末期（约 20 岁）这种快速增长则开始停滞。

宝宝的体重增长

新生儿的平均体重约为 3400 克，且呈上升趋势。如今，新生儿重达 4000 克及以上已不足为奇了。男孩通常比女孩重一些。

宝宝出生后 3~4 天吃饱奶时的体重与出生时的体重相比大约减少 7%。一方面，许多宝宝在出生后的头几天还很疲劳，出生使他们精疲力竭，他们想要好好休息一下——因此有时不愿意吃奶。另一方面，宝宝在第一次排便（胎便）和排尿后，体重也会下降。这些现象完全正常，不用担心，宝宝大概在出生后两周内就能重新达到出生时的体重。

一克一克地上涨

过去有一个说法，宝宝出生 5 个月后体重会翻倍，1 岁时甚至会翻 3 倍。世界健康组织（WHO）公布的生长曲线证明了这个说法的准确性。

无论男女，一个健康的、吃饱奶的宝宝在 1 岁时的体重增长量为：

信息

我如何知道宝宝已经吃饱了呢?

吃饱奶的宝宝在 24 小时内需要换 5~6 次尿布。尿液几乎是无色的，不黄。在宝宝出生后的 4~6 周内，每天大约排便 2~5 次，粪便呈深黄色，逐渐从稀到黏稠。

- **1~4 个月**：每周 120~220 克。
- **5~6 个月**：每周 115~140 克。
- **7~12 个月**：每周 60~120 克。

请注意：一个健康的、符合年龄发育规律的宝宝，体重变化基本在这个范围内。

无须有称重压力

如果你的儿科医生或者助产士没有特殊建议，你无须每天给宝宝称体重，还有其他一些视角能帮助你了解你的宝贝发育是否正常。比如，宝宝看上去是吃饱了，而且很满足吗？他高兴吗？他活泼吗？他的肌肉紧绷吗？在发现生活乐趣时，他的眼睛是发亮的吗？他的皮肤是红润的吗？如果你的答案都是“是”，那么就说明你的宝宝发育良好且适当。

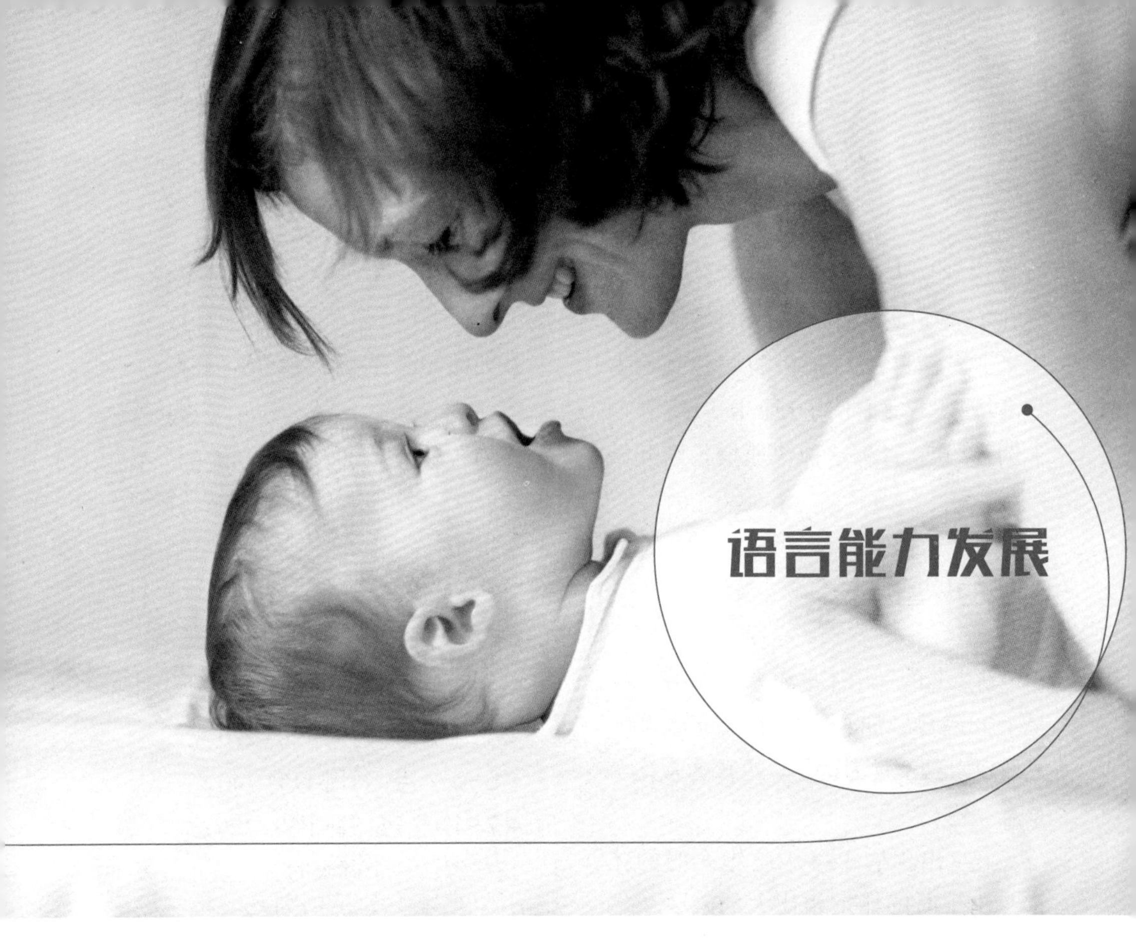

语言能力发展

新生儿还无法立刻张口说话。语言必须学习——这根本就不简单，无法与成年人学习一门新外语相比较。

宝宝在说出第一个词之前需要学习许多东西，同时，他的感官会帮助他感受这个世界。听，妈妈的声音来自哪个方向；看，妈妈长得什么样子；触摸，这是妈妈的肌肤。这些是必须储存在宝宝大脑中的重要感觉。此外，宝宝还要学习如何变换口型，如何摆动嘴唇、舌头和腭——并用这种方式通过他的嘴唇发出声音。

即使宝宝还无法通过言语来和你交流自己的环境，但是他已经从第一天就开始收集无数的感受和印象，并且这些感受和印象会完全涌进他年轻的大脑中。不同的脉冲通过神经通路汇集在一起，相互连接和构建。通过感觉流，宝宝的大脑一天一天成熟起来，记忆能力得以建立。这种记忆能力人类将受用一生，比如再次认出某些事物或某些人，回想起他们的名字，并把他们与其他事物和人物区分开。

宝宝习得语言需要具备什么？

过去，助产士喜欢照着宝宝的屁股给出那著名的一掌，为的是能够听到宝宝的哭声。这是宝宝出生后的第一声啼哭，证明宝宝的机体已适应了自主呼吸。但是这并不是全部，随着哭声，新生儿第一次与这个世界产生了联系，这种交流方式宝宝接下来将至少使用几个月的时间。

爱和关怀的感觉

自然这一次又完美地做到了：当父母与孩子说话的时候，会自动使用其他的声线。我们与宝宝说话的方式和与成人说话的方式完全不同，我们与成人说话时会降低音量，使声音变得更柔和、更舒适；我们与孩子说话时会不自觉地提高音调、减慢语速，因为比起低音调，高音调能更好地被宝宝感知到。我们往往会毫不犹豫地用一种奶声奶气的声音说话，叽叽喳喳地问道："我可爱的小宝贝在哪儿呢？"或者"我可爱的小甜甜睡得怎么样啊？"

这种体贴的问询，再伴随轻柔的爱抚、充满爱意的关怀和长久的爱，能够帮助宝宝对身边的人建立起信任。宝宝会对给他一种欢迎他、爱他的感觉的人产生信任。爱和接受在宝宝的学习和成长中扮演着很重要的角色，在学习交流的过程中也是如此。交流意味着与周围环境建立联系并产生人与人之间的关系。前期通过语言和手势来实现，之后则通过语言。

充满爱意的交谈

宝宝需要交谈。所有你对宝宝做的事情，对他说过的话，都是在与他建立联系。即使刚开始他还不能回答你，但是你很快就会意识到，他可能与你在什么时候已经建立了联系。首先，当你给宝宝讲述事情的时候，他不仅在倾听你的话语而且还会遵守。很快，他会用微笑或手舞足蹈来表达对于你在场的喜悦之情。这一阶段不会持续很长时间，接下来当你再跟他说话的时候，他在倾听你声音的同时还会寻找与你眼神接触的机会。

出于你寄予他的爱和关怀，他往往会对你投以微笑。

6个月以上的宝宝强烈地想要进行言语上的表达。因为他现在开始尝试模仿父母，并学着大人说话。交流越频繁，宝宝对于说话的兴趣就越大。当然这也需要适可而止。毫无停顿地对着宝宝说话，完全不给他回答的机会，这种做法非常不利于宝宝的语言发展。

信息

在母体中已接受训练

宝宝在妈妈体内孕育的时候就已经开始训练日后所需、能够学习说话的身体部位了。比如嘴唇、舌头和腭，这些部位在宝宝吮吸手指时都会用到。宝宝用吞咽羊水的方式练习舌头、腭和咽喉的协同合作。大约在怀孕5个月时，宝宝就有能力通过妈妈的肚皮听到声音了。这训练了他的听觉能力。

父母在宝宝的语言学习方面能够给予很大的帮助。在宝宝 7~8 个月的时候，宝宝所受到的刺激决定着他对说话的兴趣。宝宝发音和塑造音节的难易程度与父母对宝宝输入的适用于儿童的话语多少有关。宝宝想要与人交谈，并会让你看到他是如何适应你的脾气秉性的。因此你要用他觉得最简单的方式跟他说话 —— 简单和自然。说话时你不必过分地强调慢或者清晰，向宝宝展示你正常的样子更好。

请认真听！

与聊天和讲述同样重要的还有倾听。即使刚开始你还不太习惯宝宝的"回答"，但是你应该表现成一个十足的对话伙伴。也就是说要倾听宝宝的声音，让他把想说的话讲完。给宝宝自言自语的机会，但是要给予他足够的关注。在此期间，你可以不断地鼓励他，继续和他聊天，或者提一些小"问题"。宝宝期待的不是你长时间的讲话，也并不想做单方面的交流。他希望在他"说话"的时候得到你的倾听和关注。如果你能再与他交流一会儿，他就会更高兴了。

给宝宝提出一个问题之后，你会自然而然地留一个小间歇，就好像你在等待着他的回答。这很好！因为你这种留心的行为激励了宝宝做出反应，从而提高了他说话的兴趣。在大多数情况下，答案都不需要等太长时间，因为在此期间你已经又一次开始了交谈："什么？你不说？不 —— 你得详细地给我讲讲……"

小建议

交谈的时间

你属于那种会在公共场合毫无顾忌地与宝宝交谈的父母吗？那么请在日常生活中计划一些固定的时间给宝宝讲故事。这可以成为一个固定程序，同时有助于有意义地构建宝宝的日常生活。

如果你不喜欢长时间地进行交谈和自由地讲故事，那么你当然可以选择看一本图画书，然后给宝宝讲述其中的内容："看，这有一只狗。你看到这个漂亮的球了吗？这辆车……"

保持眼神交流

宝宝在学习说话的过程中，你会经常和他有语言上的交流，所以宝宝能成功地说话在某种程度上依靠父母的参与。非常重要的一个因素是你与宝宝间的眼神交流。理想的状态是你从第一天就开始习惯在与宝宝说话的时候全神贯注地注视着他。这种眼神接触给了宝宝一种感觉，他在被注视、被倾听、被接受。通过眼神交流，你还和宝宝建立了情感联系。通过注视，你传递给宝宝一种被重视的感觉："我对妈妈来说如此重要，以至她能中断工作来听我说话。"此外，模仿效果也起着至关重要的作用。只有当宝宝看到你的脸和嘴唇活动时，他才会塑造自己的嘴型，发出与你类似的声音。宝宝通过读你嘴唇间的话语来学习说话。

1~3 个月宝宝的语言能力发展

坦白说，新生儿的喊叫声有时震耳欲聋，特别让人疲惫。他饿的时候哭闹，他累的时候哭闹，他尿布湿了哭闹。他哭闹，因为他对自己和这个世界不满意。虽然很辛苦，但是对于一个婴儿来说，哭闹是唯一一个能引人注意的

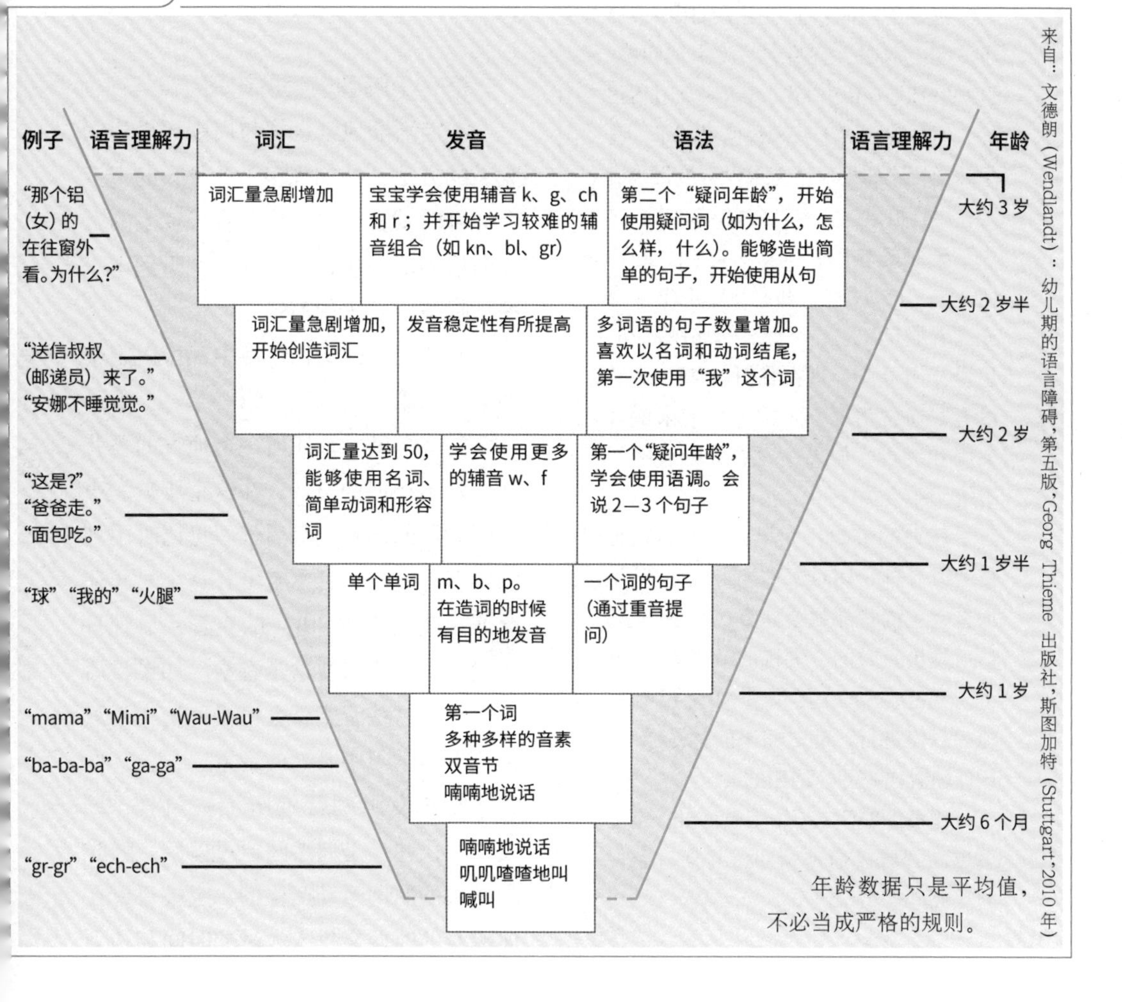

信息

小小喊叫词典

当宝宝喊叫或哭闹的时候，也是他第一次听到自己声音的时候。但是当你观察你的宝宝时你会发现宝宝在开始喊叫之前会有不同的表现。

饥饿的喊叫：在强有力的喊叫之前，宝宝会发出其他的信号：吧嗒吧嗒的声音，吮吸拳头，开始咕哝，进而哭闹。

疲乏的喊叫：宝宝用手揉眼睛或鼻子，闭上双眼，打哈欠，无力地叫喊。这些信号是在说："嘿，今天一天过得很好，但是现在对于我来说已经够了。我想睡觉！"如果这个需求没有被很快满足，尽管很累，宝宝也会大声喊叫。

无聊的喊叫：睡醒、吃饱、好心情——怎么没有人和我玩？宝宝全身充满着能量，小腿乱蹬，小胳膊乱摆，想说："开始吧，现在我们玩点什么？"没有？通常情况下，宝宝接下来就会哭闹和哭诉。如果还没有什么有趣的事情，那么……

压力的喊叫：如果白天的行程很疲劳或者这一切对于宝宝来说太多了，那么宝宝的背部就会僵直，双手攥拳，然后发出短时的、尖锐的喊叫声。"够了，我想安静一会儿。"如果没有按他的意愿进行，随之而来的就是喊叫，还伴随着伤心的、绝望的哭泣。

疼痛的喊叫：一个求救信号。宝宝会以高音域拼命地喊叫，并伴有急促的呼吸。

方法。宝宝基本上不会毫无缘由地哭闹。总会有一个紧急的原因，如果父母能够找出并消除这个原因，宝宝就会归于安静。婴儿就通过这种方式体会到他的哭闹所发挥的作用。妈妈来了，用温柔的话语安慰他，把他抱在怀里，爱抚他。通过哭闹以及接下来的反应（妈妈来了），宝宝和妈妈完成了他们的第一次交流——这是社会发展非常重要的基石。

第一个喃喃自语的阶段

宝宝渐渐地学会了与周围环境建立联系的方法。比如许多 1 个月大的宝宝在仰卧时就会自己发出声音。宝宝的舌头向后缩成一块，于是我们就听到了一种从喉咙中发出的声音。

无论在何种文化环境中都可以观察到宝宝的第一次喃喃自语。

在这个星球上任何一个地方的婴儿都会发出相似的声音，在这个年龄发声时所动用的器官比日后学习母语时用到的要多。所以，日本宝宝在这个时候还会通过嘴唇发出"R"的声音，尽管日后他根本就不需要这个音素。如果日后不需要，这些音素就会慢慢地消失，只留下母语学习中必需的音素。

最初发出的音素听上去就像"ä"或"a"，并且是偶然间通过口腔、喉咙和喉头的肌肉运动产生的。宝宝每天在他醒着的时候会投入大量的时间和精力来发出所有可能的音素。他不断地进行发声练习。甚至是聋宝宝在这几周里也会在喉咙里发出呼噜呼噜的声音，这说明宝宝自己无法听到。

发出第一个音节

宝宝在 6~8 周的时候“词汇”量增加，已经可以发出软腭音了。与元音组合在一起就会发出“e-che”“ek-che”或“e-rrhe”的声音。再有更确切的描述就比较难了，因为每一个宝宝都会创造性地组合出不同的音节来。

而在这个时间段，宝宝发出的每一个音都是受欢迎的。更重要的是宝宝能对讲话做出反应，甚至做出回答。当你对宝宝说话，并且鼓励他多说话的时候，宝宝或许能够积极地做出反应，开始发出声音。这是宝宝与大人之间交流的第一步。

当你与宝宝说话，同时友好地对着他微笑的时候，他会给予你回复：小腿乱蹬，挥舞着小胳膊，脸上露出灿烂的笑容，为的是表达他欢乐的情绪。8 周大的宝宝甚至可以通过嘴唇发出咯咯笑的声音来表示喜悦。这段时间不会持续很久，很快宝宝就能够区分你是否在友好地冲着他微笑或者在给他讲好听的故事，他会对你做同样的事情：你笑，他就笑；你给他讲故事，他就会用自己的语言回答你。

许多宝宝在 3 个月末的时候已经可以发出一条音节链了，也就是说可以把许多元音（偏爱用“e”和“i”以及类似的音素）连接在一起。宝宝用嘴、声音和呼吸做实验，享受着从唇间发出的每一个声音。

信息

言语的爱抚

作为父母，虽然我们知道我们的新生宝宝还无法理解我们说的话，但是还是要从一开始就跟他们说话。这很好。因为婴儿喜欢听到人声，特别是高音调的“乳母语言”：我们会用一种特定的语调说话，用短句子构成一种近乎唱歌的语言，我们经常会重复我们的话语，并使用夸张的元音（a、e、i、o、u）。与婴儿说话就像是在用言语爱抚宝宝。

发出聊天的邀请

如果你想要激励宝宝说话，那么你就用平稳的、适合儿童的声音对宝宝说些慈爱的话语。你会看到宝宝很快就会接受“邀请”，并能够掌握一定的谈话规则：他兴奋地倾听着你的话语（虽然他还听不懂其中的含义），一直等到你说完。一小会儿之后，他开始自己说话，说完之后再停顿一会儿——就好像在等待着你的回答。同时很重要的一

信息

来自“真正的”微笑

人们会把在宝宝脸上看到的第一抹微笑叫作天使的微笑。其实这是由于面部肌肉收紧而偶然产生的。“真正的”微笑一般出现在宝宝 2 个月左右：这个微笑是对你给予他关怀的积极反应——一种喜悦的符号。宝宝感觉很舒服。

点是只有当人跟他说话时他才会说话，而比如闹钟响了，他是不会用言语做出回应的。这有实验能够证明，宝宝不是对任何声音都会做出回应的，而只会对你的声音做出“回答”。宝宝回答，是因为你和他说话了。

与录音机或电视机发出的声音相比，宝宝更会对距离他近的、他所熟悉的声音做出回应。

听力测试

越早认识到听力障碍，就能为语言学习赢得越多的有利时间。因为只有能够通过耳朵感受到语调、语音和声响的人才有能力重复他所听到的声音。借助于内耳的听觉屏幕(OAE=Otoa-kustische Emission，听力发射）能够确认新生儿的外耳和内耳之间是否存在联系。耳朵是否能在一定音量下对某一种声音做出反应？只有这样才能排除听力障碍的可能性。医生往宝宝的耳朵里插进一个小的软木塞，软木塞用线与测试仪相连接，不到 1 分钟结果就能出来。

这种对于宝宝的无痛测试通常在宝宝出生的医院就可以进行了。如果你的宝宝出生时没有做过这样的测试，你可以带宝宝到儿科医生那里测一下，或者可以到耳鼻喉医生那里测。

4~6 个月宝宝的语言能力发展

在接下来的几周，许多宝宝开始发现自己是有嘴唇的——人们能够用嘴唇发出很棒的声音。特别是当宝宝吃饱了或睡醒了的时候，他喜欢大人给自己讲故事。似乎这有助于入睡，因为人们在婴儿床上经常能够听到宝宝嘀嘀咕咕的说话声。

信息

3 个月的宝宝可以做到：

○ 以不同的方式叫喊，为了证明他有不同的需求。

○ 学会分辨不同的声音和语调。

○ 建立眼神交流并维持。

强有力的咕哝

当宝宝挤压空气，让其通过松弛、叠加在一起的嘴唇时，就会发出类似“w”“f”或“s”的音，专家称这些音为爆破摩擦音（Blasreiblaute）。而那些用紧闭的双唇发出的音素也能给宝贝带来乐趣，在发这些唇闭合音（Lippenverschlusslauten）时，宝宝的双唇闭合，空气从口腔内被压出，听上去就像“m”“b”或“p”。在这几周内，宝宝慢慢地从口腔、舌部和咽部肌肉的偶发运动中产生声音并转变成可自我控制以上肌肉运动而发出声音。宝宝饶有兴趣地“玩”着口腔中能感受到的所有东西——首要的是唾沫和舌头。宝宝特别喜欢做的还有挤压嘴唇，并吹出长长的气流。从中产生“brrr”音的同时往往还伴随着许多小唾沫泡的产生。

大笑和欢呼

因为宝宝不断地用自己的声音做实验，他很快就会学会笑和欢呼了。

这个阶段，宝宝感到高兴的时候，不再只是激动得手舞足蹈了，而是学会了用其他方式表达：欢呼或尖叫。宝宝用游戏的方式训练所有说话需要的能力。宝宝高兴的尖叫也会给父母带来欢乐。你完全可以用游戏的方式让

小建议

笑有益健康

在你有机会，而宝宝也愿意的时候，多逗宝宝笑。你会发现宝宝喜欢什么，一旦宝宝感到高兴，你就继续这样做。因为一天两分钟的大笑对于身体和精神状态的益处相当于慢跑 20 分钟。大笑能够放松肌肉、缓解紧张的情绪，释放体内的快乐激素。妈妈和宝宝都需要它。此外科学家指出，宝宝每天大约笑 400 次，相反成人平均只有 15 次——这太少了。对于婴儿来说，喜悦的表达总是能够记忆犹新。

宝宝笑，比如和他玩“藏猫猫”（“哇，我在这儿呢！”）或者在他肚子上挠痒痒。许多宝宝对亲吻也会做出高兴的反应——亲在他的肚子上、耳朵后或者小手上。

第二个喃喃自语的阶段

大约在 5 个月末的时候，许多宝宝就能够把音节连接成语音链了。“Gi-gi-gi”“Da-da-da”或者“Mäm-mäm-mäm”，宝宝不停地喃喃自语，并用这种最好的方式把自己发展成为小小话匣子。通过不断地训练口腔肌肉群（嘴唇、面颊和舌头），每天都会产生新的音素，听上去与母语中的辅音越来越像。通过单个音节的叠加有时就能产生正确的小“句子”。

信息

6 个月末的宝宝能够做到：

○ 发出爆破摩擦音和唇闭合音。

○ 欢呼。

○ 区分人声和其他声响。

○ 微笑和表达快乐的情绪。

○ 将音素连接成音节，并有意识地重复。

○ 喃喃自语。

都是你的时间

不是所有的宝宝发展速度都是一样的。有些宝宝在语言能力发展阶段会发生停歇，他们没有兴趣去训练发声，没有兴趣去创造新的音素和声响。他们停留在目前为止的声音和少量的音素上。有些宝宝会这样是因为他要把通过耳朵感知到的所有印象进行加工。这种休息阶段属于正常现象。

表达方式的发展

宝宝是否会经历语言发展休眠期不重要：宝宝很快就会学会表达自己的情绪——声音的、躯体的。当他感觉舒适时，他会微笑；当你温柔地和他说话时，他会高兴得手舞足蹈。如果妈妈的声音很大，听上去很严肃，比如妈妈在责骂某一个兄弟姐妹时，他会哭。宝宝在过去的几个月里都在通过眼神观察着你的脸。他记住了你的表情，并通过你的面部表情辨别你是高兴还是生气。在刚开始的几个月，宝宝虽然还不明白人们在说什么，但是他能知道人们是怎样说的。所有他目前为止收集到的面部表情和音域都给予了他帮助。

7~9 个月宝宝的语言能力发展

当宝宝在他熟悉的环境中感觉舒适以及当他一个人的时候，他就喜欢喃喃自语。他会自己发明创造，将元音音素排列在一起，“rrr”音节链，爆破摩擦音和唇闭合音结合或将所有的音相交换。所以听他说话真是一件很快乐的事情。

走在说第一句话的路上

大约 8 个月的时候，宝宝发音时对音量的控制就很灵活了，一会儿大，一会儿又小。这同样适用于音高上，从明亮的高音到低沉的声音——什么都可以。宝宝完全痴迷于这种能力，于是他开始用他能发出的音量进行不同的表达。9 个月末的时候，许多宝宝喜欢，而且经常把两个相同的音节连接在一起——实际上这并不新鲜，因为他几周前就已经开始练习了。但是专家将这一时期称为“清晰的音节加倍期”，因为宝宝一直在把两个相同的和可清晰理解的音节组合在一起。这种“音节加倍”会被重复无数次:“da-da-da”“ba-ba-ba”或者“dei-dei-dei”。对于这个年纪的他们来说，可能会第一次在唇间发出“ma-ma-ma”或“pa-pa”的声音——这往往会让父母非常高兴。

与第一个和第二个喃喃自语的阶段不同，语音表达上的“国际化”正渐渐减弱。从现在起，宝宝更倾向于母语发音，并发出这些他感受到的音。他会有目的性地观察对方嘴部的运动，并试图模仿。宝宝会尽可能好地模仿并说出他听到的声音。

与孩子一起玩，一起唱歌可以顺便且无压力地促进宝宝的语言行为。

宝宝真的能听到吗?

即使宝宝在过去几周总是咿咿呀呀地“讲述”着，和你交流着，但是你不能就此理所应当地得出结论说他也能正常地听到。如果你的宝宝开始一天一天地逐渐停止喃喃自语，那么就说明宝宝有可能出现了听觉障碍。天生聋的宝宝也是在这个时段停止“说话”的，原因是 6 个月的宝宝已经开始有能力模仿和构建声响了。

这当然只有当他的耳朵接收到有趣的声音才会成功。

如果迄今为止都没有构建声音的一定刺激（比如从嘴唇和舌头发出的），那么对于日后的语言发展来说非常重要的就是宝宝自己能够听到。

你还可以从以下现象中判断出宝宝听觉能力的好坏：如果你在和他说话的时候他从未把头转向你的方向，或者当你在他身后大声拍手的时候，他没有害怕，那么就说明宝宝的听力存在着一定的问题。在这种情况下你一定要寻求医生的帮助，即使你的宝宝似乎很“健谈”。

期待模仿

在接下来几周，宝宝总是会讲许多话，以至父母也乐于参与其中。比如，当父母大声地、清晰地说出两个音节时，宝宝会试图模仿出这两个音节（妈妈往往喜欢说“ma–ma”，爸爸则喜欢和宝宝训练说“pa–pa”）。慢慢地，宝宝能够越来越好地模仿出爸爸妈妈说的话——前提是爸爸妈妈说出的音节没有超出宝宝当前的音素库。模仿是儿童语言发展中非常重要的一步，因为通过“问与答的游戏”宝宝学会了你的语言和你的说话方式。宝宝只能够和他的榜样说得一样好，因此他的语言能力依赖于你的交流方式以及你提供给他的词汇。你可以用每天给他展示许多不同音素、声响和词汇的方式让他发明创造。而且从一开始就要遵循这样的规则：简单、多次，这样宝宝的大脑更容易记住词汇和音素。如果你总是对着他喊他的名字或告诉他物品的名字，那么你会发现，在接下来的几周，这些词汇将越来越容易地从他的嘴里说出来。

信息

9 个月末的宝宝能够做到：

- 闲谈聊天。
- 轻声低语。
- 组合出音节链。
- 模仿出你对他说的话。

念诗和唱歌

宝宝喜欢父母温柔的抚摸加柔情的话语的组合——最好是爸爸妈妈唱歌。韵律诗是一种使两者相互结合得很好的方式。简单易懂的儿歌、童谣和诗歌，充满着许多重复的词语。这种方式好处多多，你可以给宝宝展示新的音素，给予他时间，集中他的注意力，训练他的听力，加强他的身体感知力和运动技能，给他更多的关怀。简单地说，这些韵律诗歌对宝宝的灵魂和小耳朵来说是一剂清新剂（详细信息见第 155 页）。

形成词汇理解能力

你的宝宝越来越能够理解不同的话所代表的含义，并慢慢地知道说到比如“车”或者“球”时意味着什么。在此期间他收集到了许多经验，无数次地听到这些物品的名字。他用手、脚、嘴“侦察”过他的玩具成百上千次，并从你那里得知这个四方的木头就是积木，或者这个长得像人的物体就是娃娃。父母和宝宝进行过很多次交流——喂食、包扎、洗澡、亲热或者游戏，宝宝有足够的时间倾听你说话，模仿你，和你交谈。你给宝宝讲故事，做榜样——他钦佩地听你说。相反，你也要对他投以注意力，弄懂他的“话”，并模仿它。这种双向的给予为语言学习奠定了很好的基础。

理解语言

当宝宝能够赋予话语特殊含义的那一刻，就越来越有能力让别人理解自己了。他同时开始使用肢体语言：比如用手指着一条狗，嘴里发出“汪汪”的声音，这样就清楚地表达出他看到了什么。很快他还能创造出对于吃或喝的表达，并提出要求。当你理解了宝宝的要求，并提供给他想要的东西（或者不给），宝宝就知道了父母对他的要求所做出的反应。

信息

当呼吸发生变化时

从人体构造学上来讲，健康的宝宝几乎都是用鼻子呼吸，而嘴是闭合的。口腔里的扁桃体和鼻腔里的息肉肿大，反复感染和感冒，中耳炎或者鼻中隔倾斜都会导致宝宝用嘴呼吸。这样宝宝的嘴就会总张着，总是从嘴里吐口水。嘴唇、舌头和面颊无法发展肌肉力量，因为肌肉不能保持嘴部闭合，所以力量不够。这会对日后学说话造成不好的后果：

○ 舌头无法停住，而是向牙齿和齿弧挤压。除了颌骨和牙齿的错位，这个也会导致宝宝说话时咬着舌头发咝音。

○ 由于缺少肌肉力量，舌头的运动受限，宝宝无法清晰地发出某些音素。

○ 鼻子无法作为“灰尘过滤器”而抵御病菌，呼吸道疾病和中耳炎就会经常发生。后者会降低宝宝的听力，进而又会导致语言能力发展障碍。宝宝必须听到他应该学习的东西，所以你应该尽快带宝宝去看医生，查明原因。

吃和说的联系

为了能够说话，除了良好的听力和适当的环境外，还需要发展嘴部运动技能。没有嘴唇、舌头、腭和面颊的帮助，人类是无法说话的；而且，如果它们之间的合作不顺利，也会影响到语言能力的发展。即使第一眼很难发现，舌头的灵活度在说话的过程中是发挥决定性作用的。那么与吃饭时相比，说话时应该如何锻炼舌头呢？

宝宝的口腔

新生儿舌头的大小足以填充整个口腔。舌头向上可抵上腭，向下可抵下腭，向前可由嘴唇封闭口腔。此时宝宝的舌头还没有足够的活动空间，但是却有更多的力气吃奶。宝宝的喉头在出生后的几周和几个月内位置相对来说还比较高。宝宝在吮吸的时候，密封机制还无法为保护气管而自动关闭，因此婴儿几乎能够同时吮吸和呼吸。

通过喂奶锻炼宝宝的口腔肌肉

母乳喂养的理想时长是 6 个月。因为除许多有意义的原因之外，母乳喂养还能够锻炼宝宝的口腔肌肉。为什么呢？因为宝宝的下颌骨位于上颌骨的后面，且偏窄〔人们把这称为婴儿回咬（Rückbiss）〕，人体的结构特点不仅使宝宝更容易通过产道，还给完美的吮吸模式奠定了良好的基础。宝宝吮吸时舌头移动至下排牙间，以便将乳腺细胞抵住上腭。在下颌骨向前移动再返回的过程中产生了经典的吮吸运动。这看似简单，但吮吸母乳要求宝宝的口腔肌肉非常有力量。在此过程中训练了宝宝的整个面部和颈部肌肉，直至肩部。但是最主要的是锻炼了颌骨、面颊和舌部肌肉，这也为日后发音奠定了基础。因此，当舌头、嘴唇和咀嚼肌得到了足够锻炼和塑形时，宝宝就更容易吸收定量的空气，在正确的点停止，并在适当的时候应用在发音上。

宝宝从瓶子里喝水时只需要使用少量的肌肉力量。所以当宝宝用奶瓶吃奶时，你绝不要为了节省时间而把出奶口剪大，这样宝宝就无法训练口腔肌肉了。

固体食物促进语言能力发展

宝宝 6 个月时口腔空间变大，舌头进而获得更多的活动空间。舌头现在不仅能向前和向后移动，还可以向上和向下移动。慢慢地，宝宝的第一批牙长出，舌头的空间又要重新定义了。

宝宝 6 个月时长出门齿，甚至具有咬断食物的能力。同时，宝宝的喉头连同舌骨和舌根继续向下移动。这时，舌根部的位置继续向后移动了一点，以免舌头与前面的牙齿“打架”。因此宝宝就具备了用舌头把食物运送到口腔后方并吞下的能力。这正好与这一阶段出现的一种反射相契合：妈妈不用再为了让宝宝张嘴而触碰宝宝的嘴了。此时的他在想吃东西的时候会自己张开嘴，所以不要用瓶子给宝宝喂半流质食物，而应该用勺子喂食。

另外我们建议，可以开始慢慢尝试喂固体食物——因为身体持续发展需要足够的能量，而且运送固体食物能够锻炼舌头的运动能力。

舌头转动的里程碑

在这个阶段你会看到很神奇的现象发生：几乎在宝宝能独自从仰卧转换到俯卧（以及相反）的同时，他也能做到来回转动舌头。舌头会越来越能有技巧地把相对固态的食物在口腔中来回移动，并混入唾液，以便接下来更好地吞咽。这种技巧对日后的语言能力发展有好处。

从这时起，宝宝开始喜欢用舌头尝试食物的不同味道和黏稠度。舌头的灵敏度越高，宝宝就越喜欢用嘴唇和唾液做实验，发出声音，喃喃自语。宝宝发现，舌头、嘴唇和下腭的位置不同，所发出的音就会不同。口腔运动技能发展得越好，宝宝就越容易学会说话。

牙齿和口腔运动技能

当有牙齿长出，许多宝宝喜欢把小手指或者玩具放进嘴里，为的是按摩马上长出小牙齿的地方，减少牙齿长出带来的疼痛感。这种“所有东西进嘴”的积极作用是：嘴唇、舌头和面颊获得更多积极的刺激，口腔运动技能和嗅觉能力得到了训练——因此，在初始阶段，嘴和舌头比手更能认清事物。到底是手、脚还是玩具，不到嘴边不能确定……

用勺子吃东西其实并不那么简单，但是绝对很有趣。

10~12 个月宝宝的语言能力发展

如果你经常在你的宝宝面前说“妈妈”这两个字，那么他很快就能模仿你。当听到从宝宝的嘴里说出这两个字的时候，你会欢欣鼓舞，而宝宝也会和你一样高兴。由于这种积极的反馈，宝宝会更加愿意重复你说的话。同时，宝宝还知道了“妈妈”这两个字和你这个人之间的关系。宝宝用同样的方式学会了许多的单词，你一直在他面前说一些熟悉的单词，同时指着相应的东西（当然也可以是书里的东西），当他能够模仿出来的时候给予他表扬。

从此时起，宝宝就有能力自发地发出某些特定的音节、双音节或者为表达一个熟悉的事物、一个场景或者一个人的词汇。这是他的第一句话，而且也许有着广泛的意义。所以“汪汪”可能不只是指一条狗，而是指所有四条腿的动物；“嘟嘟嘟嘟”也不只是指他的玩具车，或许还指的是旁边建筑工地的挖土机或有轨电车；而双音节“爸爸”不仅指他的父亲，还有可能指每一个男人。

信息

12 个月末的宝宝能够做到：

○ 大声且清晰地模仿音节。

○ 理解第一个概念。

○ 说出第一个有意义的音节（比如儿童语言中表示狗的“汪汪”，表示汽车的“车车”，或者相类似的东西）。

第一个单词

在第一个生日前后，宝宝一般能说出自己的第一个词。但是说出词汇的频率和数量有很大区别。有些宝宝（大多数是女孩）9 个月时就已经能说很多话了，而有些宝宝直到 30 个月时还几乎只能从嘴唇间说出几个词。大多数的宝宝在 12~18 个月都能说出第一个让人能理解的词语。而且，宝宝很少能够同时学习语言和走路，一般是学会了这个，再学那个。如果你的宝宝行动力很强，那么学习说话的时间可能就会长一些——或者相反。

语言理解力提高

渐渐地，你的宝宝理解了他的名字，并能够对此做出反应。当你在他的视线之外喊他的时候，他会把头转向你。一方面是因为他好奇你藏在了哪里，另一方面是因为他想要定位你声音的方位。

有一点是清楚的，和说出的相比，宝宝理解的更多，所谓的语言理解能力显现得越来越清晰。比如你问宝宝：“汽车在哪里？”或许宝宝的头就会朝那个方向转去，以此发出信号，他理解了你的问题——即使“汽车”还不在他自己的词汇库中。“你多大了？”也是大人们经常问的问题，对此宝宝喜欢把胳

小建议

请和谢谢

尽早练习——父母可以用游戏的方式帮宝宝在他的词典里构建“请”和“谢谢”这两个词。递给宝宝一个玩具，同时嘴里说着“请”。接下来再把手伸出去，意思是告诉你的孩子你想要这个玩具。如果他把玩具给了你，你就对他说“谢谢”。

膊向上伸展。宝宝的语言理解能力与日俱增。

当听到“我们要给外婆打电话吗？”许多宝宝就会立刻朝着电话的方向指去，因为他理解了“打电话”和电话机的关系。如果你对宝宝说：“来，我们去散步。”那么他就会朝门看去或者去取他的夹克衫。这表明他理解了这个信息。在 1 岁左右，宝宝已经能够完成一些小任务了。比如，宝宝坐在他的游戏角时你对他说：“把那个红色的球递给我好吗？”他就会去抓那个球，然后满脸喜悦地递给你。

宝宝越来越能够明白，什么样的动作用什么样的词语代替。比如想要喝奶时发出“ham-ham”或者“mi-mi”的声音，和哭闹并指向奶瓶的方向能达到同样的效果。宝宝每天都会发明新的词汇。有些宝宝已经能够说出一些完整的单词了，比如很受欢迎的一个词是“热”，可能因为这个词很短，也可能是因为父母经常说（比如“小心，咖啡、茶、锅或蜡烛很热”）。

小小词语“不”

许多宝宝在 11 个月的时候就知道“不”的意义了。它常常会伴随着特殊的语调，严肃的、认真的表情和手势，爸爸妈妈用以表达他们的不喜欢。然而，我们还待在襁褓里的小小研究员总是会做出一些事情使自己听到这个词。宝宝越是经常听到，就会越快记住。对于大多数的宝宝来说，“不”往往比“是”更早地进入他的词汇库。

当宝宝做了错事，而你很明确地对他说了“不”这个词，那么他可能就会迷惑地看一眼，然后中断自己的行为。他可能还会自己摇晃着小脑袋来强调你的话——这又是一种完美的交流方式。

信息

1 岁宝宝应该能够做到：

○会在嘴闭合的情况下用鼻子呼吸。

○会吞咽唾沫，而不是一直流口水。

○会用舌头和嘴唇舔勺。

○会咳嗽、尖叫、咯咯咯地笑，会模仿声音。

○会发出音节。

○会用声音表达此时此刻的心情。

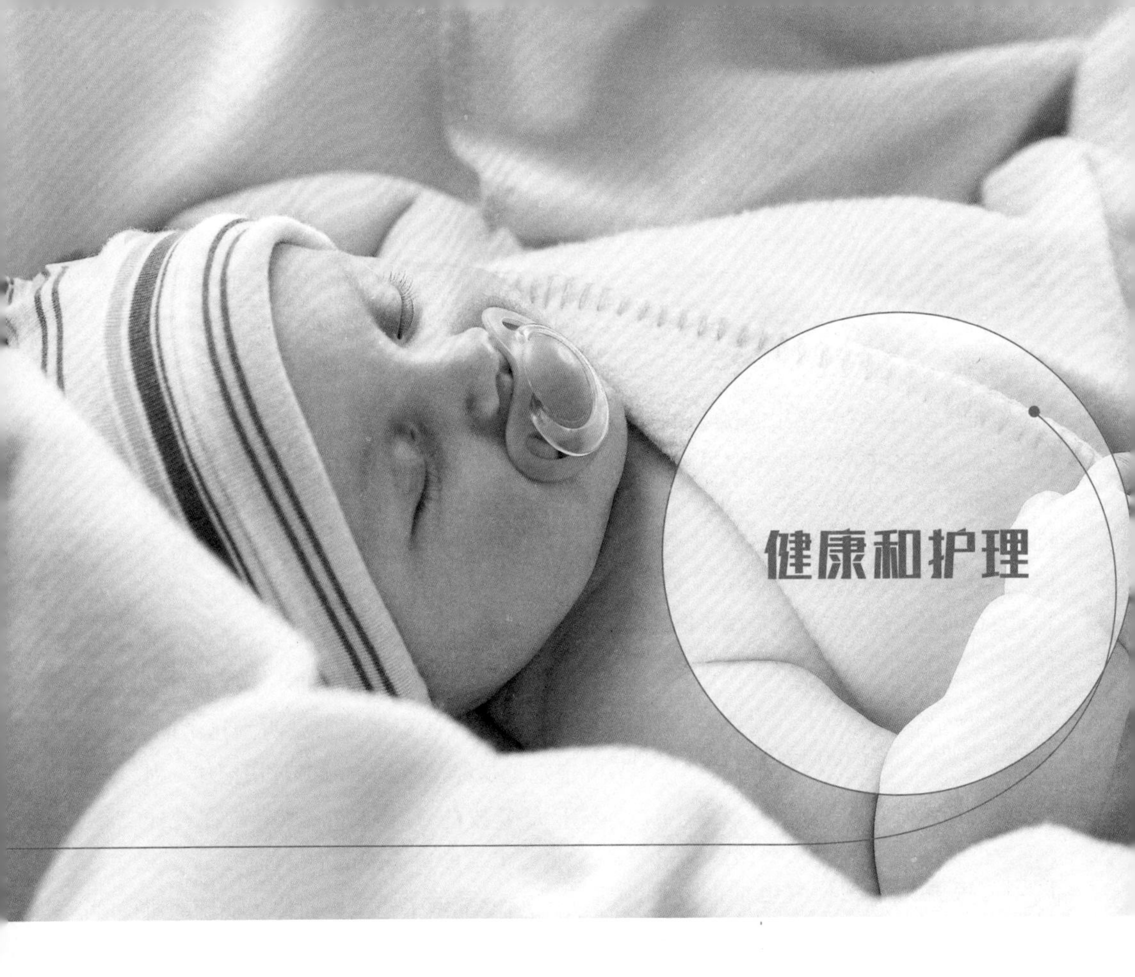

你的宝宝在以惊人的速度成长着，每天都在发展的道路上向前走着。有时进步是清晰可见的，比如宝宝第一次学会了翻身，自己坐起来或者第一次喊“妈妈”。但是其他不计其数的变化都是在不经意间完成的。

预防性检查

通过疾病保险公司提供的预防性检查，儿科医生能够确定宝宝的发展进程是否与其年龄相符合。因为每一项检查都是在严格给定的时间段内进行的，所以这些数据能够提供给医生很好的参考。宝宝1岁时需要做6项预防性检查（检1—检6）。进入学龄年纪前还需要做3项预防性检查（检7—检9），频率为每年一次。几乎所有的保险公司都会为学童年龄的孩子需要做的检查（检10和检11）承担费用，有些还会为孩子18岁之前做的最后一次检查（J2）承担费用。通过这些检查可以尽早发现宝宝发展过程中可能存在的迟缓现象，如果需要，要尽快采取治疗。另外，定期的预防性检查能够帮助儿科医生与宝宝建立联系。这很重要，因为宝宝由此知道不必害怕医生。预防性检查的结果会记录在你生产时获得的那个黄色的预防性手册中。

就像怀孕时的妈妈手册一样，宝宝

的预防性手册用来记录宝宝接下来的发展状况。请保存好这个手册，因为我们总要查看它：不仅在儿科医生那里，在日后申请小学时也需要。

亚培格（APGAR）测试

最早的宝宝健康测试是在刚刚出生时。当妈妈和宝宝都从生产的辛劳中恢复过来，并开始享受一起生活的美好时光时，助产士都要例行看一眼宝宝。

美国医生维珍尼亚·亚培格（Virginia Apgar）在1950年前后制定了一张评价表，至今仍被医生和助产士应用在婴儿出生后的医学状态的测量上：亚培格（APGAR）测试。该测试包含五个指标：呼吸、脉搏、基本张力（运动和肌肉张力）、外表（皮肤颜色）和反射。

助产士或医生还可以在宝宝躺在妈妈肚子上的时候对宝宝的状态做评价。宝宝能够自主及有规律地呼吸吗？他整体的肌肉张力是怎样的？他的皮肤是什么颜色的？宝宝的第一次反射是怎样的？这些检查往往在宝宝出生1分钟后进行第一次，在5分钟之后再进行第二次。

表格中，五个指标中的每一项都分为0~2分——因此最多可获得10分。测试的结果会被记入妈妈手册和黄色的宝宝预防性手册中。

分数越高，婴儿的生命活力就越强。但是很少有宝宝在第一次测试中能够获得满分，所以如果你的宝宝不属于该类“满分者”，你也不必担心。第二和第三次测试的结果更有说服力一

APGAR测试

症状	0分	1分	2分
呼吸	没有	微弱	有规律
脉搏	感受不到	100次以下	100次以上
基本张力	松弛，不活动	轻微活动	积极活动
外表	苍白/青色	粉红色躯体，胳膊和双腿呈青色	全身呈粉红色
反射（反应）	没有	有面部表情	打喷嚏、咳嗽或者哭闹

些。通常一个健康宝宝的分数为 9—10—10。如果分值低于 7，那么宝宝就应该接受更严密的观察，以确保他真的健康。

第一个预防性检查（检 1）

儿科医生会在宝宝出生后 1~4 个小时内为宝宝做第一次预防性检查。如果宝宝出生在家里，那么就由助产士来为宝宝做这个检查。与亚培格测试不同，检 1 评价的是宝宝的普遍健康状态。医生给婴儿称重，量体温，测量心率、呼吸、脉搏和肌肉张力，并检查宝宝身上是否有生产损伤或表面能够看到的缺陷。检 1 能够针对宝宝的身体发育成熟程度给人们一个印象：带软骨的外耳的坚硬度、乳头的存在、脚掌纹路清晰、胎毛消失，还有男孩阴囊中的睾丸完整，这些指标就可以证明宝宝是足月生产，是“成熟”的宝宝了。

信息

预防性检查时间一览表

预防性检查都在什么时间进行?

- 检 1：宝宝出生后不久。
- 检 2：出生后 3~10 天。
- 检 3：出生后 4~6 周。
- 检 4：出生后 3~4 个月。
- 检 5：出生后 6~7 个月。
- 检 6：出生后 10~12 个月。
- 检 7：出生后 21~24 个月。
- 检 7a：出生后 34~36 个月。
- 检 8：出生后 43~48 个月。
- 检 9：出生后 60~64 个月。
- 检 10：孩子 7~8 岁。
- 检 11：孩子 9~10 岁。
- J1：孩子 12~15 岁。
- J2：孩子 16~18 岁（许多保险公司不报销）。

额外预防

除一般的检查外，第一个预防性检查通常适用于眼部预防性检查、维生素 K 和维生素 D 的基本检查。

维生素 K：许多诊所都会在宝宝出生 24 小时内给其注射维生素 K 滴剂，其他将在检 2 和检 3 时进行。维生素 K 可作为血凝维生素而降低脑出血的危险。在成人体内，维生素 K 由大肠中的细菌形成，但是婴儿体内无法产生这种物质。婴儿只有通过食用母乳或富含维生素 K 的奶粉才能获得这种维生素 ——前提是婴儿大肠中的脂肪消化和脂肪吸收是正常的（因为维生素 K 属于溶于油脂的维生素）。

因为人们不知道母乳中含有多少维生素 K，或者含量有多少偏差，所以维生素 K 需额外摄取。宝宝需要再额外注射三次维生素 K。

维生素 D：只有当宝宝的身体内有足够的维生素 D 时，宝宝才能从大肠中吸收钙，并应用到骨骼生长中。维生素 D 的缺失会造成骨骼软化，进而导致骨骼变形（软骨病）。

因此，儿科医生建议从宝宝出生起每天喂其服用一剂维生素 D 片（500LE）——至少 1 年，理想的状态是再多一个冬季（因为德国冬天的日照时长会缩短）。

在喂奶前把药片放入颊囊内或把药片溶在一勺母乳或水中。

顺势疗法的医生建议使用自然原料治疗软骨病，其功效与维生素 D 相同：复方磷（Phosphorus Compositum）和复方栎（Quercus Compositum）（药店有售）。两种钙盐呈滴剂或粉末状，同样能够治疗软骨病。如有兴趣，你可以问问你的儿科医生。

氟化物：儿科医生会在宝宝出生后 10 天开始给宝宝开氟化物药片，通常为氟化物和维生素 D 的混合药剂。氟化物能坚固牙齿的珐琅质，可保护牙齿避免发生龋齿。水和空气中含有少量氟化物，因此几乎所有动植物组织内都能够找到该物质。但反对者认为，只是从牙医的角度到第一颗乳牙的断裂才不需要氟化物。他们建议为了保护牙齿，从一开始就要使用富含氟化物的牙膏。

眼部预防性检查：出生时，新生儿有感染性病（淋病）病原体的可能性，这可能会导致严重的眼部感染。为了预防可能性的感染，一些医院会提供预防性的眼部滴液。在父母同意的情况下，医生会往宝宝的每只眼睛里滴一滴硝酸银眼药水（Silbernitratlöung）因为滴液会造成不适的疼痛感，所以宝宝会闭一会儿眼睛。但是这种治疗方式往往会出现眼结膜感染。因此父母应该全面权衡一下，只有当妈妈患有相应的性病时，才用这种眼部滴液给孩子治疗。

第二个预防性检测（检 2）

在大多数的妇幼保健院中，婴儿出生 3~5 天，医生都会再给宝宝做一个深入的检查：检 2。在家里出生的宝宝则需要在出生后 3~10 天由儿科医生做这个检查。新生儿将再次接受测量和称重：宝宝减重了多少？或者他的体重上升了？宝宝发育得好吗？他的呼吸均匀吗？呼吸的频率如何？心脏跳动的频率

信息

来自脚跟的血液

检 2 通常检查宝宝的新陈代谢情况。助产士、婴儿护士或者儿科医生会在新生儿的脚跟处轻轻地扎一下，挤出一滴血。然后用特殊的过滤纸过滤，并在实验室里检测其是否患有代谢病，如甲状腺机能不全或氨基酸代谢出现障碍。早发现早治疗，一般均可治愈。

符合他的年龄吗？宝宝的反射或反应如何？宝宝有新生儿黄疸病的迹象吗？还要检查皮肤，包括肚脐（愈合得好吗？）以及内部器官的功能。此外，妈妈还可以给医生讲述与宝宝相处的经验：一切都进行得顺利吗？如果不，那么问题出在哪儿？愈后护理人员和儿科医生都有多年与婴儿打交道的经验，他们一定能够给予你帮助。

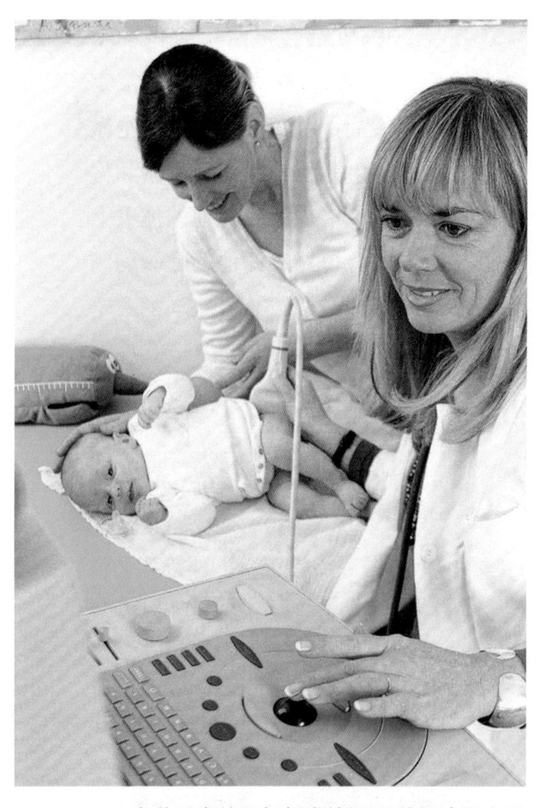

这种无痛的臀部超声检测可以帮助医生及早检查出宝宝发育过程中的问题，并及时治疗。

臀部超声检查

一些妇幼保健院在检2时就可以提供臀部超声检查了，臀部超声检查可以检测出宝宝出生时臀部的发育情况。我们建议你给宝宝做一些这样的检查。利用超声检查能够及早发现发育过程中的问题，并通过有目的的治疗消除问题。如果你所在的妇幼保健院没有这项服务，那么请寻求儿科医生的帮助。他会自己给宝宝做超声检查或给你介绍一位矫形外科医生。

按照经验，女孩患臀部发育缺陷的概率是男孩的7倍，同时左侧出现问题的概率高于右侧。有家族遗传史（父母或兄弟姐妹有臀部发育缺陷）或出生时发生臀先露的宝宝通常出现臀部发育障碍的概率更高。

什么是臀部发育不良？

在理想状态下，臀关节窝应该刚好能够卡住大腿骨关节的圆形头。但不是每一个宝宝都是这样的情况：大概3%的新生儿会出现畸形现象——即臀部发育不良。

医生将发育不良分为不同的等级：比如Ⅱa+型指轻微臀部发育迟缓。在这种情况下，儿科医生会建议给婴儿“松绑”。在宝宝的襁褓中垫一块棉毛巾，让宝宝的小腿儿与臀部分开一定的角度，使臀关节窝能够发育成熟。

但是直到今天，这种方法的功效还

没有得到明确的证明，因此这种治疗方案仍受争议。但是能够确定的是臀部发育高度迟缓，或者出现畸形（Ⅰab，Ⅱa+、Ⅱc、Ⅲ和Ⅳ）的宝宝不应该穿矫正裤或支撑夹板长达几周的时间。儿科医生或矫形外科医生会推荐一些适合宝宝用的辅助器材，因人而异，并且每隔一段时间就要检测一下效果。

第三个预防性检测（检3）

宝宝出生后第4~6周需进行下一项预防性检测：医生要再一次检查宝宝在过去几周体重上升了多少，或者体重下降了多少？宝宝长高了几厘米？现在头有多大？所有这些数据都会被记录在黄色小册子后面几页的表格中，并确定发展曲线。

接下来医生会问宝宝吃奶是否正常，吞咽是否有困难，排便如何，宝宝的哭闹是强有力的还是微弱的，他对声响有没有反应。医生还会检查宝宝的肚脐和囟门，判断宝宝的精神和运动技能的发展状况：宝宝能锁定某一物体，并在物体的位置发生改变时眼神跟随其移动吗？趴着的时候是怎样的？能把头转向一侧或抬起一会儿吗？当他被从仰卧扶起坐下时会立住头部吗？婴儿早期反射符合他的年龄段吗？为了找到后几个问题的答案，医生通常会做“侧位悬垂反射（Vojta-Reaction）”：把宝宝摆成不同的姿势（如让他一侧的胳膊和腿抬起），并测试他的反射反应。

医生还会对宝宝的心脏循环系统做详细的检查：宝宝心脏跳动得正常吗？还是能明显听到心脏杂音？两只手臂测量出来的脉搏是一样的吗？宝宝的皮肤看起来如何？有色素沉积、积水，或者出现短时皮肤变色，如小儿痤疮的现象吗？

即使检2时已做过臀部超声检查（见第82页），但臀部超声检查仍然是检3的固定项目。因为此时是发现问题的最佳时期。

第四次预防性检查（检4）

检4在宝宝出生后3~4个月内进行，如每一个预防性检查一样，要再一次对宝宝做称重和测量。宝宝在过去几周长了多少？头部如何变化？现在多重？

医生还会对宝宝精神和运动技能的发展做仔细的检查：宝宝用眼睛注视一个物体的能力如何？当医生在宝宝面前移动时，宝宝的眼神也会跟着移动吗？当有人冲着宝宝转过身去时，他会盯着看吗？听到声音时，宝宝会把头转向声音的来源吗？如果他不知道声音从哪里来，他会带着疑问的眼神寻找吗？当他听到爸爸或妈妈的声音，会认真地倾听吗？宝宝全身的肌肉张力如何？躯体姿势明显吗？拳头仍然紧握还是已经打开了？俯卧时能将头部稳定在中间位置吗？俯卧时能用下臂支撑身体吗？仰卧时能进行双手体前握吗？从仰卧被转换成坐姿时能很好地保持住头部位置吗？

最晚在检4时要进行OAE测试（听力测试，见第68页）。通常这个测试在宝宝出生后几天就已经在医院做过了。如果没有做，你现在就应该提醒你的医生。

第五个预防性检查（检5）

第五个预防性检查发生在宝宝出生后的第6~7个月，从此结束了对宝宝发育情况的孔眼式紧密性的检查，接下来检查的时间间隔会变大一些。检5还是会测量宝宝长大了多少，目前多重，头多大。

信息

第一次注射疫苗

驻罗伯特一科赫学院（Robert Koch Institut）的常务疫苗委员会（STIKO）推荐在检4时（或者宝宝出生后2个月整时）给宝宝注射第一支疫苗。但是是否注射，什么时候注射还是由父母决定，而不是医生，因为在德国并不存在疫苗接种义务。应该及时注射疫苗的原因有很多，最理想的状态是父母提前制订好计划，咨询好儿科医生或阅读相关专业书籍。

身体控制

这一次，医生关注的重点是宝宝的能力是否符合年龄发展：宝宝是否能够独自从仰卧变俯卧？他能够用下臂支撑，且双手张开吗？他能够保持他的头直立吗？从仰卧被转换成坐姿时他能很好地保持住头部位置吗？如果有人向他伸出两根手指做辅助，他会试图把自己拉高吗？他能够成功地在这个姿势下伸出一只手臂去抓前面他看到的、感兴趣的物体吗？他能够有目的地用整只手去抓一个物体并握住它吗？他能够成功地把一个物体从一只手传递到另一只手吗？他能够用手指触摸到脚，与它玩或者干脆把脚趾送到嘴里吗？

宝宝发展状况如何？

医生会再次为宝宝做听力测试：宝宝会为了寻找声音的来源而转动头部吗？当他听到声音的刺激，如轻微的钟鸣、铃声、拍手或者敲门声时，会做何反应？

宝宝对陌生人的反应也是他们发育的一个重要指标。为了评估它，医生还需要父母的支持。请如实且详细地回答医生的问题，以便他能尽可能仔细地还原那个画面。

虽然你已经按照德国国家疫苗常务委员会（STIKO）的官方建议为宝宝注射了第一批所有的疫苗，但是为了宝宝不需要继续看医生，在检5时还要再注射一些疫苗。

第六个预防性检查（检 6）

在宝宝1岁生日前，也就是第10~12个月需要进行第六个预防性检查。

身高、体重和头围仍然为常规检查项目，并被记录在黄色小册子中。除了这些例行检查外，医生还会关注宝宝的粗糙运动技能和精细运动技能、语言能力发展、手眼合作，以及情绪发展的状况。宝宝对陌生人如何反应？认生吗？当妈妈短暂地脱离他的视线时，他会怎么做？他能够自己玩一会儿吗？当他视线范围内有一个有趣的东西时，他会做什么？他会努力去够吗？他是怎么往前移动的？他会匍匐前进或者双手双膝支撑着往前爬吗？他可以扶着桌子或椅子站起来吗？能够在不借助外力的情况下坐起来，并保持背部笔直，双腿松弛地前伸吗？宝宝的抓握动作是怎样的？他能够用伸展的食指和拇指抓小东西（低级钳式抓握）了吗？或者他甚至已经能够用弯曲的食指和拇指指尖来抓取像头发或细线这样很小的物件（高级钳式抓握）了吗？

宝宝已经会说话了吗？

宝宝在这个年龄开始接受第一次语言能力测试：宝宝的交流能力已经怎样了？他掌握了像“da-da”这样的双音节发音了吗？他能够发出像“ma-ma-ma”这样的语音链了吗？他是否甚至已经能够说出几个单词或者模仿出代表小狗的“汪汪”和代表汽车的“嘟嘟嘟”了吗？

宝宝的语言理解能力也很重要：当有人问宝宝某个物品的时候，他是否会看向它？当他听到自己的名字时会做何反应？根据官方的注射疫苗时间建议，检6时需再次注射疫苗。

看，那儿发生了什么？大多数的宝宝都对预防性检查很兴奋。

1~6 个月宝宝的饮食

食物是生命所必需的 —— 因为它是我们身体发育的原动力，对于宝宝当然也是如此。但是怎样才能正确地给宝宝喂食呢？大多数的妈妈会在前几周或几个月给宝宝喂母乳。如果无法给宝宝喂母乳，就喂奶粉。大概 6 个月后将开启新阶段：逐渐喂食固体食物，直到 1 岁生日左右喂食和大人一样的食物。所有都是符合自然发展规律的：对于哺乳动物来说，母乳都是新生宝宝的首要食物。小牛犊喝牛奶，小马驹喝马奶 —— 对于人类的宝宝也一样，母乳在宝宝出生后的头几个月内都是最好的食物。母乳的组成成分是独一无二，无法复制的。直到目前为止，科学家已经从中分析出了 200 多种组成成分。

吮吸母乳时，宝宝不仅获得了食物，还感受到了温暖和关怀。

母乳是流动的、温暖的、富含营养的，能够提供给宝宝在新生后的几周和几个月内生存所需要的所有物质。而且它并不是一成不变的：母乳会自动适应宝宝成长的需求（见第 87 页），使宝宝的机体能够以最佳状态发展。

母乳的优点

世界卫生组织（WHO）针对母乳做过 3 000 多项研究，并得出结论：当你给宝宝喂母乳的时候，你就为他开启了一个完美的生活。因为母乳不仅给宝宝提供了生命所必需的营养物质，还让宝宝感受到了关怀和爱。出生之后，吮吸母乳成了连接妈妈和宝宝的一条轻柔而又十分重要的纽带。通过这种紧密的接触，她们在子宫外建立了联系。人们将这种接触称为“联系”，是母婴关系或父母与子女关系的开端。

此外，母乳之所以是宝宝最理想的食物，还有其他原因：

○ **随时准备着：**喂母乳的妈妈要时刻准备着给宝宝喂奶（即使是在路上），

保证母乳维持在最佳温度且不浪费。

◎ **免疫保护**：吃母乳的宝宝能够从母乳中获取有用的抗体（免疫球蛋白），此抗体可以加强宝宝尚不成熟的免疫系统，抵抗疾病的发生。

◎ **最真切的感官**：进食母乳可增强宝宝的所有感官：他能很直接地看到、听到、嗅到、感觉到，并“尝”到了他的妈妈。

◎ **重要的联系**：母乳将母亲与孩子紧密地联系在一起——日后很少能这么紧密了。因此，母乳不仅仅是维持生命的饮食，宝宝还能从中感受到安全、关心和爱，并建立最初的信任感。

◎ **物美价廉**：母乳绝对是物美价廉的——母乳可以为你每月节省一笔奶粉钱。

◎ **增强口腔运动技能**：吮吸乳头也是很费力的，要求口腔肌肉投入高强度的力量。这是一个完美的训练过程，能够促进宝宝颌骨的发育：这为牙齿的排列和之后说话的学习奠定了良好的基础（见第 74 页）。

◎ **预防乳腺癌**：许多研究表明，喂母乳可降低女性患乳腺癌的风险。

◎ **安静时光**：母乳还意味着“安静”。对于妈妈来说，喂母乳的时候也是可以休息的时候。她可以舒服地坐着或躺着，享受与宝宝的安静时光。

◎ **安抚情绪**：催乳激素（Prolaktin）和脑下垂体激素（Oxytocin）还能够帮助妈妈减压和平静心情。

信息

母乳的形成

母乳满足了宝宝目前的所有需求。

◎ **阶段 1**：初乳在产妇怀孕期间就产生了，并在生产后立刻投入了使用。初乳较黏稠，呈淡黄色。与过渡乳相比，初乳包含的脂肪和碳水化合物较少，但是含有很多重要的蛋白质。初乳富含矿物质、维生素和免疫球蛋白，因此营养丰富，吮吸一点就能吃饱。

◎ **阶段 2**：过渡乳产生在生产后 3~4 天——母体中的初乳转化为成熟乳的时候。其成分介于初乳和成熟乳之间。

◎ **阶段 3**：成熟的母乳虽然更稀薄，在黏稠度上比初乳更倾向于流质，但是脂肪含量是初乳的两倍，而且还有更多的乳糖，所以成熟的母乳味微甜。

母乳的缺点

毫无疑问——母乳对于婴儿来说是最好的食物。但每一块金牌都有两面，所以公平起见，我们还应该在这里说说母乳的缺点。每一位妈妈都对此有不同的观点：一些妈妈认为这完美无瑕，而另外一些妈妈则认为这是缺点。

信息

哺乳也需要训练

哺乳对宝宝的发育做出了巨大的贡献，而且是与生俱来的。但是初次生产以及一些特殊情况下，哺乳期的妈妈还需要一定的帮助。由于版面的原因我们无法在这里开辟一个名为“这样就能成功哺乳”的章节。哺乳也需要训练，所幸的是每一位妈妈身边都会有专业的帮助者：助产士和哺乳咨询师都是这方面的专业人士，会乐于给予妈妈们相应的建议。所以你可以完全不用迟疑地向他们寻求帮助。

○ **唯一的供养者：**喂母乳的妈妈总是独自一个人喂宝宝，她们就这样不断地把奶水抽出（对于许多妈妈来说，抽奶水就是自己的一项永恒话题——其实是一项脑力劳动。这时就需要助产士或母乳咨询师的帮助了）。

喂母乳的妈妈在有些时候是“不自由”的，因为她们要定期喂奶。而且晚上也要不停地起来给孩子喂奶，以保证宝宝不饿。

○ **体形：**有些妈妈担心长时间的哺乳对乳房的塑形和紧致度有不好的影响。

○ **限制：**还有一点不能忘记，喂母乳的妈妈在哺乳期内自己的饮食也有很多的限制，一些刺激性食物如洋葱、大蒜和卷心菜，或者酸性食物，如会伤害到宝宝屁股的柠檬都要慎重食用。酒类也是哺乳期女性需要戒掉的。

哺乳多久？

关于母乳时长的原则是：因为母乳对于妈妈和宝宝来说都是最好的选择，因此建议到宝宝 1 周岁，至少到 5 个月初应该只喝母乳。对于易过敏的宝宝来说更是如此。此外，在添加辅食后应该继续喂母乳——至少 6 个月以后。妈妈和宝宝的状态共同决定了母乳的时长。

辅食过渡

宝宝的吮吸反射在 6 个月前是很明显的，而 6 个月以后才慢慢减弱。然后宝宝开始长牙，这时的宝宝为了按摩牙龈，总喜欢把所有能抓到的东西都放进嘴里咬——这是一个很好的开始喂辅食的时间。

此外，几乎在宝宝能够独立从仰卧翻转到俯卧（大概 6 个月）的同时，舌头的灵活度也开始增强。宝宝能更加灵活地把舌头从一边伸到另一边，以及向前和向后伸。这更加证明了宝宝可以开始食用固体食物了。

虽然母乳富含能量和营养物质，但是现在应该开始训练宝宝的咬合和吞咽能力了。因此不应该在宝宝 6 个月后还只喂流食，如牛奶或糊状食物。每一个宝宝都应该有机会学习咀嚼和啃咬，并训练舌头把食物向后运送到喉咙处，进而向下吞咽。

当刚刚喂辅食时还不能完全断奶，而是要继续喂一段时间母乳——时间的长短按照妈妈和宝宝的意愿定（比如6个月以后可以在每天早上宝宝醒来之后喂一次母乳）。而这段时间，提供营养已经不是母乳最重要的任务了（虽然许多宝宝还是用这种方式摄取大量的营养），而是让宝宝感受到母爱和关怀。无论宝宝多大，爱和关怀是多少都不够的。

奶粉代替母乳

虽然哺乳是婴儿最理想的饮食形式，但还是有许多吃不到母乳的宝宝。因此喂母乳的妈妈有充分的理由得到尊重。但绝不是说不喂宝宝母乳的妈妈就是坏妈妈！

许多初为人母的妈妈对于用乳房去喂养宝宝都承受着巨大的压力。如果不成功——出于某些原因这也经常发生的——她们往往就会感觉很不好。但完全不必这样，因为现在有很多成功的母乳替代品。这些在商店里能买到的奶

信息

母乳 4~6 个月

很长时间以来，专家都建议哺乳期的母亲要坚持母乳喂养6个月，然后才开始喂辅食。但是现在人们越来越经常地看到和听到，母乳喂养4个月就够了。比如欧洲食品安全局（EFSA）就建议可在5~6个月时停止母乳喂养。因为没有确切的数据显示哺乳期长于4个月时还能对预防过敏发挥作用。因此专家反向得出结论，长期喂食母乳对预防过敏是无意义或是不必要的。

世界卫生组织（WHO）和联合国儿童基金会（UNICEF）却持有不同观点。他们在全球范围内建议宝宝出生后6个月之内只采用母乳喂养，在添加辅食之后继续喂母乳到宝宝2岁（甚至可以更长，如果妈妈和宝宝都愿意的话）。这条建议不仅适用于贫困国家的人民，因为这样可预防传染病，在发达国家，妈妈和宝宝也能从长期母乳中获利，比如母乳可加强母婴之间的联系（见第7页）。

简言之，你想要母乳喂养多长时间取决于你和你的宝宝，理想的状态是宝宝6个月之前都只喂母乳。

粉几乎可以算作是母乳的“复制品”。

奶粉一览

对于 1 岁的宝宝，目前共有 4 种不同的以牛奶为基础的饮食品。每一种奶粉都有其明确的年龄阶段划分，所以应该在规定的年龄段喂相应的奶粉。

Pre 段奶粉

婴儿初始食品对于新生儿来说是非常好的母乳替代品，因为两者的脂肪、蛋白质和矿物质含量相当(“适应的”)。Pre 段奶粉的主要碳水化合物为乳糖，成分更接近母乳。因此相当稀薄，但是能够像母乳一样满足宝宝的需求——只有当宝宝很饿的时候。许多 Pre 段奶粉还额外添加了不饱和脂肪酸，其形式与母乳中的相似。

1 段奶粉

这种奶粉也可以作为婴儿的初始饮食。但是与 Pre 段奶粉不同，其奶蛋白质含量不完全符合母乳（因此这种奶粉被称为“半适应的”)。

1 段奶粉大多数情况下是不含麸质的，且富含铁。但是这种奶粉是饱和能量，无法满足宝宝的需求。因此要注意包装上的配置说明书。

许多 1 段奶粉除乳糖外还含有碳水化合物、砂糖和果糖。因为果糖有可能导致腹胀，而且经证明砂糖对牙齿和代谢有不好的影响，因此最好不要使用相关产品。

2 段奶粉

这种奶粉应该配合辅食使用，因为它的营养物质无法全面地满足宝宝的需求。2 段奶粉可供宝宝 6 个月以后食用。与 Pre 段和 1 段奶粉不同，它含有更多的蛋白质和热量，此外还添加了人工食用香精。

因为婴儿初始饮食需要吃一整年（6 个月以后可辅以辅食），所以 2 段奶粉不是必需的饮食。不要被“2 段”所迷惑——它不是 2 岁的意思。从 1 岁生日起，宝宝就可以和家人同桌吃饭，不再需要用瓶子喝奶了。

3 段奶粉

为了完整性，这里再介绍一下 3 段奶粉，它也被称为“儿童奶粉”或“青少年奶粉”。这类奶粉分为不同口味，富含糖分和人工食用香精。

3 段奶粉富含热量，因此与其他婴儿奶粉相比更黏稠。热量高是为了使婴儿的饱腹时间更长。但是从营养生理学角度来看，宝宝没有必要进食这种奶粉。

特殊的奶粉

有些特殊的情况要求食用特殊的奶

粉。比如：

◎ **低过敏性奶粉：**此款奶粉推荐给易过敏的宝宝使用，比如父母一方属易过敏体质的宝宝。这类奶粉的牛奶蛋白质发生了改变，以使宝宝的机体更容易承受。低过敏性奶粉请认准有“HA”标识的。

此外，这类奶粉中的蛋白质被严重分解，你在尝这类奶粉的时候可能会对其苦的味道很费解，但是千万不要试图加糖，也不要再给宝宝额外提供味道甜美的食物（含糖的都不可以），否则宝宝就会拒绝食用其他不含甜味的牛奶了。

◎ **针对牛奶过敏宝宝的特殊奶粉：**如果宝宝已经确定无法承受牛奶或对牛奶过敏的话，就需要食用这类奶粉。你需要先征求儿科医生的意见，然后在药店里购买这类奶粉。

◎ **针对消化不良宝宝的特殊奶粉：**这类奶粉适用于总会吐奶（Anti-Reflux-Nahrung）或腹胀伴随着便秘或腹泻的宝宝。对于单纯便秘或腹泻而无腹胀症状的宝宝也有特殊的产品。

调配建议

在冲奶粉的时候要记住非常重要的一点，那就是要严格遵循剂量说明。如果奶粉的剂量不对，宝宝获取了太多的蛋白质或脂肪，而水过少，就会导致营养过剩、便秘或者腹泻。奶粉最好现冲现喝，而且要用新鲜的自来水来调制奶粉（绝不能用陈旧的含铅自来水）。如果你不确定，最好使用专门用来冲奶粉的矿泉水。宝宝喝剩的牛奶不要再保存起来，而是要倒掉。

7~10 个月宝宝的饮食

最早在 5 个月初，最晚在 7 个月初，就应该开始给宝宝喂半流质食物了。一方面，宝宝 6 个月的时候已经可以用舌头把食物运送到喉咙，而不是把所有食物再吐出来。另一方面，大多数的宝宝在这个时候都对固体食物产生了兴趣，他几乎想把所有好吃的东西都塞进嘴里，甚至能把它吞下去。

因为吮吸反射慢慢地被咀嚼的需求所代替，这正是喂半流质食物的时机。

代替母乳：奶粉能够给 1 岁的宝宝提供所有重要的营养物质。

而且为满足不断增加的能量需求，也应该慢慢给宝宝的饮食增加固体食物。根据经验，宝宝 6 个月后体重至少会翻倍，而且会继续以高速增长。从此刻起，他不仅需要更多的能量，还需要一些生命所必须的营养物质，如铁。

万事开头难

第一勺半流质食物是宝宝生命中的又一个里程碑。这是一个激动人心的经历。宝宝对这个新鲜的经历反应如何？他配合地张开了嘴巴，还是干脆拒绝这种食物？他尝了尝，还是直接把所有东西吐了出来？宝宝对食物的味道和硬度的反应如何？他接受这种新美味吗？

转换到辅食

午餐奶是第一顿可以用半流质食物替代的饮食（从 5~7 个月开始）。从这时起三餐就需要很好的计划（在你为自己准备午餐的时候，也要为宝宝调配饮食）。饭后几个小时内你还要观察宝宝对食物的承受程度。如果宝宝出现了呕吐、腹胀或腹泻的症状，那么下午的时候你就需要对宝宝更加关注，更具耐心。

在宝宝头 4~7 天，辅食最好只用蔬菜和一点植物油（比如菜籽油）或黄油来制作。

胡萝卜是绝佳的辅食原料，因为胡萝卜易做成糊，且味微甜。虽然过去几年，人们一再说胡萝卜会引发过敏反应，但是现代科学完全可以解除对胡萝卜的预警：经证明两者无必然联系。慢慢地你可以在蔬菜里加些肉类（食谱见下面的表格）。

下一个阶段，你可以在宝宝 6~8 个月时在晚饭时引入牛奶—粮食

宝宝每天必需的营养物质

0~3 个月			4~12 个月
	女孩	男孩	女孩和男孩
能量	450kcal	500kcal	700kcal
蛋白质	8.4g	9.4g	26.3g
脂肪	23.8g	26.4g	31.1g
碳水化合物	50.6g	56.3g	78.8g

粥（这种粥的食谱在下面的表格中也可以找到）。几天之后就可以用粮食一水果粥（见下表）来代替下午的母乳了。接下来在宝宝 7~9 个月，就可以用粮食一水果粥（见下表）来代替上午的第二顿牛奶了。但是在宝宝 1 岁生日之前，每天的第一顿饭，即早餐还是要喂纯奶（母乳或奶粉）。

熟能生巧

如果宝宝还很难适应辅食、勺子和吞咽动作的话，说明可能还不是喂辅食的时候。在这种情况下，就应该中断喂辅食，而重新喂奶（母乳或奶粉）。

给宝宝几天的休息时间，1~2 周后再尝试着给他喂辅食。

咀嚼让宝宝变聪明

7 个月左右的宝宝一定要开始训练他的口腔肌肉群，包括咀嚼不同硬度的食物。咀嚼能够锻炼咀嚼肌，使味觉神经更加灵敏，有助于长出牙齿，并促进语言学习（见第 74 页）。一段时间之后，在准备辅食配料时只用叉子粗略撕

信息

宝宝辅食食谱

所有类型的食谱都提供一份。

蔬菜一土豆一瘦肉粥

○ 20~30g 有机瘦肉（禽类、牛肉或者羊肉，最好不要用猪肉）。

○ 100g 新鲜有机蔬菜。

○ 50g 有机土豆。

○ 45ml 水果泥或鲜榨的水果汁（比如橙汁）。

○ 15ml 油菜籽油或 2.5ml 黄油。

把肉切成小块，加入少量水蒸软，取出，捣成糊状。蔬菜和土豆洗净，去皮或拣净，切成丁，加入少量水煮熟。用捣棒将肉、蔬菜和土豆细细地混合捣碎，最后加入水果泥（果汁）和油脂。如果最后的粥还太黏稠，可以再加点水。

牛奶一粮食粥

○ 20g 粗粮（如燕麦、小麦或者小米）。

○ 200ml 现冲的热牛奶（Pre 段或者 1 段奶粉，或者谷物奶）。

○ 20g 水果泥。

○ 2.5ml 油（比如油菜籽油）或黄油。

将粗粮中加入牛奶，短时泡发。接下来倒入水果泥和油脂搅拌、冷却。

粮食一水果粥

○ 20g 粗粮。

○ 150g 水果泥。

○ 5ml 或 2.5ml 黄油。

将所有配料混合即可。

宝宝的饮食计划表

	1~4 个月	5 个月起	6 个月起	7 个月起	8 个月起	9 个月起	10 个月起	11 个月起	12 个月起
早上	母乳或奶粉					牛奶（面包）餐			
上午	母乳或奶粉				加餐，如苹果、香蕉、米饼				
中午	母乳或奶粉			蔬菜—土豆—瘦肉粥					
下午	母乳或奶粉				水果—粮食粥			加餐，如苹果、米饼	
晚上	母乳或奶粉				牛奶—粮食粥			牛奶（面包）餐	

碎即可，这样可以让宝宝练习咀嚼，比如苹果屑、米饼或一小块无糖饼干。

宝宝的饮品

当宝宝能够进食固体食物的时候，除母乳或牛奶外，他还需要额外的饮品。最理想的解渴饮品是不太凉、不带气的矿泉水。宝宝越早适应喝水越好。这样日后他就可以尽早远离食用香精、色素或糖了。如果自来水的水质很好，也可以直接饮用自来水，不必事先煮沸（有关水质的信息你可以在当地自来水厂获得）。无糖的（有机的）汤药也适合做婴幼儿的饮品。如果你偶尔给他喝果汁，那么你可以以 1:2 的比例用水稀释它。现在是用杯子或碗盛饮品给宝宝喝的好时机。宝宝越早开始用杯子喝水，就能够越快学会嘴里充满液体，然后下咽的动作。不要用有奶嘴的瓶子盛水，因为它会延长宝宝使用奶嘴的时间。这又提高了患龋齿的危险，因为液体会使保护牙齿的唾液变稀，而且长时间吮吸奶嘴会加剧损害牙齿的细菌的形成。

10~12 个月宝宝的饮食

宝宝变得越来越爱动，扶着东西就想起来——后来甚至能够双腿站立。因为他接下来几周需要更多的能量，所以辅食的含量要比之前更丰富（食谱见第 93 页）。因此请增加油脂的含量：每份加一汤匙油或黄油，而不是之前的一茶匙。

（几乎）像大人一样吃东西

辅食的阶段不会很长。大概 10 个月的时候，宝宝的饮食就可以慢慢地和全家人同步了。午餐慢慢地变成和家人一样的食物，晚餐可以把牛奶— 粮食粥变成面包加饮品，而上午和下午的两顿加餐可以用面包加水果或生的素食品来替代。

但是至少到宝宝 1 岁生日前，第一顿早餐还是要喂母乳或牛奶，然后再慢慢过渡到家庭早餐，比如涂了黄油或果酱的面包和饮品，或者水果麦片。

不适合儿童

虽然宝宝渐渐地可以和家人吃一样的东西，但是以下食物还是要避免：

○ 凝乳、奶油、酸奶和其他脂肪类奶制品中含有太多的油脂和蛋白质，会使宝宝的肾承受过多不必要的压力。

○ 生菜中含有大量的硝酸盐、化肥及农药喷雾剂的残留物。

○ 荚果会导致腹胀。此外，包菜也会有这样的效果，如羽衣甘蓝、卷心菜、紫叶甘蓝和抱子甘蓝。绿花菜、花椰菜和球茎甘蓝会更好消化些。

○ 生西红柿很难消化。

○ 蘑菇总体来说也比较难消化。另外，野蘑菇一定要注意，它可能会含有强烈的毒素和放射性。

○ 坚果很容易引起过敏反应，而且还有被呛到的危险。

○ 糖、冰激凌和巧克力 —— 越晚让宝宝接触这些甜食越好。

○ 人造增甜剂也不推荐，因为它们会让宝宝机体的负担太重，而且让宝宝适应了过甜的味道。

○ 因为有细菌入侵的危险，所以 1 岁的宝宝不要吃蜂蜜。

○ 许多品种的香肠都富含碳酸盐、亚硝酸盐和钴。因此最好选购有机食品。考虑到高油脂的问题，所以尽可能不要给宝宝吃富含油脂的香肠，如色拉米香肠、腊肠、软香肠和肝肠。有些商店把富含油脂的腊肠称为“儿童肠”，这完全是瞎说。因为它的高油脂含量，绝对不适合给宝宝吃。

○ 不要放辛辣的调味品，如咖喱或姜，它们会扰乱宝宝柔暖的味觉。

○ 柠檬水、可乐和等渗压的“运动饮料”中白糖和人工食用香精的含量过多。

奶嘴

宝宝带着吮吸需求来到了这个世界上，他最喜欢的就是吮吸妈妈的乳头。这个地方就像是天堂：它温暖，散发着熟悉的芳香，流出可口的奶水 —— 简而言之，宝宝在这里感觉到了安全和舒适。而且每当他感觉不适的时候，常常会想念这个温暖的港湾。

但是妈妈的乳房并不总能满足宝宝的吮吸需求。没关系，因为所幸的是我们还有替代品。一些宝宝在吮吸拇指的过程中找到了安慰和放松，另一些宝宝则用奶嘴来代替。后者的官方名字和非官方名字几乎一样多：橡皮奶头、奶嘴儿、嘟嘟嘴、迪奏（Dizl）或嘀嘀（Diddi），在瑞士人们常常把它叫作"驽哥"（Nuggi），奥地利人则称它为"鲁乐"（Luller）、"佛必尔"（Fopper）或者"卒子"（Zuzzi）。尽管名字不同，但是对于全世界宝宝来说，它的任务都是一样的：使宝宝安静下来。因此它还有一个名字——镇静奶嘴。

支持使用奶嘴的人说……

如果宝宝的吮吸需求得到了满足，那么对他的情绪会有积极的影响，宝宝会变得安静并放松下来。所以对于许多宝宝来说，奶嘴是一个理想的安慰工具——随手可取，随时可用。有规律的吮吸让宝宝更容易放松，更容易加工每天接收到的印象。嘴里含着奶嘴能够带来安静祥和，而且口腔也会全部运动起来集中到吮吸上。嘴里含着奶嘴的宝宝不会，也不能再哭了。

致命的奶嘴

过去几年，许多国际科学研究证明，含着奶嘴睡觉的宝宝猝死（SIDS，见第114页）的危险系数更小。在荷兰，一项调查得出结论，仰卧加奶嘴的组合能够降低20倍的猝死率。这对于宝宝有高猝死风险的父母来说是一个非常重要的信息。

反对意见说……

宝宝就像是中了魔法，刚开始宝宝觉得奶嘴没有味道，父母费了好大劲才让宝宝愿意含着它。但是当你想要让宝宝放弃奶嘴的时候，他却不愿意了——而这并不是人们反对宝宝使用奶嘴的唯一原因。

吮吸奶嘴对牙齿不好

无论宝宝更喜欢奶嘴、拇指还是奶嘴巾，一旦宝宝在较长的时段内（几个小时）或长期（几个月甚至几年）吮吸这些东西，都会或多或少导致严重的牙齿缺陷。

信息

奶嘴对抗母乳？

长时间以来一直流传着这样一个谣言，如果让宝宝太早含奶嘴的话，他就会拒绝妈妈的乳头了。但实际情况不是这样的，大量国际研究证明，奶嘴的使用对母乳的行为没有影响。

自由的口腔

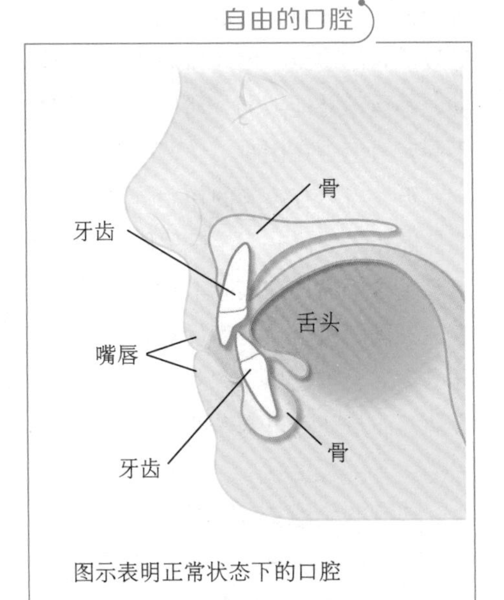

图示表明正常状态下的口腔

含奶嘴

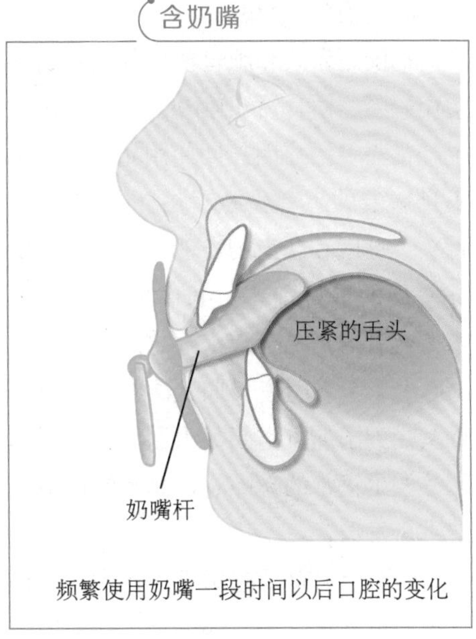

频繁使用奶嘴一段时间以后口腔的变化

最后为了形成必要的低压，宝宝必须张开嘴唇并用牙齿咬住奶嘴，而且还要使之弯曲，因为下门齿按照自然规律是位于上门齿后面的。这需要颌骨消耗巨大的力量，毫无疑问，牙齿要向前移位（兜齿）。对于奶嘴能满足宝宝吮吸需求这一点并无反对意见，但是牙齿之间的任何一个异物——无论是奶嘴还是拇指，都是异物。它们可能会释放一定剂量的毒物。以奶嘴为例，这取决于奶嘴在宝宝嘴里待多久，奶嘴头多大多重。

针孔：奶嘴头厚度

上下门齿无法咬合、侧牙错位、下颌骨后移、舌头缺陷，或者用嘴呼吸，这些都是牙医和颌骨整形外科医生对于长期使用奶嘴后做出的诊断。最主要的原因就是奶嘴柄太粗——就是宝宝含在嘴里吮吸的部分和露在嘴唇外面的奶嘴盖之间有弹性那部分。这个杆越粗，上门齿离上下颌骨的距离就越远。极端情况下，宝宝长时间含与月龄不符的奶嘴，甚至会出现上下门齿无法咬合的现象：上门齿严重向前偏移。

长时间使用奶嘴还会导致牙齿变形，上下门齿之间有个规则形状的洞（“奶嘴门”）。在这种情况下即使宝宝已经咬紧牙齿了，奶嘴还是能毫不费力地穿梭于上下齿之间。所以日后一场昂贵的颌骨矫正手术就在所难免了。

通过奶嘴学习说话

不仅是牙医和颌骨整形师反对长期使用奶嘴，语言矫正师和语言治疗医生也经常需要治疗因长期使用奶嘴而产生不良影响的患者。原因是，颌骨、腭、舌头、嘴唇和牙齿的自然合作是语言良好发展的最好前提。长时间地吮吸奶嘴（或者拇指）会带来一定的问题：

由于上下门齿长期无法咬合，所以舌头受到了前方空间的限制。宝宝因此无法发出正常的咝嚓音，总是错误地咬着舌头发咝音。

如果宝宝总是把奶嘴含在嘴里，日后说话也不拿出来，那么宝宝就会用嘴呼吸。大多数的宝宝后来根本就不再吮吸奶嘴，而只是用嘴唇含着。因为吸进的空气未经过鼻子“过滤”和润湿，所以经常会出现感染现象。用嘴呼吸的宝宝经常会丧失对口腔的感觉，于是就会导致严重的多涎。由于口腔肌肉缺乏运动，其运动技能减弱，所以宝宝在塑造不同音素上存在困难。

奶嘴当然有镇静的作用，因为宝宝突然停止了哭泣。宝宝一哭闹，父母就给宝宝含奶嘴，这实际上是扼杀了宝宝表达不满的机会。奶嘴反对者担心，这样的宝宝会被过早地“养成”有苦恼不表达，而是往嘴里塞东西的习惯。

信息

注意!

人们理所当然地认为，奶嘴能够快速“充当”灵魂安抚者的工作。但是它永远只能作为第二个选择，宝宝更想要的还是感受妈妈的胸膛和亲密的身体接触。你想一想，宝宝想要奶嘴时实际上想要的是什么。他饿了？他无聊了？他累了？他痛了？给他他真正需要的。

所有的奶嘴都不好吗？

这很难说，毕竟如今市面上存在着五花八门的奶嘴。只有了解长期使用奶嘴造成牙齿缺陷的原因的人才能自己权衡哪些奶嘴有问题，而哪些没有。现在普遍的类型有：

◎ **樱桃形状的奶嘴：**圆的、气球形状的吮吸头，与之相对应的圆的、粗的连接杆。樱桃状的圆形吮吸头没有上下面，因为它要模仿妈妈的乳头。吮吸头在宝宝的嘴里应该是软的、充实的……

◎ **对称形状的奶嘴：**这类奶嘴也没有上下面。无论是朝向腭还是朝向舌头的面都没有特殊的形状或功能。两面微长，吮吸部分略平坦。这类奶嘴通常有一个相对粗大的杆，宝宝每天要咬几百次。

◎ **楔形奶嘴：**吮吸头底部是平缓倾斜的，形状类似于乳头挤奶时的形状。

反对者认为这个形状迫使宝宝的舌头必须向下及向两侧弯曲。此外，舌尖在吮吸时能够自由地向前滑动并在门齿间移动。可能造成的后果是牙齿错位，日后无法正确发出咝嚓音。

◎ **带向下弯曲柄的奶嘴**：这种新型奶嘴的形状能够让人想起阶梯。外壳和吮吸头之间的柄细且平，还略微向下弯曲。这样一方面能尽可能保持上下门齿之间的开口度小，另一方面舌头有了更多的自由空间，因为吮吸头更靠近上腭了。另外，阶梯形状的奶嘴柄很好地适应了牙齿结构，即宝宝闭嘴的时候，下门齿能放在上门齿后面。

◎ **带适应性柄的奶嘴**：现代奶嘴界的最新产物，由上述奶嘴模型带弯曲柄构成。但是材料是新型的：特殊发明的，特别柔软、易弯曲的硅胶，它能够因地制宜地适应颌骨或牙齿的形状（目前正在发明阶段）。

奶嘴模型：顺时针分别为樱桃形状奶嘴、对称形状奶嘴、带向下弯曲柄的奶嘴、楔形奶嘴。

给宝宝含奶嘴还需要注意什么？

好的奶嘴不会抑制舌头的动作，而是给它最大的自由空间。但是除形状要适应其结构外，其他因素也会对宝宝的牙齿造成影响。

从几岁开始？

奶嘴对哺乳行为没有负面的影响，所以新生儿就“允许”使用奶嘴。如果嘴里只是偶尔含奶嘴，那么在头几个月完全没有问题。但是在这个年纪要看你给宝宝用的是哪种类型的奶嘴（不要使用柄粗的奶嘴）和宝宝使用奶嘴时间的长短。一旦宝宝安静和放松下来就不用给宝宝含奶嘴了，小心地把奶嘴拿出来，亲昵地抚摸宝宝，用温柔的话语安抚他。

在哪种情况下使用？

通常为了使宝宝安静下来时使用奶嘴。如果你排除了宝宝是由于饿了、无

信息

有害物质双酚 A

在购买奶嘴时一定要注意购买不含双酚 A 的奶嘴（购买玩具、水杯和奶瓶时也一样）。这种激素类有害物质会干扰宝宝敏感的自然信息平衡感。此外，人们猜测，多年以后发生的不孕、乳腺癌和脑发育障碍都是它引起的。奶嘴的外壳也不能由双酚 A 制成。

聊了、痛了或尿布湿了才哭闹的话，那么他可能就是简单地想要休息和放松了。或许今天一天都太紧张了？做了太多运动？这时奶嘴就是一个很好的让他安静下来的物件。

每天用多久？

这里有一个原则：越少越好，必要时才使用。你要观察你的宝宝：直到他真的安静下来并感到高兴的时候需要多长时间？一旦达到这个状态，奶嘴就完成了它的使命——就可以拿出来了。

总体来说多久？

大多数儿科医生、语言矫正师、牙医和颌骨矫形外科医生都建议宝宝 1 岁以后，最晚 2 岁就不要使用奶嘴了（如何做到，见第 219 页）。但是，实际上大多数的宝宝使用奶嘴的时间都会长一些。父母经常允许宝宝含几个月（有时甚至几年）时间的奶嘴，有时甚至是有目的的提供。为什么？非常简单，奶嘴能够让宝宝安静下来，而父母有时就是需要这样。

事实上，吮吸反射在宝宝 6 个月以后就开始慢慢减弱了。从这时起，咀嚼就提上了日程。所以我们没有理由用提供奶嘴的方式人工地延长这种吮吸反射。因此一旦宝宝长出第一颗牙，能够咀嚼硬一点的食物时——大概是在 1 岁生日前后，就让他结束吮吸时代吧。磨牙棒是奶嘴的理想继任者。

哪种材料最好？

奶嘴的吮吸头一般由两种材料制成：橡胶和硅胶。

- **橡胶**：橡胶奶嘴呈褐色，有弹性，且耐咬。这种天然的材料让人感觉舒适柔软。但是几周之后奶嘴就会变旧（要经常煮沸消毒），变得不干净。因此 4~6 周要更换一次。
- **硅胶**：这种透明的、无特殊味道的塑料非常结实耐用，但是不像橡胶那样柔软、有弹性。因此吮吸硅胶奶嘴需要使用更大的力量。

因为大一点的宝宝才能咬得动这种材料，所以硅胶奶嘴的尺寸都比较大。

为什么会有不同的尺寸?

奶嘴生产商想让自己的产品尽可能长时间地投入使用，因此按照宝宝年龄的大小生产了不同尺寸的奶嘴。橡胶奶嘴有1~3个尺寸，硅胶奶嘴分为尺寸1和尺寸2。

尺寸1适用于0~6个月的宝宝；

尺寸2适用于6~18个月的宝宝；

尺寸3是为18个月以上的宝宝设计的。

有的厂家甚至为早产儿和8周的宝宝生产了相应的奶嘴。

实际上人们一直在讨论大号尺寸的奶嘴是否有必要。生产带向下弯曲柄奶嘴的生产商强调宝宝的颌骨主要生长到第三个月。在这之后就只会因为臼齿的出现而往纵向长，不会往横向长。因此不必换大型号的奶嘴。相反，太大的奶嘴会在宝宝做吞咽和吮吸动作时消耗大量的能量（妨碍牙齿的形成），并占用舌头的空间。

怎样护理奶嘴?

为了确保奶嘴真的干净，你应该在第一次使用之前将奶嘴置于盛有滚烫开水的锅里煮5~10分钟。此外，如果奶嘴掉到地上、别的宝宝用过或者脏了的时候，我们也建议把奶嘴再次煮沸。开始时最好每1~2天就煮沸一次。许多专家不赞成频繁的煮沸：少量细菌的反复刺激可增强人体免疫力——这是他们的论据。宝宝的免疫系统在与病原体和细菌的接触中得到发展，变得成熟。

有奶嘴的替代品吗?

无论是奶嘴、拇指、口水巾，还是毛绒玩具，所有宝宝长时间放在嘴里吮吸的东西都算作异物。因此，实际上根本没有奶嘴的替代品。相反，如果要吮吸，最好还是用奶嘴。因为频繁地吮吸拇指——每天几个小时，持续几个月——所带来的后果更严重。拇指虽然有随时可取且不会丢失的优点，但是宝宝一旦养成用拇指平复心情的习惯，要戒掉它就需要双倍的难度。所以许多宝宝直到上学还在吮吸拇指——有时甚至成年后仍然如此。有了奶嘴的宝宝通常对吮吸拇指就没有兴趣了，但是也有例外，因为少数宝宝两者都喜欢。

重要信息

不要舔

为了避免传播龋齿细菌，你绝不要为了快速“清洁”奶嘴，而把宝宝的奶嘴放在自己的嘴里去舔干净。

抱宝宝的工具

看一眼动物的世界，可以粗略地将动物宝宝分为两类：筑巢宝宝和离巢宝宝。筑巢宝宝出生时是聋的、盲的、没有毛的。当妈妈出去觅食的时候，宝宝会被单独留在巢穴里。属于这类的动物有老鼠、猫或者家兔，等等。相反，离巢宝宝，如奶牛，在出生后就独立了，妈妈出去觅食时它也会跟着去。那么人类的宝宝属于哪一类呢？

与动物世界做一下比较，答案就一目了然了：猴子宝宝在妈妈身边时感觉最舒适。如果被单独留在一个环境里会感到害怕。所以猴子妈妈都会把小猴子背在背上，带它到处走。因为有强烈的抓紧反射，所以猴子宝宝能很好地抓紧妈妈的皮毛。

人类本身就是一个“承载工具”

事实上大多数的宝宝都在被抱着的时候感觉最舒适。在一个熟人的臂弯里——通常是妈妈或爸爸——他会感受到“抱”这个词的真正含义：这里有直接的身体接触，感受妈妈（或爸爸）的呼吸和脉搏，闻到熟悉的气味，听到熟悉的声音。宝宝感受着拥抱者的每一个动作，并因此在脱离母体后找到与在妈妈肚子里相似的感觉。此外还有其他的原因说明怀抱宝宝可促进宝宝的发育。

怀抱的积极方面

过去人们认为宝宝最好是躺在他的小床上或婴儿车里。在那里他可以伸展四肢，挺直腰背，父母也可以把他的小床或小车“停靠”在一个安静的角落，从而为他提供一个安静的环境。但是怀抱方式的支持者则提出了极具说服力的论据：新生儿根本就不习惯伸展四肢，毕竟他以蜷缩的姿势在母体中待了 9 个

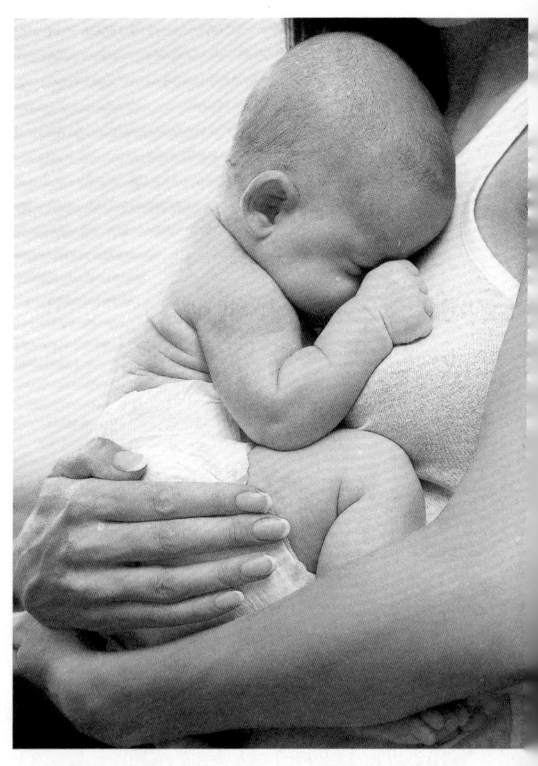

宝宝最喜欢这个姿势，因为可以离妈妈或爸爸很近：屈膝、双腿分开、背部微弓，与妈妈或爸爸面对面。

多月的时间。所以在出生后的头几周内，他还是喜欢保持蜷缩的姿势，也就是弯曲着小腿儿和小胳膊。

对于宝宝来说，绝对的安静也是很陌生的，因为他在妈妈肚子里的时候会听到许多声音：妈妈的心跳声、血液流动的沙沙声或消化器官的喧闹声。这种情况下谁还能说宝宝习惯安静呢？

怀抱创造了最初始的信任

感受亲近是每一个人最基本的需求。被抱的宝宝能感受到关怀和安全，他们不再感到孤独，而是觉得安全。这一点毋庸置疑，因为当宝宝如此近距离地躺在妈妈（或爸爸）的怀里，他能够体会到轻柔的抚摸和温柔的话语。这又会给宝宝传递一种他在被看、被关注的感觉。此外，被抱着的宝宝能够了解自己和他人的界限。宝宝在母体中能通过子宫感受到边界，他在这个安乐窝里有安全感。而感觉不到边界就会导致出现不安情绪。

怀抱使宝宝得到满足感

经常被怀抱的宝宝满足感更强，哭闹的次数更少。即使是哭闹宝宝也能通过拥抱得到缓解，因为亲密的身体接触、温柔的话语和轻柔的移动能够安抚他的情绪。此外，拥抱的温暖还能促进良好的母婴关系。

怀抱促进感官系统发展

通过多方研究证明，身体接触对宝宝的发展起着积极的作用。比如通过怀抱过程中的运动能够用到并促进宝宝早已形成的触感和平衡感。此外，研究表明，感官系统的优化对大脑的发育也有着积极的影响。同样的，社会和情绪因素也起着重要作用。被抱在胸前的宝宝（面向怀抱者）能够近距离观察怀抱者的外表，并从中学习大人的行为：表情、手势和语调……

怀抱能有效地促进臀部成熟

当你把新生儿抱在臂弯里的时候，他会自动弯曲双腿，并相互叉开，就好像要用胳膊和双腿抓紧你一样。这种自然的分腿动作促进了日后宝宝臀部的成熟。人体结构方面的研究表明，在这种“屈腿一分叉姿势”下，大腿骨骨头能准确地对准臀关节窝。最理想的状态是宝宝双腿屈膝约 100 度，相互分开约 40 度。

有哪些怀抱的姿势？

为了满足宝宝想被抱的需求，要求你拥有一个健康的、无疼痛感的背部。因为即使是最轻的宝宝长时间怀抱也会变得很沉。无论是用背巾还是背袋：一个好的承载工具要能够支撑住宝宝，并能分散他的重量，让你感觉不那么重。

从一开始就可以用背巾抱宝宝，比如头几周躺着的时候。

之后可以面对面。这样宝宝就能看到这个世界，当他累的时候可以舒适地依偎在你怀里。

你像拥抱成人一样环抱住宝宝。你们两个紧紧地联系在一起，以便你在走路的时候宝宝也不会在你的怀里松动摇摆，造成脊柱受伤。另外，还要保证承托工具不能挤压、摩擦或者夹痛宝宝。

用承托工具比儿童车更灵活——比如上台阶、在公交车或火车上、山上或沙滩上。承托工具在家也同样实用，比如在你做家务的时候。因为你可以把宝宝背在身上，同时空出双手。还有一点，这种工具上手简单。

背巾

高质量的婴儿背巾是按照一定的织造程序生产出来的，因此富有弹性，且耐磨；另外，还结实、抗咬，且轻便、透气，理想状态下可机洗，使用的材料尽可能来自有机栽培的原料。我们这里几十年来市面上已售有许多常见的、可靠的款式。

长长的织物可以变换成不同的形状，变成摇篮或者双层十字交叉，变成袋鼠口袋，抱在胸前，或者背在身后。你可以让宝宝躺着，也可以坐着，当然也可以背着他——这要看他最适合哪种姿势。

背巾和襁褓最好绑成A形和O形。所以在购买背巾时要注意看是否有针对捆绑技术的详细指导。如果能得到助产士或“背巾专业人士”的指导就更好了。许多产前准备和产后恢复的实践课都会有相应的课程。

但是不仅捆绑技术需要学习，如何带着背巾或背袋俯身、弯腰或者蹲下也需要训练。最后你觉得宝宝严重地限制了你的行动，但是俗话说得好，没有什么是不可能的。只要你好好学习就不会再忘了，就像是系鞋带一样。

背袋

如果你觉得学习背巾的捆绑或包裹方法太费力了，那么就可以转而使用背袋。就像旅行背包一样，你可以简单地背上肩胛带，扣上腰带，然后把宝宝放到里面。

背袋不仅在款式上不同，在操作上也有不同。所以，如果商店的售货员给你提供了不同种类的背袋也不用怀疑，你可以请他一一讲解它们的优缺点。如果没有合适的类型，那么就去另外一家店，说不定有别的种类。或者，也可以去征求有经验的妈妈或助产士的意见。

信息

背（抱）宝宝的基本准则

如果你牢记以下几条建议的话，那么健康且舒适地抱宝宝就不难了：

○ 背巾要绑好，绑牢，背袋也一样。

○ 宝宝的背和头必须要支撑好。大一点的孩子也一样，如果他要在背具里睡觉的话。

○ 宝宝的腿不应该笔直地落下，而要采取正确的下蹲一劈叉式坐姿。而且腿屈起的高度要使宝宝的屁股位于膝盖以下。

○ 宝宝不能被绑得太高以至你的下巴能够碰到他的头。

○ 不要让宝宝背对着你。只有在面对面的姿势下，宝宝的骨盆和脊柱才能处于一个健康的位置。而且，如果宝宝的脸朝前，宝宝会无法独自化解前方涌来的大量刺激。

○ 出于健康的考虑，12周以下的新生儿应该只能躺着抱（比如在十字形摇篮里），目的是不损坏宝宝的支撑系统，虽然生产商给出的信息不同。

○ 无论如何都要在第一次使用之前，先向有经验的人士咨询和寻求帮助，或事先参加相应的课程。

○ 少数宝宝会完全拒绝背具，请尊重孩子的意愿，绝不要强迫他。

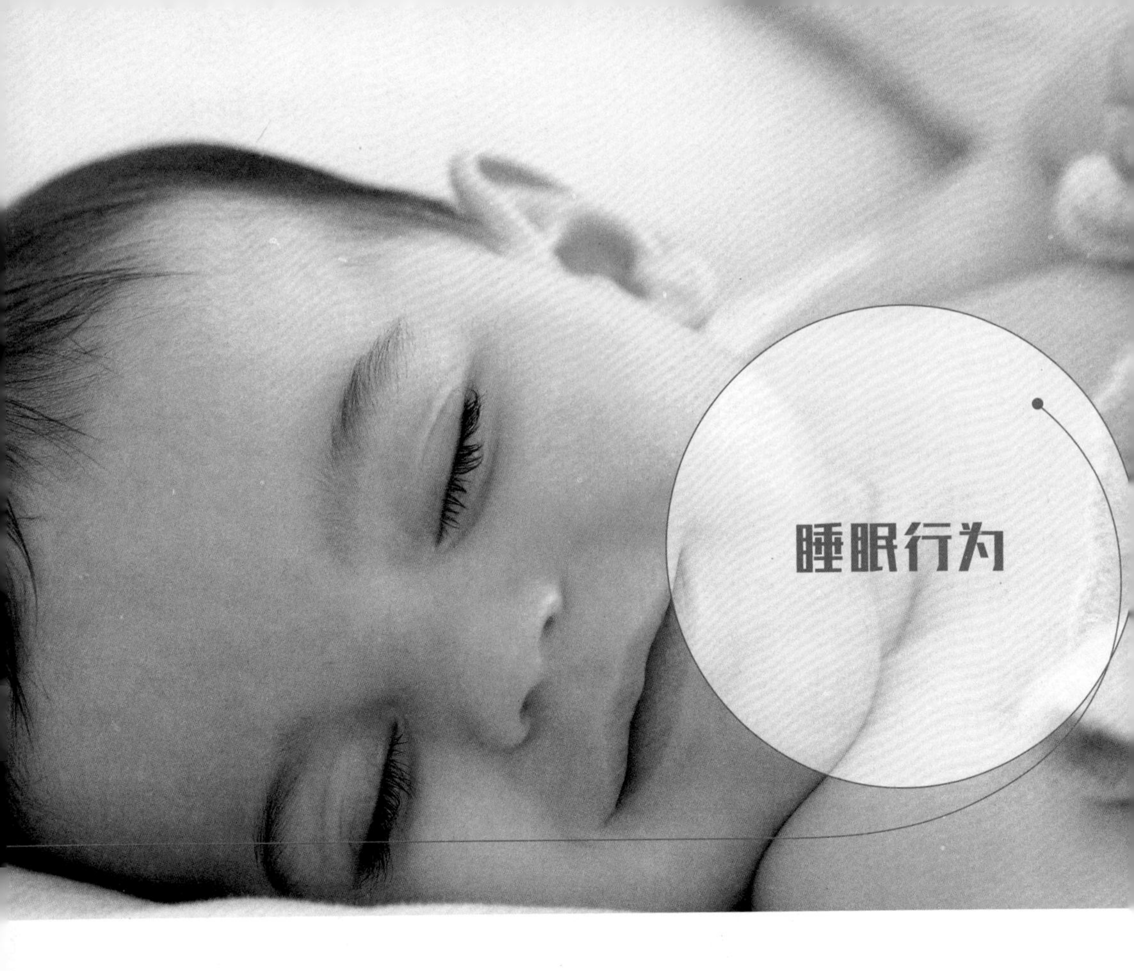

对于宝宝和大人来说都一样：睡眠是每天唯一一个不用“工作”的阶段。他们既不用喝，也不用看、听、说，或爬，可以什么都不用做。这是美妙的……

但是这份安静是假象，虽然外表看上去很安谧，但是宝宝在睡觉的时候身体里却发生着非常多的事情。宝宝要在晚上加工他白天经历的事情。所以大脑并没有睡着，它在存储记忆中重要的部分，删去不重要的部分。同时，他的小小机体还要消化食物，转化成发育所需要的能量，而废物则被运送到“出口”处。

不同的睡眠阶段

当你观察正在睡觉的宝宝时会发现，他在睡觉的时候经历了不同的阶段。气息一会儿深沉且均匀，一会儿又变得急促；整个身体抖动，然后又归于平静；眼皮有时安静地不动，有时却又看到下面的眼珠在来回动。睡觉和睡觉还不一样，人们大致将睡眠分为三个阶段，它们之间也在不断地相互交替。

- 深度睡眠（安静的睡眠，非快速眼动睡眠阶段）。
- 梦境睡眠（活跃的睡眠，快速眼动睡眠阶段）。
- 两者间的过渡阶段。

如果经历了完整的三个睡眠阶段，那么就完成了一个睡眠周期。因为每个人一晚上要经历许多个这样的周期，所以他不是一直在睡，而是总有一个时间是醒着的。一个睡眠“正常”的宝宝每天夜里都会醒大约 6~8 次。

深度睡眠（非快速眼动睡眠阶段）

在深度睡眠阶段呼吸平稳，心脏跳动均匀，大脑进入了休眠状态。因为此时的中枢神经系统活跃性小，所以肌肉几乎没有受到刺激，宝宝在深度睡眠阶段几乎不会移动。专家称这一睡眠阶段为“非快速眼动”睡眠，因为这一阶段未发生快速眼动（Rapid Eye Movement）。

一旦进入深睡阶段，宝宝的身体就不会发生抖动。这时的宝宝不会自己（或者至少非常不愿意）醒过来。

梦境睡眠（快速眼动睡眠阶段）

深度睡眠之后，宝宝会短暂地醒来，然后直接进入梦境睡眠阶段。现在就开始睡眠中较活跃的部分了：眼球向左向右快速移动——因此这时叫作快速眼部运动阶段。心脏跳动得更快，呼吸不均匀，需要更多的氧气。宝宝的面部表情会发生变化，并发出声音。大脑再次活跃起来，并发送脉冲给肌肉。它虽然被脊髓截获，但是宝宝的身体仍然会发生抖动，比如嘴角或腿。与深度睡眠不同，宝宝会快速从梦境睡眠中醒来，猛地清醒一下。

过渡阶段

从深度睡眠转向梦境睡眠——以及反之——宝宝（大脑也一样）都会短暂地醒来，这一过渡阶段会持续几分钟。成年人第二天早上不会再回忆起来这段时间，但是宝宝真的会短暂地清醒。因为他要在短时间内掌控所有事物是否还和他入睡时一样。如果确实如此，非常好，然后他会立刻重新进入睡眠状态。但是如果有所改变，那么他就会进行相应的反抗：我入睡时存在的妈妈的怀抱在哪？我之前还趴在上面的爸爸的肚子在哪？他的抗议是合理的，因为从他的角度来看有这样一条格言：一次适用，终生适用。所以要考虑好给宝宝提供一

信息

宝宝的第一个睡眠阶段

○ 新生儿在入睡后先会进入轻度的梦境睡眠。这也就解释了为什么你把正在睡觉的宝宝从臂弯里放到他的小床上时，他特别容易醒来。

○ 大约从第三个月开始，婴儿才首次进入深度睡眠。因此大一点的宝宝能够在睡觉的时候被抱起，放到床上去——即使之前是以别的姿势入睡的。有些宝宝甚至熟睡到你可以在他睡觉时给他包裹起来。

个什么样的入睡辅具比较好。因为你要让宝宝在接下来几个月内都愿意保留它（更多信息请参见第 120 页）。

睡觉对身心发展有怎样的影响？

新生儿每天要睡 15~20 小时——这超出了一天当中 2/3 的时间。1 个月以后宝宝平均每天睡 17 个小时。在 3~6 个月内，宝宝逐渐适应 24 小时制的醒来和睡眠之间的转换。从现在开始，宝宝的睡眠阶段就更多地转移到晚上，而白天醒着的时间会更长。

夜间对宝宝来说是非常重要的睡眠时间。宝宝要在睡眠中加工一天中所有的印象。所有他看到的、听到的、感觉到的，以及其他所经历的，都会集中在大脑中，分类整理并储存起来。这些信息的数量会很大，为了使大脑不会被巨大的好奇和印象流所压倒，就需要睡眠作为必要的休息以调整。如果信息量太大，宝宝就会转过头去入睡。他发出了信号：停，现在太多了。

这样近距离地挨在一起睡觉不仅让宝宝感到幸福，对于许多妈妈也一样。

睡觉不只美容

能够睡觉是一个极好的状态，但是睡觉不仅是非常有意义的休息方式，还能获得其他有意义的结果。

睡眠使人变聪明

对宝宝来说，有机会对所经历的事情做出反应并在大脑中存储是绝对必要的。经证明，如果宝宝在经过一个学习阶段能够睡上一觉，那么他能更好地回忆起学过的东西。无论是对于行为学习，还是处理情绪、感觉和思想的能力。

特别是在 1 岁的时候，睡眠对于宝宝大脑的发育非常重要，因为大脑在睡眠过程中变得成熟。大概在 1 岁生日时，宝宝的大脑重量就能够达到成人的 75% 了。

睡眠使人感到高兴

适用于我们自己的，也适用于我们的孩子：休息充分的人会更平静、更愉快。长时间睡眠不足的宝宝在白天就会经常哭闹、情绪不好，有时甚至会手脚不灵活。由于极度疲劳，他们通常没有兴趣积极地参与到环境中来。因为他们对什么都没有兴趣，所以看上去爸爸妈妈的所有努力都是徒劳，没有东西能让他的心情开朗起来。

相反，睡眠充足的宝宝就会很清醒。他们白天乐于接触新事物，积极地认识这个世界。晚上，所有他在过去几个小时里经历过的积极的东西都会传入大脑中。所以睡眠良好且充足的宝宝通常脾气都好这一点就不足为奇了。因为他们感到周围的环境是舒适且友好的，所以他们表现出的对周围人的行为也是如此。

睡眠使人健康

质量不好的睡眠以及严重缺觉会导致免疫系统减弱。结果是不稳定的防御系统给了疾病入侵的机会。睡眠中免疫系统能够得到恢复。对于大一点的宝宝来说，充足的睡眠还能降低宝宝受伤的危险，因为这时宝宝的注意力更集中，而且他们在特定的场合中反应不会过于激烈。

睡眠有助于长高

你是否有时会有这样的感觉，那就是你的宝宝一夜之间就长高了。实际上确实如此，因为身体在深度睡眠时释放了生长激素。

宝宝需要多长时间的睡眠?

就像在同龄的成人之间每天的睡眠—清醒周期都各不相同一样，孩子与孩子对于睡眠的个人需求也不相同。实际上只有相当少数的人在白天有相同的安静—活跃周期，因此晚上在同一时间感到困倦或早上总是在大约相同的时间起床。睡眠—清醒周期以及睡眠时间的长短甚至和基因有关，就像头发的颜色或者身高一样。俗话说的“百灵鸟”（早起的人）和“猫头鹰”（晚睡或早起后情绪不好的人）即是最好的例子。因此对于“我的宝宝需要多久的睡眠时间”这个问题，我们只有一些粗略的数据。下面的表格用数据表明了 1 岁的宝宝对于睡眠的需求。如果你想知道你的宝宝需要睡多久才能变得温顺和满足，一份睡眠记录表（见第 394 页）也许能够帮到你。你可以在里面记录宝宝在一个昼夜期内睡觉和醒着的时间。如果你把所有东西都仔细地记录了下来，

睡眠

年龄	每天的睡眠时长（小时）
1 周	15~20
1 个月	17
3 个月	16
6 个月	15
9 个月	14
12 个月	接近 14

那么几天之后你就能找到规律，知道宝宝实际需要睡几个小时了。理想状态下，你还能注意到你的宝宝白天的情绪如何：他是更清醒、平静和满足，还是你必须唤醒他？他哭吗？他闹吗？

良好睡眠的前提

越来越多的妇幼保健院都开始实行“新生儿母婴同室（Rooming In）”不是没有缘由的。妈妈和宝宝从第一分钟起就应该能够尽可能多地待在一起，脱离子宫后，宝宝越频繁地与妈妈（或爸爸）接触，就越好。所以让宝宝睡在父母的卧室里就非常有意义，此外还需要满足一些条件，宝宝才能睡得好。除了外在因素，如光线、噪音和睡榻外，宝宝的心理也会影响他的睡眠。

当宝宝还小的时候，给他安全感

宝宝需要父母的关怀和爱。无数的东西都是第一次经历，每天都在接受着挑战，如果他感觉不是自己一个人的话，就会更容易战胜这些挑战。让他知道他身边总有一个人能够给他力量和鼓励，去迈出生命中的一小步或一大步，告诉他：“你做得很好，我就在你身边。”对于宝宝来说，这种安全感非常有帮助。感到安全的宝宝就具备了轻松应对生活的前提，这种轻松的基本态度也促进了良好的睡眠行为。

爱使人强壮

每一次入睡，宝宝都经历了一种形式上的分离。你无法跟他一起进入他的梦乡。他要从现实“徜徉”到梦境王国，而且必须独自完成这个过渡。如果他获得一种安全感——他知道虽然和你分开，但是他不是一个人的话——他会更容易完成这个过渡。你的宝宝想要一种你在他身边的安全感。让他知道，只要他需要，你随时能够给予他帮助。这并不意味着你要时时刻刻把他抱在怀里。但是发展一种深度的原始信任很重要，特别是在头几周——即一种相信自己不孤单，他总能得到妈妈（或爸爸）的帮助的信任。这种联系感越

信息

最好不要在父母的床上

虽然父母在睡眠中压坏宝宝相对来说不太可能，母亲的天性和轻度的睡眠会防止此类事件发生，尽管如此，让宝宝睡在父母的床上还是有风险的。因为宝宝有可能会不经意地滑到父母盖的被子里面，导致过热（这提高了婴儿猝死的危险系数，见第114页）或直接窒息。如果你想要把宝宝带到你的床上，那么你一定要给宝宝穿一个睡袋。然后一定不要让他置身于你温暖的被子里——这样危险系数就能降低。

强，宝宝越能自信地成长。如果你的宝宝能够获得父母大量的爱和关怀，那么在夜里也能从中获益——他会睡得很好，因为他不孤单。

合适的睡铺

因为宝宝在第一年每天有一半多的时间都在睡觉，所以提供给他卫生、安全的睡铺特别重要——因为他要在这里度过非常多的时间。

儿童床和配件

在头几周或头几个月里，适合用室内儿童车、摇篮代替儿童床来做睡铺。用至少两个金属角在边缘固定住大人床的特殊“哺乳床或婴儿阳台床”同样是一个不错的选择。宝宝有自己躺着的空间，但是也要离妈妈很近。

在选择婴儿床时要注意以下几点：

○ 不能有锋利或尖锐的棱角或漏洞，以保证不会刮到宝宝身上的带子或他的奶嘴。

○ 格栅间的距离应该在4.5~6.5厘米。

○ 板条的高度应该是可以调节的。宝宝在出生后头几周是不会翻身或攀爬的——以及在这个过程中从床上跌落。这时你不用为了抱起宝宝而每天进行多次深度俯身，你的脊背会感谢你的。但是宝宝的活动幅度越大，床垫的位置就应该越往后移。原则是，在高一点的位置上，床垫和格栅上边缘之间的距离至少是30厘米，在最低的位置上至少是60厘米。

○ 带轮子的儿童床应配有刹车闸。

○ 床架或床网上的涂漆应该是防唾液的，而且材料最好是原木或柳木的。

○ 床垫不应太软，因为宝宝不能下陷2厘米（宝宝的脊柱还没形成S形，床垫平衡不了）。床垫要保证没有有害物质。新研究表明，许多儿童床的床垫都会释放有毒气体。床垫不能含有防火剂和增塑剂，因为它由砷、锑或有机磷化物构成，在某些细菌和真菌的影响下有可能转化成有毒气体。

○ 为了防止汗液、尿液或呕吐物掉到床垫罩上，可以在床垫和床单之间铺一层床垫罩（额外的被罩）。

○ 不要把床放置在插座、延长电线或回热炉附近。婴儿床与婴儿监听器、电话和手机之间至少间隔1米。科学研

信息

不要太热

既不要在婴儿床上添加羊毛毯、小被子、枕头和被罩，也不要放大的毛绒玩具，以避免温度过高及缺少空气流通。两者都会降低婴儿具有保护性的清醒反射，而清醒反射可以在宝宝吸入的空气减少时发出信号。因此热水袋也是禁忌，而且热水袋还容易把宝宝烫伤。

究表明，电磁线对激素平衡和免疫系统及神经系统都有不好的影响。

睡衣

新生儿初期不需要特殊的衣服用于睡觉。当婴儿连脚裤还干净的时候，也不需要给他额外准备睡衣。但是在接下来几周（大概从第三个月开始）就需要在晚上给他换身衣服了。用此来给他传递一个信息，那就是夜晚到来了，他该睡觉了。

睡衣和睡袋对于安睡是绝佳的组合。但是两者都不能太厚，不能让宝宝太热。当然也不能让宝宝冻着。最好的方式是把你（温暖）的手放在宝宝的脖子下面，也就是两个小肩胛骨之间的位置，来试一下宝宝的温度。你感觉这里热还是冷？他出汗了吗？手和脚不适合测试温度，因为它们通常更凉一些——这完全正常。

合适的睡袋

厚被子不适合用来给宝宝在夜里保暖，因为会存在被子在宝宝睡觉的时候滑到盖住头部的地方，导致不再有空气进入的危险。即便没有发生此类事件，也不能掉以轻心，因为被子下面会迅速变热，宝宝的身体就会过热。所以最好使用睡袋，并注意以下几点：

◎ **大小**：要符合宝宝身体的大小。不要想着可以用得久一点而买大号的睡袋。大号睡袋带来的伤害比它的用处还大：宝宝会滑进去，或者更快速地变冷。选择正确长度的睡袋的准则是：宝宝的体长减去头长加上 10~15 厘米。

◎ **宽度**：睡袋太长的话通常也都会太宽，这会导致不保温。而且还存在宝宝被睡袋缠住的危险。

◎ **衬料**：宝宝在睡袋里应该既不会出汗也不会冻着。所以用什么衬料的睡袋不取决于季节，更多的是取决于卧室的温度。

◎ **重量**：通常睡袋不应重于宝宝体重的 10%。宁愿给宝宝多穿一点，也不要给宝宝用太厚的睡袋。

◎ **领口**：睡袋的领口应该明显比宝宝的头小，这样才能保证宝宝不会滑进去。但是领口不能束缚住宝宝的脖子。如果你在宝宝的脖子和睡袋的领口之间还能轻松地伸进一根食指，那就是最理想的状态。

◎ **袖口**：睡袋的袖口也不应该太宽，同样是防止宝宝滑进睡袋。但是也不应该太紧，而束缚住宝宝的胳膊（留有 2~3 根手指的距离）。

◎ **拉链**：从上往下的拉链最好。这样包裹更容易，而且还能避免不小心伤到宝宝脖子上的柔嫩皮肤。纽扣应该只装在肩膀处或衣物中间的位置，以防止宝宝把纽扣吸入或不小心吞下。而且为了不引起过敏反应，纽扣和拉链也一样，应该是不含镍的。

○ **保养：**理所当然，睡袋是可洗的，而且要在至少 40℃的水温下洗。当然放在干洗机里清洗更实际。

帽子——要还是不要？

新生儿身体的大部分热量都是从头部散失的。所以许多父母会在晚上（特别是在冬天）给宝宝戴上帽子。这真的有意义吗？对此并没有普遍、有效的意见。如果你感觉你的宝宝明显觉得比白天冷，那么帽子就可以提供帮助，否则就不必。如果宝宝是早产儿或者宝宝有猝死危险，那么一定要选用薄一点儿的帽子。

睡姿

至少在 1 岁的时候，你要让宝宝只仰卧着睡觉，这个姿势比俯卧或侧卧更安全。许多科学研究证明，侧卧会给宝宝带来较平时多 2~3 倍的猝死的危险（更多相关信息见第 114 页）。尽管如此，有些父母还是相信侧卧对于饱受吐奶或呛奶（奶水从胃到食道的回流）之苦的宝宝来说是好的。但实际上不是如此，而且侧卧是一个相当不稳定的姿势。因为宝宝一天比一天好动，慢慢地就能（不小心）自己翻身成俯卧姿势了。这和用手巾或枕头支撑住宝宝的背部是一样的道理。仰卧也不会提高呛奶的危险，因为大一点的宝宝在睡觉的时候也有明显的咳嗽刺激。此外，仰卧时气管位于食道之上，这样气管在食物回流之前就能受到保护。

室内温度

卧室的温度应该既不太高也不太低，理想温度在 16~18℃——大概比白天时客厅的温度低两度。好的室内环境还包括有新鲜的空气。所以不要整天关着窗户，要每天给卧室多通几次风。太干燥的空气也会影响到呼吸器官——特别是在冬天，当大多数的房间都很热的时候。空气湿度在 50%~60% 是特别舒适的（用带湿度计的测试仪就知道了）。如果湿度值在 40% 以下，那么你就需要添置一个空气加湿器或者在暖气上放一块湿手巾。

小建议

后脑勺压平了

如果宝宝总是保持仰卧的姿势，就会导致后脑勺随着时间的流逝变得越来越平。大概 60 个宝宝中就有一个会发生这样的后脑勺变形。你可以在宝宝仰卧时偶尔让他变成侧卧，来避免仰卧带来的“副作用”。但即使是侧卧，许多宝宝也会发生头盖骨变形的现象。所以你可以让宝宝的头轮流冲着婴儿床的床头和床尾躺。此外，你可以把宝宝有时抱在左臂里，有时抱在右臂里。

睡眠中的危险——婴儿猝死

父母能够想到的最坏的事情就是，自己的宝宝死在小床上。可惜这在德国并不少见。数据显示，这种悲剧每天都会在一个家庭里上演。经计算，德国有2000 名新生儿死亡。猝死是幼儿至 15 岁儿童中最常见的死亡原因。

猝死 ——确切说是什么？

医生把一个看上去健康的宝宝突然、未预期的死亡的现象叫作婴儿猝死，或者婴儿猝死综合征 [Sudden Infant Death Syndrome（SIDS）]。它经常会发生在未被察觉的睡眠阶段，且无明显原因。但是值得注意的是，大多数发生猝死的宝宝年龄都在 2~4 个月，而且冬季比夏季发生的多。

虽然有一些迹象表明，有一些因素会增加婴儿猝死的风险，但导致死亡的确切原因在科学上至今也没有百分之百的定论。但是人们可以断定，是由于婴儿在深度睡眠阶段的呼吸调整不均从而导致无法醒来。在过去几十年里，许多国家的儿科医生进行了大量的研究，想要发现能提示发生婴儿猝死的迹象。比如德国儿科医生在 20 世纪 90 年代末就在北德对 50 个婴儿猝死案例进行了研究。一旦有有关猝死的紧急呼救，该医疗团队就会立刻奔赴现场，调查那里的室温、睡垫、睡姿和宝宝的体温。结果是明确的：所有相关宝宝都穿得太多，在温度太高（超过 18℃）的房间里睡觉，而且采取俯卧姿势。

哪些宝宝易发生猝死？

以下原因有可能会增加婴儿猝死的危险系数：

○ 婴儿在无基础疾病的情况下全身反复发青，或相当惨白。

○ 睡眠期间长时间的呼吸暂停，同时伴随心率和血液中氧气含量的下降。

○ 食物定期从胃里回流到食道，所以宝宝会发生吐奶或频繁呕吐现象。

○ 宝宝体重迅速上升。

○ 有明显的发育迟缓现象。

○ 婴儿在睡觉时不正常地大量流汗，但是无感染症状。出汗也不是由于衣服穿得多、用的睡袋太厚或者室温太高。

除了增加的风险之外，还有一些“外在”的安全隐患：

○ 宝宝睡觉时采取俯卧或不稳定的侧卧。

○ 父母抽烟很严重（吸二手烟会影响宝宝的清醒反应，见第 118 页）。

○ 已经有兄弟姐妹猝死了。

○ 有呼吸暂停的现象。

○ 宝宝是早产儿（早于 32 个孕周出生）或者出生时有缺陷。

○ 出生时体重在 2000 克以下。

○宝宝没有被喂母乳或者过早断奶。

○宝宝的睡垫太软。

○父母嗜酒或吸毒。在这种情况下他们就很有可能疏于对宝宝的看护或无法及时发现症状。

你可以这样预防

你可以采取下面的措施大大降低宝宝的危险：

○ **仰卧：**让宝宝仰卧着睡。趴着睡觉会将猝死的危险率增加7~14倍。但是俯卧对宝宝的发育也是必要的，因为俯卧可加强颈部、肩部和躯体肌肉。因此只要宝宝醒着，而且感觉很满意，而你也在身边的时候，就尽量让他俯卧，但是睡觉时千万不要。

○ **无烟的环境：**除了俯卧之外，没有其他因素比吸烟更能引起婴儿猝死了。因为烟雾会阻碍呼吸道，使宝宝吸入不好的空气，从而增加窒息的危险，同时高浓度的有害物质会伤害宝宝的机体。

○ **低室温：**合适的温度应该保持在16~18℃。既不要把儿童床放置在暖气附近，也不要朝阳放置。避免所有会导致温度过高的因素：厚被子、厚袜子、厚帽子、厚睡衣、大号毛绒玩具或羊皮垫。

○ **时刻处于看管之下：**在宝宝头6个月都要让宝宝睡在你的房间里——但是要在他自己的床上。当你和宝宝一起睡觉时，他的呼吸会慢慢趋于与你同步。如果你发现了宝宝有呼吸暂停的现象，你可以借助于监听器帮助宝宝从睡梦中醒来。关于这一点请寻求医生的建议。

○ **奶嘴：**美国的一项研究得出结论，含着奶嘴睡觉可以降低90%的猝死危险率。很明显，奶嘴避免了宝宝把脸向下转而造成的无空气吸入的可能性。而且吮吸还能提高神经通路的发展，而神经通路控制着上呼吸道的功能。如果你的宝宝有猝死的危险，那么奶嘴就是一个不错的选择。

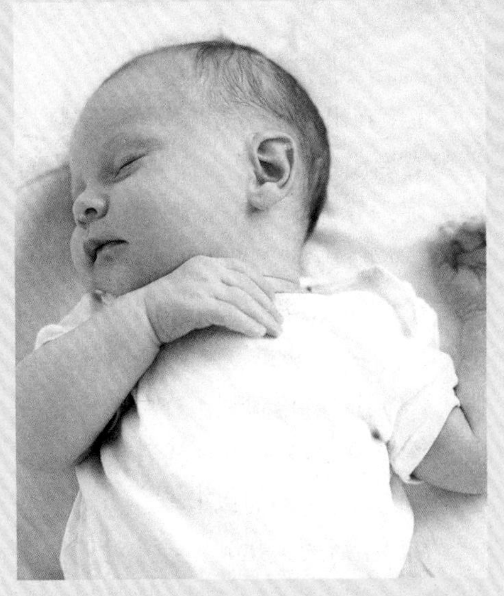

这样睡觉更安全：仰卧能保证宝宝很好地呼吸，穿着轻便可防止温度过高。

1 岁宝宝的睡眠行为

我们的许多身体功能都受昼夜周期所操控。因为每个人的昼夜周期并不都是确切的 24 小时，人们把它称为循环周期（起源于拉丁语：Cirka= 大约，Dies= 天）。新生儿还不受这种循环周期支配，也就是说，他天生的内部生物钟还不适应白天和夜晚的自然转换。对于新生儿来说，太阳是否照耀或者月亮是否挂于夜空都完全不重要：他饿了就想喝奶——而且是立刻，他困了就要睡觉。简言之，这位地球的新居民喝、玩、睡不受内部生物钟支配。毫无疑问，他还不适应其他的事物。在妈妈肚子里的时候他能自己决定什么时候活跃，什么时候不活跃。

出生后头几周

宝宝在出生后的头几周里睡眠规律还没有形成。宝宝每天需要 17 个小时的睡眠，分为 7~9 个睡眠周期。刚开始时，每个睡眠周期时长大概 2 个小时。在此期间，深度睡眠和梦境睡眠的时间均等——也就是 1 个小时深度睡眠，1 个小时梦境睡眠。许多宝宝在头几周大概每 2~3 个小时就醒一次，少数宝宝能睡 4 个小时以上。

在出生后的头几天，宝宝对于食物的需求比对睡眠的需求明显更强烈。宝宝的小胃所能承载的奶水量还不足以支撑他整个睡眠阶段。大多数宝宝在几个小时之后就又会饿了，并醒过来。他的睡眠—清醒周期受饥饿—饱腹周期的严重影响。

喝奶，清醒，睡觉

新生宝宝的周期与他的基本需求是相适应的：他想吃饱、得到鼓励、聊天、被爱抚、被悉心照料，并且会在接下来的睡眠时间里对所有这些印象进行加工。实际上就一个（健康）宝宝来说他的要求不难满足，父母只要知道宝宝什么时候会发出要什么的需求信号就可以了。其中的“艺术”就在于正确理解并诠释宝宝的信号（见第 117 页）。

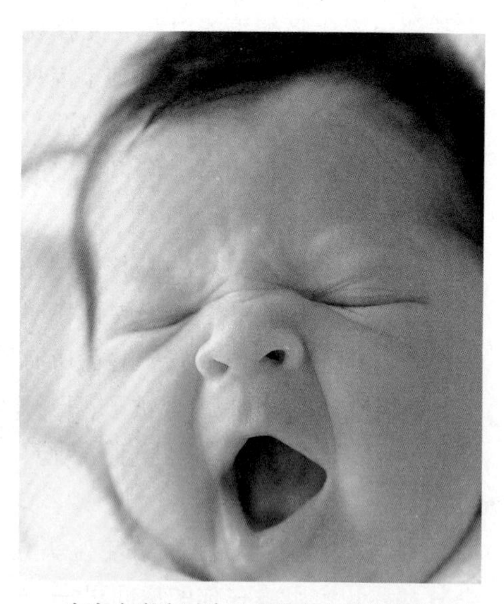

宝宝在出生后头几周需要大量的睡眠来加工所有的新印象。

睡眠一清醒周期的发展

大约 3~4 周之后，宝宝的睡眠行为开始变得更有规律了。1 个月左右宝宝就能大致在每晚同一时间入睡了，而且每晚大概在同一时间醒来。有时宝宝甚至能在晚上一个周期内睡好几个小时（大概在第 10 周左右），但是这实在得算例外。因为宝宝现在的正常状态是睡眠周期短，胃小。

大概在 3 个月时，宝宝身体内部的生物钟开始慢慢与一天 24 小时的周期保持同步。4 个月后，许多宝宝已经形成了固定的睡眠一清醒周期。宝宝变得一天比一天清醒和活跃，他渐渐地加入家庭活动当中，并观察着白天发生的事情。以这种方式，宝宝的睡眠一清醒周期一步一步地向昼夜周期靠近。在此期间，光明和黑暗的交替；白天活动，夜晚安静；白天温度高，夜晚温度低；日服和夜服的更换都可以帮助宝宝顺利完成周期适应。作为父母的你完全有可能影响宝宝的睡眠行为。

识别困倦的信号

经常会发生父母错误解读宝宝信号的事情。比如，如果宝宝哭了，不一定就是他饿了。哭也许是好多原因引起的（见第 66 页），而且不一定是用哺乳或喂奶的方式就能停止。

宝宝也可能是通过哭闹想表达他对安静的渴望，那么他事先还会发出其他

信息

新生儿的周期

宝宝的吃一醒一睡周期在头三个月可能是这样的：

○ **吃奶：**吃奶、吮吸和吞咽都需要学习。因此宝宝在出生后头几天，在他吃饱之前这可能会持续 1 个小时。这看上去可能时间很长，但是你很快就会习以为常。渐渐地，宝宝每次吃奶的时间会缩短到大约 30 分钟。

○ **醒着：**吃完奶之后，大多数宝宝只会保持 45 分钟到 3 个小时的清醒。你要利用这个时间段给他换尿布，跟他亲热，陪他玩。

○ **睡觉：**最多在一个半小时醒着的时间之后，宝宝就困了——有些宝宝可能会坚持更长时间。通过观察他的情绪变化来判断宝宝是否已经感到疲倦。如果宝宝开始哭了，那很有可能就是因为他想睡觉，而不是想喝奶。宝宝越大，他的忍受能力就越强——各个阶段就会向后推。宝宝的年龄越大，就越能够顺畅地喝奶，于是哺乳的时间就会减少，同时喝奶和睡觉之间的时间间隔也会加大。重要的是，你要知道宝宝需要安静和想要睡觉的时间点。

信息

调节呼吸

我们的呼吸由呼吸中枢来操控，但是主要发生在我们清醒的状态下。我们能够屏住呼吸，直到机体因缺少氧气而发出信号，迫使进行下一次呼吸。但是人们在睡觉时对自己的呼吸无法产生影响。特别是小宝宝，经常发生呼吸暂停的现象——宝宝的年龄越小，停顿的次数就越多。如果机体的保护机制无法顺利地对抗危险的缺氧现象，就会引起呼吸暂停。如果机体正常，当呼吸暂停时间变长时，血液中二氧化碳含量升高，就会刺激宝宝进行深呼吸，这时宝宝就会醒过来。这种清醒反应是一种自然的保护机制。但是如果这种机制来得太晚，或者干脆不起作用了，那么就会出现问题。通过动物实验人们了解到，感染或体温升高都会妨碍这种至关重要的清醒反应——同样的影响因素还有被动吸烟和吸入已呼出的气体（如宝宝俯卧时）。呼吸暂停会增加婴儿猝死的危险率（见第 114 页）。因此宝宝屏住呼吸时，父母一定要密切关注他。超过 15 秒的呼吸暂停就已经不正常，应该作为危险信号了。

的信号：

◎ 许多新生儿累的时候会把头转向一边（胸部），立刻开始哭闹。

◎ 大一点的宝宝在感到累的时候通常也会把头转向一侧，打哈欠，并露出似梦一般的眼神。

◎ 大一点的宝宝发出的清晰的疲劳信号：揉眼睛、拉耳朵、揪头发，或者把头靠在地板上。

如果你发现了这些信号，那么你就应该让宝宝去睡觉，不要再和他玩、在他面前唱歌、抱着他到处走，或者逗他了，他现在只需要休息。

父母如何影响宝宝的睡眠—清醒周期

睡觉需要学习。而且作为父母，你完全可以在宝宝睡眠行为的发展上给予支持。在头三个月中，宝宝还处于确定这一周期的阶段，因为他在尝试着寻找他自己的周期，同时宝宝的机体还在努力适应着外部的昼夜转换。宝宝的周期主要取决于以下三个因素：

◎ **内在因素**：内部生物钟是天生的，因此不受外界影响。

◎ **外在因素**：在睡觉前给宝宝喂奶。光线和黑暗与饥饿和饱腹一样都是外部时钟，父母可以通过拉下卷帘或拉开窗帘，让阳光洒满卧室的方法来对这两个因素产生影响。

◎ **社会时钟**：这一因素主要是受父

母影响。为了保证宝宝良好的睡眠，我们建议宝宝的家人们在宝宝睡觉的时候保持比他在醒着的时候更安静的环境。你也可以按照宝宝的睡眠— 清醒周期来安排宝宝一天的生活。

白天和夜晚的区别

理想状态下，宝宝能从你的行为中学习到白天和晚上是不同的。婴儿是按习惯行事的，要反复地在日常生活中嵌入程序、制定规则来给他提供方向性的指引。醒着、玩、笑、唱、散步，频繁的交流，所有这些行为都在白天进行。相反，晚上一切都应该归于平静。天黑了，灯光也尽可能暗下来，大家说话小声一些，不要再频繁地抚摸宝宝或对他大声喊叫。即使晚上要给宝宝换尿布、喂奶或安抚他，也要动作温柔、声音轻柔，并在柔和的灯光下进行。

通过这种方式，宝宝就知道虽然晚上也能得到吃的，但是不会有其他活动了，所以不值得再长时间保持清醒状态了。这样就形成了睡觉时间和玩耍时间的区分。

夜晚的仪式

哄宝宝睡觉的方式对宝宝的睡眠行为发展也有着决定性的影响。宝宝学得很快，并且每天都在发展他的记忆能力。如果有规律地重复某种行为，那么他就会逐渐知道在他身上会发生什么。

举一个例子，如果你在宝宝睡觉之前给他洗澡，给他穿睡衣，喂他喝奶，然后把他送进一间灯光昏暗的屋子里，放到床上，给他讲故事并温柔地抚摸他，那么他很快就会理解，所有这些“事件”就意味着夜晚降临了。渐渐地他会知道接下来他将面临什么，这种指导性能带给他一定的安全感。但是为了让他达到这样的程度，这些上床前的仪式性动作就必须发生在每天的同一时间，按照同一个顺序进行，否则宝宝就会辨认不出来。

信息

“猫头鹰”和“百灵鸟”

一旦宝宝的内部生物钟适应了外部昼夜的时钟，并能保持同步的话，那么就可以称宝宝形成了循环式睡眠—清醒周期。据经验，这大概形成于宝宝 3 个月的时候。

但是宝宝内部的生物钟并不总能准确地遵守外部的时钟：如果他自己的周期长于 24 小时，那么你的宝宝可能就会出现“起床气”——早上不愿意睁开眼睛，仍然昏昏欲睡的样子。这属于“猫头鹰”型。

相反，如果宝宝的周期短于 24 小时，那么他就属于“百灵鸟”型，喜欢早起，往往天不亮就醒了，然后活跃起来——并且希望自己的父母也是如此。

宝宝怎样才能更好地入睡

新生儿在一定程度上能够自己安静下来，并进入睡眠状态。吮吸反射也从中起到了促进作用。宝宝会吮吸自己的手指，长长地伸展四肢或者自己晃来晃去，直到入睡。这些行为虽然刚开始时还不明显，但是接下来发展会很快。这很好，因为宝宝睡得好的一个重要前提是他能自己入睡。宝宝越早有机会自己入睡越好。是否成功以及什么时候成功很大程度上取决于你的行为。

如果宝宝在头几周躺在你的臂弯里打盹或在背巾里入睡，当然这完全正常，给予宝宝亲近感，享受与他亲密的身体接触。但尽管如此，在宝宝出生后头几周还是要尝试着在他醒着的时候把他放在床上，如果他发出了困倦的信号。从第4个月开始，你就应该尽可能在每次睡觉时间到了的时候，趁他还醒着就把他放到床上。

但是根据经验，许多父母都剥夺了宝宝自己入睡的机会。他们认为自己必须在宝宝入睡时提供帮助，而且觉得这样很好。下面两个例子会告诉我们，父母对于宝宝的入睡行为能产生怎样的影响——消极的和积极的。

◎ **宝宝无法独自入睡：** 宝宝吃饱了，玩累了，自上一次睡醒已经过去了3个小时，宝宝开始哭闹。当妈妈把他放到小床上的时候，他开始哭，而且无法安静下来。这时妈妈想，宝宝一定是饿了，于是妈妈再次抱起他，吃了几口奶之后宝宝就平和地睡去了——感谢妈妈的乳房。

◎ **宝宝自己入睡：** 距离上一次吃奶和哭闹也是过了3个小时。妈妈很快就看出来了，宝宝不是饿了，而是困了。像几周前一样，妈妈把宝宝放在他的小床上，轻柔地抚摸他的小手，说着温柔的话语。妈妈用这种方式鼓励宝宝自己入睡。

信息

轻轻的“地毯音”

科学研究得出结论，比起绝对的安静，许多宝宝更喜欢适当音量的、不变的“地毯音”。所以当白天其他家庭成员在屋里逗留，互相说话，刷碗机在运转，餐具相撞发出声音或者爸爸妈妈在打电话时，许多宝宝反而睡得更好、更满足。

辅助宝宝入睡的有效方法

当然有一些能让宝宝更容易入睡的有效措施——前提是，你能及时发现宝宝发出的困倦信号。

◎ 一旦他躺在自己的小床上，就需要你在他身边，他才会感觉安全。但是你不必把他抱在臂弯里，或者给他喂奶（前提是他饱了或困了）。你低沉的、温柔的声音——或许再结合从玩具表里传来的晚安音乐——用来给他传递安全感就已经足够了。

○ 通过身体接触，如轻柔地抚摸他的小手或额头，能让宝宝感受到更多的亲近感。

○ 用带着你气味的毛绒玩具或毛巾让宝宝觉得他拥有妈妈的“一小部分”。刚刚使用过的哺乳用品也很合适。

通过这些小“伎俩”让宝宝觉得：“妈妈在这，在我需要她的时候。我不孤单，我有了安全感，所以我可以入睡了。”昂贵的入睡辅助用具根本不必要。只要你在他睡觉之前再跟他说几句话，在他床上放一个熟悉的毛绒玩具，或者用玩具钟放一首熟悉的音乐，在大多数情况下就足够了。

所以，在宝宝学习独立入睡的道路上，父母应该有足够的耐心和毅力陪伴他们。因为大多数情况下，这只要持续几天（或者几周）就可以成功了。因此就可以理解我们为什么根本不必采用更快速见效的入睡辅助用具了——如晚上把宝宝放在婴儿车里推着来回走，开动儿童车上的吹风机，把他抱起来，或者干脆喂他吃奶。

信息

仪式的力量

“仪式”是指一些行为的正确流程，通过不断地重复而变成固定的习惯。仪式对于孩子来说具有非常重要的意义，它们能给宝宝带来安全感，宝宝有了安全感就不会感到害怕了。而且对于父母来说，仪式也有着积极作用，因为他们帮忙“举行”了特定的仪式。许多宝宝会觉得遵守规则很容易，因为他们已经习惯了。

通过上床或入睡仪式，宝宝能够建立一种期待机制。他知道最后能够期待到什么——在这种情况下就是床。你在你的家庭生活中想要制定什么样的规则，由你自己决定。这里我们给出一些建议：

○ 晚上洗澡让人困倦和放松。接下来做一些按摩可以帮助宝宝更好地加工一天接收到的信息，并让他感受到额外的关怀。

○ 给宝宝穿上睡袋。一旦你给他穿上这个，他就知道离夜晚不远了。

○ 在宝宝上床睡觉之前再抱他一次。和他在一个固定的地方依偎在一起，比如沙发或你的床上，这叫作“上床前的最后一个依偎地”。

○ 给宝宝唱一首催眠曲——尽可能保持同一首。第一年没有必要换歌曲，因为内容不重要，你的声音更重要。如果你不想唱，那么哼哼也行。

信息

在夜灯下睡觉?

许多父母觉得宝宝在非完全黑暗的环境下才能更好地睡觉。但其实宝宝在妈妈的子宫里时就已经适应了黑暗的环境。对于黑暗的恐惧最早要在 2~3 岁的时候才会出现。因此婴儿不需要夜灯。一盏小夜灯对你来说更有帮助，它可以让你在晚上更好地在房间里找到路（比如喂奶的时候）。

这些方法很快会带来副作用，它们妨碍宝宝自己入睡的习惯，因为他日后会认为没有这些辅助工具他是睡不着的。

这一点同样适用于宝宝入睡后再一次醒来，发出很小的声音，或者哭哭啼啼地闹，你不必马上把他抱起来。如果距离上一次喂奶才过了一小会儿，那么你应该给他自己再次入睡的机会。先试着用温柔的话语安慰他，当他真的有完全醒来的迹象，根本无法安抚或者开始大声哭泣的时候，你再走向他。

喝奶的时间和睡觉的时间最好严格区分开

饥饿和睡觉是两项完全不同的需求，对于这两项需求的满足也不应该联系在一起。在理想状态下，宝宝应该知道，喝奶和睡觉没有必然的联系。即使这两项在宝宝的时间上是紧密相连的。诚然，刚开始时宝宝喝奶的时间还很长，这很容易就让宝宝感到疲乏困倦，所以宝宝想要睡觉就不足为奇了。但是不要让宝宝形成习惯，或者甚至成了固定的程序。越早把喝奶和睡觉的时间区分开，宝宝就能越早学会连续睡觉。父母可以给宝宝制定一个框架，在这个框架下这两项需求能够不受干扰地得到满足。

小一点的宝宝夜里喝奶：如果宝宝饿了就要及时喂饱他。而且新生儿喝奶和睡觉的时间间隔不会太长。如果你发现宝宝的眼睛还盯着你的乳房或者奶瓶，那么你可以把他举起来，让他打个嗝儿。在这一刻他醒了，你可以把他放在他的小床上，让他能好好地睡觉。

大一点的宝宝夜里喝奶：3 岁的宝宝就能逐渐在晚上不进食了，因此也不会像以前那样醒过来，因为他不饿了——但是前提是，他白天已经吃饱了。如果宝宝适应了晚上吃很多的话，就困难了。在这种情况下，宝宝的过渡过程就需要时间和耐心。下面的小方法也许能帮到你：

- 对于吃母乳的宝宝来说，每天都把夜里哺乳的间隔时间往后延长几分钟。
- 逐渐缩短夜里哺乳的时间。

○ 对于喂奶粉的宝宝，逐渐把奶水变稀（开始时多加 10~20 毫升水，然后每晚增加）或者每晚减少喝奶的量（同样是每次减少 10~20 毫升）。用这种方式让你的宝宝在白天满足他对能量的需求，而不是像以前一样在晚上满足。

白天也会打盹

新生儿在白天困的时候也会打个盹。这种休息很重要，宝宝需要它。大概从第 4 个月开始，宝宝就会把大部分的睡觉时间挪到晚上了。但是白天还会保留两个固定的睡眠时间——分别在上午和下午。每个宝宝打盹的时间长短各不相同，但通常在 30 分钟到 2 个小时。在这个时间里妈妈也可以休息一下。因为，虽然宝宝的健康是重中之重，但是也不能忽视自己的健康。如果妈妈的精力不充沛，宝宝也会受影响。所以你也要保证足够的睡眠，从中补充体力。如果上述可能休息的时间都没有睡觉，那么就在白天可能的时候躺一会儿。在宝宝睡觉的时候，特别是前一天晚上你根本没能合眼的情况下，你最好也打个盹儿，家务不会飞走。

如果宝宝在晚上常规的睡眠时间内还很活跃的话，就有可能是白天睡多了或者下午睡了太长时间。下午的安静时间如此美妙，但是你不要忘记，宝宝每天所需的睡眠时间是一定的。宝宝白天睡得越多，晚上睡觉的时间就会越短——相反也一样。宝宝的年龄越大，打盹的次数就会越少，也越会适应昼夜周期。据经验，学龄前儿童每天的清醒时间大约为 12 个小时，晚上会用相同的时间睡觉。

为了宝宝晚上能感到困倦，他白天就不能睡太长时间，所以你可以用温柔的方式叫醒他。

成功的连续睡眠

一些新生儿真的能做到连续睡 4 个小时以上 ——晚上也一样。如果宝宝能够在经历过梦境睡眠和深度睡眠之间的短暂清醒后重新入睡，那么他甚至能够连续睡 6~8 个小时。然后你会听到有些父母自豪地宣称："我的宝宝能够保证连续睡眠了。"但是什么叫作真正的"连续睡眠"？专家称，连续睡眠是指宝宝在两个时长为 3~4 个小时的睡眠周期间不会醒过来，而且不需要进食 ——前提是他能够在梦境睡眠到深度睡眠的过渡期再次自己入睡。因为父母晚上不是因为宝宝醒来被吵醒，而是因为宝宝无法再次单独入睡而醒来。

在头几周内，连续睡眠通常是指最长 5 个小时的睡眠 ——之后会延长为 6~8 个小时。绝不是指宝宝从晚上 8 点睡到第二天早上 6 点或 7 点。

每个宝宝的睡眠时间都不同

在 500 位妈妈间做的针对宝宝睡眠行为的调查问卷显示，1 岁宝宝中只有一半数量的宝宝能够做到连续睡眠（短暂的清醒是可以的）。这个研究表明，100 位 4~6 个月的宝宝中只有 6 个能够连续睡眠。3 或 4 个月大的宝宝中已经有 36% 了，6 个月的宝宝中则有 38%。

如果你的宝宝还不能连续睡眠，也要保持镇静。他只是需要时间来适应自然周期，这可能还需要几周的时间。

因此不要拿自己的孩子与同龄孩子对比。有些孩子第一周就可以连续睡眠了，而有些宝宝却到 1 岁才可以。你的宝宝是独一无二的，他有他自己的速度和节奏。给他适应这个世界的机会。宝宝越早感受到安全和关怀，就越容易形成睡眠—清醒周期。

连续睡眠的基础

根据经验，大多数的宝宝大概在 6 个月的时候才能连续睡几个小时。基础是宝宝学会了独自入睡。总在你的臂弯里喝着奶慢慢入睡，晚上不再给他喂奶就会成为"入睡壁垒"。因为宝宝在醒过来的时候会寻找你的乳头，"它在我睡觉之前还在呢。"宝宝会产生疑惑："为什么我躺在自己的床上，而不是之前妈妈的怀里？妈妈在哪儿？"这完全不利于宝宝形成连续睡眠。

下面的因素能使连续睡眠变得更简单，适用于 6 个月以上的宝宝：

◎ 宝宝白天接受的爱和关怀越多，晚上就越能更好地入睡。虽然与父母分开，但是进入梦乡的过程中并不感觉孤单。

◎ 取消所有晚上会影响你自己的睡眠也会影响宝宝睡眠的"入睡工具"，

比如格栅小床下面隆隆作响的吹风机。

◎ 不是所有的宝宝都需要相同的睡眠时间。只要满足了他的睡眠需求，他就不会再睡了，他也不必在床上躺更长的时间。了解一下不同年龄段的宝宝大概需要几个小时的睡眠时间（见第 109 页）。随着时间的流逝或借助于睡眠记录表（见第 394 页），你可以知晓你的宝宝需要睡多久才能保证一天的好心情。

◎ 让宝宝吃饱了睡。如果你想要保证宝宝不会由于饿而醒过来，那么就在你自己上床睡觉之前给他再（最后）喂一次奶。把他从床上抱起来，放在胸前或者给他奶瓶。当乳头或奶嘴碰到下嘴唇时，大多数的宝宝就会张开他的小嘴开始吮吸。非常重要的是，在晚餐之后就不要过分关注了，否则宝宝就有可能会醒过来。拍嗝儿也不是必须的，同样，如果尿布不是太湿，也没有必要换新的。

自然的睡眠环境

就算宝宝连续几个晚上能够进行连续睡眠，也还无法保证下一个晚上也能如此平静地度过。有一系列的原因会导致宝宝无法如期进行连续睡眠。比如：

◎ **发展阶段：**宝宝在第一年里会经历许多个发展阶段，每几个星期就会进入一个新的阶段，而且会持续几天。在这个时期内，宝宝的身上发生了许多新鲜的事情。这个阶段，宝宝只有在妈妈的胸前或臂弯里才会感到安全和关怀——不仅白天如此，晚上也一样。

◎ **长牙期：**宝宝在大约 6 个月的时候会长出牙齿，这是非常疼的——特别是在晚上。有时这种疼痛会剥夺宝宝的睡眠。这种情况下可以用适当的药物或长牙止痛凝胶来帮宝宝缓解疼痛。购买或使用前请事先咨询儿科医生或助产士。

◎ **腹胀：**宝宝大概 6 个月的时候，大多数父母就开始喂辅食了，固体食物会加重消化系统的负担。如果负担太重，就有可能导致宝宝夜间睡眠的质量变差。以下方法可以帮助宝宝缓解：给宝宝服用香菜栓剂（药店有售），或者用手掌以顺时针方向温柔地按摩宝宝的肚子（最好用药店就能买到的“四旋花油”——一种芳香油，能够缓解腹胀和绞痛），用一个温暖的枕垫或者小的、带外罩的、不太重的热水袋（绝不能太热）来敷肚子。

◎ **独立性：**宝宝的年龄越大，就变得越独立——白天在妈妈不在的情况下也会经历许多小高潮。这会偶尔导致由于分离而出现的恐惧感，这种恐惧感就可能影响到他的睡眠。

与广为流传的观点相反，对宝宝的教育不是从著名的“不”开始，而是从出生时就开始了。但是第一年的教育与禁止和规矩完全无关，应更多地利用关注和尊重与宝宝相处——这是教育的基本态度。

比如，如何给宝宝换尿布就属于利用关注与宝宝相处。你会完全按程序似的清理干净，一句话不说？还是会温柔地解释给他听你想要做什么，正在干什么？“我现在要把你的裤子脱掉。看，现在左腿……”坦白来说，并不总有时间和闲情逸致这么做，有时所有动作必须很快地进行。但是，如果你能努力保持一个尊重的基本态度就够了。因为宝宝会用同样的方式对你——你起着榜样的作用。

毫无边界是好的吗？

充满尊重的相处还包括限定行为领域的规范，人们只被允许在这个领域内活动。同时，不只是对父母来说是不可逾越的规范（比如以打骂作为教育方式），宝宝也应该在 1 岁的时候被划定界限。比如宝宝在你的臂弯里不能抓你的头发，更不能用力拉。

或者在你给他喂奶的时候用他刚长出来的小牙咬你的乳头。在这两种情况下，仅仅说“不”作用不大。因为宝宝还无法理解单独的言语信息。你要用严肃的表情，说:“不，你这样弄疼我了。”同时把他的手从你的头发中抽出来，或者把乳头从他的嘴里拿出来。

大多数的界限界定都是在宝宝变得更活泼时有意为之：比如已经会爬了的宝宝去按音乐播放机上的各种有趣的按钮，无意间播放了音乐，这时你就应该立刻进行干预。我们建议，你可以坚定地说一个“不”字，然后把我们的小小探索家带到他的游戏区（“你可以在这玩”）。此外，我们还建议把音乐播放机放在宝宝够不到的地方。

宝宝几个月之后就可能对“不”有反应，可能性越大，你就越要坚持这样做。当然，生活中没有一成不变的规则。但是，重要的是保持一个基本态度。

正确地说“不”

在宝宝做出越轨行为时，比坚持更重要的是父母的整体行为。比如，如果你在宝宝想要用手研究插座的时候，只是微笑着伸出食指，温柔地说：“不，不，你这个淘气包。”那么你给他发出了双重的信息 ——否定（不）和鼓励（微笑）。因为微笑传递了积极的感觉，宝宝就会忽略了禁止的命令。在这种场合下，你必须清晰且明确地说“不”，并把宝宝带走。但是许多父母害怕这样做太严厉，给宝宝唯一的童年留下阴影，可是这与严厉完全不同。

小建议

划定界限

为了减少日常生活中的压力，你就应该考虑预防宝宝受到伤害。让你的贵重书籍和花瓶远离宝宝能触及的范围。但是也不要把所有东西都放在 1 米以上的位置上。因为如果你从不给宝宝制定规则和划定界限（专家称这种情况叫作无挫败教育），那么无形中就成了对他的溺爱。

常识不是惩罚孩子的权力

权力是指试图通过责罚，如打手或打屁股的方式影响孩子的行为。但是这样对待孩子的行为在现在已被法律所禁止。

但是作为成年人，你在孩子面前有很大的经验优势。你知道虽然宝宝对插座感兴趣，但不是所有插座对宝宝都是安全的，这个游戏有可能让宝宝面临生命危险。所以你会对所有的插座说“不”。你同样知道宝宝坐车时最好坐在与年龄相符的儿童座椅里才安全。因此你会把你的常识应用到实践，如果你的宝宝身体僵硬，或者大声抵抗，那就固定住他，然后给他系上安全带。

比如你决定要给宝宝接种疫苗。如果你的宝宝想起上次的疼痛感，那么你

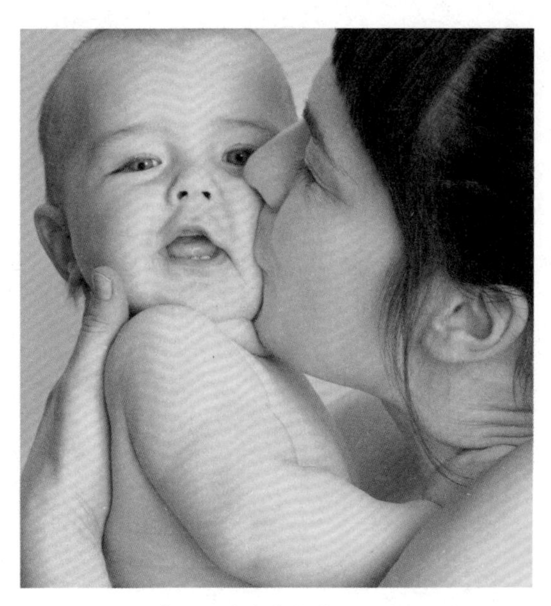

你怎么和宝宝亲热或爱抚他都不为过，因为这种关怀可以加强他的自我形成。

必须充满爱意的，但是必要时也要使用温柔的“暴力”来陪伴他度过这个时期，必要时，还要抓牢他。不要担心，如果从一开始就总能对宝宝的消极感觉做出迅速的反应——比如他饿了或者哪里疼了，那么他就会建立起对你最原始的信任和安全的联系。你可以在某次对他严厉，让他学习和接受生活中的界限。

你要时刻注意宝宝是出于好奇心，而不是恶意在做事情。这有助于区分你是根据你的常识划定界限还是在单纯地惩罚孩子的行为。

我们可以娇惯孩子吗？

好多父母都会遇到相似的情景：有客人来访，从隔壁的房间里总能传来躺在摇篮里几周大的宝宝哭闹的声音。你起身，把宝宝带到客厅。宝宝在你的臂弯里就不哭了，但是宝宝的行为明确地表明他饿了。客人从惊讶到不理解，“为什么你要立刻去抱他？这点哭声不会有事”，“哭喊能加强肺部功能”，或者“宝宝就是想让你们抱”。

有些父母可能会把孩子教育成以自我为中心的“家庭小暴君”，已经8岁了还需要爸爸妈妈喂饭、系鞋带或者背着他的书包送他去上学。显而易见，这当然是不对的。但是否能够娇惯1岁的宝宝，对此父母和专家仍无定论。

宝宝应该学习

如果你在宝宝3~4个月的时候立刻对他的哭闹做出反应，那么这不是娇惯。在这几周里，父母才慢慢地了解自己的宝宝，他们能听得出来，宝宝是饿了，尿布湿了，还是“只是”由于无聊而哭。虽然由于无聊而哭是内心危机的象征，但宝宝也并不是故意想要折磨爸爸妈妈。宝宝在头3个月几乎各个方面都要你来管理，完全依赖着你的帮助和关怀。他从“着陆”到这个世界上开始，需要了解他的家庭、建立信任、喝奶、睡觉、消化、加工所有的感官印象、发育……但首先必须用你的爱使他充满能量以应对可能出现的危机情况。能量必须每天重新填充——用爱、关怀、照顾、身体接触和安全感。

再多的爱、温柔（“维生素Z”）和关爱对于几个月的宝宝来说绝不算是溺爱。如果你一直包办宝宝自己能做的“工作”，情况就完全不一样了。因为你剥夺了宝宝自己学习的最重要的机会。比如宝宝的牙齿已经足够咀嚼固体食物，但你还是把所有的食物都捣碎了给他吃，那么这就是对他的娇惯了。你不仅剥夺了他咬碎一块面包或者苹果所带来的乐趣，还阻碍了他去积累重要经验的过程，而且延缓了宝宝的语言能力发展（见第74页）。

认真对待感觉，但不要过度

父母对孩子的溺爱会阻碍孩子独立和自立能力的发展。而父母并不是有意而为之：比如宝宝在尝试从桌子底下爬过去的时候过早地抬起了头，撞到了，开始“嗷嗷叫”，这时你立刻对他进行过度安慰（“哦，我的小可怜儿，疼了吧？”）。刚刚学会走路的宝宝经常会跌倒，弄疼自己。但是厚厚的尿不湿就像减震器一样——所有的碰撞都会减半。一味的保护对于1岁的宝宝来说很容易导致他过度依赖，你需要等一会儿再去安慰他。在大多数情况下，宝宝能够独立面对失败（自我调节和心理弹性，见第12页）。你只需要相信你的宝宝。但是要给他一种感觉：他随时能够得到你的帮助。这能够加强他的自信心，并且鼓励他继续积累和学习经验。

信息

溺爱的情况

大多数的父母并不是有意溺爱孩子的，但是这种情况却总是发生。那么关怀什么时候就变成了溺爱？为什么？

父母经常是出于方便而屈从于孩子的（哭闹的）需求，因为这样进行得更快或者可以避免冲突，比如宝宝在超市想要甜食或者不想坐婴儿车，而是要被抱着。通常你会因为害怕宝宝不爱你而溺爱他。比如你会内疚，因为你认为自己陪他的时间太少了（比如因为你的工作）。

当然，这种行为看似是可以理解的。但是如果你们让宝宝远离了所有问题，帮助他解决了每一次内部冲突，那么你们就是在溺爱他。你剥夺了他练习解决冲突的能力，这会影响他日后的社会行为，并影响到他的伙伴关系和职业生涯。一般被保护和娇惯会导致依赖性。

回归工作——孩子怎么办?

家庭和工作，两者能够兼得吗？如果我回归工作，会伤害我的孩子吗？我应该一周只上一天班还是三天？半天班还是全天班？没有任何一个教育话题会像妈妈是否应该工作这个问题一样具有争议性。相反，男人应该上班似乎成了理所当然。但是在一些家庭中这种情况发生了改变。在这些家庭里，父母双方会互相讨论这样一个问题：我应该工作还是你？还是我们两个都应该（以及想要）工作？

“狠心的母亲”和“陌生的照顾”

在过去以及现在越来越喜欢把职场上的妈妈称作“狠心的妈妈”——相反，“狠心的爸爸”却从来没人提。这种贬义的称呼是指那些出去工作而忽略了宝宝的女性。有趣的是，“狠心的妈妈”这个称呼只出现在德语中，别的语言中人们根本没听过它。

“陌生的照顾”一词也让人迷惑：让陌生人照顾自己的孩子——没人这样做。所以近些年出现了两个新的、积极的称呼：家庭补充式或父母外照顾。

家庭补充式照顾

父母双方都想（或必须）工作的家庭有以下可能的方式照料自己的宝宝：

○祖父祖母。

与同龄孩子的交流对于宝宝的成长是很重要的，宝宝需要这种活动。

○幼儿园。

○保姆或小时工。

○朋友。

○互惠生。

○照料儿童的保姆。

无论你选择哪种照料方式，在你回归工作之前，都必须让你的宝宝慢慢地适应。

儿童巢穴还是托儿所?

几十年前，还没有人讨论“托儿所”是否适合用来称呼白天看管婴幼儿的场所。当20世纪80年代照顾1~3岁儿童的夫妻档异军突起的时候，人们开始用一些设施来将自己凸显出来，比如通过更多一点的人员分配，这样就形成了当时的托儿所。

为了从外部就更显眼，人们开始为自己的场所起各种名字，如“儿童巢穴”“小儿组”或者“儿童寝室”。但是没有一个能让人记忆深刻，最后“托儿所”这个简单易懂的名字却脱颖而出。现在专业人士一致认为没有必要给“托儿所”更名，而且，由于机构质量的提升，这个名字已经拥有了它的文雅性。

如果你在可预见的未来要回归工作，那么你就可以在适当的时候把宝宝送入托儿所。从270页开始，你就能获悉，在哪里能够找到好的托儿所，以及如何帮助宝宝适应托儿所的生活。

信息

父母和家庭教育课程

有些父母虽然还没有回归工作，但是也不想一直单独与孩子待在家，他们想要与其他同自己的宝宝年龄相仿的孩子的父母进行接触。交流之后大家发现，那些失眠的夜晚，那些哺乳问题，原来在别的家庭里也出现过。而且人们还可以在这个小团队中享受到双份美好或有趣的故事。最后，宝宝们在这里第一次与同龄人建立了“友谊”。或许在产前培训班或者产后瑜伽班你已经认识新朋友了？如果没有，那么家庭教育所、家庭中心、助产士实践课和相关团体都有针对宝宝父母的课程：

○ 亲子团和亲子课针对的是各个年龄段的宝宝，比如婴儿按摩、婴儿游泳和布拉格亲子课程。

○ 许多机构还提供父母和宝宝开放性的会面，比如每周一次的父母咖啡之约。不用预约，如果你有时间和兴趣，直接前来参加即可。

○ 针对日常生活的教育中的某些话题，如哺乳、划定界限和喂辅食等设立的课程和咨询班或讨论组。这些课程的目的是帮助父母们解决这些问题，而不是教导他们。

○ 针对特殊家庭所开设的课程（如针对单亲家庭或重组家庭的课程）。

○ 一些家庭教育所和家庭中心也会提供咨询式聊天、教育咨询或哭闹宝宝门诊。相关课程还经常包括婴儿保姆课程或照顾宝宝的经验分享。家庭的业余时间和妈妈或宝宝的周末可以来参加这些课程，获取经验。

布拉格亲子课程（PEKiP）

PEKiP 是 20 世纪 70 年代克里斯塔博士（Dr. Christa）、汉斯·鲁珀特博士（Dr. Hans Ruppelt），以及他们的同事们发明的。第一个布拉格亲子课程出现在 1973 年。PEKiP 所处的时代非常值得关注，在那个时代里，教育学领域发生了许多急剧的变化，有些理论甚至消失。现在，德国每周都会有大约 60 000 个家庭参加 PEKiP 小组。

PEKiP 和布拉格

说到 PEKiP 的起源要追溯到心理学家雅罗斯拉夫·科赫博士（Dr. Jaroslav Koch）。他于 20 世纪 60 年代在布拉格以母婴研究院中自己的研究工作为框架开发了一系列游戏和运动的激发活动，这些活动能够作为强烈的刺激激发和促进婴儿的发展。

从出生到 1 岁

PEKiP 游戏会陪伴着父母和宝宝度过宝宝出生后的第一年，直到宝宝会安全走路。其特点是，在 PEKiP 游戏中，宝宝不是被动地运动，也根本不是“练体操”。而是提供给宝宝一些他自己能够乐在其中的姿势和状态。这促进了宝宝的主动性：“我可以自己做到。”

一个典型的针对 3 个月大的宝宝的 PEKiP 游戏（与被动的婴儿体操相比）：把一个水球固定在一根线上，拿着它置于仰卧着的宝宝的上方，用水球触碰宝宝的脚趾，观察宝宝的反应。宝宝开始自己主动地去碰球。刚开始时，你可以把手放在宝宝的屁股底下扶一下他。这样宝宝很早就有了这样的经验：“我可以的。我能够自己使这个大球运动起来。”

在 PEKiP 课程中，宝宝用游戏的方式知道了自己能够做很多事。

符合发展规律地玩

在选择游戏的时候，生理年龄不重要，重要的是实际的发育年龄。因为每一个孩子的发育都有其独特性。

另外，与宝宝目前的状态也有关：宝宝感觉如何？他是昏昏欲睡，还是处于被动或主动的清醒状态？通过呼吸（快速或匀速的）、皮肤（红润的还是暗淡的）和活动（急促的还是正常的）能够看出宝宝适合于哪个时间段的游戏。

PEKiP 小组

○布拉格亲子课程会在宝宝 1 岁或者直到学会走路期间给父母提供帮助。

○自宝宝 4~6 周起，宝宝的爸爸妈妈们就会以 6~8 人为一组分成若干小组，小组内的宝宝均属同龄。

○小组成员每周聚会，每次聚会时长一个半小时。

○小组成员在宝宝 1 岁阶段都会待在一起。

○PEKiP 小组的聚会在温暖的房间里举行，房间里铺有垫子。父母从往常的责任中解脱出来，他们的任务就是和宝宝在地上一起玩。宝宝是全裸的，这样他们会拥有更多的活动自由，能够自发和全身心投入运动。

○小组领导给出符合宝宝发育状态的刺激。

○在这些游戏中，宝宝不是“陪玩”，而是自主地、积极地去玩。

○父母被鼓励去按照宝宝的需求行动。在宝宝醒着的时候跟他玩，宝宝困了就让他睡觉，宝宝饿了就喂他吃饭。

○PEKiP 游戏给大人和小孩儿都带来快乐，游戏不是练习，而是一种刺激。

○PEKiP 小组由专业的 PEKiP 小组组长来组织。

PEKiP 小组的目标

参与 PEKiP 小组能够同时满足父母和宝宝的需求，因为：

○宝宝通过运动、感官和游戏刺激，在发展过程中得到了陪伴和促进。

○增强和加深了父母与宝宝间的关系。

○使小组成员间的经验交流更容易，促进了父母间的沟通。

○使宝宝有与同龄人建立联系的可能性。

二人世界：在 PEKiP 小组中，其他一切凡尘琐事都被关在了外面，在这里只关注您和您的孩子。

宝宝 1 岁时的性教育

宝宝 1 岁时就应该开始划定界限，防止溺爱事件的发生。但是现在有必要进行性别教育吗？是不是太早了？不，因为现在专家建议进行自然的性别教育或爱的能力的教育。一些专业人士称其为“性教育”。典型的是，父母接受宝宝的亲近和个性，将爱、温柔和关怀放在中心位置。同时双方都应该遵守界限：当宝宝不想亲近的时候，允许他说“不”——成人（也可以是其他孩子）必须尊重。但是同样，比如 3 岁的宝宝想要看妈妈的乳房，但妈妈不想满足他的愿望，他也必须接受。

舒适感

宝宝的心理性发展会经历不同的阶段，在这些阶段中，不同的身体部位是舒适感的来源。与成人不同，这种舒适感未蒙上性的色彩，而只是身体舒适和发现乐趣的符号。

宝宝 1 岁时，嘴（口部的）和皮肤（皮下的）是最重要的感觉器官：皮肤是人体最大的器官，宝宝通过爱抚、亲近、体贴和舒适而感受到了“皮肤的乐趣”。宝宝出生后立刻与妈妈进行了第一次皮肤接触，在这个过程中，宝宝的小身体释放了大量的依偎激素（见第 8 页）。吮吸妈妈的乳头、奶嘴、拇指或者毛巾都会产生一种愉悦感，于是这种吮吸也被称为“幸福的吮吸”。专家称这是口部阶段。但是我们这位地球上的新居民并不用学习吮吸，因为他有与生俱来的吮吸反射。

刚开始时，这种满足感还是偶发事件。但是后来，宝宝开始积极地寻找这种感觉。因为幸福的吮吸和皮肤的乐趣能够帮助他发展一种对自己和对他周围环境的最原始信任。所以，当有小一点的弟弟妹妹出生时，大一点的宝宝就会开始吮吸拇指：他在用这种方式安慰自己。

认识自己的身体

随着时间的流逝，宝宝慢慢地开始认识自己的身体：他吮吸拇指、手指，甚至把整个拳头伸进了嘴里。他观察自己的小手，在眼前转来转去。他触摸自己的身体:肚子、性器官、大腿、膝盖，然后是脚——最后把大脚趾放进嘴里。

为了宝宝能够在温暖的灯光下享受自己的裸体，请每天至少花一次足够长的时间给他换尿布。不要尴尬地躲避眼神，也不要分散注意力。在宝宝发现自己身体的时候不必做额外的指导。当你给宝宝的阴茎或阴道进行清洗或抹油的时候，你的宝宝可能会很高兴。但是这种感觉不是你引起的，而是出于自然的、细心的护理。这也是自然的性教育。

宝宝也知道乐趣

总有人认为宝宝应该是中性的个体。但是当他们看到一个 9 个月的男宝宝用手触摸自己阴茎时有多享受，或者当他们发现女孩会相互挤压自己的大腿或活动自己臀部以对阴道产生压力的时候，就不会这么说了。他先是某一刻偶然间碰到了自己的性器官，之后就会有意识地制造这种美妙的感觉。

这些都在换尿布的时候发生，父母由于尴尬，经常突然将尿布抽出。但是宝宝有敏锐的感觉。如果这种情况不断地重复，那么他就会记住："如果我触摸一个特定的身体部位，我就会有美妙的感觉，但是很快就结束了。"而且成人想要阻止这种事情发生。

叫出所有身体部位的名字

你的鼻子在哪里？耳朵在哪里？你的嘴在哪里？这个游戏你知道或者很快就会了解它。宝宝高兴地指出身体的每一个部位，或许甚至还会说出"这儿"。全世界的父母和宝宝都喜欢玩这个游戏。在问过"你的肚子在哪里？"之后，接下来就会涉及膝盖。小腹附近经常就会被忽略，那是一个"没有名字"的区域。许多父母在给宝宝洗澡的时候会说"现在给你洗下面"，而"下面"可能是屁股、阴茎或者阴道。毫无疑问，许多学龄前儿童还不知道自己的性器官叫什么。

要区分不同的概念，像其他身体器官一样叫出性器官。你是使用医学概念还是口语表达不重要，但是上学之后，孩子应该知道正确的名称。

信息

怎样的舒适感才是适当的?

媒体对有关儿童性虐待的案例报道越多，许多父母就会越不安。那么怎样的亲近和舒适感才是适当的？我们需要给宝宝注入多少剂量的"维生素 Z（温柔）"？在一次以"自然性教育"为话题的学生家长会上，一位有一个 8 个月女儿的家长问他是否应该给女儿洗澡。专家的回答是："您当然可以给您的女儿洗澡。与爸爸或妈妈一起玩水，对于宝宝来说是一种快乐，一种美妙的肌肤之亲。当然也可能出现我们的小探索家由于好奇到处摸你的现象。如果你不想被触碰到性器官，那么你一定要划定界限。如果你感觉可以，那就没什么问题了。"

当父母把宝宝抱在怀里，抚摸他，与他亲热或者和他洗澡，而且不是出于自己的性兴趣这么做的时候，就是一种完全自然的性教育——一种对爱的能力的教育。

宝宝几乎整天都在玩，在研究。所以，除了睡觉之外，玩占据了宝宝童年的大部分时间。因此，成年人把宝宝的玩比作他们自己的工作。如果只考虑时间因素，那么得出的结论才有意义：宝宝什么都没有“生产”，什么都没有“完成”，他们只是在玩。尽管如此，科学家还是强调宝宝的玩不是完全没有目的的。

宝宝为什么要玩？

从 1 岁末到进入 2 岁，宝宝都爱玩“倒沙子的游戏”：往一个容器里装满水或沙子，然后再倒空它。宝宝为什么会乐此不疲？非常简单，他在游戏中练习他之前观察到的东西。大人们把牛奶、咖啡和果汁倒到容器里或者把面粉倒到碗里。3 岁的宝宝已经能够按照要求把容器倒空了。然后他们又开始对其他游戏产生兴趣。

同样，宝宝用游戏的方式通过模仿学会拍手或者挥手，并因为大人们的高兴而得以加强。大一点的宝宝在角色扮演中观察模仿：他们模仿日常生活中的场景，并对其进行加工。无论孩子多大，都能在游戏中通过模仿获得不同的技能。

细化行为方式

如果宝宝学会了爬行，那么不断地

练习这种能力就会给他带来乐趣。所以，几乎所有的宝宝都爱玩捉迷藏的游戏：妈妈或爸爸在宝宝的后面爬，想要抓住他——然后再反过来。

宝宝还会用游戏的方式锻炼手指能力，比如以钳式抓握的方式拿起桌子上的面包屑或其他小东西。当然捏土豆泥也一定会给他带来很大的乐趣。

继续形成空间上和物理上的概念

9个月左右的宝宝喜欢把东西扔在地上。他仔细地观察，并准确记住什么东西跌落将发出什么样的声音：塑料与木头不同，木头与金属不同……如果所有东西都掉在了地上，他们就会大声抗议，直到妈妈重新捡起它们。然后游戏又会重新开始——这绝不只是一次。宝宝不是想惹怒自己的父母，他们只是想在玩耍中学习，如果把他们的行为称作不怀好意就错了。

找到因果关系

“如果我做这个，就会发生这个。”随着时间的推移，宝宝发现他的行为会带来结果。比如，如果把一个好的玩具钟在房间里用力一扔，那么玩具钟就不响了，相反，如果拉一下玩具钟下面的线，玩具钟就会响。10个月的宝宝发现，他们能把东西当“工具”用，比如在厨房用勺可以够到远处的物品。1岁末期的时候宝宝开始按照颜色和大小把物品归类：这是走向分类化的第一步。

“恐惧乐趣”

在“捉迷藏”这个全世界宝宝（大概7个月以上的宝宝）都爱玩的游戏中，还能观察到推动宝宝玩耍的另一股力量。如果你在给宝宝换尿布的时候把一条柔软的毛巾放在他的脸上，他就会陷入一种强烈的不安情绪，变得非常焦躁，呼吸加速且呈间歇性。人们认为宝宝陷入了困境。但是一旦他成功地把脸上的毛巾拿走，就会放松地对着你笑，呼吸也会归于平静。他那充满期待的眼神似乎在说：再来一次！如果你不立刻做出反应，他可能就会抗议。他甚至会自己用毛巾盖住眼睛。然后所有的动作再重新开始：坐立不安、呼吸急促、开心、再次看见你……这种恐惧乐趣或者乐趣恐惧日后还会出现，甚至到成年——比如在滑冰、乘坐旋转木马或者滑“8”字形回旋滑道的时候。

有乐趣

（宝宝在玩游戏的过程中积累了他在日常生活中能够用到的基本经验。这些都是在游戏中顺便获得的，同时发挥着一种愉快的积极作用）。比如，宝宝在“倒沙子的游戏”中锻炼了他的手部能力。但是宝宝总是带着情绪去玩。玩就代表着有乐趣，没有其他目的。

婴幼儿的游戏能力发展

宝宝的游戏行为反映了他的身体和精神上的发展。就像在整个发展过程中，宝宝和宝宝之间的发展存在着差异一样，宝宝什么时候更喜欢某种游戏也各不相同。但是各项游戏行为的顺序对于所有宝宝来说都是一样的。在宝宝用积木搭火车之前，他已经用两块或者更多块积木搭过宝塔了 —— 而不是相反。

1 ~ 3 个月

宝宝吮吸毛巾 —— 不是因为他饿了，而是因为他想要玩。他大声重复嬉戏的声音，用眼睛固定父母的脸、一个物体或者一处光源（比如窗户）。

大概 3 个月末的时候，他学会了在睡榻上移动，在床上手舞足蹈。起初在自己的面前玩着自己的小手和小脚，后来开始玩一个物体。

你可以在日常生活中这样加强宝宝的游戏能力发展：

○ 用重复的方式“反射”宝宝发出的声音。

○ 把你的脸凑到他面前（之后用一个物体，比如一个红色的球），先是保持不动，之后把你的脸向左向右慢慢转动。

○ 当宝宝观察他的手或把手放进嘴里的时候，不要中断他。

○ 在与宝宝距离小于 20 厘米处向他展示不同材料的较轻的物体（比如布料或黄油面包包装纸）。

4 ~ 6 个月

宝宝越来越能有意识地玩自己的小手，把手攥成拳头，再打开。他还会忙活着进行其他动作：抓、握、松（张力下降）——并用嘴辨认物品。宝宝好奇地用手触碰所有的东西：先是自己的大腿、膝盖和脚趾。慢慢地就会从不经意的抓握变成有目的的抓握行为。这时就可以（用手和脚）抓大物件了，比如水球。

你可以这样在日常生活中加强宝宝的游戏能力发展：

○ 在宝宝仰卧和俯卧时给他提供不同的物品。用这种方式让宝宝知道，一

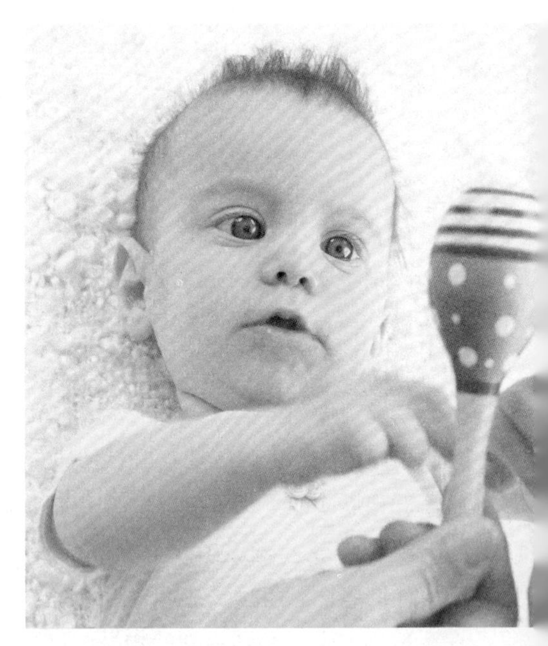

宝宝用眼睛和手来研究所有目光或手能触及的东西。

个物品会发生“变化”——这取决于这个物品是放在他前面的地板上，还是某人拿着放在他的面前。

◎ 如果你的宝宝仰卧，那么你可以把一只袜子或者一根粗头绳松垮地放在他的脚上，费力地追逐它会给宝宝带来乐趣。

7~9 个月

宝宝的年龄越大，他能够用不同的方式玩一个物品的时间就越长。比如当你的宝宝拿着一个烹饪木勺，他会用它敲地板、从各个面观察它，一次一次地摔在地上。宝宝现在有尝试新事物的兴趣了。宝宝喜欢玩日常用品，如勺子、塑料瓶或杯子。

宝宝逐渐开始模仿你的表情和动作：摇头、挥手或拍手。你可以选择能够促进预见性思考能力的游戏，如“捉迷藏”或“老鹰捉小鸡”。但是在选择游戏的时候要注意与孩子的发展状态相适应。大多数6个月前的游戏都会给宝宝带来很多乐趣。

你可以这样在日常生活中加强宝宝游戏能力的发展：

◎ 给宝宝一个勺子或者杯子玩。

◎ 变换宝宝最喜欢的“捉迷藏”游戏——用毛巾、用手……

◎“你多高？”（举高胳膊）“你这……么高！”

◎ 简单的模仿游戏，如“汪汪”，能够给宝宝带来巨大的欢乐。

◎ 用你的声音和他玩，或者学他的声音。

10~12 个月

获得性行为方式，如爬行或抓握，宝宝越来越能在想要够某个物体的时候有目的地进行了。你的宝宝变得越来越好奇，柜门、转锁、盒子，所有能打开和关闭的东西都能唤起他的兴趣，并进行尝试。如果你在背后藏了东西，他会兴奋地去找。很快，他开始能够自己藏东西，再找到它，这让他很高兴。紧张与放松的转换让他感觉很好。

抓紧—取出，这在现在对于宝宝来说都是有趣的，直到宝宝在1岁末时能够有目的地把一个物品插到任何地方。这个年纪的宝宝还喜欢模仿父母的日常行为，比如梳头、刷牙或者打电话。

有些宝宝在这个年纪已经会选择自己最爱的玩具了。想让你的宝宝高兴？那么泰迪熊、汽车或者小娃娃，一样都不能少。

你可以这样在日常生活中加强宝宝游戏能力的发展：

◎“捉迷藏”的游戏一直能给宝宝带来很大的乐趣（恐惧乐趣，见第137页）。

◎ 把衣夹或其他小物件放在一个容器里。刚开始时，你总是得清理它，但是很快宝宝就会自己做了（而且会独自玩很久）。

○给宝宝一个具有旋塞的玻璃瓶或杯子，让宝宝能够随心所欲地把塞子拧出，再拧进。

○“捉迷藏”和“老鹰捉小鸡”的游戏一直能给宝宝带来乐趣。

共同玩耍——提高游戏能力

如果你的宝宝是健康的，而且吃饱了，并处于活跃的或安静的清醒状态下，那么这就是你和他一起玩耍的时间了。观察他如何一直玩一个物品，他会怎样表现，是一件令人陶醉的事情。

每天规划足够的时间和宝宝一起玩，让他享受你对他的专注。游戏时间是你们两个人共同的时间，如果双方都乐在其中，那么游戏就能促进亲子关系。观察你的宝宝，并认真思考一下宝宝现在喜欢什么样的游戏。他有兴趣玩亲热的游戏、动小手的游戏、运动的游戏还是唱歌的游戏。不要选择太多不同的游戏，很快宝宝就会知道下面即将发生什么。如果宝宝对最爱的游戏没有兴趣了，那么就换一个其他的。但是也有可能是他累了呢？请注意他发出的信号。

信息

全情投入

宝宝学习独自做事情当然也很重要。比如安静地玩自己的双手手指。但他有时也不想总是一个人玩，而是更希望你陪他一起玩。他很快就能知道你本身对游戏是否有兴趣和时间。因为你的表情会无意识地发出信息，你虽然在玩，但是你的思绪没有完全在这件事上。

“我可以的”

我们更建议你选择这样的游戏：在这些游戏中宝宝占主导地位，你只是充当配角。你只要适时地给予一些帮助就可以了，比如把一个物品悬于仰卧的宝宝面前，让他去抓。不要像有些婴儿体操课上那样被动地移动宝宝，而是要给他一些小刺激，让他自己继续往下走。比如宝宝仰卧的时候伸出你的两根食指，让他自己抓住起身（见第 51 页）。用这种方式可以加强宝宝的自我意识和自信心，并奠定了最重要的感觉之一：“我自己可以的。”

裸体很有趣——而且更灵活

接下来几页的许多游戏点子都是在宝宝出生头几个月，还处在襁褓中时引入的。因此你要有意识地花费时间和精力在襁褓上。出于经验你知道，每一件衣服都或多或少会限制宝宝的行动自由，因此你应该把宝宝裸着放在襁褓桌上，并投以温暖的灯光让宝宝不会觉得冷。

如果你想和裸着身体的宝宝一起在

地上玩，那么你应该提前将室温升高到25~27℃，比如借助热风供暖机（你的宝宝非常活泼，而且更喜欢活动。温度在24~25℃也可以）。

在地上铺一张结实耐用的（羊毛）床单，并盖一条毛巾。再准备一条备用毛巾，以防第一条湿掉。如果没有时间或没有机会给宝宝脱衣服，那么当然也可以让宝宝穿着衣服玩，但是要注意衣服的舒适度。宝宝穿牛仔衣看上去是很可爱，但是坚硬的布料会严重限制宝宝的活动。宝宝2岁会爬时给他穿运动裤更好一些。

玩具和日常用品

哪些物品适合玩，具有决定权的只有一个人：你的宝宝。所以经常会出现这样的情景，你按照专家的建议买的贵重玩具被宝宝丢在了一边，他却专情地、投入地玩着一个小勺子。

据经验，1岁的宝宝几乎没有“真正的”玩具，但是有些他喜欢接受的东西：

○轻的把手。

○床上方的活动装置。

○玩具钟。

○小的毛绒玩具或小的、软软的娃娃。

○洗澡时漂在水里的动物玩具和能发出声音的动物玩具。

○不同大小的（水）球。

○毛刷。

○会走的小车。

○几块五彩的石头。

○能敲出声音的木条。

○玩具电话。

○婴儿图画书。

日常用品

在每一个家庭里都能找到许多宝宝喜欢玩、喜欢研究的有趣的东西，比如：

○小的和大的（木头或塑料的）勺子。

○打蛋器。

○各种尺寸的空罐子、碗、锅和杯子。

○毛笔。

○装黄油面包的纸和包装袋。

○小的塑料袋（最好装满了五彩的碎纸片或小豆子，为了避免宝宝误吞下去，必须把带子系紧）。

○空的巧克力盒。

○不同大小的纸箱和纸盒（最好带盖子）。

○（气）垫。

小建议

挂塔玩具——自己做

我们需要一个现成的厨房卷纸架。在日常生活中收集一些适合用来挂东西的物品：窗帘悬环、臂环、头绳或清烟管，然后在上面穿上木质的珠子，绑成环。宝宝进入2岁后就有了插东西的乐趣，而且有了辨认不同的材料的经验。宝宝在能把插环套在小棍子上之前（大概10个月的时候），就会用手和眼睛辨认不同的材料了。

适合 1~3 个月宝宝玩的游戏

以下游戏也适合大一点的宝宝玩，但最适合的是刚出生的宝宝。你可以在游戏中了解你的宝宝，促进他的发育。

爱抚和温柔的游戏

宝宝喜欢被爱抚和按摩。它们能够促进血液循环和新陈代谢，有助于产生新的神经联系。

温柔的抚摸非常适合在换尿布的时候进行。当然，你也可以选择别的游戏时间。

爱抚回合

将宝宝仰卧，温柔地用双手抚摸裸体的宝宝——胸、肚子、胳膊和腿。同时注意宝宝的反应：力度大不大？还是只用指尖按摩就可以了？如果宝宝承受不了的话，就很有可能把头转向一侧；相反则会手舞足蹈，意思是："我很喜欢。"这就是一种联系。

后背向下

将宝宝俯卧，用双手非常温柔地沿着脊柱的左右两侧从脖子抚摸到臀部，或者把他的头抬起一点点——看一眼。

手臂按摩

宝宝仰卧的时候，用一只手拿住宝宝的小手，将手臂伸展开来，离开上半身；用另一只手握住宝宝的上臂，用柔和的力量向下抚摸（"敲打"）至手关节。

放松，然后再握住宝宝的上臂，反复这个动作 5~10 次。接下来用双手握住宝宝的上臂，小心地相互转动双手，就像拧毛巾一样，慢慢向下活动到手关节，同样重复该动作 5~10 次。

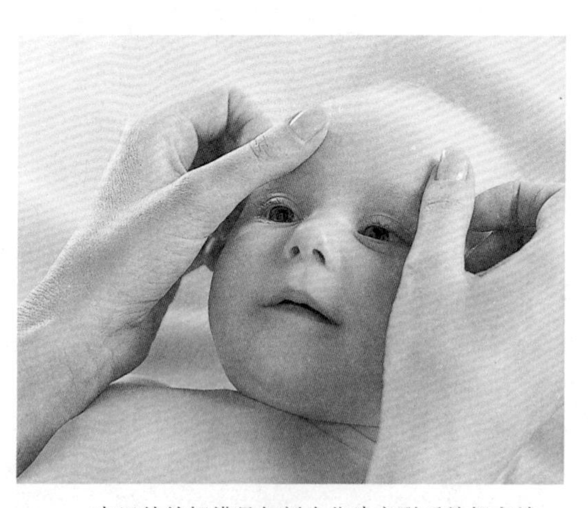

有目的的抚摸是与新生儿建立联系的好方法。

认真观察宝宝对触摸的反应，这样你能够更好地了解他。

按摩脚

这种按摩游戏对于冰凉的双脚也很好：抓住宝宝的小脚，用拇指从脚踝按摩到脚趾肚。同时，宝宝会将脚趾分开，再闭合。

舒展身体

因为 3 个月的宝宝是完全屈身、倾斜着仰卧的，所以他还不能触碰到自己所有的地方，还没有身体的概念。用下面这个游戏你可以让宝宝有这样的经验和感觉，那就是他不只有四肢：把两只手置于宝宝太阳穴的左右两侧，然后用手掌轻轻地、缓慢地抚摸宝宝的脸庞，沿着肩膀、躯干、腿，直到脚趾。一个吻、一个温柔的眼神、一句流入耳中的话——这样游戏就做完了。

大份“维生素 Z”

你可以半裸上身躺在沙发上，把全裸的宝宝抱在怀里。这种超大份的温柔（“维生素 Z”）不仅能够促进快乐激素的产生，还对宝宝的脑部发育很有帮助。在快乐的感觉下，大脑更有能力存储感受到的信息。这款极好的“维生素 Z”是不会过量的。如果你想更长时间地享受美妙的亲子时间，为了不使热情冷却，那么就去做吧。

对话

你坐在地上，背后枕着靠枕舒服地靠着沙发或者墙壁。屈膝，把宝宝放在腿上，这是与宝宝进行内心对话和亲热爱抚的一种理想状态。因为宝宝在这个姿势下更容易把头部固定在中间，所以他能更好地固定视线。随着时间的推移，你还可以慢慢地移动他的双腿，这样宝宝就学会了如何自己将头部固定在中间。大一点的宝宝（4~5 个月）喜欢玩“更狂野一点”的游戏。这种膝间的位置很适合他，比如可以做一些触摸小游戏（比如触摸一个小口袋）。

俯卧游戏

许多父母都不确定是否应该让自己的宝宝俯卧。毕竟这个姿势有引起婴儿猝死的可能性。实际上专家建议宝宝不应该睡觉时俯卧（见第 114 页），而醒着的时候就完全不同了：对于宝宝的身

“你还不会说！”宝宝现在还只是享受妈妈的声音，很快他就会自己说话了。

体发育来说，俯卧甚至是非常重要的。因为宝宝（还）无法自己翻身，所以你得帮他一下。以下的游戏就很适合。

腹部对腹部

你舒服地躺在沙发或地上（头下枕着枕头），然后把宝宝放在自己的上半身上。这种身体接触和俯卧的结合能够激励几周大的宝宝抬头并短暂地保持头不太高的姿势。之后他睡觉的时间会越来越长，因为他的颈部肌肉更有力，也因为你的强烈的目光接触激励了他。

小臂支撑俯卧

你侧身躺在地板上，头枕一个大枕头，总之要非常舒服。然后把小臂前伸，把宝宝放在上面，保持宝宝胸腔在你的小臂上，但是双肩和手臂位于你的小臂之上。这样他可以用小臂支撑自己，抬起自己的头部。这样他就打开了一个全新的视角："这个世界与我仰卧和盯着被子看到的世界完全不同。"刚开始的时候，你还可以用另一只闲着的手温柔地抚摸他的后背来鼓励他。

卷起来

你可以把前面提到的游戏进行改良加工，比如借助一张卷起来的被子或一个手巾卷（大约和你小臂一样粗）来支撑宝宝。这样你就可以趴在宝宝旁边和他聊天。这对宝宝来说是另一个抬头的刺激。

在大球之上

让宝宝趴在一个体操球或大水球上，轻轻展开手指放在宝宝的腋窝下固定住他。你会惊奇于有多少宝宝喜欢这个姿势，并把宝宝头抬起来——即使他们在地面上的时候根本不能或只能短暂地这样做。你不要挪动球，只有宝宝做过上述动作几次之后并感觉越来越安全的时候再轻轻地来回滚动它。

运动游戏

宝宝出生后头三年几乎所有的时间都在动，因此他们由衷地喜欢运动游戏，不必总是让宝宝安静地躺在床上。

保持头部平衡

如果你想鼓励宝宝一起做、一起玩，那么就从侧面举起他。如果宝宝原来是仰卧的，那么就从腋窝下面抓紧他。拇指放在他的胸部，其他手指展开，固定住他的背部。用这种安全的方式把宝宝的身体转向一边，然后把他从侧卧势举起，这时就无须支撑他的头部了。

或许你的宝宝会"抱怨"，好像在说："这虽然很费力，但是我可以自己做。"对此你不必担心。如果宝宝累了或者病了，最好从背部抱起他。在这种情况下就需要用手托住他的头部。

之后，当宝宝熟悉了这种被抱起的游戏时，你可以让宝宝短暂地保持侧卧的姿势——大概离开地面或褯褓桌 30

厘米。眼神交流和亲切的话语鼓励了宝宝用游戏的方式学会保持头部平衡，这加强了宝宝的颈部肌肉。

高举在空中

通过侧面把宝宝抱起，让他垂直地停在你的面前。在这个姿势下，宝宝能够固定头部，保持整个身体的平衡。你的眼神交流加强了他的自信。在宝宝 3 个月末期的时候，你可以把这个游戏升级，把你的“小飞机”交替地向两边倾斜，但是要注意看他是否喜欢。

水球

玩这个游戏需要水球（直径大约 30 厘米）。让宝宝趴在水球上，保持胸腔接触水球，双脚着地。用伸展的手指从后面伸向胸部的位置固定住宝宝，宝宝一旦触地，双脚就会蹬地。这时你可以慢慢地在后面推着他继续向前，前进的速度取决于你的宝宝，而不是你。

当宝宝熟悉了这个游戏，你同样可以将其升级，把宝宝向两边倾斜，慢慢地来回“摇晃”。

在垫子上摇晃

让宝宝躺在一个婴儿垫子中间，你和你爱人抓牢垫子的四角，小心地抬高，和你的宝宝说话，观察他的反应，慢慢地上斜移动你的宝宝。大多数的宝宝会很喜欢这个游戏，表现得很平静。这个游戏能促进宝宝平衡感的形成。

“哦，它晃了。”宝宝越大、越活泼，那么他在球上的动作就越大。

接下来你还可以慢慢地向左向右来回晃动垫子。宝宝在垫子上和在固定的地面上的身体感觉不一样，而且更容易把头保持在中间位置。你可以轻声地跟他说话，或者唱摇篮曲。宝宝的年龄越大，你摇晃的速度和幅度就可以越大。

手部游戏

宝宝喜欢玩自己的小手，刚开始还是偶然的，后来变得越来越有目的性，他们会把手放进嘴里，吮吸手指或者小拳头。他们还经常观察自己的手或者把它放在眼前来回转动，就好像这是世界上最有趣的事情了。

舒展双手

宝宝在出生后的前几天或前几周内小手还是握成拳头的状态（抓握反射，见第 40 页）。如果你用食指温柔地抚摸他的手背，那么他的小拳头会短暂地打开，然后又自动合回去。对于刚开始的阶段，这是个不错的游戏。

感受不同的材料

因为你的宝宝还不是有意识地抓握，所以你可以把这个游戏当作宝宝积累不同材料经验的起点。抚摸他的小拳头，把你的手指、一条软毛巾、一个轻的摇鼓，或者一块黄油面包纸放进他的手里。在尝试其他物品之前，都用同一个“材料”做这个游戏。通过不断反复，宝宝的神经元“信息通道”变宽了。

来自空中的玩具

拿一块毛巾在宝宝的手上方（3 个月中期时可放在宝宝的胸腔上方）置于他能够到的高度。通过偶然的抓握实验，宝宝触碰到了什么，然后条件反射地打开了小手：“我自己够到了。”随着时间的推移他渐渐地越来越能有目的地抓握。在这个游戏中，还能够抓紧衣夹上五彩的宽带子。

语言、歌曲和诗歌

当你直接对他说话，或者和他练习说话时，你应该离他近一些，以便他能够很好地辨认出你（大约 25 厘米）。模仿他的表情和手指，还有他的声音。在任何情况下你都可以夸张模仿，等待他做出反应之后再进行下一个动作。要相信你在“婴儿谈话”中的知觉和能力。因为宝宝喜欢，也需要重复，所以宝宝在 1 岁时少量几首歌曲和诗歌就够了。如果你还有童年的记忆，那么就可以用你的父母给你唱过的那首歌，你的伴侣当然也可以有他 / 她自己的选择。宝宝很快就能区分爸爸妈妈唱的歌，在前 8 周，小声地给宝宝唱歌就完全够了。

节奏感很强的爬行诗歌适合 3 个月以上的宝宝。诗歌要短，且最好反复吟唱给他听。我们这里有一首：

小熊来了，
迈着笨重的脚步来了。
小跳蚤来了，
它刺了一下——就这样！
小老鼠来了，
它建造了一间房子。
小跳蚤来了，
它刺了一下——就这样！
小蚊子来了，
它建造了一座桥。
小跳蚤来了，
它刺了一下——就这样！

（每次唱到跳蚤“刺人”的时候，你就用食指轻轻地碰一下宝宝的肚子或鼻子。）

适合 4~6 个月宝宝玩的游戏

宝宝会越来越好动：他开始翻身，或许已经能够从仰卧翻到俯卧，偶然的抓握行为慢慢变成有目的的抓握行为。那么还要跟孩子玩前 3 个月玩的游戏吗？没问题，比如大多数的宝宝还是喜欢像以前一样趴在水球上，但是此时的他们能更有力地蹬地了。

亲热游戏和身体诗歌

对于亲热游戏和身体诗歌来说，襁褓桌是可以的。但是对于其他游戏来说，把襁褓桌当作“游戏场”就太危险了。

对话

把宝宝放在你大腿上（见第 143 页）对于一起玩、一起亲热来说仍然是理想姿势。如果你的宝宝已经长大到他的头能触及你的膝盖了，那么你可以在大腿上放一个平坦的（楔形）枕头来加长大腿的长度。你现在可以快一点左右晃动了，而且还可以加上前后晃动的动作。注意观察宝宝的表情，他更喜欢轻柔一点的动作，还是幅度大一点的动作。因为“恐惧乐趣”还会出现。

亲亲这儿，挠挠那儿

在给宝宝换尿布、穿衣服、脱衣服，以及和宝宝一起玩，特别是当宝宝裸着的时候，很适合做亲吻和挠痒的游戏。往宝宝的肚子上吹气，用你的头发给宝宝挠痒（如果头发的长度允许的话），用发出响亮声音的吻亲宝宝。紧张（挠痒）之后放松（休息），但是应该再立刻继续进行。因为宝宝在这个年龄特别喜欢笑——5 个月的宝宝尤其如此——所以这个对大人和孩子都很有趣的游戏就特别适合。

但是要注意不能一直对宝宝挠痒，否则就刺痛他了。另外，还要观察宝宝的表情，如果宝宝不喜欢，就要中断游戏，认真对待宝宝的感觉是最高的宗旨。

俯卧

许多宝宝 4 个月的时候都开始在俯卧时努力抬高自己的头，且用下臂支撑自己的身体了。因此也应该经常让你的宝宝俯卧。这能够加强他的颈部、背部和手臂肌肉，为日后的爬行做准备。

“你好”

趴在你的宝宝面前，和他说话，并夸张地做鬼脸。比如夸张地张开嘴，说“你——好——”。当宝宝再大一点时，可以给他展示一些有趣的东西，比如一个红色的刺猬球，一会儿向左，一会儿向右。宝宝用上半身转向相应的方向，这并不简单，因为他要在这个过程中保持自己的平衡。

如果你把球放在宝宝的旁边，他就会用手去够。在这个阶段，他只能用一

在这个视角下，宝宝能够全神贯注地观察物体。

只手臂支撑——开始时可能还会出现左右摇晃的现象。但是经过练习，宝宝会做得越来越好。

在山上

让宝宝趴在结实的枕头上或者叠起来的被子上（5~10 厘米高），腿和躯干在上面，肩膀和手臂空出来。如果你现在在宝宝面前放一个东西，他就能在这个"制高点"上玩这个玩具——甚至能用两只手。

伸展的双腿也能够形成一座"山"：把宝宝横着放在你的大腿上或小腿上，用手把住他的臀部——这样他就能玩玩具了。

变化：把东西置于空中他能够到的范围内，很快他就能够用一只手支撑身体，好奇地伸出另一只手去够东西。这对爬行也是一个很好的准备。

运动游戏

除了前 3 个月玩的运动游戏之外，下面的额外游戏也可以加强宝宝的灵活性。这些游戏会给所有人都带来很大的乐趣——妈妈、爸爸和宝宝。

带飞行员的飞机

将腿弯曲坐在地上，让宝宝趴在你的小腿上，以便宝宝能够看向你。抓紧他的躯体或腋窝下，向后看，再回过来。你的"飞行员"必须在这个过程中保持身体平衡，并学习对自己身体姿势的改变做出反应。自第 6 个月起，宝宝就能够在"陆地飞行"中用双手支撑自己了。这也是日后爬行的前提（支撑反应）。

大多数的宝宝在 2 岁之前都会喜欢这个游戏——前提是你能够成功地帮助变得越来越重的"飞行员"起飞。

在水球上

头 3 个月的水球游戏（见第 145 页），你可以一如既往地和宝宝一起玩，因为大多数的宝宝还是喜欢趴在水球上玩的。他现在双脚蹬地的力气更大，动作更快了，能够把水球推走了。但是要注意他的速度。

因为宝宝长大了，所以现在需要一个更大的球（直径约为 40 厘米）。你还可以将这个游戏升级，在水球前面的地板上放一个有趣的玩具，然后宝宝就会用脚蹬地去够玩具。

对着水球锻炼

在水球上拴一根绳，当宝宝仰卧时，悬于宝宝的身体之上。宝宝会迅速尝试用手——之后也会用脚去够球，并触碰它。除了水球，你还可以用填充了豆子的大口袋，同样也要拴一根绳。这样的口袋会发出窸窣声，这使得游戏的紧张感加倍。

抬高手指

这个游戏对你来说可能已经不陌生了，因为儿科医生在预防性检查时做过相似的“练习”：让宝宝仰卧，向他伸出你的两根手指。当宝宝抓牢你的手指时，你轻轻地把他往上拉。

现在你就需要认真观察了：如果宝宝把手臂伸长，你把他拉起来。那么这

在妈妈的手上“做体操”的过程中，宝宝知道了他能够凭借自己的力量做些什么。

肯定不是这个游戏的真正意义，因为宝宝应该能够通过自己的力量把自己拉起来。相反，如果宝宝蜷曲四肢，并触碰你，想要通过自己的力量把自己拉高，那么这就会加强他的自我价值感：“我自己可以，我能做到。”你应该让宝宝自己用力变成坐姿，然后再温柔地扶着他的背把他放回去。

在空中蹬腿

还记得“高举在空中”（见第 145 页）这个游戏吗？现在你可以这样做：将宝宝完全水平地向左向右倾斜。从中观察宝宝，如果宝宝刚被举起来就开始蹬腿，那么就到了引人注目的“蹬腿游戏”的时候了：和宝宝一起舒服地坐在地上或沙发上，抓住他的上半身。当他的脚轻触到你的大腿时，就会很快开始以自己的节奏交替着蹬腿。重要的是，宝宝不应该自己站立，他还太小。因此你一定要稳稳地抓住他（拇指在胸前，其他展开的手指在背后），让他的脚轻轻地接触地面即可。

在妈妈或爸爸的大腿上蹬腿是宝宝在地面上蹬腿的升级版，比地面上的效果好，因为在地面上宝宝的支撑力少，只能用脚趾触碰到地面。这个姿势会伤害到宝宝的背部，并容易造成脚部畸形。而且这个游戏不能单独结束：即使宝宝累了，他还是会继续弹跳。所以在妈妈或爸爸的腿上玩这个游戏比在地面上玩更好。

语言游戏

有韵律的诗歌能促进宝宝的语言能力发展。如果宝宝一直听你或祖父母唱同一首歌，那么他就能学会对细微的声音做出区别。不一定是儿歌，你也可以简单地唱一首你自己最爱的歌曲，你所感受到的欢乐会传递给宝宝。

婴儿谈话

宝宝 6 个月的时候开始练习发声，这时你可以模仿宝宝，和他说话。不久以后他就能回答你了，你来我往就形成了对话。你可以用微笑或温柔地抚摸作为对他努力的奖励。

宝宝 5~6 个月的时候就可以和他玩聊天的游戏了，在较远的距离和孩子“聊天”，这听上去与近距离的聊天完全不同——非常有趣。

先你，后我

在这个年纪还有一个有趣的游戏：宝宝一旦能够发出几个音节，你就把他举起来。对着他笑，然后再放下。这时，如果宝宝又发音了，你就再把他举起来，并用微笑奖励他。然后继续这个游戏——一会儿上，一会儿下。

如果不举高，你也可以在他的耳朵处挠痒，温柔地往脸上吹气或者冲着他的肚子大声地发出“呼哧呼哧”的声音，只为了他喜欢。但是最好只选择一种方式，否则宝宝会感到迷惑。

紧张的身体诗歌

现在你可以增强游戏的紧张感：在一首歌或一首诗结束的时候，对他挠一下痒，亲吻他一下，或对着他的肚子或脸颊发出“呼哧呼哧”的声音。如果你不断地重复，那么宝宝就会有意识地等待高潮的到来。

这里是 3 首经典诗歌：

小蜗牛

一只蜗牛，一只蜗牛，
往上爬，往上爬，
又往下爬，
又往下爬，
挠挠肚子挠痒痒，
挠挠肚子挠痒痒。

（用《两只老虎》的曲调来唱，你可以按照蜗牛的行走路线用手指在宝宝的身上演示一遍。）

老鼠来了

老鼠来了，
老鼠来了。
（从脚开始用手指一直往上爬。）
米阿在家吗？
（轻轻地拉一下耳垂。）
不，不，不。
（摇头。）
老鼠走了，
老鼠走了！
（用手指快速地向后跑。）

讨厌的，讨厌的，小猫咪

讨厌的，讨厌的，小猫咪，
你的小爪子真软啊！
你的小鼻子真小啊！
你的笑话真有趣！

（先抚摸你的宝宝，最后拥抱并亲吻他。）

手部游戏

宝宝4~6个月时，精细化运动技能的发展发生了许多变化。宝宝4个月时还在玩自己的双手，而6个月时就能将一个物体从一只手传递到另一只手，并能够抓住对角线了。在宝宝的发展过程中，你可以给予相应的帮助和鼓励。

不同的材料

将不同的日常生活用品提供给宝宝：刷子、海绵、长勺和短勺、圆的和方的东西（比如一个大木球和一个方形的积木）、表面平滑和表面粗糙的东西（比如一个小球和一个带刺的刺猬球）、热的和凉的东西（装满热水和冷水的热水袋）、大的和小的东西。让你的宝宝尽情地和这些玩具玩，第二天也一样，给他同样的东西玩，逐渐你就知道重复的作用有多重要。几天之后你再提供给宝宝别的东西，让他积累新的经验。

想象一下，如果一个“玩具”在地上躺了一周又一周，那么它随着时间的推移就会变得无趣，所以在你给宝宝提供玩具的时候也一样。几个月后要再把这些东西拿给他看，因为宝宝7个月时与4个月时发现的物体的特点是不同的。

一会儿这儿，一会儿那儿

此外，宝宝在仰卧或俯卧时对玩具和其他物体的抓握也不同。所以你可以不断从不同的位置给宝宝提供物品，宝宝俯卧时把玩具放在宝宝前面的地板上或者宝宝仰卧时把玩具拿至宝宝的胸前。而且还可以这次从左面，下次从右面递玩具。这样宝宝就积累了完全不同的经验，并慢慢地扩大了行动范围。

实验对象

用鞋带绑一个粗的木头珠子和一个抓环。如果宝宝仰卧，那么就把这个带子悬于宝宝的上方，让宝宝抓住上面的两个东西，并研究它们。下一次

小建议

简易摇鼓

除去小酸奶盒（大约10厘米高）包装纸和残留的胶水，把小盒子清空、洗净，晾干。

现在张开盒口，将一只小勺塞进去。松手之后，小勺就留在了那里——这样一个简易摇鼓就做好了。用它可以做很多事情：用手摇、用嘴吸、用手拉……你会看到，你的宝宝有多高兴。

可能宝宝在俯卧，那么就把鞋带放在宝宝前方的地板上，这一次宝宝的兴趣仍不减。

适合 7~9 个月宝宝玩的游戏

逐渐增强灵活性和独立性是这个发展阶段的特点。宝宝会学会翻身，很快又会学会匍匐前进，以及爬行。他的小手越来越能够分开来抓东西，他说的话也越来越能让人理解了——甚至有时能够听到他说“这”。

在选择游戏的时候要考虑宝宝的发展现状，宝宝 6 个月前的游戏主要还是以开心为主。

为爬行做准备

让宝宝穿着舒适地躺在地上。你自己也躺下来，这样他就能像爬过一座小山一样爬过你。

旋转

以自己为轴旋转是学会爬行的重要前提。你可以从中给予支持，如果宝宝俯卧，那么就在他的身旁放一个玩具。宝宝就会尝试着去够这个拨浪鼓、小汽车或者毛绒兔子。

如果宝宝总是朝一个方向转，那么你就在他的另一边放一些有趣的东西，吸引他往另一个方向转。

抬胳膊

如果宝宝俯卧，那么就交替着从左边和右边给他提供物品。这时宝宝一定会抬起他的小胳膊去够这个东西。开始时做的可能还不好，但是很快宝宝就能靠手臂保持平衡了。这样宝宝就在游戏过程中锻炼了自己的平衡感，这对以后学习爬行很重要。

抓高

用一个结实的枕头或者一个平坦的纸箱做一个“小桌子”，把一些有意思的东西放在上面。然后让宝宝趴在“桌子”前面（如果宝宝匍匐着前进，那么就把桌子放得远一些）。不久之后，宝宝就会伸出胳膊去够桌子上的玩具……

如果孩子能够在短时间内，并处于您的监管之下独立做这个动作，那么这个游戏就更加理想了。比如你在做饭的同时，宝宝在一旁兴奋地玩着，同时锻炼了他的恒心。如果你能坐在“小桌子”的另一边，并鼓励他研究桌上小物件，那么宝宝会更高兴。

水球的支撑

宝宝还是会喜欢水球游戏（见第 145 页）。但是这回不把玩具放在水球前面的地上了，而是让宝宝用双手在前面支撑地面，同时你要在旁边确保宝宝不会从球上滚下来。

特殊飞行

在这个阶段，宝宝还可以玩“带飞行员的飞机”游戏（见第 148 页），只是与 6 个月前相比没有那么激烈了。你可以蜷腿坐在地板上，让宝宝趴在你的小腿上，然后抓住他的身体。现在抬起你的一条腿，这样我们的小飞行员的身体有一半就腾空了，他就必须用其他身体部位来保持自己的平衡。宝宝玩这个游戏时很开心，而对于你来说，这也是一个锻炼腹部肌肉的好方法。

在结束游戏时让你的宝宝慢慢地滑到你的肚子上，现在又到了依偎、爱抚和亲吻的时间了，几分钟之后再进行下一轮。

手部游戏

给宝宝提供不同的物品和材料，然后观察他如何更有技巧地把玩它们。

我怎么抓？

递给宝宝一个长的物体（比如烹调用勺），有时横着递，有时竖着递。宝宝则事先已自动适应了自己的手部运动（专家称这种效应为“手部的预适应”）。

允许扔掉

即使宝宝总是把东西从高椅子上弄掉或扔到窗外去，你也不要发火。因为宝宝在这个过程中不仅积累了重要的物理和方位的经验，而且还有意识地练习了放手。

两个一起

同时给宝宝提供两个相同的物体（比如两块积木）：要一起抓住两个，保证其中一个不跌落，这个根本不简单。但是宝宝很快就会很高兴、很骄傲地每只手拿着一块积木——因为俗话说，熟能生巧。或许过不了多久宝宝就可以让两块积木相互碰撞了，这会给他带来无尽的乐趣。

研究深度

你的小小发现家怎么对待一个塑料杯或者一个易拉罐？他可能会先仔仔细细地观察一番，把小手伸进塑料杯中，这样就产生了对深度的理解（见第 37 页）。“里面”以后将成为宝宝能够理解和说出的第一个比例词，那么它的起源就在于此。

“哪一个杯子适合放在蓝色的杯里？”宝宝在玩的过程中有了空间的概念。

语言游戏

你的宝宝越来越能有意识地把自己的嘴当作玩具和乐器了：他一会儿发出大声，一会儿发出小声，一会儿又用手拍打自己的小嘴，之后还会拍打爸爸或妈妈的嘴，发出不同的声音。他兴奋地不断练习着，很快就会发出第一个音节（比如“那儿”）。

模仿

全世界的宝宝大概在 5 个月的时候就会开始学习发声（见第 70 页）。父母越来越能够清晰地从中听出母语的语调。你重复着宝宝发出的双音节词，如“妈妈”或“爸爸”——喜悦溢于言表。

示范发声

这个年纪的宝宝很喜欢模仿声音，因此你可以给宝宝做示范。在发出完美的“汪汪”之前还需要一段时间，但是某一刻你会从宝宝的嘴里听到“哇哇”的声音。这个游戏非常有趣。

大声和小声

没有人说话的声音能一直不变，你可以有时对他小声说话，有时大声说话。你可以先着重强调这些音节，然后再正常地说一遍，这可以促进宝宝的语言调整能力和听觉能力。

信息

空气中的音乐

不断在宝宝面前唱不同的音乐片段，但绝不要播放收音机和唱片机。

你在听我说吗？

你可以在另一个屋子和宝宝说话，你在远处说和你坐在他身边说完全不同。从不同的距离听你的声音对于宝宝来说非常有趣，与此同时他也获得了方位感。

唱，唱，唱

如果你在他面前唱歌，他会非常喜欢。因此，即使你觉得自己唱得不好，也要唱歌给宝宝听。一方面这种情况不多，另一方面音乐教育家强调，声音不是最重要的，重要的是唱歌时的喜悦情绪。

诗歌和绕口令

这个年纪的宝宝总会被手指游戏吸引，而且还会模仿着做。哪个手指是相同的？语言和身体接触的结合带来的双重刺激，极大地促进了宝宝的发育。此外，紧张和放松结合的游戏，如“捉迷藏”，也让宝宝很高兴。

这个年纪的宝宝一直都需要大量的歌曲和诗歌，他一定不会感到无聊。但是，如果你想要换换花样，那么你或许能在下一页发现一些新的刺激。

诗歌和绕口令

这是拇指，
它摇晃李子树，
它把李子收集起来，
它把李子抬回家，
宝宝把它全吃了。
（在读每一行诗时拿起宝宝的一根手指，轻轻地抬起，温柔地摇晃。从拇指开始，以小拇指结束。）

这是爸爸。
这是妈妈。
这是爷爷。
这是奶奶。
这个小孩儿是你！
（在读每一行诗时轻叩宝宝的脚趾，从大脚趾到小脚趾。）

小赫普和小皮普
坐在山上。
小赫普是一个小家神
小皮普是一个小矮人。
他们喜欢坐在上面
戴着尖顶帽晃来晃去。
（攥成拳头，拇指伸出向上，就像戴着尖顶帽一样来回摇晃。）

但是75周以后
他们爬到山里了
（拇指消失在拳头里。）
在那里安静地睡去了。
（把手双手合十放在头边，就好像他们睡着了。）

保持安静，认真听！
（现在开始打鼾。）
然后他们醒了
开始大声笑！
（大声笑）

烤，烤，烤蛋糕，
小熊在烤。
谁想烤出好吃的蛋糕，
就必须有这些东西：
鸡蛋和奶油，
黄油和盐，
糖和面粉，
调味品让蛋糕尝起来更好吃。
放，放，放进炉子里。
（每一个重读的音节都拍一下手。）

拇指这样骑马，
拇指这样骑马，
先生这样骑马，
先生这样骑马，
农民这样骑马，
农民这样骑马。
（宝宝坐在你的膝盖上，摇晃得越来越快。）

跳，跳，骑士。
如果跌落，他就会喊。
如果他跌进沟里，
乌鸦就会吃他。
如果他跌进沼泽，
就会发出扑通一声。
（宝宝在你的膝盖上跳跃，最后扑通一声落在你的双腿间。）

快，快，快，
小马跑得快。
越过树墩，越过石头，
没有摔断腿。
快，快，快，
小马跑得快。
（宝宝坐在你的膝盖上，你匀速地上下摇晃双腿。）

适合 10~12 个月宝宝玩的游戏

在这个阶段，运动逐渐成了发展的重点，因此宝宝需要足够的机会锻炼爬行能力。现在还需要更进一步：宝宝想要自己起身坐直。

爬行游戏

一旦宝宝学会了爬行就会想要越过障碍。为他建一个障碍跑道，比如用：

○ 一个小的（空气）垫，几个枕头或者一个箱子以供宝宝爬上去。

○ 一把宝宝能从下面爬过去的椅子，之后你还可以用两把椅子和一张毯子建一条隧道。

○ 一个大纸箱，宝宝可以爬进去，坐在里面，再爬出来。

○ 一个小斜道（比如一个叠在一起的烫衣板），这样宝宝能够爬到“令人头晕目眩的”高度。

宝宝最喜欢的爬行场地就是父母的身体。因为在爸爸妈妈的身上宝宝不仅可以到处做各种动作，还可能被挠痒、做鬼脸、亲热……

可以适当地让宝宝在户外爬，比如夏天在草地上、沙滩上或者浅浅的水域里，秋天可以在厚厚的树叶层上……

宝宝能够从中获得许多信息并积累有趣的经验。

起身，爬

宝宝四肢着地行走得越安全，就会越想往上爬。他会利用每一个机会起身，坐直。因为宝宝有继续发展的内驱力，他们想要进入下一个发展阶段，时间相当紧凑。

摇晃，但是我能行

你坐在地上，以便宝宝能够支撑着你向上。膝盖、肩膀、头——这里有许多可能性。在保证安全的情况下，你可以轻轻摇动，多有趣！

只有一步

玩这个游戏你需要一个结实的家用梯子，让宝宝在你的监管下爬一个台阶，他也可以自己从那里回来。不要帮助他，他很快会想到用自己的力量继续往上爬。玩完游戏记得把梯子放回安全的地方。

爬行很有趣，特别是在具有弹性的柔软的垫子上时。

百变箩筐

把放衣物的箩筐倒过来，就变成了宝宝爬高的好道具。如果你在箩筐的上面再堆一个用积木搭成的塔的话，宝宝接下来就能摧毁它。最后把箩筐翻过来，爬进去。

沙发前的阶梯

沙发对于宝宝来说还太高，他自己还爬不上去。所以，你可以给宝宝修几个“台阶”，让他能够自己爬上去。比如纸箱（用旧报纸填充）或者一个倒扣的、结实的放衣服的箩筐就很适合当台阶。

再一次向下

当宝宝已经几乎无法再向上或者不想待在沙发上的时候，就会开始想下一个问题：“我怎么下去呢？”有些宝宝甚至会感到恐惧，因为他们已经知道他们的力量不够支撑自己太长时间。这时，你可以拿一个玩具放在他膝盖的高度上，宝宝就会试图用手去够，或许还会用膝盖走路。他突然意识到：“啊，我就这样下来了。”如果玩具放在地面上，就有点困难了。

停！转身！

宝宝能够爬上床或沙发，但是遗憾的是他也可能会从床或沙发上掉下来。因为宝宝不可能时时刻刻都在你的视线范围内，所以要尽早教会宝宝如何爬下来。温柔地教他，当他到达边缘时必须先转身再向下。每次他到了床或沙发的边缘时，你都要说同一个句子：“停！转身！”刚开始时可以给予他一些帮助。这样宝宝很快就能学会双脚落地前必须先转身。当宝宝记住了这句话，爸爸妈妈就会发现，在安全技术的保障下，宝宝渐渐地能自己完成爬下去的动作了。

走路带来乐趣

宝宝一旦能迈出第一步，就会只想走，而且会不断地训练这个技能。只有在他想快速到达目的地或者累了的时候才会爬。

赤脚

多让你的宝宝赤脚走路，只有在天气冷和有水的时候再穿上鞋。如果天气足够

信息

走路辅助器材

小心！“走路辅助器材”具有迷惑性。因为这样的仪器只能使走路复杂化，而无法简化或促进走路，它甚至会造成宝宝发育迟缓。宝宝在这些辅助器材下无法学会保持身体平衡。在所谓的走路辅助器材上，宝宝是用脚尖走路的，这加重了宝宝的脚和脚趾的负担。走路辅助器材被证明是危险的根源，因为宝宝会对此形成严重的依赖性。

暖和，就让宝宝在户外赤脚走路，感受不同的地面——草地、大理石、沙子……

我可以

能够拿到大物件会给宝宝带来很大的乐趣，所以你可以经常让宝宝给你拿东西，比如沙箱里的桶、厨房里的筐，或者走廊里的鞋。

搬，搬，搬……

移动点什么？如果没有玩具车，那么就让宝宝在房间里来回移动一个大纸箱、一把椅子（可事先在椅子下面装上滑轮），或者一个放衣服的箩筐。如果再邀请一只泰迪熊或一个娃娃同行，那么就会更有趣了。

障碍赛

几周前用来锻炼爬行的障碍道现在可以用来练习走路了——纯娱乐。宝宝可以越过卷起来的毯子，可以屈身穿过斜靠在墙上的扫帚，可以爬上吸尘器……如果宝宝要求，就给他一些帮助。这不仅适用于一些危险情况，如街道上的繁忙交通，也适用于日常生活中。

手部游戏

宝宝继续发展手指能力，还开始喜欢研究极小的物品。所以你一定要特别注意，不要把小件物品到处放，宝宝容易误食或误吞下去。

杯子套杯子

宝宝喜欢从一个杯子中抽出另一个杯子。对此你根本不需要准备特殊的玩具杯。清洗干净的酸奶杯或塑料水杯就很适合这个游戏。

刚开始的时候，宝宝还无法自己重新把杯子套在一起，需要你代劳，但很快宝宝就不需要你帮忙了。

来来回回

用针或螺丝刀在一个厚纸筒（如厨房用纸筒）相对应的位置上开两个洞。将一根绳顺着这两个洞穿过去，在两端分别固定一个木制积木块，一个空的纱线筒管或者一个卷发筒。现在宝宝就可以来回拉着玩了，非常有趣。

可拉、可转、可插，一个玩具多种玩法。

放进去，拿出来

一个空的咖啡罐和几个衣夹就够宝宝玩很久了。先把所有的夹子倒出来，然后再放进去……就这样不断反复。之后可以在咖啡罐盖子上开一个洞，洞口的大小要刚好够衣夹出入即可——这就需要精确性了。如果你家放衣服的箩筐带有塑料的网格，可以让宝宝把衣夹顺着网格塞到箩筐中。当所有的衣夹都在框里的时候，宝宝又会把它们都捞出来——再重新开始。

鼓手

对于父母的耳朵来说这是一场灾难：宝宝热爱打鼓，无论是用勺子敲锅，用两个树枝相互拍打，还是用两块石头相互敲打，都是音乐。你要忍耐，不要发火。

舌头

因为宝宝现在已经能够做到准确抓握了，所以他对小碎屑仍然很感兴趣。你可以给他不同的东西以供抓握，比如团成小块的黄油面包纸、几根羊毛线、棉花丝、切成小块的秸秆、几小段粗的打包绳、骰子或者小石头。但是在宝宝玩的过程中最好保持随时监管，以防宝宝误食这些小东西。

倒空

大约 1 岁末的时候，宝宝发现倒空的游戏。在宝宝洗澡的时候给他两个塑料杯，宝宝就会用它倒水玩。当宝宝大一点的时候，还可以在洗手盆旁玩：脱掉毛衣，爬上凳子，开始玩水。

促进语言能力发展

宝宝还是喜欢你模仿他发出的声音的，或者大声或小声和他“说话”——有时宝宝会很大声。他还喜欢：

○ 你在他面前表演动物的叫声——汪汪、叽叽喳喳、喵、哞、呱呱、咩……

○ 除了诗歌和绕口令外，宝宝对图画书也会越来越感兴趣。亲子阅读很有趣，而且可以扩展词汇量（先是被动，之后可改为主动）。

○“是否”游戏也很受欢迎：比如指着图画书上的一幅画问：“这是一辆小轿车吗？不，这是一只狗——汪汪。”

○ 宝宝越来越能够理解你对他说的话，而且已经能够完成小小的任务（“请把泰迪熊给我”或者“把这个给爸爸”）。

○ 说出他身体部位的名称，然后问：“你的鼻子在哪儿啊？嘴在哪儿啊？肚子在哪儿啊？”

○ 为了加强语言能力训练，你可以在每次给宝宝换尿布的时候上演这样的场景：“你的肚脐在哪儿啊？给我看看你的大脚趾，你可以把它放进嘴里吗？请把尿布递给我……”

1岁的里程碑

第一次微笑

宝宝“献出”第一抹微笑的那一刻，对于父母来说，一定是个难忘的、触动心弦的时刻。据经验，这一刻大概发生在宝宝出生后2个月。凭借这种“接触微笑”，宝宝和你完成了交流。

发音

宝宝不仅会喊，而且还会发出其他的、小的声音。几周大的新生儿就已经能够发出像“哎”“啊”或“咦”的声音了。宝宝每天锻炼自己的发音，扩充自己的“词汇”。大概2个月时，宝宝就能够“回应”你温柔的话语了——带着灿烂的笑容和愉快的眼神。太棒了!

抬头

在宝宝出生后的头几天和头几周内，在俯卧时抬头对宝宝来说是一个相当需要力量的动作。于是宝宝每一天都在锻炼他全部的肌肉。大概3个月的时候情况是这样的：在这个阶段，许多宝宝都能够在俯卧时用双臂支撑自己；接下来能够较长时间地抬高头部，从其他的视角观察这个世界。

这到底是什么?

距宝宝学会用眼睛注视物体，然后伸出手臂去够，还需要持续一些时间。许多宝宝在4个月的时候能够做到：当你拿给宝宝一个有趣的玩具时，他会用整只手去抓。

一会儿这，一会儿那
翻身，这并不难

“哎呀，我还在仰卧呢。现在我可以俯卧了？！”一些宝宝更敏捷一些，另一些宝宝更慵懒一些，但是他们有一个共同点：都在一天一天地变灵活，直到自己能够翻身。在大多数情况下，这发生在第6个月前后。

认生

慢慢地，但不是一直，宝宝会变得越来越灵活，并一步一步地从妈妈这里往前走。另外还具备了分辨熟人和陌生人的能力。在大概第7个月的时候，宝宝开始认生：当有不经常出现在他身边的人跟他说话时，他会把头转向一边，开始哭闹，找爸爸或妈妈。这是一个重要的里程碑，因为这个反应表明宝宝和爸爸妈妈之间建立了一个深厚的信任感。你的宝宝在拼命地要待在离他信任的人尽可能近的地方。

小鹦鹉

大概在8个月的时候，许多宝宝都掌握了一个丰富的音素和音节链库，宝宝喜欢把它们连在一起，并根据发声位置或欢快喜悦或闷闷不乐地发出来。宝宝在轻声低语时特别的吸引人：他忽闪着双眼，低声悄悄地自言自语。如果父母鼓励他们，和他们展开“谈话”，那么又完成了语言发展上的一个新的里程碑。许多8个月的宝宝还能够重复低声的、清晰的音节。真是天才！

匍匐前进

宝宝已经能够很好地、积极地从仰卧翻身到俯卧——或者相反。那么现在可以在灵活性上再上一个台阶，许多宝宝在8个月前后就能够匍匐前进了。从现在起，口号是：趴下，抬头，出发！一只胳膊向前，膝盖朝臀部反方向拉伸，然后另一只胳膊向前，另一个膝盖紧跟。诺，成功了。

爬行

大多数情况下，如果爬行进行得顺利，接下来几周之后，许多宝宝就能学会爬行了。基本上在10个月前后即可做到。宝宝在爬行的时候会把屁股抬起到一定高度，只用膝盖和手掌支撑地面。四肢爬行正式开启了宝宝新的发现之旅。

宝宝坐起来了

只有当宝宝拥有足够的肌肉力量时，才能够自己坐起来，且坐得笔直。据经验，宝宝大概9个月的时候能够达到这种状态。许多宝宝从仰卧转身到侧卧，然后再通过侧卧坐起来。你会欣喜地看到：为了在爬行中歇一会儿，宝宝会把屁股落到小腿上——坐下来。这是一个多棒的姿势！

第一次双腿站立

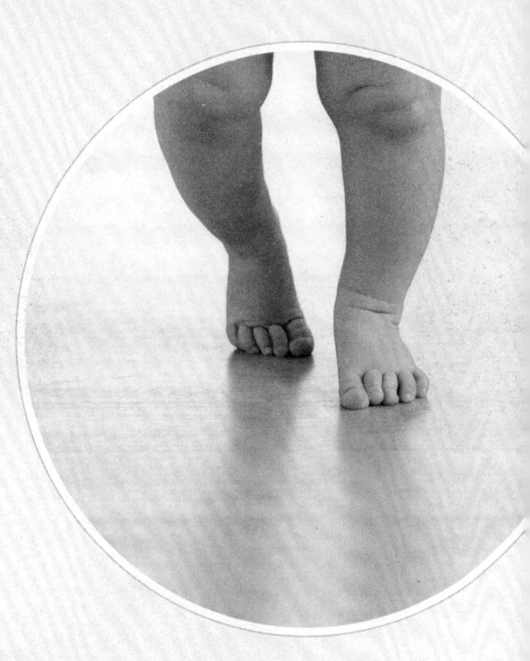

宝宝在不断进步：许多宝宝在大概 11 个月的时候就能够四肢着地或者像熊宝宝一样走路了，即只用手掌和脚趾触地。宝宝最喜欢朝桌腿、椅子，或者有扶手的方向移动，因为可以用手抓牢它们。他有明确的目标：起身，双腿站立。

人生第一步

站立给宝宝带来了巨大的乐趣，一旦宝宝能够安全地站立，他就能迈出第一小步。宝宝的肌肉越有力，自身动力越大，安全性越高，宝宝就能够越早走路——当然要在父母从旁保护下。宝宝大约在 12 个月的时候能够做到这一点，60% 的宝宝能够在 1 岁生日前后独立行走。走吧，好运！

“妈妈”

宝宝得到越多的语言刺激，就会越爱发出语言的声音。因为 6 个月以后能够发出的音节链越来越多，宝宝也越来越爱重复别人在他面前说过的话，这时离他叫出第一声“妈妈”或“爸爸”就不远了。大多数情况下在 1 岁生日前后就能够发出这些词语的声音了。因为妈妈对于这个词语的反应是非常高兴的，而且会把这种喜悦传递给宝宝，所以宝宝就会不断地重复这个词语……多美妙！

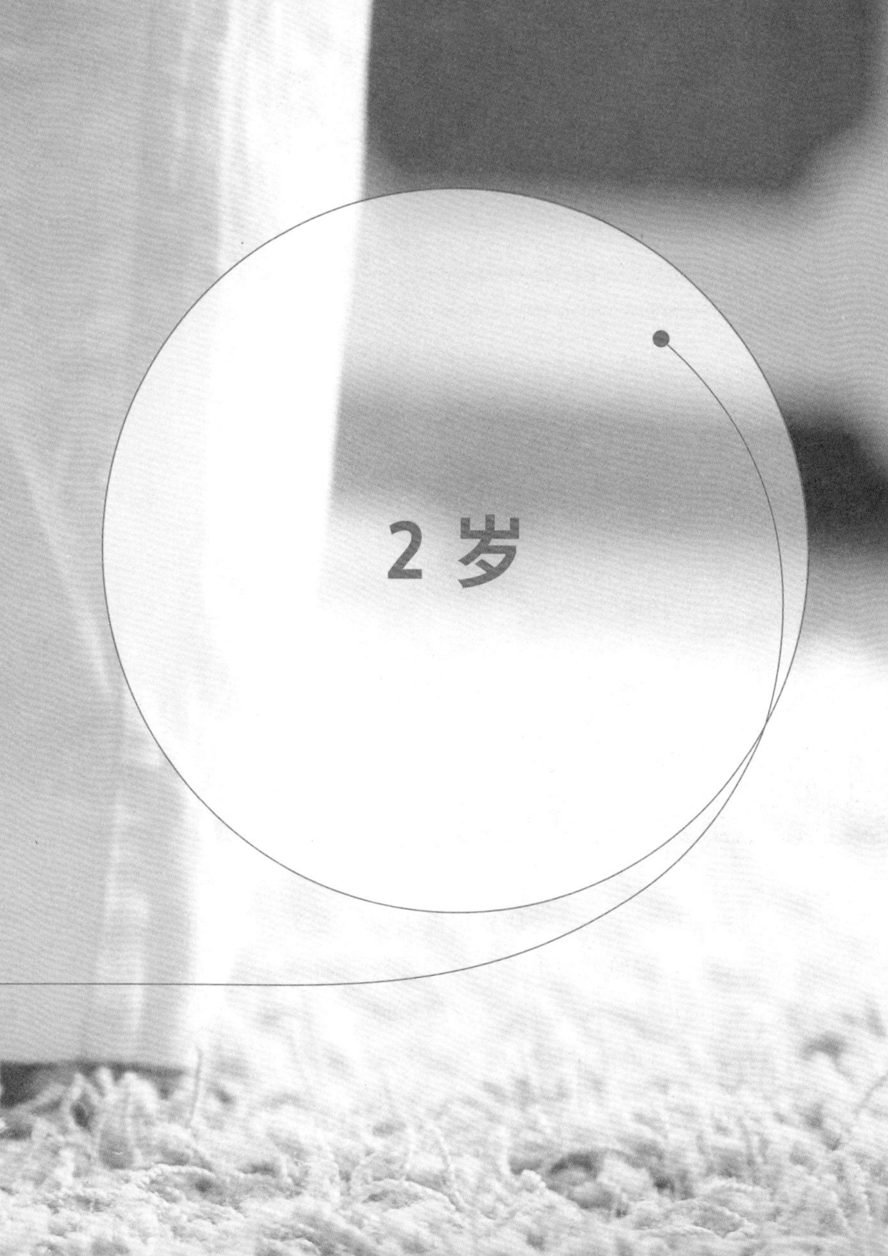

2 岁

行为发展

时光飞逝，宝宝已经从婴儿长成幼儿了。他已经踉跄着迈出了第一步，兴奋地试图说出第一批词语。大家越来越能够理解宝宝说的话了，因为宝宝现在已经能够非常准确地指出他想要什么了——比如他会指着他想要的东西，同时拉你的毛衣。宝宝用这种方式将你的注意力拉到他想要的东西上，而人们根本无法抗拒这样的魅力……

宝宝现在已经能够清楚地表达普遍的基本情绪了：所有人都能看出来他是高兴、生气、害怕，还是伤心。比如当他疼了的时候，他会积极地寻求支持和安慰，他知道哪里是他安全的港湾（见第7页）。毕竟他对你的信任已经在过去的12个月里慢慢地形成并加深了。

有一点是明确的：宝宝6个月后和6个月前一样让人紧张。虽然你的耐心有时需要接受严苛的考验，但毕竟第一年是宝宝重要的自我发展阶段——或许此刻已经到了反抗期。在接下来的几个月，只要你的小小研究员在路上，作为保护神的你就一定要加班加点地陪伴左右。尽管如此，还是要给宝宝空间，因为现在对于被陪伴者来说，目标是到达新的彼岸。

社会—情感发展

在社会—情感发展上，宝宝将会发生巨大的飞跃。比如，在你没有要求他必须做的情况下，他会在离别时越来越有意识地挥手、挥手。很快，他会伸出手来和别人打招呼或告别——就像你做的一样。

尽管如此，有些大约1岁半的宝宝在遇到陌生人时，还是会陷入过去出现过的恐惧情绪中：他们认生了。这种“认生感”大多数会在几天或几周内结束。

在接下来的几个月内，宝宝会建立越来越多的社会联系，并开阔自己的视野。或许是与保姆，在托儿所或者在祖父母家度过的几个下午。宝宝间的接触不断增多，许多2岁的宝宝已经建立了真正的友谊。虽然这个年纪的宝宝更多的还是相互陪伴着玩耍，但是他们已经开始有意识地寻找与同类人之间的接触了。在托儿所人们可以观察到，宝宝总是和这些孩子交谈。

家庭中的发展

其实在1岁的后几个月里，宝宝就开始模仿别人了。他用这种方式学习和内化社会行为模式。而此时的发展速度变得更快了。宝宝几乎是不间断地观察你、模仿你，特别是喜欢模仿居家行为：你把垃圾倒进垃圾桶里，拿走盘子，或者收拾玩具。所有这些行为在他们看来都不是工作，而是乐趣。所以，有时宝宝看上去就像是你的影子，这并不足为奇：14个月的儿子拄着胳膊肘坐在儿童桌前，把头埋在手里，若有所思地盯着空白处。他的宝宝每晚就是这样坐在书桌旁的——只是他至今没有意识到这一点。

你的宝宝越来越独立：在1岁生日前后，如果他不喜欢，会自己把戴在头上的帽子拽下来，并且用手抓着吃面包或面条。这时他越来越喜欢自己吃饭

小建议

自己吃饭

宝宝现在想要什么都自己做——在他们的眼中，他们已经长大了。吃饭的时候就会常常爆发著名的抗拒事件。所以，即使之后桌子和地板会像战场一样，你也要尽可能让宝宝自己吃。在儿童桌椅下面放一条大手巾是一个不错的方法，可以使清洁变得更容易。

许多父母直到宝宝3岁了还在喂他吃饭，这在一定程度上阻碍了宝宝独立的脚步。只有你给予宝宝足够的时间和机会让他自己把软软的黄油涂到面包上，用勺子把土豆泥盛到盘子里或者盛一勺汤，你才能够很快拥有一个独立的2岁宝宝。

了，而且你现在别指望能像以前一样慢慢地喂他吃饭了，因为勺子里的东西只有一半能够真的到达他的嘴里。

大多数宝宝在 1 岁半的时候就会自己从玻璃杯或无柄的杯子里喝水了。直到快 3 岁的时候，宝宝就能够自己脱掉已经解开的衣服或带松紧带的裤子了，这些事都不需要你帮忙了。只是有些时候还需要一定的耐心：让你的宝宝自己尝试着去做，否则你就剥夺了他获得经验的机会。

强烈的感觉

大概 14~15 个月的时候，你的宝宝开始能够清楚和直接地表达生气、关怀和嫉妒了。他对表扬和批评的反应很敏感，并用表情和动作清晰地表达自己的情绪。他亲切地拥抱你，带着充满魔力的微笑望着你，把玩具作为爱的信物递给你。他会用哭闹来表达他的愤怒。比如在你把精力分散给其他孩子——可能是他的姐妹、兄弟或者客人家的小孩儿的时候，他会流露出嫉妒的神色。有些情况下，这种感觉会变成对其他孩子的暴力行为（掐、打）。宝宝想用这种方式把“敌人”赶走。

这个年纪的宝宝还会对娃娃、泰迪熊或者其他玩具动物表现自己的情绪：他们温柔地按压和抚摸玩具，甚至献吻。而且对家里的宠物，宝宝也是由衷地喜欢。

但是宝宝还是经常寻求父母的关注，比如建立眼神交流或者拽爸爸妈妈的衣服。如果人们跟他分享他的感受，他就会有安全感。

宝宝感同身受

在第 18 个月之前，宝宝就已经对父母和其他亲近的人感到同情了，而且有能力表达这种同情。比如你生病躺在床上，他会关心地望着你、拥抱你，甚至把他最爱的玩具拿给你作为安慰。在 2 岁末，大多数的宝宝会对其他人的感情表示出极大的兴趣。他对他周围的环境做了感情移入。科学家称这种行为叫作情感一致性：认识、理解，并处理别人的感觉（当然也包括自己）。

孩子间的社会联系

2 岁的宝宝总是与同龄人互相玩耍，而不是彼此相处，于是在很长一段时间里人们得出的结论是，宝宝与同龄人未建立社会联系——直到上幼儿园的年纪才会建立。自 20 世纪 80 年代开始，科学家们一直在研究同龄人在幼儿成长过程中所扮演的角色。最后科学家确定：父母无法代替宝宝与同龄人交往所获得的经验，而且父母也无法传递给宝宝所有的社会经验。比如宝宝不必与爸爸妈妈分享自己的东西，因此也绝不会发生争抢玩具的事情。

这些经验必须在与同龄人相处的过

程中积累。虽然父母在接下来的12个月里仍然是最重要的、能对孩子产生影响的人，但是宝宝同时还需要比现在更多的与其他孩子的接触。

宝宝同时能学习：

◎交流。

◎处理冲突。

◎共同做事情。

◎理解其他人的情景和感情世界（移情）。

◎宽容。

宝宝需要与其他宝宝接触

宝宝虽然需要自己玩，但是父母仍然是不可替代的玩伴，因为他们是宝宝的动力，会有意识地给予宝宝新的刺激。但是年轻的宝宝想要，也应该和其他的孩子在一起。他们大多数情况下会组成一个2岁宝宝小组。大一点年龄的组别就会超过他们的认知和社会能力。

宝宝间共同的生活场景和话题与大人们有明显的区别。宝宝之间还有另外一种文化——宝宝文化。他们的关系是势均力敌的，小朋友们都在这个波段上。比如，如果发生了争吵，双方的力量都是可比较的。相反，大人和孩子的关系是不对称的，因为大人拥有更多的知识和经验。此外，还有一些只有大人能做的事情，比如擤鼻涕和换尿布。在孩子的世界里，这样的任务是不可预见的。

相互理解的方法

科学家证明，2岁宝宝的能力惊人。虽然语言在交流上还起不到重要的作用，但是宝宝仍然能够找到表达自己和相互交流的方法：

◎比如坐到一个朋友旁边，做一个夸张的鬼脸。小朋友先是一惊，随即也向他回以鬼脸，两个人大声地笑了起来。表情、手势和身体姿势是社会联系的重要组成部分。相互间的模仿被称作幼儿友谊的“语言”。

◎宝宝能够在不说话的情况下开始简单的社会游戏。比如一个宝宝想要和另一个宝宝玩捉迷藏的游戏，他会短暂地跑开、停下、转身，用要求或询

在共同的游戏中，两个宝宝都有各自的想法。每个人都能从另一个人那里学到新的知识，并能够继续传递下去。

问的目光看着其他的宝宝。社会联系还能够通过做一些调皮的事情来建立。比如，如果一个小孩儿用勺子敲暖气片，并以要求的眼神看着另一个孩子，那么通常情况下不多会儿，另一个宝宝也会开始敲暖气片。

○ 玩具和其他物品在社会交往中扮演着很重要的角色。宝宝扔给其他宝宝一个球是希望对方再扔回给自己。相互间的给与取，宝宝已经在与你玩过的“请— 谢谢”的游戏中学习过了。现在，他把学过的东西传递给同龄人。

“财产纠纷”——我的和你的

宝宝现在还不知道什么属于他，什么不属于。宝宝还不能区分一个玩具是不是真的是他的财产或者只是在这一刻“属于”他，因为他正在玩。宝宝首先学会拥有（“这是我拥有的”），然后才学会分享。“我的”是一个经常能从宝宝嘴里听到的词，而且声音很大。宝宝会用所有他能用的“技能”保护他的财产。

财产纠纷占据了 2 岁宝宝间交往的一半时间。财产纠纷是一种社会性学习，是宝宝文化中重要的社会经验。通常为了让宝宝自己找到解决方案，父母不应该参与。而我的小小“好战者”一般也都能独自解决争端。但是，因为这种社会性行为不是与生俱来的，而是需要后天学习的，所以宝宝有时还需要把你作为典范或者仲裁人。如果游戏中出现了暴力，你就必须介入了，无论你的宝宝从中扮演着什么样的角色：认真对待“受害者”的感受，安慰他。另外，向“作案人”解释他的行为是不对的，他弄疼他的小伙伴了。

促进孩子与孩子间的交际

为了发展社会行为，宝宝需要有足够的机会与其他孩子建立联系。这(还)不是自动发生的。只有到了上幼儿园的年纪，宝宝才能够有意识地与别人商量事情（“我可以到你那边吗？”）。到那时，作为父母的你必须自问：我的宝宝与他人的宝宝有足够的交流吗？我们认识其他有宝宝的家庭吗？但是不要因为想到必须进行社会促进规划而感到有压力。你需要考虑的就是你的宝贝什么时候能与其他孩子建立联系。重要的是要定期见面，比如每周的亲子团，或者和邻居家宝贝玩。与朋友交替带宝宝能给宝宝提供建立友谊的机会。在托儿所或者日托班里，宝宝甚至每天都和同龄人发生联系。相反，游乐场的接触都是偶发事件，不是长期友谊。尽管如此，宝宝还是能学习如何在额外的社会系统中行动 ——游乐场有它自己的规则。特殊的促进方法，如音乐早教，对于交际的促进效果并不佳，因为这里强调的是促进，而不是社会联系。

抗拒阶段——愤怒怎么办？

宝宝坐在自己的小凳子上，翘首企盼着爸爸许诺给他的黄油面包。可是当爸爸终于把装着面包的盘子放在桌子上时，宝宝只看了一眼，盘子连同面包就飞到了地上，紧接着就是一顿大声的吼叫。发生了什么？面包来了，宝宝不是应该高兴吗？为什么会突然发怒——从这一刻到下一刻，毫无原因吗？

在自己家里，事情就这样爆发了，但是，如果是在公共场合父母就不太能够容忍了，因为在公共场合要承受来自四面八方的不解。经常会听到这样的言论："这个小顽固""你是个没教养的孩子""让他停止吧，我们实在听不下去了"，你一定感觉很不舒服，有时还需要面对外人不满的表情，好像在说："幸好这不是我的孩子。"

在18~30个月，所有的宝宝以及他的父母都会经历一个抗拒期。什么时候、多么激烈，以及持续多长时间都因人而异，这取决于宝宝的个性和父母的反应。有些宝宝的抗拒行为可能一周一次，或者一个月几次，这都很正常。这种"暴怒"行为可能每天要发生很多次，比如吃饭的时候、穿衣服的时候，或者上床睡觉之前——每晚都会上演这样一幕……

宝宝的发怒行为通常都是突然发生的，毫无征兆，且无明显原因。面包上的黄油比平时涂得厚了——愤怒就开始了；或者他无论如何都要穿带横条花纹的袜子——唰啦！有时噘嘴或紧闭双眼就意味着暴怒一触即发。

信息

当宝宝由于愤怒而脸色铁青

有时宝宝哭喊得太大声、时间太长的时候，脸色就会变得铁青，四肢抽搐，呼吸急促，几分钟之后又完全松弛下来，这时父母往往会很害怕。因为他们所经历的和癫痫的症状很像。但这有可能是痉挛性啼哭，通常是由于失望、失落、盛怒、生气或者疼痛引起的。所幸的是这种现象不会经常发生，而且往往是无害的——即使这一戏剧性的过程与大家猜测的不同。宝宝通常不会留下后遗症，即使脸色铁青也不会。

这种癫狂症通常发生在6~18个月，有可能持续到6岁。大约5%的孩子会发生这种情况，一年发生几次或者每天发生几次都有可能。这种症状反映了脑电波的缓慢，并不是癫痫的标识。尽管如此，你还是不能确定这是否与真正的癫痫有关系，所以你最好带宝宝去看一下医生。直到证明所有事情都过去了，你才能确定一切已恢复正常。如果你的宝宝有癫狂症的倾向，那么我们建议你在制定禁忌和界限时要谨慎一些。

宝宝往往需要几年的时间才能在一定程度上学会控制自己的情绪。有些人甚至从来没有完全做到。孩子和大人表现出来的性情暴躁是儿童早期抗拒反应的残余。

抗拒——追求自主

许多父母对于宝宝的抗拒都保持着自我怀疑的态度：这真的是我的孩子吗？我们做错什么了吗？你变得不知所措，在那一刻的感觉是无助和迷失。其实这只是一个很正常的发展步骤：至少对于宝宝和父母来说这是一个告别婴儿时代的时刻。虽然宝宝独立处理与世界相处的能力还不成熟，但是专业人士还是将宝宝的抗拒期称作是对自主的追求。

在通往自立的道路上，孩子和父母都很有可能经历一些戏剧化的场景。对于父母来说，最困难的任务就是把抗拒期当作是一个积极的发展任务。虽然这在宝宝盛怒的情况下可能没有多大帮助。但是，如果你理解了这为什么发生，那么就能更从容地让这种现象过去。至少人们知道这是通往自主性的一步。

重要的发展阶段

有些宝宝在婴儿时期就会大声表达自己的意愿：比如，他们大声哭喊，因为不想坐在车里或者不想趴在儿童车里。随着精神上的发展，宝宝知道了自己是一个人："这是镜子里的我。"（见第 178 页）通过自我感知，孩子们意识到自己作为人可以做到很多事情。为了做决定或实践这些决定，他们能够有意识地做动作，说词语。他们还可以影响父母的反应。

在抗拒期里，宝宝发展自己的意愿，感受自己的个性。在通往自主和自立的道路上，宝宝逐渐会确定不是所有的事情都能按照他喜欢的方式进行，其他人可能有别的感觉和意愿。他们认识到每一个决定都有不同的答案："你想要苹果还是梨？你想喝水还是喝茶？"大多数情况下，他们会立刻做出选择后者的决定，但是之后又会生气，因为他又想要另一种。有时他们会有过度要求：到底哪个味道更好？

专家经常把"矛盾心理期"称为困难时期。孩子想要自己做，但是经常失败。自己穿上紧身连袜裤或者把水从大罐子里倒到玻璃杯里根本没有那么容易。他们想要长大，想要什么事情都自己做，但是常常挑战到你的底线。于是他们就陷入了愤怒，而且因为他们还无法很好地用语言表达，所以情绪就变成了癫狂症。

为什么自主性如此重要？

当宝宝发现自己是一个独立的人的时候，就开始慢慢地从父母身边解脱。就像在日后的青春期，宝宝与亲近的联系人之间会发生真正的力量冲突。所以挣脱也是联系行为的一种。

○ 他用盛怒来展现他的反叛是完全正常的行为：他开始确定界限了。他的愤怒是对独立（自主性）的渴望，自我意愿慢慢形成——熟能生巧。

○ 这个年纪的孩子每天都在经历着冲突和界限或者意识到他们（还）不能像他想象的那样成功地完成所有的事情。这种内心的激动（愤怒）必须得到释放。刚开始宝宝的阀门还“只是”怒吼、跺脚和躺在地上。

○ 将一场发怒的行为想象成一种短路:你的宝宝失去了与周围环境的联系。讨论和解释在这一刻都毫无意义，就像抗拒会完全起反作用。发怒之后，冲突的起因已经无从记起了。

○ 宝宝有一种矛盾的感觉：一方面他想坚持己见，而另一方面他害怕这会消耗掉你对他的爱。所以你每次都要想一想，宝宝不是对你生气，即使他朝你的胫骨踢去或者到处乱打。其原因可能是大脑里的情绪堵塞。

○ 愤怒的作用往往是消极的，但属于发展过程中的正常现象：宝宝在学习表达自己的感觉。随着时间的推移，宝宝越来越能更好地控制情绪。自信的宝宝将尝试在不发火的情况下实现自己的愿望。

○ 通过达成协议，宝宝学习到了冲突属于日常生活的一部分，是可以解决的。他了解到冲突能够加深关系。如果，你虽然否定了他的行为，但是对此没有继续追究的话，那么你会给他你尊重和喜爱他的感觉，这样你就传递给了他信任和安全感。

○ 实际上保持冷静实在是门艺术，但是你的宝宝需要他能改变和影响某些事情的经验。你要给他机会，让他在游乐场玩，自己做决定，从中训练自己的自主能力。但是另一方面，宝宝也需要清晰的游戏规则，在他的社会领域内提供给他方向上的指引。

“但是我不愿意！”宝宝必须学会处理情绪波动，而不发生冲突。

发脾气的诱因以及解决方法

宝宝发脾气往往就像晴天里突然爆发的闪电，父母通常无法理解什么让宝宝这么生气。但还是有一些普遍的场景能够或多或少引发暴怒。

对于决策的过高要求

宝宝越小，决策自由对他来说就越容易变成过度要求，他会不确定。“我们要去动物园还是游乐场啊？”这个问题太难了，因为两个地方都那么吸引人。

当宝宝 3 岁的时候，你就可以问他中午想吃面条还是土豆泥了。但是宝宝可能还是会发火：你给他做了他想吃的土豆泥，到那时宝宝却开始吵闹，因为他没有得到面条。这一刻你的宝宝真的认为他想要的是面条，而他得到的却是土豆泥，所以他生气了。

让宝宝做决定，实施自己的意愿很重要，但是不要太早也不要太晚。总是必须做出选择对他并没有帮助。

“自己做！”

2 岁宝宝的格言是：凡事自己做。因此你要考虑宝宝目前能够自己做什么，然后给他安排些小任务。比如，买菜的时候让他把包装袋放到车里。这样也能避免宝宝把架子掏空。如果你知道宝宝无法独自完成的时候（比如把肉切成小块），你不要说：“你太小了，这个我来做。”更好的做法是事先把他的那份切成小块，然后再递给他。宝宝可以自己将土豆泥盛到盘子里。

太多的禁忌

想一想你一天说了多少个“不”。如果你不知道确切的数字，我们建议你准备一本“说不日记”，里面记录你每天从早到晚不让宝宝做的事情。借助记录你可以检查一下，有哪些“不”是可以通过满足孩子的愿望或者缓和局面的方式避免的——比如你可以说：“我拿重的东西和刀，你拿别的东西。”解释和选择常常会有帮助。相反，如果宝宝整天都听到“放下！”或者“不，你不能做”，那么宝宝愤怒的阀门就会在某一刻被打开。

仪式和例外

仪式有助于规范宝宝的日常生活。醒来之后要有早餐，接下来洗漱穿衣——或者反过来。在上床睡觉之前，有一个睡前小故事或者一首摇篮曲。如果你知道日常安排将会有改变，那么你要及时地告知宝宝。因为突然的改变会引起他的不安。

突然结束游戏

宝宝玩得高兴的时候总会忘记时间。如果你必须或者想要走的话，要提前几分钟告诉宝宝：

“你把塔搭完，咱们就走。”如果你突然中断游戏，就有可能引起宝宝发火。

长时间等待

因为宝宝还没有时间概念，所以像“我们马上就去游乐场”这样的句子就可能成为暴怒的起因。比如，宝宝手里拿着鞋站在走廊里等着你的帮助，但是你必须接电话，这就足够引起他生气了。他想要在这一刻就去游乐场。

疲劳引发暴怒

疲劳的宝宝更容易受刺激，因此比睡足了的宝宝更容易发火。所以要保证你和宝宝有足够的睡眠。因为如果你很累，你的负荷能力也会变弱。

镇定，处理，给予依靠

在盛怒的情况下保持镇定往往是不容易的，但是责骂、恐吓、叫喊，甚至打他根本毫无帮助。虽然你想要通过爱抚来安慰宝宝，但是往往事与愿违，宝宝的怒气更大。尽管如此，你不能屈服让步，而是应该保持镇定。如果你让步，宝宝就会总拿发脾气来解决问题——教育专家称其为“固定的抗拒”。默默数数，数到10或20，你要想宝宝在这一刻是无法触及的，他陷入了自己的混乱情绪中。你可以沉默一会儿，或者想一点积极的事情可能会有帮助：宝宝在这一刻又成长了。离开房间不是解决办法，对于有些宝宝来说，这可能会加剧愤怒，因为他们把你的离开当作是不爱他的表现。他们害怕自己不再被爱。

好的方法是你在宝宝发完脾气之后把他抱在怀里或者膝间，给予他依靠。你要想，宝宝的情绪刚刚决了堤——现在他需要呼吸新鲜空气。但是在有些场合中，比如在汽车上系儿童座椅安全带的时候，你必须采取行动，无论你的宝宝理解还是不理解或者发脾气。你可以用下面的话来对他的情绪做出反应：“我理解你为什么生气，但是这个必须这样子。”在这种情况下，你的经验告诉你必须这样做。

小建议

短暂的中场休息

因为宝宝在尝试着脱离父母和独立自主过程中的暴怒情况只发生在你和你的宝宝之间，所以你应该让你们两个“中场休息”一下。在朋友家度过几个小时不仅对宝宝有好处，对你自己也一样。即使你的朋友也有宝宝，但同龄人之间的相处基本不会像面对你的宝宝那样伴有强烈的不安情绪。你朋友制定的界限和禁忌最多引起你的宝宝短暂的反抗，但是不会引起暴怒。你可以在这里享受一下自由的时光——下次轮到你的朋友。

理解世界——智力发展

孩子认识环境的方式方法发生着明显的变化。比如向球爬去拿球，这样解决问题已经不够了。宝宝想要自己解决问题，他们做实验，然后总结经验，分析结论：如果我把杯子按进土豆泥里会发生什么？如果我踩住猫的尾巴会怎么样？把华夫饼插到 DVD 播放机里或者把电话扔进鱼缸里呢？类似这样的场景对神经元的刺激就像星火燎原般迅猛。在这个过程中，宝宝常常会“踩过界”，这时就需要父母及时给予指引，比如告诉他土豆泥是不能玩的，但是可以用湿沙子来做实验。

研究员和小脏鬼

以往，如果宝宝没有吐很多口水，那么基本可以保证他的衣服一整天都是干净的。粥渍留到了围嘴儿上，菜粒、饭粒掉在了桌子上。在此之前，你或许还能掌控宝宝玩的玩具都是干净的。但是现在一切都改变了：宝宝一下子跳入小水坑，裤腿一直湿到膝盖，而且脏得不行。一不留神，他又趴在路边的小水沟玩水。他喜欢捡路上的旧东西或者把手指插到停车卡自动机里。宝宝还不会感到恶心，对他来说，干净的和肮脏的东西没区别。所以从现在开始你要让宝宝养成从外面回到家后先洗手的习惯。

用所有感官感知世界

如果宝宝穿着满是灰尘的鞋，裤兜里还装满沙子地从外面回来，你也不要大惊小怪。玩和灰尘属于一个整体，就像玩和精神世界的发展也是不可分割的一样。宝宝用多种感官发现这个世界，学习理解这个世界。如果宝宝总是弄脏衣服，而你至少得洗上几百遍，你也不要生气。

过分的整洁将妨碍宝宝发现乐趣，进而出现行为障碍。但是你必须还要给宝宝制定界限，告诉他在路上以及在大自然里什么能抓，什么不能抓。有些是

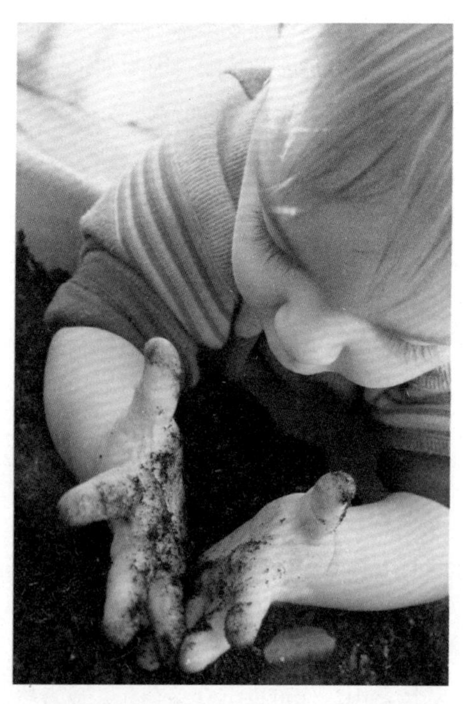

泥土是一种很棒的研究对象。宝宝可以尽情地挖掘，泥土就这样黏在了手上。

不卫生的，甚至会有生命危险。用过的手绢、抽剩下的烟头，或者狗狗的粪便不应该属于宝宝的手。但是你不要立刻责骂他，而是要平静地给他解释道理，告诉他，如果用手抓了脏手绢或狗狗的粪便的话，就会生病的。

发现之旅的各个阶段

宝宝紧张的认知之旅在继续，理解世界的过程是激动人心的，你可以从旁陪伴着你的宝宝。

12~18 个月

○ 大脑中“记忆的高速公路”在逐月变宽，宝宝能够记住他短期内接触过的人、物和地点。他会寻找和询问，他昨天玩的消防车在哪里。

○ 摔东西依然会给宝宝带来乐趣。他的实验水平也上升了一个高度：如果我不是直接从高椅子上把勺子扔下，而是自己先站起来呢？如果我把玩具钟从船上扔下去会怎样？如果我在床上跳，我能把泰迪熊扔多远？

○ 当宝宝在书上看到他喜欢的东西，比如泰迪熊的时候，会受到强烈的刺激，甚至可能会尝试着去抓，因为他无法分清虚拟和现实。

○ 如果你拿着图画书问他小猫或汽车“藏在”哪里，他会很兴奋地指给你看。

○ 宝宝能够按照大小区分和整理简单的东西。比如在拼图游戏中，宝宝能够把两个不同大小的拼图块放在相适应的位置上。在这个过程中，他不断地进行尝试，翻转和调换。

18~24 个月

○ 现在，宝宝至少能够叫出 3 个人的人名。父母也属于这个圈子里：虽然宝宝会用妈妈和爸爸来称呼他们，但是他知道爸爸妈妈叫什么名字。虽然不是每一次都能成功地叫出全名，但总能叫出一部分：苏珊娜 —— 珊娜，约安娜 —— 安娜。

○ 现在宝宝知道了图片和真实物品的区别。如果你在一本书上看到了一个球，然后问他：“你的球在哪儿啊？”他会站起来去找。

○ 1 岁的宝宝就已经能够指出自己身体的大部分部位了。现在他能把这些知识转移到娃娃身上：眼睛、耳朵、头发……

○ 2 岁末的时候，宝宝能够把 3 个杯子按照大小叠放在一起 —— 前提是他们以前做过这样的实验。他们认识一些对称图形（三角形、圆形、长方形），并能把它们插在插接魔方的对应的空白位置上。

○ 大概 2 岁的宝宝喜欢把两个相同的物品如汽车、动物或者积木块归到一组（分类）。

镜像中的“我”

大多数的宝宝在几个月大的时候喜欢观察镜子中的自己。爸爸妈妈抱着他走的时候，他在壁镜中发现了自己，或者对着手镜里的自己大笑。但是他还不知道他看到的是自己，并不是陌生的小孩儿。镜子发出的吸引力对他来说也足够大：只有到一定年龄时，镜像才能帮助宝宝认识自己。但是宝宝到底什么时候才能认识镜子中的自己呢？这种自我认知对他的发展意味着什么？

因为在自我发展中，镜像扮演着非常重要的角色，发展心理学家建议，父母在宝宝的房间装一面大一点的壁镜，让宝宝能够看到自己的全身。虽然大多数的家庭走廊里都有一面镜子，但是3~4 岁的宝宝想要不被打扰地观察镜子里的形象（还喜欢裸体）。相反，至少到宝宝 18 个月时才建议安装落地镜。因为它对于宝宝来说太奇怪，会使宝宝感到迷惑。带镜像的爬行垫甚至会引起这个年龄段宝宝的恐慌，因为这使宝宝的感觉出现混乱。但是大一点的宝宝就会觉得这样的镜子超棒。

有些宝宝喜欢地上的镜子，另一些却害怕。你要注意宝宝发出的信号。

你好，镜像

宝宝在镜子中看到自己时：

○ **4~5 个月**：宝宝高兴地对着镜子里的小孩儿笑，他还不知道这就是他自己，他以为是别的小孩儿，而这个小孩儿也正在对着他笑。

○ **6 个月**：宝宝怀疑地盯着镜子里的“另一个”小孩儿，因为他也阴沉地对望着自己，所以宝宝保持着严肃和生气的表情。但是如果你和宝宝一起站在镜子前，或者拿着一块大的手镜，以便宝宝能够看到你们两个人的头，宝宝就会对着你笑。他认出了你。

○ **7~12 个月**：宝宝看到镜子里的自己时，会异常活跃。他特别喜欢和镜子里的人“交流”，有时甚至会兴奋地亲吻他。接下来宝宝会惊奇地观察一会儿镜子上的唇印，但是随即还会再一次亲吻镜子里的人。大概 12 个月的时候，宝宝就会给镜子里的“对方”玩具或者饼干了，而且还会找寻他的踪迹。但是他在镜子后面并没有发现“双胞胎”。

○ 12~15 个月：在这个阶段，镜像对于许多宝宝来说是离奇的，他们认真地观察镜子中的小孩儿和他的行为。如果你在宝宝照镜子的时候偷偷地观察他，你也许会在他的脸上看到一种不知所措的表情——“这个小孩儿究竟是谁？”有些宝宝会显得拘束和羞怯，有些会跑开或者把镜子扔在一边，还有一些宝宝甚至会大哭起来。这是认识自己的镜像，以及进而认识自我的表现吗？

宝宝虽然已经认识了他的整个身体，知道脚、腿、躯体、胳膊和手都属于他。他对自己有一个整体的形象概念，但是这仅限于脖子以下。他们不知道自己的脸长成了什么样。因此他现在从上到下地认真观察了镜子里的“陌生”小孩儿，还无法认出这就是他自己——但是很快他就能认识了。

○ 18~24 个月：在 2 岁生日前的几个月，宝宝的认知水平取得了巨大的进步，他认识了镜子中的自己：“这是我。”专家把“视觉上的自我认知”称为一个里程碑。但是这种自我形象还不是特别稳定，宝宝在精神世界的发展过程中还需要父母的从旁支持。对此还有一种表现形式是宝宝对自己的称呼。刚开始宝宝会用第三人称说自己，直到 2 岁或 3 岁的时候他才会说“我”（以及“我的”）。但是，即使现在宝宝的自我认知仍然没有发育完全。感知镜像是走向这个方向的重要一步。

这个小女孩儿是谁？宝宝大概 2 岁的时候才理解镜子里看到的是自己。

镜像实验

用一个很简单的方法你就能在家对你的宝宝是否已经认识了镜子中的自己进行实验。科学家发明了口红或镜像实验：用指尖取一点颜色具有冲击力的口红或眼影，然后在宝宝不注意的时候涂在他的鼻子、脸颊或者额头上。那么现在就等待，看看宝宝在镜子中看到自己后的反应。他去触摸镜面上那块有趣的色斑了？那么说明他还不认识他面对的是谁。但是如果过了一会儿他开始抓自己的脸，那么很明显：“这是我”。

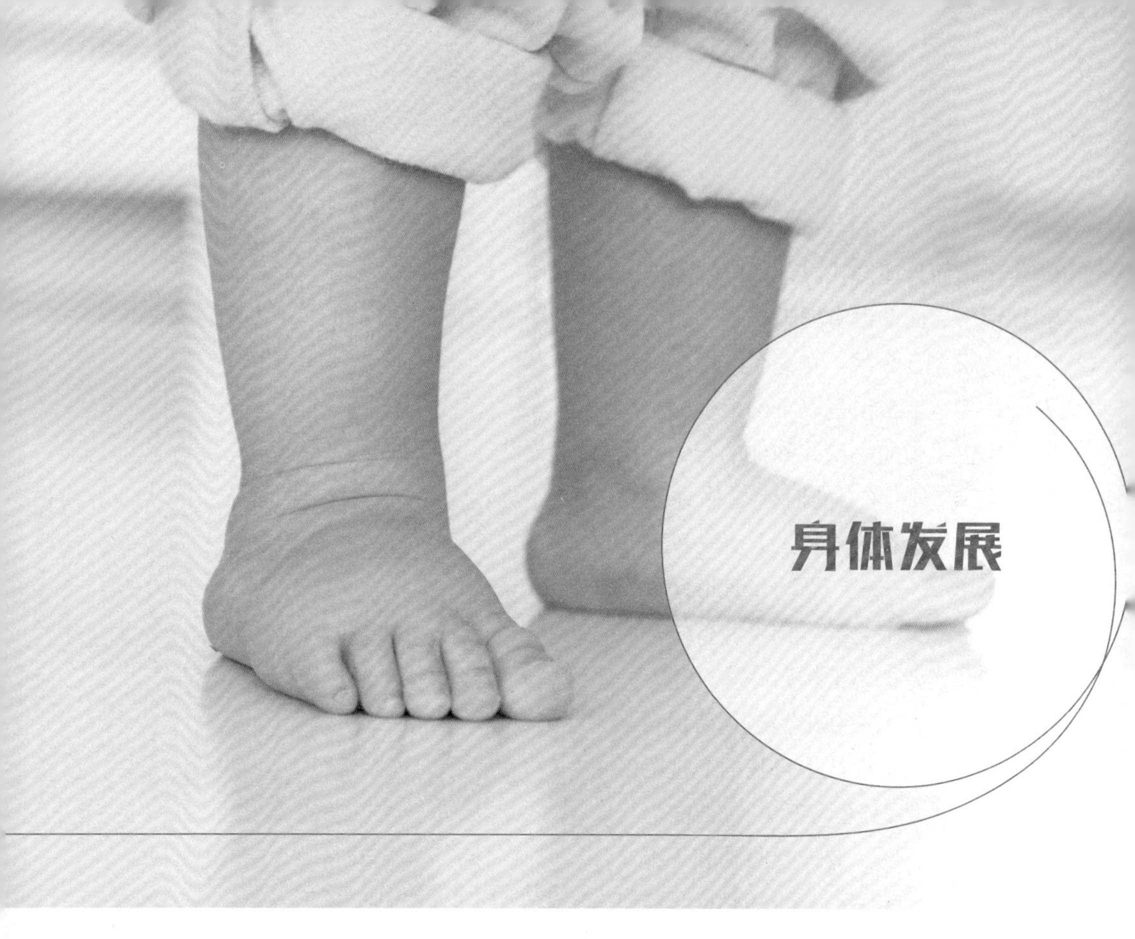

身体发展

人的一生中再也没有一个时间会像头 12 个月一样发展速度如此快了。在宝宝 1 岁生日的时候会比刚出生时的身体长 20 厘米。宝宝的身体将大量的能量投入到了成长中 —— 不要忽略还有其他领域，比如行为发展、语言发展或者社会发展。

所以，宝宝发展的前提就是充满力量，宝宝大踏步地走进了新的一年。至少从现在开始，宝宝渐渐地能够自己走路了（如果他还不会跑的时候），而且开始随着时钟而变化了 —— 按时睡觉。

因为宝宝总是不断发展的，所以在他生命中的每一个时刻都在继续发展着技能，如爬行、坐立、站立、走路、蹲着、抓握、说话或者玩耍。虽然所有的能力发展在整体上是平行进行的，但是父母有时还是感觉有些能力发生了短暂的停滞。可能宝宝很早就会双腿站立，但是在语言发展上却一度“滞后”。相反，另一个同龄的宝宝已经可以张口说话了，但是还站不太稳。这里有一条原则：所有的发展都遵循宝宝的时间，每一个宝宝都有其自己的发展速度。

12~18 个月宝宝的运动能力发展

宝宝能够走路之前，一定要先学会独自站立。最好能够扶着一个东西站起来，比如楼梯把手或者沙发座椅面。如果他能够直立，并利用脚掌保持身体平衡，使得脚趾和脚后跟均匀受力，那么宝宝就站起来了。双臂和双手对他来说有很大的帮助——宝宝需要它们去保持平衡或固定自己。当宝宝站起来时，往往连他们自己都很吃惊：在这个位置上看到的世界完全不同。

先站起来

许多宝宝刚开始时还是双腿分开站立，同时弯曲膝盖和髋关节，因为在这个姿势下更容易保持平衡。有时双脚稍向外打开，以增加站立的稳定性。但是随着宝宝获得的安全感逐渐增多，直立的幅度也变大。膝关节和髋关节伸展开，双脚平行站立，宝宝在这个姿势下可自由移动头、背、手臂和双腿，而不会失去平衡。宝宝现在能够真正地站立了。

宝宝一旦学会站立就喜欢不断地练习，并借助所有能支撑的物体站起来，这能够很好地增强他的肌肉力量。宝宝只要能够扶着物体，就能完成许多新动作，比如踮着脚或摇晃身体。宝宝通过弯曲、伸展膝关节和髋关节来训练下肢力量。然后，不用多久宝宝就发现他在站立的时候可以抬起一条腿，但仍能用另一条腿保持站立的姿势——这是走的第一步。

改变站姿

能够站立是宝宝生命中的一个重要里程碑——因为从它可以演变出许多姿势。

◎ **蹲姿**：为了从地上捡起一些东西，但是还要保持腿部直立，宝宝慢慢地就学会了蹲坐。宝宝通常会双腿分开，弯曲膝关节、髋关节和足关节，并将手臂伸向地面。为了更好地保持平衡，许多宝宝会将另一只手臂向背后伸展。

◎ **跪姿**：这个姿势要求各方面的高度配合。宝宝先是弯曲一只膝盖，让它向下触地，然后弯曲另一只膝盖，有时候两只膝盖也同时向下。从跪姿起身时，宝宝先用一只手或两只手扶住自己，一只脚抬起向前，将身体重心转移到这只脚上，接下来站直。

◎ **小熊姿势**：宝宝俯下身子，用双手支撑地面。当他想从这个姿势再次回到站立时，要先将身体重心转移到脚上，接下来才能站直。

双腿灵活移动

像在其他方面一样，宝宝开始走路的时间也大有不同。有的宝宝在 1 岁生日前就能够自由移动双腿了，而另一些宝宝还需要再花几个月的时间。

这根本不需要担心。平均来说，90% 的健康宝宝在 1 岁生日前后都能够在扶着一件家具或者相似的物体时走上几步。大多都能朝两个方向走（向左和向右，向后倒退还需要一段时间）。一些迫切想要移动的宝宝这个时候甚至能够在不借助外力的情况下走出人生的第一步。

踉跄的第一步

宝宝一旦能够稳定站立，通常不久以后就能踉跄着迈出人生第一步了。开始时还需要扶着一个物体，将身体重心从一只脚转移到另一只脚上来向前移动——比如沿着沙发、椅子或者矮桌子。当他感觉太累想要休息一下，或者期间发现了感兴趣的事物时，宝宝能够毫不费力地从直立的姿势经过弯曲膝盖，最终坐在地上。

宝宝练习得越频繁，步伐就越坚定。能够提供很好支撑的所有物体都可以作为宝宝的训练辅助器材，最好是能够在地上移动的物体，如凳子、坚固的箱子或者结实的玩具小车。这些移动的“走路辅助器材”给宝宝在房间里走步提供了绝佳的机会。太棒了！如果你向宝宝伸出两根手指（食指），宝宝很可能就会抓住它，支撑着自己在房间里散步。宝宝用这种非同以往的方式探索着他的生活空间。在你的帮助下，他能更容易地跨过地毯上的波浪，在踏过瓷砖地面时双脚不会发出刺耳的声音，抓住你的手，宝宝还能更轻松地向前走。

真正会走路

要注意，不是说宝宝能够扶着物体或者能够沿着桌边或沙发边走几步就说明宝宝会走路了。著名的匈牙利儿科医生、儿童运动法研究员艾米·皮克勒（Emmi Pikler，1902—1984）将这称为“沿海航行”，也就是宝宝能够在父母的引导下或者抓住辅助器材走几步，因此叫作“家长支撑或引导下的走路”。

只有当宝宝学会每走一步都将身体重心从一只脚转移到另一只脚上，并能够保持身体平衡，以达到在直立身躯且

信息

走和跑的“细微”区别

走路时总有一只脚是接触地面的，这只脚用来保证站立的稳定性，而另一只脚抬起，进入一个新的姿势。宝宝向前走的速度无所谓：一旦宝宝总有一只脚接触地面，他就会走路了。与此不同，跑步时双脚会有短暂的悬浮期，在这个时间里双脚同时离地，不接触地面。

不借助于外力的情况下独自向前移动的时候，才能说宝宝会走路了。

一旦宝宝感觉安全，且能保持平衡的时候，就能迈出人生第一步了。现在他能够自信地松开习惯的支撑，使用双臂保持身体平衡——向前迈出一小步。刚开始时，还是双腿先分开，双脚向内，然后踉跄地抬起一只脚向前。同时双臂帮助保持身体平衡，将注意力全部集中在走路上。有些宝宝一只手里紧握一只玩具，就好像他想要在空中得到支撑一样。

宝能够跨过地毯边或门槛而没有跌倒，就值得享有巨大的欢呼了。

几周之后，宝宝就能够走稳了，能够轻松地转换方向，能够控制速度或者当到达目的地时及时停住。走路慢慢成为自然而然的动作，不需要集中全部注意力在走路上了，他可以在走路的同时关注其他事物了——桌上的玩具或在厨房做饭的妈妈。

这条路就是目标

开始时，很少有能够在宝宝的眼前指导他前进的明确目标。原则就是：眼前这条路就是目标。因为能够走路就已经很令人兴奋和紧张了。这项新获得的技能必须从一开始就不断地练习。给宝宝足够的自由和到目前为止还不太习惯的独立性——最终做到在没有你的帮助下到达他想要去的地方——完美！

宝宝一有机会就想要走路。宝宝不借助于外力训练的次数越多越好。当他无法保持自身的平衡或双脚移动的速度比他想要的更快时，宝宝就会跌倒，因为他还无法控制速度或“刹车”，所幸有厚垫子保护他。每一个尝试（失败的也一样）都会激励他进行再一次尝试，直到最终成功。如果宝

最终会做得很好。宝宝一旦学会走路，就几乎停不下来了。

买鞋时睁大双眼

当宝宝走出第一步的时候，许多父母就迫不及待地要给宝宝置办几双鞋了。但是你能想象得到你的宝宝一年大概需要8双鞋吗？这真难以置信，但是这是真的：两双低帮鞋（春天和秋天）、一双橡胶靴、一双凉鞋、一双冬靴、两双室内穿的便鞋（在家里或托儿所、日托班、幼儿园穿），此外还需要一双体操鞋。

宝宝的第一双鞋

但是宝宝到底什么时候应该穿鞋？实际上只有当宝宝能够平稳站立，且能跑起来时才需要。鞋并不是宝宝独立站立和行走的辅助物——宝宝应该自己掌握。还无法自己行走的宝宝尚不需要固定的鞋。

在家和儿童车里也不需要鞋。脚底面料加厚的防滑袜或裤袜就完全够了。让宝宝尽可能地赤脚会更好。这不仅可以促进宝宝对脚部的整体感觉能力，还能训练宝宝的脚部肌肉力量。想象一下，赤脚跑过沙子或温暖的石头，或者蹚过一个小水洼有多么刺激。

如果无论是季节，还是地板的材料都不允许宝宝赤脚走路时，那么就需要买几双鞋了。

材料和质量

通常学习走路的孩子适合穿26/27码以下的鞋子，且鞋帮高于脚踝，这样可以保护踝关节。因为宝宝的肌肉和肌腱都没有发育完全，无法保护关节避免发生骨折。同样，脚尖部分加厚也很有意义，这样可以避免宝宝的脚趾受伤。买一双软底的、防滑的、舒服的鞋子，且鞋底凹槽明显，便于清洗。为了确保鞋子中不含有毒有害的物质，我们建议你选用经过“TÜV”南德意志集团检测的鞋子或者“Öeko-Tex Standard 100”认证的鞋子。如果鞋子的材料过硬或者过软，你就要警惕其中是否含有有毒有害物质。

小建议

作为尺寸测量仪的样板

现在大部分的鞋垫都是可拆卸的，这样你就可以很好地测量出一双鞋子是否适合宝宝的脚。当宝宝站在鞋垫上时，鞋垫尖端和脚趾尖之间应该正好够一个拇指的宽度。

如果鞋垫是固定在鞋上的，那么可以做一个样板。将宝宝的脚放在一个薄纸壳上，画出它的轮廓，然后将其剪下。如果样板能够毫不费力地放进待选的鞋子里，而且前端还有一指的距离，那么这双鞋就是适合的。

皮鞋的优点是透气、柔软，而且适合儿童的脚形。能让宝宝的脚尽可能舒展开为好。还有，宝宝的脚能轻松地伸进伸出，这样可以大大地简化穿鞋的过程。

正确的鞋码

鞋子的号码可以通过专业测量商店对宝宝双脚的长度和宽度进行测量而确定。但是，单凭鞋码还不能说明鞋子就适合宝宝的脚，毕竟没有两只脚是一模一样的。总原则就是：鞋应该比脚大1厘米，因为脚需要这个空间将脚趾舒展开，而不会相互打扰。尽管如此，对于缺乏买童鞋经验的父母来说，要确定一双鞋是否适合自己的宝宝还是不容易的。特别是在买第一双鞋时，你一定要咨询专家的意见，他能更准确地知道哪双鞋是适合的。而且一旦外部有东西挤压鞋子，宝宝就会缩起脚趾，所以在确定鞋码时总是容易出错——因为在父母想用拇指测量还有多少空隙的时候，宝宝会把脚趾蜷缩起来。许多童鞋专卖店还提供每4~6周一次的复测服务，以检测鞋子是否还合适。宝宝的脚在刚学习走路的一年内会长大约3个码。相应地，宝宝也需要新的鞋子了。

太小的鞋子

如果具备以下特征就说明宝宝的鞋子小了：

○ 脚很难穿进鞋里（而且宽度也不适合）。

○ 宝宝脱掉鞋子后脚趾尖发红。

○ 宝宝突然拒绝穿鞋子，而且不愿再穿了。

宝宝会跑的时候才需要鞋，但是很早他们就觉得鞋子很有趣。

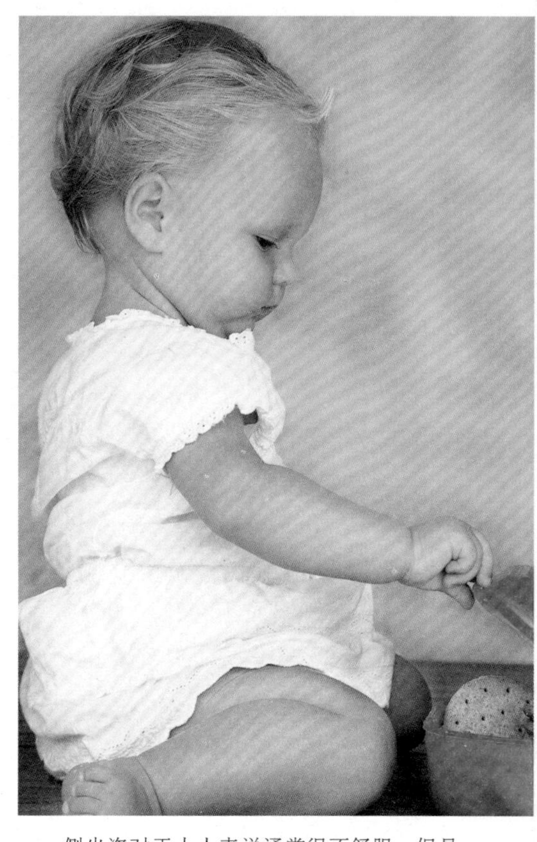

侧坐姿对于大人来说通常很不舒服，但是许多宝宝特别喜欢这么坐。

坐

总用两条腿走路会很累。当需要休息的时候，宝宝能够自行决定是否以及用什么方式坐下。宝宝坐在地上的时候，背部通常是直立的。他的身体重心会向下移动，同时弯曲或伸展的双腿继续提供支撑面。如果宝宝坐在台阶上、小椅子上或者其他高一点的地方，那么双脚与地面的接触点就提供了支撑力，让宝宝能够保持身体平衡。当然也有宝宝坐着的时候偶尔用手支撑地面，那是因为他想去抓放在附近的玩具。

著名的匈牙利儿科医生和研究员艾米·皮克勒对此有清晰的定义：当宝宝有能力在双手不支撑地面的情况下保持坐骨以上的躯体平衡时，他就能独立坐下了。他能够不借助外力而进入坐姿，也能够离开坐姿而不失去身体平衡。如果宝宝还需要父母或辅助器材的帮助——如在背后放几个枕头——才能保持坐姿的话，那就说明宝宝还不会坐。

不同的坐姿

坐姿和坐姿还不完全一样——许多宝宝都有很多种不同的坐姿。宝宝坐在地上的不同姿势如下：

○ **侧坐姿：**髋关节和膝关节弯曲，宝宝坐在上面或两个脚跟之间。在离开这个坐姿的时候，宝宝会双手支撑面前的地板，抬起屁股，将重心转移到膝盖上（膝—手支撑）。当屁股和上半身直立时，就很容易进入跪立姿势了。

○ **跪坐姿：**宝宝坐在小腿上，两只脚朝向同一方向。

○ **长坐姿：**宝宝坐在地板上，双腿伸直——在前方并拢或分开。

将以上描述的三种坐姿作为基础坐姿，宝宝还可以从中演变出多种坐姿，如只坐在一只脚的脚跟上，而另一条腿弯曲，或者在长坐姿中一条腿向前伸，而另一条腿则向后弯曲。

无论你的宝宝选择哪种坐姿，都有一个共同点：在所有的姿势下，宝宝都能自由地移动头部，将后背向两侧转动，并向前和向后屈身。此外，宝宝还可以在坐姿下自由地使用双臂、双手和手指，而不必用其来支撑身体。

从坐姿站起来

为了从地上站起来，宝宝需要一个过渡姿势：膝一手支撑。从较高的地方，比如儿童座椅上站起来对宝宝来说更容易一些，先屈上身向前，把重心移到脚上，接下来伸展髋关节和膝关节。如果想要再次坐在座椅上，情况就不同了：宝宝微微向前屈身，弯曲膝关节和髋关节，并将身体降低到座位的水平面，身体重心就会从脚掌转移到骨盆。

坐着的时候（这里是双腿伸直的长坐姿），宝宝能够很好地休息、玩耍或和妈妈嬉戏。

小建议

肌肉锻炼

玩体操球不仅有趣，还能锻炼平衡感和协调力，并加强肌肉群的力量。你可以跪在地板上，让宝宝坐在球上，用双手牢牢地抓住宝宝的骨盆，然后轻柔地，以最小的幅度推着他向两侧或前后移动，以此来锻炼宝宝臀部的灵活性。要保证宝宝笔直地坐在球上，对此，你可以在头上戴一顶宝宝喜欢的帽子来帮助他完成这个动作。你也可以给宝宝手里拿一个大气球，鼓励他坐直。

向上——好爬高的顽童的世界

通过每天的跑步训练，宝宝不断地取得进步。刚开始时，宝宝还很难突然站起来，总是刚刚站起来，马上又一屁股坐了下去。不久，你在家里就总会听到咚咚的声音，比如，当我们的“起立小人儿”撞到电话柜或落地灯的时候。这也是为什么我们说在装修房子时要尽量采用儿童安全装置的原因——这对宝宝的健康很重要（更多相关信息请见第 198 页）。

继续向上：上楼梯

楼梯对于宝宝有着神奇的吸引力。上楼梯能给宝宝带来很大的乐趣——宝宝能够在此过程中锻炼手臂和双腿的协调能力，增强肌肉力量，获得自信，而且当他成功到达顶端的时候，自豪感将油然而生。开始时，宝宝需要手脚并用爬楼梯，之后就可以双腿站立向上登台阶了。为了安全起见，在登上台阶的过程中宝宝还是会紧握楼梯扶手。

在头几天或几周，宝宝登台阶的时候总是先迈出一只脚登上一个台阶，然后再迈出另一只脚登上同一个台阶。站稳之后，再重新重复刚刚的动作，先抬一只脚登上一个台阶，再抬另一只脚登上同一个台阶。直到 3 岁末的时候，宝宝在上台阶时才有足够的安全感和信任感，双脚才会相继迈出，连续上台阶。但是一旦宝宝明白了其中的道理，以后就知道怎么做了。

又到了往下走的时候了

开始时，向下的路宝宝都是倒着走的，并以手脚并用的方式——这样更安全。宝宝自发地寻找安全感，于是他总是沿着墙壁向下爬，如果手是空着的，就紧握楼梯扶手。宝宝还经常坐在台阶上，然后一个台阶一个台阶地“滑下来”。

最好鼓励，而不是禁止

许多父母都把上台阶当成是一个永久的挑战，总是很小心，生怕宝宝一个不小心就会掉下来。所以出于害怕，有些妈妈会把楼梯当作禁区，但是这样做恰恰剥夺了宝宝重要的训练机会。与其长期禁止上楼梯，还不如尽可能经常帮助宝宝练习上楼梯和下楼梯。因为熟能生巧：宝宝练习得越频繁，就能越早、越自信地走楼梯。宝宝每成功走一个台阶，你都给他相应的鼓励，即使这需要你极大的耐心——时间是很好的投资。

尽管如此仍要小心

毫无疑问——即使台阶对于宝宝的运动能力发展很有帮助，但是也存在着高风险——也就是未训练过的宝宝在没有看护的情况下到处爬的时候。所以绝不要让宝宝脱离你的视线而爬楼梯玩。

为了提高安全性，你还可以在楼梯

上加装特殊的防护网。防护网分为不同的类型，采用不同的固定技术。你可以咨询专业的婴幼儿用品店，看看哪种类型适合你家的楼梯。

婴儿用围栏——儿童乐园还是儿童监牢？

对于所有的父母来说，都会有对运动和自由空间的渴望，或者需要短时间处理一些紧急事件。可惜这些时刻并不总能与宝宝的睡眠时间相吻合。那么，如果父母在这些时刻无法看护宝宝时该做些什么呢？

婴儿用围栏是一个不错的折中选择。毫无疑问，妈妈的臂弯或者爸爸的膝盖当然更舒服——而且丝毫不分散的注意力是最好的。但是，还是有一些场景妈妈无法把宝宝抱在怀里，比如，在她想要短暂地去一下地下室、上楼或者去开门的时候。在这些情况下，曾一度被厌恶的“婴儿监牢”就成了一个舒适的、暖和的游乐场所。你可以用游戏毯和积木来装饰围栏，让它变得更具吸引力。这样宝宝就会觉得这处特殊的游乐场很吸引人、很舒适。但是，这还与使用时间有关，婴儿用围栏不能成为“长期停放处”。一天最多两次，每次 20~30 分钟为佳，时间不应该再长了。

信息

最好自己走——但是永远有妈妈陪伴

宝宝一旦学会走路，就开启了一个疲劳的阶段——对宝宝和对父母来说都是。宝宝 2 岁的时候就认识到了他与妈妈不是一个整体，而是拥有自己独立的身份。虽然在妈妈那里能够感受到安全和关爱，但是另一方面，他必须脱离保护而自己走出一步（或者很多步）。那么应该怎么做呢？

对于父母来说，这个阶段的困难在于：宝宝在这一刻与自己还很亲密，可是下一刻却表现得很抵触。连宝宝自己都很困惑——他很爱他的妈妈，想要待在她的身边（实际上是永远）。但是另一方面，他还想走自己的路，而不因“分离”伤害到妈妈。这真是个两难的选择。

这时就需要作为父母的你来帮助他：向他展示你的理解，给他一种感觉，他可以自己进行尝试。即使孩子哭闹纠缠，不满意，而且有时行为执拗，你也应该一直试图尝试给宝宝依靠。无论发生什么都给宝宝这种感觉：“我爱你，就像你爱我一样。因为不是你让人累，而是你的行为让人累。但是我理解你为什么会有这样的反应。”

精细化运动技能

宝宝 2 岁的时候掌握了“钳式抓握”，这进一步打开了宝宝大脑的领域：所有东西都是可以抓握的。无论是一个发刷还是单独的一根发丝，是一本书还是一小片纸屑，是一根棍子还是一根牙签——都能通过双手和手指的配合顺利地抓到。宝宝准确地知道哪种物体需要哪种抓握技巧：细小的东西就采用“钳式抓握”，大一点的东西就用两只手抓牢。

玩颜料对于孩子来说可能是一次很棒的经历，尤其是当他可以把手指插进去时。

宝宝不仅抓取和握紧的能力越来越强，松开的技能也在增强，这种能力将在接下来几周内逐渐形成。你的宝宝不仅喜欢把积木块拿给你，还会把它放在你的手里。

灵活的手部工具

在宝宝能够越来越好地自由坐下、站立和走路之后，就有更多的时间来更好地理解世界了。在这个年龄阶段相当流行的一个游戏是让小物件穿过一个大物件：比如一粒小葡萄干或者一颗小棋子顺着一个空的果汁瓶或水瓶穿出——经典！更理想的是在瓶子里放许多小颗粒，然后倒出来。因为瓶子是透明的，所以宝宝能够看到小颗粒的运动过程。这样，宝宝就学会了把瓶子的头冲下摇晃，瓶子里的东西就会出来的技巧。这是一个多么棒的思考过程！

插在一起

将东西拼接和拆卸也是让宝宝很兴奋的事情。宝宝喜欢花大量的时间在做实验上。他们把小杯子放进大杯子里，把它们叠在一起，或者在俄罗斯套娃的肚子里发现许多木制的“宝宝”。每种盒子、罐子或瓶子都非常有意思——只要它们有盖子，能够轻松地取下，再盖上就可以。更有趣的是内部能发出声音的容器，比如，一个专门放米粒、豆子或沙子的小（酸奶）瓶，一摇就会发出沙沙的响声！

同样，能让宝宝穿到一根线上的木头珠子或者套在一根棍子上的圆环也是很受欢迎的玩具，因为它们可插、可移动、可摇晃——同时锻炼多种感官。

小建筑物

具备了抓取一样东西，接下来再放手的能力时，宝宝就又上了一个台阶。因为，现在宝宝有能力建造某些东西了。将木头魔方摞在一起能带来什么？刚开始时，大约 12~15 个月时，宝宝能将两个积木块挨着放在一起。18 个月，最晚 2 岁时就会出现第三块积木。积木塔越高，那么当倒塌时听到的欢呼声就越大——尤其是你建了塔，并允许宝宝愉快地摧毁它时。

儿童鞋里的“球”艺术家

带着极大的安全感，宝宝在 2 岁初期的时候知道了“球”这个概念背后隐藏的东西，对这个物体有一个模糊的认识：它是圆的，可以滚动。有些宝宝甚至能在 15 个月的时候完成扔球的动作——虽然是很短的距离，但无论如何是扔出去了。如果父母站在或者跪在宝宝前面，并试图抓球的话，会更有趣。但是把球塞进球鞋里所产生的功效却正好相反。尽管如此，共同游戏还是会带来乐趣。

年轻的艺术家在工作

如果说画画是书写的前奏，乱涂乱画可能就是画画的前奏。如果给宝宝一支笔，宝宝就知道用它来做什么了。他会突然用整个拳头攥紧它，然后开始胡乱画一气——如果幸运的话他会画在一张纸上。

刚开始还是潦草的、难以辨认的，但是几个月之后就会润色得越来越好。在一幅清晰的画作出现之前，往往要等上数月（或数年）。但是，纸和笔给宝宝带来的乐趣现在就已经十分巨大了。用这种方式能够唤起宝宝对画画的兴趣。

爱细节的灵活手指

宝宝 2 岁时每天都会学习观察细节。衣服上的绒毛、水杯上的一根发丝，或者手袋上闪闪发光的金属亮片——每一个小细节都能引起宝宝的注意，他一旦发现就一定要仔细观察。所以，你可能在衣帽间里的衣架下面发现了宝宝，他正完全沉浸在纽扣的世界里：它们摸起来感觉怎样？它们是怎么固定住的？我怎么能把它弄下来？我怎么能打开它？宝宝同时知道了可以穿的夹克衫在这里，并且随着时间的推移，宝宝学会了自己穿夹克衫——仅仅是因为这些能扣上、能打开的扣子（同时扣扣子变得更简单了）。拉锁也能引起宝宝的兴趣，因为能够拉上和拉下——最好是装在别的物品上，比如妈妈的手袋或者爸爸的毛衣上的拉锁。

18~24个月宝宝的运动能力发展

2岁的宝宝已能基本完善像站、走、跑和登台阶这些技能了。

走和跑

大多数的宝宝在18个月时都能在平坦的地面上走得很好、很平稳了。他们的步伐均匀，且控制得很好，走错的情况很少发生。走路的方式也有所改变：大多数的宝宝不再像起初一样分开腿走路了，而是学会了保持双脚平行。即使路不平或路面铺着地毯，也能踉踉跄跄地走过。但是需要不断地练习去抬高脚，以便在保证不摔倒的情况下跨过障碍物。

宝宝2岁时，其臀部、躯干和肩部肌肉已发育成熟，足以满足走路的要求。这样就使得宝宝能够利用突出的平衡感越来越毫不费力地跨越障碍物，甚至还能双手持物，而不必把所有注意力都集中在走路上。这时，宝宝的双手被解放出来——用于更重要的事情，比如紧握玩具，最好一手一个。

更敏捷

宝宝走路的速度也发生着变化。通过过去几周，乃至几个月里的走路，宝宝获得了越来越多的安全感，训练了他的平衡感。毫无疑问，宝宝现在已“拉高挡位，全速前进”了（见第182页）。你稍加注意就会发现：宝宝走路的速度很快，双腿抬高，又能平稳地落地——做得多棒！

信息

分离恐惧

慢慢地会出现一个新的冲突场景：一方面，宝宝喜欢奔跑，渴望独立，想要（必须）积累自己的经验；另一方面，这项新获得的技能让他远离了（妈妈），直到看不到她，这时宝宝又会产生恐惧。因此宝宝感到了不安，并要寻找一个熟悉的、安全的位置，而这通常是妈妈的（或者爸爸的）臂弯。所以两难的选择是：宝宝一方面想独立，另一方面还不想失去你。这时就需要你用鼓励和安慰来帮助宝宝度过这个困难期，在他走路和跑步的时候鼓励他，即使他转过了角落，脱离了你的视线。因为，如果他听到了你的声音，也会感到他不是一个人。

宝宝不但能够慢走或快跑，还能够突然停下来站住，而不失去自身平衡，同时还能轻松地绕过路上的障碍物。只是转弯还有些困难：如果他想要在走路时转身，那么，起初他还需要先转到另一个方向。但是不久以后他就能在运动的过程中转身了。

倒退

走、跑、站、转身，现在只剩下倒退了。大概在 2 岁生日的时候 —— 有些人早点，有些人晚点 —— 许多宝宝都能够倒退 4~5 步了。这时，他又发现了一个新的视角观察世界。

球类游戏

宝宝对球的兴趣和用球能做的事情也在与日俱增。许多宝宝在 24 个月的时候就能够扔球而保证身体不前倾或摔倒了，且目标的准确性也比 18 个月时好了一些。尽管如此，准确地估量出使多大力能让球飞多远，这一点对宝宝来说还比较难。为了能够自己抓住球，宝宝还需要继续发展手眼的配合能力。在你们玩球的时候不要期待太多。只要宝宝在这个年纪知道球是什么，它在哪儿，用它能做什么，还可以扔它就很好了，其他的事情在下一个年龄段就学会了。

同样的道理也适用于踢足球：宝宝必须做到在抬起一条腿踢球的时候另一条腿能在地面上站稳。这也是一项辉煌的成就。在这一踢成功的时候，宝宝是非常高兴的，有时甚至会高兴得蹦蹦跳跳。

楼梯和台阶

大多数的宝宝还喜欢走楼梯。有些宝宝在 2 岁的时候就能够在不扶扶手的情况下登上台阶了，下台阶的技能也掌握得越来越好 —— 不再靠肚子或屁股向下滑，而是扶着扶手或墙壁向下走台阶。通常倒着走的帮助也很大。

爬高

宝宝一旦学会了爬高，身体就变得更灵活了 —— 两条腿变得更加强劲有力，宝宝现在的想法只有一个：向上。

高，更高，最高……

许多宝宝在 2 岁的时候就唤起爬高的兴趣了 —— 爬上椅子、沙发、桌子、台阶、小柜子，爬进小床里，或者爬出来。无论在哪，无论多高 —— 最主要的是要向上。大概 1 岁半的时候，宝宝能够爬上所有给他提供支撑的物品。大概在 2 岁生日前后 —— 大胆的宝宝会早点 —— 大多数的宝宝完全不害怕，能够控制任何一个障碍。

对于他们来说，没有东西是太高或者不可能的。宝宝在紧急情况下为了到达目的地还会使用辅助物，如椅

小建议

在家里练习攀爬

宝宝现在迫切地想要爬高——所以现在不应打压，而是尽量满足。因为他获得的经验越多，越能够更好地估计自己的能力和周围的环境。那么，什么样的房屋环境适合宝宝练习攀爬呢？从小椅子上跳到你的怀里，爬上扶梯（只有在监管下才可以），一块平整的板子，从沙发到地上，这些都可以练习平衡。在地上铺 2~3 层垫子，以防宝宝跌倒。

子、箱子、枕头、翻过来的购物筐、书或者玩具盒，它们能够帮助宝宝往上爬。有时宝宝甚至会踩着书架上的隔层向上爬。

爬高的乐趣对宝宝和你来说都是一个挑战（“我能完成！”）。因为你要保证你的小小发现家时刻在你的视线范围内，因为他还无法辨认他攀爬的对象是否真的稳固。所以你要采取一些必要的预防措施，排除房子里所有可能的危险源或者把它们放在无法触及的位置（见第 198 页）。

运动累了

跑步、爬高和走台阶不仅能训练身体自身的感知力，加强肌肉力量，还会让人感到疲劳。在身体疲劳之后，良好的睡眠就是很好的放松，它有助于宝宝更好地加工所经历的事情（见第 246 页）。运动和睡眠是理想伙伴。

一有机会你就应该计划一个室外的共同散步——最好是在午睡之后的下午。在公园、森林和草地上，宝宝能够充分运动，积累经验。在自由的大自然中比被围绕在窄路上吵闹的汽车中要好得多。还有积极的效果：宝宝晚上会感觉困，带着丰富的回忆，精疲力竭地上床睡觉。但是太累也不行，所以你最好出门的时候带上儿童车。

大多数的宝宝都会迫不及待地想要用自己的双腿来发现这个世界。

小小运动达人

健康的宝宝通常总是很快乐、活泼、生机勃勃的，有时甚至活跃和好奇得让大人都跟不上他的节奏。尽管高兴吧，因为这显示了宝宝的活力和对发现的乐趣。但是也有不愿意动的宝宝，在极少情况下是宝宝真的懒，大多数还是有其他原因的。

叉开腿走路

有的宝宝 2 岁还在叉着腿走路，而且明显没有同龄孩子灵活、好动，说明宝宝的动作僵硬，脊柱和胸腔不够灵活。在想要坐下的时候，经常是扑通一下就坐在地上，而且不愿偏离自己的重心。简言之，宝宝动作有些僵硬。据经验，这类宝宝十个有九个在婴儿期就很少活动。他们更喜欢仰卧，不翻身，不把重心从一个点转移到另一个。

宝宝经常生病

这类宝宝更容易受到呼吸道疾病感染。因为“僵硬”，位于胸腔内的肺部缺乏运动，这就增加了感染的概率。因此，激活胸腔和脊柱运动是很有必要的。为此你可以让宝宝趴在一个体操球上，抓住他的臀部，然后来回移动体操球。最好是在一面大镜子前做这样的练习，这样，宝宝就能自己观察运动过程，从而提高他的兴趣。你还可以让宝宝躺在大球上，然后小心地让他从一边转到另一边——一个很好的练习转动脊柱和胸腔的运动。

宝宝不喜欢攀爬，更多的是害怕，而且说话说得不好

还有一些宝宝不爱运动，而且在位置发生变化的时候会表现出恐惧，更喜欢靠在妈妈的腿上。这样的情况并不需要焦虑，毕竟不是每一个宝宝都必须头朝前摔倒或在高椅上尝试劈叉。但是对宝宝不爱动还是有其他医学上的解释的：比如，害怕位置改变的宝宝很可能是耳朵发炎。内耳中的平衡器官会由于感染而受损，进而影响其功能的发挥。反复中耳炎发作还会造成语言迟缓。但是鼓膜后有液体聚集并不总能造成疼痛，所以经常会被忽视。不过还是会伤害宝宝，因为宝宝的听力受到了影响。如果你发现宝宝不爱动，不喜欢蹦蹦跳跳，无法保持平衡，不爱攀爬，那他很可能是耳朵发炎（或者曾经有过炎症），你应该带宝宝就医。

精细化运动技能

宝宝的手指越来越灵活，他可以剥掉糖纸，解开裤子的扣子，拧开螺旋盖，拔掉钉子帽，还能翻书。宝宝用清醒的眼神和勤劳的双手来对待这个世界，想要在所有事物身边，最好能够身在其中。

小堆高者

许多宝宝会在 12~18 个月时展现出对容器、盒子、罐子，连同里面装的东西所产生的巨大兴趣，紧接着在接下来的 6 个月里将是堆叠期。除了经典的积木块、塑料罐或小石块外，他们还会尝试用毛绒玩具和其他或多或少还适合的东西来堆叠——不论成功与否都很有意义。实践出真知。

据经验，宝宝 18 个月时就能够将 3 块积木堆叠在一起，半年后积木数量加倍。他们带着极大的热情认真地试图将塔堆得尽可能高。与过去的几个月不同，搭完的塔在瞬间倾倒时所带给宝宝的乐趣已经不那么大了。毕竟这是一项大工程。但是如果你和宝宝一起建造，并允许他推翻它，情况就会不一样了。

一块一块累加

在 2 岁生日前后，宝宝对建塔的兴趣开始减弱。将东西横向排列对他来说似乎更有趣一些。他可以用这种方式用一小排积木块摆成一辆小火车，用 3 块积木块叠加成一座小桥或用卫生纸卷成一条小蛇。如果做成的东西能动（比如用胶带或者绳子将各部分连接起来）就更有趣了。最兴奋的就是把每节车厢连接在一起成为一列小火车，再把火车放在一条木质铁轨上跑。或者在他 2 岁生日的时候送他这样一个小玩具。

画画和涂鸦

如果一个 18 个月左右的宝宝手里有一支笔，那么他就可以在纸上乱涂乱画地玩上 1~2 分钟。他会用拳头攥住笔，而且在画画的时候会挥舞整条手

先往高堆，然后才在地面上继续摆，这样就形成了复杂的“建筑作品”。

臂。大概半个月以后，宝宝就会更加遵循一定的轨迹来画画了，而且开始用手指来握笔——已经很接近成年人握笔的姿势了。宝宝最喜欢画大的圆圈，有时也画单独的线段或小点。因为手关节与半年前相比在灵活性上有明显的提高，因此，宝宝能够在画画的时候单独活动手腕了。这提供了更多的活动可能性，比如向下压或旋转门把手开门。宝宝掌握的速度比你想象的更快。

信息

右撇子还是左撇子?

宝宝是左撇子还是右撇子慢慢才会显示出来。宝宝在 8 个月之前都是两只手同时使用的，在那之后才开始更喜欢用其中一只手。90% 的宝宝都更喜欢用右手。尤其是当宝宝开始画画时，宝宝的用手喜好变得更清楚。你可以做一个测试，尝试着把笔放在宝宝另一只手里，他会立刻把笔换到自己喜欢的那只手里。所以现在你给宝宝玩具、餐具等物品时应该总是从中间递，这样宝宝就能自己决定用哪只手来拿东西，而不受外界因素的影响。

穿衣服

在 2 岁后期，宝宝就能够“帮忙”自己穿衣服了，最关键的是还会自己脱衣服。妈妈好不容易才给宝宝穿好衣服，展示给他一次个人的成功经历——比如脱掉一只袜子。

为了能够自己穿衣服，宝宝还需要一定的技巧和练习。宝宝 24 个月的时候就能把这一切进行得很好了，比如很喜欢自己穿脱鞋子。

看到本质

2 岁的宝宝喜欢整理东西。他们按照颜色整理笔，按照大小整理珠子，按照形状整理积木。许多日常生活用品也能唤起 2 岁宝宝的兴趣，比如衣夹。宝宝可以用它锻炼手指技能（打开和合上），完善手眼合作（把夹子拿在手里，然后固定在某一个地方）。他们还很喜欢分类，你可以帮助他对颜色产生概念，比如把所有蓝色的夹子放入蓝色的小桶里，红色的放在一张红色的纸上，黄色的放在黄色的盒子里。你将会看到，宝宝很快就会自己进行分类了。

块大一点的拼图也很有趣，所以拼图块不要太小，毕竟宝宝需要认清每一块拼图，要拿在手里，并放在正确的位置上。

提高家居的儿童安全性

德国每天都有大约29万名15岁以下的儿童在家居环境中遭遇不幸。大多数的事故发生在起居室和儿童房，紧随其后的是花园、厨房和楼梯间。一半以上的事故类型是摔落，比如从双层床上，其次是碰撞、割伤，还有特别严重的烧伤、烫伤和中毒。

事故原因经常是由于宝宝的天性：宝宝的注意力被分散、着急、过度大胆，或者干脆不知道危险。所幸的是，父母可以通过事先采取几个简单的预防性措施来避免许多类似事故的发生。

从宝宝的视角出发

如果你想知道怎么装饰房间才是合适宝宝的，那么你就从宝宝的视角出发来审视一下你的房子。你可以跪在地上，四肢着地在房间里爬，用这种方式来感受家里的东西对宝宝的影响。

安全措施

为了扫清家中可能存在的危险，你应该注意以下几个地方：

○ **插座**：保证所有宝宝能够到的插座都装有儿童保护装置（在许多建材市场或家居商店都有售）。

○ **电线**：当宝宝遇到到处摆放的电线时，就有可能产生这样的想法："看看如果我用力拉这些线的话会发生什么……" 所以不要把电线拉出好远，而且要把它们摆放好。

○ **窗户**：宝宝很快就有能力自己摆弄把手了。所以要把窗户锁好，阳台的门也一定要加装特殊的儿童保护装置，或者把把手换成可上锁的型号。

○ **楼梯**：用特殊的楼梯格栅把通往楼梯间的走廊封住（包括通往地下室和储存室的楼梯）。在建材市场和婴幼儿专卖店都有许多不同型号，事后你可以毫不费力地拆卸，不会在墙上留下痕迹。

○ **门**：比人们想象中发生危险的速度要快：宝宝只是短暂地走到门前，门突然锁上了，而钥匙偏偏插在门锁上，宝宝就被关在了门外。所以，为了以防万一，原则上要拔掉所有的门钥匙，以防宝宝会不小心把自己或你锁住。你还可以在相熟的邻居或朋友那里放一把你家的备用钥匙。

○ **炉灶**：为了不让宝宝被热炉板烫到或者把煮着滚烫食物的锅拉下来，你应该加装一个防护装置（在建材市场或婴幼儿专卖店皆有售）。煮饭时把锅把转到里面，这样宝宝就抓不到了。

○ **烧水壶、咖啡机、熨斗、电炸锅、饮水机等**：这些电器应该放置在宝宝的视线之外。绝不要露出电线，保证宝宝不会拉到。

○ **清洗剂和清洁剂、药品和香烟（还有烟灰缸）**：一定要把这些对宝宝来说有毒有害的物质放在他们看不到的地方，最好放在高高的柜子里面或高架子上。

○ **桌边**：“磨平”桌子和其他家具锋利的角和边缘。因为宝宝在尝试走路而摔倒的时候，这些东西容易扎伤他的眼睛。需要用软塑料制成的特殊保护罩（在建材商店里能够买到）。

○ **柜子和衣橱**：所有不允许宝宝倒空的抽屉和柜子隔层都应该用儿童安全装置或宽橡胶带封住，只留一个抽屉装满玩具或旧的厨房用具——这就是他的“王国”了。

○ **化妆品**：收起浴室里的护肤产品，否则就存在它进入宝宝的眼睛或被宝宝误食的危险。

○ **电器**：收起像吹风机和剃须刀这样的电器。

○ **玻璃和瓷器**：易碎的家居用品，如玻璃或瓷器也应该束之高阁。

○ **小件家具**：一定要把小件家具如床头柜、电话柜、书架或CD架固定在墙上，以保证它们不会倒下来。宝宝不仅会扶着它们站起来，还会尝试着爬上去。

○ **地毯**：易卷的地毯很容易绊倒宝宝，因此应该用胶带固定住地毯边缘。

○ **小件物品**：注意不要把小件物品（珠子、弹子、生米粒、豆子或面条）洒在地上——宝宝可能会放进嘴里，误吞下去。

○ **光滑的地板**：穿着袜子在光滑的木质地板上蹦蹦跳跳是很危险的。因此尽量不要让宝宝赤脚在光滑的地板上跑，或者穿防滑的袜子。

○ **桌布**：干脆不要用桌布，因为宝宝会抓住它，将上面的餐具连同热菜一起拽下来。宝宝在你怀里的时候你不要去拿热的东西。

○ **室外**：盖住泳池、水池和雨水桶，或者围上篱笆，锁上花园的门，把肥料放得远一点，拿走花园工具和割草机……

小建议

如何处理房间里的植物

因为花盆里的土壤经常含有许多病原体，所以你应该用塑料罩罩住放在地上的植物花盆（在家居用品店有卖）。或者，你也可以剪掉旧尼龙丝袜的裤腿，从下面套住花盆，末端缠住植物，然后打结。这个方法虽然不美观，但是很有帮助。最后，不要在房间里摆放有毒的植物，比如仙客来、朱顶兰、杜鹃花、报春花、秋属海棠、花叶万年青、橡胶植物、刺桐、巴豆、马达加斯加长春花、鹿子百合、嘉兰、圣诞星、沙漠玫瑰和变叶木等。

语言能力发展

许多宝宝在1岁前后就开始说些让人难懂的话了——混合了自己创造的音素，以及从家人那里学来的韵律和语调。宝宝早起躺在床上或沉浸在游戏里的时候经常会自言自语。他总是睁着一双清醒的大眼睛观察身边的人，并试图模仿他们的行为。这同样适用于进入他耳朵的全部声音：吃饭时的吧嗒声、咳嗽声、打喷嚏的声音、狗吠、鸟叫、发动机的声音或者建筑噪音。

语言学习上的一个特点是，父母不需要刻意教宝宝说话。宝宝在大人们说话时认真观察和倾听他们在说什么和怎么说的过程中学习说话。宝宝模仿大人说话时的嘴部运动和表现形式，并尝试用这种方法发出声音。所幸的是父母能够自觉感受到他们应该对宝宝说多少话，宝宝又理解了多少。所以刚开始，他们都说得很慢，声调提高。之后他们会努力强调这些单词，不断地反复，并在和宝宝说话时注意要看着宝宝。父母用少量外来语和形容词造一些简单、易懂的句子。他们邀请宝宝一同参与到对话中来，并引发其思考和说话。

12~18 个月:“话痨”开始了

父母一旦听到宝宝发出了类似说话的声音，就会在面对他的时候自动改变自己的说话方式。之前习惯了的儿歌唱得越来越少了，取而代之的是用自己的方式嵌入宝宝的语言。比如宝宝对着一辆小汽车说“嘀嘀”，父母就会记住这种表达，然后自动地把孩子的语言与成人语言中的正确概念联系起来（“嘀嘀——是的，这就是你的红色小汽车”）。宝宝认真地观察他的父母，并试图记住他们的话。父母正认真地展示着宝宝在这一刻特别感兴趣的东西的名字。父母就用这种特别好的方式帮助宝宝扩大了自己的语言库。专家称这种“新的”语言行为（而不再是目前的乳音）是“支撑语言”。

你可以在日常生活中很好地使用这种支撑语言，并通过叫出宝宝世界里的名称来帮助他学习表达：物品、身体部位、名字、食物——总之是一切他感兴趣的东西。在穿袜子的时候（“我们的小脚趾在哪儿啊？”），在读书的时候（“消防车是用来做什么的？”），或者散步的时候（“小狗在哪呢？”）。通过你指给他看（在书里或者街上）或者让他直接触摸（一个身体部位），同时说出这个物体的名称，宝宝就这样认识了这个物体的正确名称。

语言能力发展的起源

为了让宝宝学习说话，必须在两方面提高他的注意力：和他说话的人以及和他说话时提到的物品。为了能把单词（“车”）和物体（“儿童书里的车辆”）联系起来，宝宝需要先认真地看你，再看那个物体。他听到你说的话，记录他看到的东西，将信息储存在他的大脑里（“这个东西长成这个样子，它叫车”）。我们年轻的倾听者在你、物体和自己之间构成了一个虚构的三角关系。在语言习得研究中，人们将其称为“三角原理”（“三角”一词最初来源于拉丁语）。三角测量被视为语言能力发展的起源，也是语言能力和概念形成的基石。

词汇量增加

2 岁初期时，宝宝已经能够理解一些单词了，也就是所谓的关键词。此外，他们还能理解命令、提问和要求。他们同样能在被要求的时候指出物体，甚至把它取来。大多数的孩子在 18 个月的时候大约能理解 80~100 个单词。科学家由此推断出宝宝出生后第二年里每天的被动词汇增长量为 5~6 个，一个很大的量。但是积极的词汇量各不相同——大约在 2~10 个单词。

1 岁生日后的半年中，宝宝能说的少数词汇都是来自婴儿语言的词汇，也就是所谓的原始词汇。比如，狗叫

“汪汪”，牛奶叫“咪咪”，小鸟叫“啾啾”——根据想象力和创造力不同。而且这些词汇只会涉及来自直接环境的物体。借助已经具备的有关概念的知识和少量说出的婴儿语言，宝宝现在已经能够说出某些东西的名字或者表达自己的愿望，如“要冰”（“要冰激凌”）。

宝宝的“秘密语言”

新单词往往也要求新的音素——而且必须通过嘴唇发出来。目前为止，宝宝已经能够连续发出音节了，而现在为了发出组合音需要扩大音素量。因为有些音素比另一些容易发，比如“p”“b”和“m”，所以宝宝特别喜欢使用这几个音，并从中创造出自己的词汇。所幸的是父母是天生的翻译家，他们总能知道自己的宝宝用他们的“秘密语言”想要表达什么。有些有趣的语言甚至会成为家庭语言，比如把发夹称作“发芽”，把“对比”叫作“堆起”，或者把“尿布”叫作“尿壶”。

第一个“一字句”

“一字句”这个名字乍一听容易让人产生迷惑，因为通常一个句子都由不止一个单词构成。但是对于小朋友来说则不同。他们把单个的单词，以自己的方式说出，当成句子来用。据经验，这大概发生在 1 岁生日后的半年间。在这个时间段里，宝宝听到单词，储存下来，然后再自己说出，并不断地加以润色。

一字句通常由名词构成，如房子或床，有时也用动词。比如宝宝说“睡”（一个很常用的原始词汇）可能包含许多不同的含义：宝宝自己累了，想睡觉；图画书上的那只猫睡在窗台上；妈妈打哈欠，可能是累了；他最爱的毛绒玩具睡在娃娃床上或者邻居家的宝宝睡在婴儿车里。

因此，一个词语可能有多层意思。宝宝可以用它传递大量信息。他可能提问，自己给出回答，做出评论或只是发出讲述邀请。

小建议

请给出反馈

如果你理解宝宝的一字句想要表达的意思，你可以给他一些反馈，将他的一字句扩展成一个复杂的句子。比如，你的宝宝站在厨房里，指着水龙头说：“喝。”这时你可以回答：“喝？我知道了，你渴了，想要喝水。好，我给你拿水，但是你还需要一个杯子。现在你可以从杯子里喝到水了。”你用这种方式告诉你的宝宝你听懂他的话了。同时你可以给他示范“喝”的正确发音。被理解的快感可以激发和提高宝宝说话的兴趣。

语言理解

除了语言学习外，宝宝每天还在加强他的语言理解能力。同时，语言理解力在某种程度上是说话的前提，因为你的宝宝能够在理解一个单词的意思后，用名字来称呼一样东西。

而且，当你说出一句话时，他能够借助于你的表情和声调理解其中许多词的含义。比如你说“离开那个楼梯”时，宝宝可能还不知道楼梯是什么。但是，当你指着楼梯，严肃地看过去的时候，宝宝就理解了有关安全的信息。同样，在你向门走去，指着鞋子说“走，我们去散步”时，他也能理解其中的意思。还有一条规则在这里同样适用：熟能生巧。如果你要求宝宝把鞋拿来，但是他却取来雨伞时，你会纠正他。“你拿来了雨伞，这很好。但是它并不适合我们的脚，我们的脚需要鞋子。那么你的鞋子在哪儿呢？”这个单词被特殊强调并不断重复。大多数情况下，宝宝会倾向于一句话最末尾的那个单词，并最强调它。这对宝宝来说是一个绝佳的去发展对“散步”流程更深的理解的机会。而且渐渐地，单词分别有了含义，不再依赖于流程。

要理解现在到户外去这个意思，几个关键词就够了。如果有许多东西供选择（比如一个娃娃、一辆汽车、一个球和一个塑料锤子），宝宝能准确挑出你让他拿的东西。比如，如果你伸开手说“把锤子给我”，那么他就会把锤子放在你的手里。如果你说“用锤子敲一下”，他虽然不理解这个句子的含义（“什么是敲？”），但仍然会给你工具。但如果在游戏中你提出请求，说“把锤子从地下室里取出来递给我”时，情况就不一样了。因为只要你不把锤子实实在在地放在宝宝面前，他就无法完成对“锤子”的想象，所以他会不知道应该做什么。在这个时间段，语言理解还是要和情景结合起来——宝宝还无法对不在场景中出现的事物和人做出抽象的理解；同样对讽刺性的评论也不理解。随着时间的推移，宝宝才会有能力说一些他看不到的人和事物。然后他就会知道，祖母在家或者爸爸在工作。

模仿大师

宝宝不仅通过倾听学习，还以此学习你如何处理事物。比如，当你把电话听筒拿在手里，他就会饶有兴趣地认真看。他试图记住你怎么称呼这个部分，并用它来做什么。所以，下次一旦他手上拿着听筒，就会立刻把它放到耳边。同样还有笔：宝宝看到你是如何把笔拿在手里，并用它在纸上写字的。

所以，下次等他有机会就会学你的样子在纸上画画。

他看到，牙刷是属于牙齿的，体香剂是用于腋下的，鞋拔子是放在鞋和脚之间的。结果并不那么重要——他可

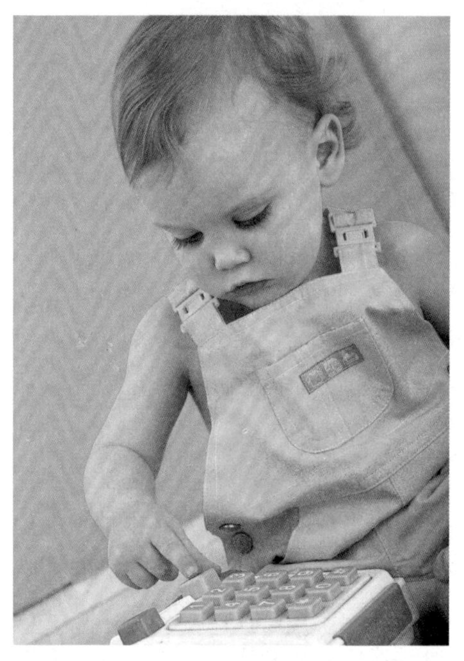

如果宝宝在你打电话时认真观察你，那么他也会自己学着按键。

能把电话听筒都拿反了，或者尝试用橡皮写字。他的行为更重要，他有能力做妈妈（或爸爸）能做的事情了。

张口是金

你能为宝宝的语言能力发展做的最好的事情就是和他说话，说好多好多话，但是注意，不要使用复杂的长句子。比如，在给他换尿布的时候简单地陈述你在做什么就够了。大概就是："穿裤子——一条腿——再一条腿……"和宝宝进行眼神交流，试着在和他说话的时候看着他的眼睛。即使你每天有许多日常小事，看似"不值得一说"，但是从宝宝的角度看是不一样的。所有你做的事情他们都非常感兴趣，而且全部想要参与。因此不要迟疑，尽情地将生活琐事讲给宝宝听："来，我们去洗澡，然后给你换个新尿布。你的尿布在哪儿？"或者，"现在我们脱掉你的袜子。看，我们把它和其他的袜子放在一起，这已经有许多袜子了。"宝宝很渴望词语和解释——几乎没有够。

朗读

宝宝日常生活中最喜欢的事情之一是朗读。通过图画书，你可以帮助宝宝提高语言理解力，扩大词汇量。刚开始可以给他看一些简单的书，每页都是一张单独的图片或者简单配一些文字，如果色彩艳丽，就够宝宝看了。你可以让宝宝坐在你的膝间，一起看一本图画书，倾听你的声音，允许宝宝自己翻页并熟悉这些东西叫什么名字——这不仅能够促进说话行为，还可加深爱与关怀的感觉。

做所有事时有一点很重要，那就是要适应宝宝的节奏。你说话的速度要保证宝宝能够跟得上你，否则他学习不到。出于这一点，在宝宝学习说话时你不能用电视和 CD 来代替你的朗读。因为，无论是电视还是 CD，人们说话的速度都太快了，这对宝宝的理解能力是过高的要求。

如果你的宝宝不说话

宝宝开始说话的时间通常在12~18个月，但是究竟在什么时候由宝宝自己决定。有些父母在宝宝9个月的时候就听到他说第一个词了，而其他的词则需要等相当长的时间——有时，甚至要等到20或30个月。在此期间，当宝宝能够自己走路（以及需要几天时间锻炼自己走路），语言学习会发生短暂的停止。在这个阶段，他必须集中注意力在这个发展阶段，这时可能会“穿插”一两个词汇。一旦可以走稳，大多数宝宝就会重新拾起语言学习。

尽管如此，如果宝宝长时间没有开口说话，也可能是出现了语言问题。最经常出现的原因之一是听力受损。因为听力不好的人也无法学习说话——可能阅读和写作也会有困难。如果出现以下现象，就有可能是出现了语言问题：

○ 12个月时未咿呀学语。

○ 12个月时对说话无反应。

○ 18个月时说的词少于6个。

○ 只会说元音（a、e、i、o、u）。

睁眼

在语言学习过程中，视觉感知能力与听力同样重要。因为，视力不好的宝宝无法对周围的环境形成影像——因此就不好形成概念。宝宝的眼睛是什么样的？如果你和他一起看一本图画书，你可以对他的视力有一个认识：

○ 你的宝宝熟悉他的书吗？他有最爱的书或者最喜欢翻的一页吗？

○ 你的宝宝认识书上的东西或细节吗？他能够用自己的话表达出来吗？

○ 你的宝宝看向你指的地方吗？

○ 他会为了看某个东西而转头或斜着头，或者距离近一点吗？

○ 他对长时间看东西有兴趣吗？

○ 他的眼睛很快就会累了吗？

○ 你的宝宝有轻度斜视吗？

如果你不确定宝宝的听觉和视觉感觉能力如何，你应该去咨询儿科医生，他有丰富的经验。

如果宝宝不说话，就需要你的帮助。

18~24个月宝宝的语言能力发展

通常宝宝1岁半时除“妈妈”和“爸爸”外还会掌握至少3个积极词汇。音素量也有增加，如“l”“f”“n”“j”“t”和“d”，甚至出现了一些咝擦音如“ch”或“s”。

宝宝慢慢地知道他发出的音会产生一些作用。比如他说“妈妈”的时候，妈妈会看向他。而父母往往会因此而非常欣喜，于是宝宝也对此印象非常深刻。有时宝宝需要休息一小会儿，不再试图发出新的词语，而是先认真倾听，然后将所经历的事情储存下来。当某天一个合适的时机来了的时候，他会用印象深刻的，能正确表达的词语来给爸爸妈妈一个惊喜。相反，其他宝宝更喜欢从一开始就立刻说出来，并不受束缚地模仿他听到的话。对于我们的小“鹦鹉”来说，更重要的是他在说，而不是怎么说。

词汇量剧增

无论宝宝属于哪种类型，出生后18~24个月都是一个真正的“词汇收集期”。宝宝非常认真地观察周围的环境，当有人跟他说话的时候，他会寻找眼神接触，观察对方的嘴唇运动，全神贯注地听对方的发音、声调和语调，并将所有印象储存在大脑里。一旦他的词汇量达到了大约50个，那么就达到了下一个语言发展阶段。

两字句

一旦积极词汇达到一定的数量，宝宝知道了人们如何运用词汇（如作为疑问、回答、命令或表达惊喜以及恐惧），他就会将两个单词连成一个小句子，可能是连接两个名词（“蕾娜、鞋子”“妈妈、汽车”“宝宝、工作”），也可能是一个名词和一个动词的基础形式（“妈妈、来”“狗狗、叫”），或者名词和形容词（“狗狗、可爱”“太阳、亮”“茶、热”）。虽然大多数词语宝宝还是像以前一样只能将其简化说出，比如“凳”代表“凳子”或者“雪”代表“雪人”。但是，现在词汇具有直接的关联性了，比如“瓶子、喝水”或者“汽车、走了”。

从现在开始，宝宝唤起了研究东西之间相互关系的兴趣，渐渐地发展对原因和影响的理解力。宝宝的语言能力在这个阶段可谓与日俱增。与爸爸妈妈的交流也进行得越来越好，而且和他们交流给宝宝带来的乐趣越来越多。宝宝语言学习进行得良好让爸爸妈妈也很高兴，并进而鼓励宝宝进行积极的交流。

初始阶段，宝宝的两字句具有多层含义——与一字句的情况相似。如果宝宝站在楼梯前说“楼梯、上”，那么一方面表示他想上楼梯，另一方面也可能想表达上楼梯是危险的或者妈妈上楼了。但是随着时间的推移，他的话的指向性就会越来越明确。

“这是？”

两字表达对宝宝来说是一件好事，因为他更容易和父母交流了。他能够有目的地表达愿望，并指向物品，他可以清晰地表达他喜欢什么，不喜欢什么，他能指向某物，解释并玩耍。但是最主要的是他能够提问。

大概到 2 岁生日前后，大多数的宝宝就能够发现他能对父母说些什么。当宝宝在房子里走得越来越稳，并勤快地整理自己的物品时，同时也不会忘记倾听或学习新的词汇。所有事物都会被评价、认定和提问。即使宝宝看到过很多次咖啡机，知道水开了是什么声音，知道咖啡煮好是什么味道，他还是会不停地问“这是？”他对世界的兴趣是源源不断的——不问的人就输了。宝宝在 2 岁的后几个月能机灵地使用疑问词“为什么？”“什么？”所以父母就经常面临挑战，一直要找合适的回答，精神也要高度集中。但是宝宝听到有解释的、诚实的回答越早（最好是相当友好的），他就能更快地对事物的相互关系做出反应。没有孩子提问只是因为好玩。他的内心中有个明确的任务：发现世界，并且先从家里开始。

信息

理解得清清楚楚

代替目前为止的音素材料，出现了越来越多的正确概念，首先是一些小词，如“上”和“这”。2 岁这一年，宝宝还对介词产生了概念，如“在里面”和“在上面”。一个小东西消失在一个大东西里面，或者把许多部分摞在一起的游戏可以加强宝宝对这些介词的认识。之后，通常还会用两字句“妈妈，在上面”来练习“在上面”这个介词，当宝宝想要被妈妈抱在怀里，或想要回到地上的时候。

说“不”

问题多的人（希望）得到的答案也多，但是偶尔也会得到“不”这个词——比如，当宝宝手里拿着一支笔放在你家的新皮沙发上，忽闪着大眼睛看着你，然后问：“沙发，画画？”或者在他想要帮忙削苹果时指着刀问：“自己，削？”

根据你说“不”的力度不同，宝宝对其的反应也不同。如果你说得很直接、清楚且坚定，同时还摇了头，那么宝宝可能才会中断要做的事情。“‘不’是什么意思？”很快他就知道这个词在很多情况下与“停”的意思相近。

摇头是一个宝宝立刻就能学会的动作。你会惊讶地发现，很快“不”这

孩子需要明确的说明。只有这样他才能明白在家里什么被允许，什么不被允许。

个词就成了他最喜欢的词汇。“不”吃饭、“不”换尿布、“不”坐在桌边：宝宝突然能够用这个单独的词来表达他自己的感觉和观点，并同时要求你和他一起说话了——太棒了！就算这样还不够，到那时，宝宝通过“不”这个词还会发展他对社会参与和周围人的愿望的认识。因为当他从其他小孩儿那里拿走了某样东西或者拉了他的头发时，他听到了什么？对，是“不！”

完成任务和下指令

许多宝宝自2岁的后半年开始就理解一些小指令的含义了。当这个东西不在直接可触及的范围内，他也能完成任务。比如你问：“那个红色铅笔在哪儿？”宝宝会跳起来，跑到书桌旁，取来铅笔。

同时，宝宝自己也能越来越好地下达指令。比如，他会拉着你的手，用他想要展示给你的地方或他想要的东西引导你，以此来表达自己的愿望。而且还能清晰地表达他的喜欢和不喜欢。

“这是我”

宝宝能够用手按开关，打开、关闭灯。他能向下按门把手，自己打开和关闭房门。

当宝宝张开嘴呼唤你的时候，你会看向他，甚至向他走来。还有一些相似的场景，宝宝知道了他的行为和语言能够带来一定的作用，也意识到自

信息

请不要纠正

当宝宝开始说的时候，这就是一个巨大的成功。他的发音不标准是理所当然的——这在现在根本不重要。因此既不要纠正他的发音也不要纠正他的语法，因为这可能会降低他对说话的兴趣。更有意义的是向你的宝宝发出信号，告诉他你懂了。然后你可以用正确的语法重新说一下这句话。比如：“猫头鹰，睡？”变成“是的，猫头鹰睡着了”。

小建议

讲述代替提问

当你和宝宝一起看图画书时，不要一直问他图片上物品的名字，因为他还只能用一个词回答。更好的方式是给他讲述图画书上发生了什么，比如“看，拖拉机开走了”或者“看，猫咪睡着了”。宝宝以此来学习理解事物的相互关系，并且日后能够自己用几个单词来回答。

己是一个独立的人，而这个人也有他自己的名字。

大概 2 岁生日时，宝宝就会使用自己的名字了。他对自己这个人有了概念，而且有能力说出自己的名字。但还不是以第一人称，而是用自己的名字。几个月后，就能说出“我的”了。3 岁末能够说出“你”和“我”（见第 328 页）。

在玩中学

大约从 18 个月起，功能性游戏不断增加（见第 275 页），这对语言学习来说很重要：宝宝会对所有的事物都很仔细地观察，他旋转、翻转、检查、比较。但是他很少注意事物的外部特征（它是软的、硬的、粗糙的还是光滑的？），而且也不再非得用嘴巴来尝试了。相反，功能更重要，宝宝用东西装满盒子或罐子——再把里面的东西倒出来。他把拼图块拼起来——再拆开。他按照形状整理物品，把杯子或积木块摞起来——然后再把堆成的塔推倒。他最喜欢这个过程中你能在他身边，因为这样他可以和你交流、交谈或者就是享受和你在一起的时光。这里“三角原理”也很有作用（见第 201 页）：宝宝的眼神在你和玩具之间来回移动。当他指一个物品时，你会递给他——反之亦然。用这种方式宝宝有了给和拿的意识，不久后又变成了“先是我，然后你”，以及“这样做，就好像”的游戏（见第 275 页）。通过共同的游戏，你能够帮助宝宝将他的经验、经历和想法用语言表达出来。

独立性促进说话

宝宝的感官变得敏锐，并试图感受所有重要的东西。宝宝开始模仿他身边的人，不仅在语言上，还在行为上。同时，宝宝越来越有自己独立的个性，并想要——与妈妈分开——自己做事情。这也很好，因为这可以锻炼他的自我意识和自信，这对学习说话也很有帮助。

自己做

宝宝越来越喜欢自己处理一天的事情。这是一个很好的现象，因为这一意愿的前提是他已经对你做了足够的观察，并在头脑里演练过了：这个我也可以——自己做。许多宝宝 2 岁的时候

终于能自己拿勺子了：吃饭会带来更多的乐趣。但是，宝宝洒得到处都是的时候，谁来收拾呢?

就想要自己穿衣服、脱衣服，想要自己用勺子吃饭，想要自己用杯子喝水，想要自己梳头发、刷牙。即使当你这一上午已经是第 15 次给宝宝穿袜子，都要发疯了，但是你仍然要对他想要独立的意愿感到高兴，因为他想要自己脱袜子……

你要你的宝宝感受到你理解他，对他的行为很满意。为此，许多方法都很有用。为了在“自己穿衣服”时避免“时尚感”的错误概念，你可以给宝宝选择，是（自己）穿白色还是红色的T恤，衣服前后穿反了？没关系。吃饭的时候你也可以给宝宝手里拿一个勺子，同时用第二个勺子作为辅助，保证饭真的能到宝宝的嘴里。刷牙的时候让宝宝先刷，然后再轮到你。同样，你可以在刷牙时给予他帮助。宝宝能越独立地做这些事情（前提是在你的监管之下），就越容易理解行为的过程，理解、练习，并说出来——一次又一次地练习。

说话障碍

语言发展也是一个非常独特的过程，根本没有什么运行根据。毕竟宝宝学习说话要满足非常多的条件。有时人们会有一种感觉，宝宝几周都没有学习

信息

允许宝宝自己吃饭，自己喝水

万事开头难——尽管如此，仍然要尽量让宝宝自己吃饭，自己从水杯里喝水。因为这很大程度上能够促进宝宝的独立性和自身感知能力，而且还能对行动进程有一定的意识：拿住杯子，放到嘴边，倒，重新放下——一切会进行得越来越好。宝宝日复一日地训练这种必要的精细化运动技能。

一个新词——但是短时间内却惊喜地突然发出一些新的表达。这到底从哪来的？

24个月的时候，宝宝认识了和他每天在一起的人的名字，能够叫出许多物品的名称。即使他不知道某一个物体叫什么，他也至少知道这是干什么的（比如吹风机是用来吹干头发的）。但是，宝宝语言发展的道路并不总是一帆风顺的。

吮吸手指和奶嘴

毫无疑问，奶嘴能够满足宝宝在出生后头几个月强烈的吮吸要求。所以在这里我们要探讨的不是宝宝需不需要奶嘴，而更多的是什么时候，以及最主要的是需要使用多长时间的奶嘴（更多有关奶嘴的话题请见第218页起）。

事实上，大多数的宝宝不仅在睡觉的时候含着奶嘴，在白天玩耍或散步的时候也经常把奶嘴放在嘴里——可惜在说话的时候也如此。宝宝的行为是可以理解的，但是这个年龄的宝宝应该如何理解他在睡觉时含着奶嘴的行为呢？凡事都是有原因的……

如果你想制止宝宝说话的时候嘴里还含着奶嘴的话，就必须勇敢地迈出第一步。你必须先知道奶嘴或吮吸拇指是如何妨碍语言学习的，因为嘴里塞满东西会使宝宝无法清晰地说话。

语言矫正师深刻地知道长期吮吸奶嘴带来的后果：非常常见的是颌骨、上下颚、舌头、嘴唇和牙齿的合作受到影响。奶嘴对门齿的大量压力将造成兜兜齿的现象（见第97页）。因为舌头失去了前端的空间限制，所以宝宝无法发出大量的正常咝嚓音，咬着舌头发咝音的现象将会出现。

提高的受感染率

一个健康的、放松的宝宝都会用鼻子来呼吸。他的嘴唇闭合，舌尖位于上腭。相反，如果他总用张开的嘴巴呼吸或者把舌头置于牙齿之间，那么就会造成口腔运动过度。而吮吸奶嘴（或拇指）恰恰会加重这个后果，因为当宝宝不用力吮吸奶嘴的时候，奶嘴就会松垮地放在嘴里，而白天通常是这种情况。这又会减弱口腔肌肉群的功能，因为它没有得到应用。因此当宝宝嘴里没有奶嘴的时候，他也会张着嘴，而且往往会流很多口水。

结果是，宝宝几乎不用鼻子呼吸，因此大大提高了受感染的可能性。因为吸入的空气绕开了作为身体本身的过滤器和“具有空气湿润功能”的鼻子。而且，鼻子受堵的话可导致宝宝无法闭上嘴巴用鼻子呼吸——这是一个恶性循环。

长此以往很有可能形成鼻息肉，用来维护已弱化的口腔肌肉的循环系统，而且会延缓宝宝的语言能力发展。

信息

奶嘴和奶瓶，再见

从语言治疗的角度来看，最晚在宝宝 2 岁的时候就应该放弃用带奶嘴的瓶子喝水或成天吮吸奶嘴了，没有必要让一个健康的、符合年龄发展规律的宝宝再使用奶瓶或奶嘴了。除非：根据家庭情况的不同（比如兄弟姐妹的出生、搬家或者家庭成员的死亡），可以在特殊情况下用奶嘴帮助宝宝入睡——但只有在这种情况下。白天还是不应该用的。

由于感染而反复出现的中耳炎和其前期症状（鼓膜有液体流出）则加剧了这些消极的过程，因为它们限制了听力能力。

为了消除不良状况，研究产生的原因就非常重要：宝宝为什么用嘴呼吸？舌头在休息状态下为什么位于牙齿之间？如果你感觉这是一种长期状态，那么你就要尽早为宝宝预约儿科医生或者耳鼻喉科的医生了。

用愤怒代替话语

当然有话多的人也有话少的人，有些宝宝先认真观察，让其他人优先说话。有时语言能力虽然符合年龄发展，但是口部运动能力还是存在问题。这类宝宝虽然准确地知道他们想说什么，但是无法表达出来或者无法表达清楚，以致身边的人无法理解他的意思。当父母多次询问“你说什么？我不理解你，宝宝再说一次”时，宝宝失落的情绪会油然而生。大多数情况下，宝宝会用夸张的表情和手势来帮助自己表达。当这些都无效的时候，就会变得很狂躁。毫无疑问，当人们不被理解的时候，他就会变得“耐不住性子”。这时父母往往自问：宝宝为什么会有这样的反应？原因是什么？说话为什么有问题？口腔运动技能看上去如何？

从嘴里拿出来挂在树上：这样的“奶嘴树”能够帮助宝宝告别奶嘴。

当宝宝感觉说话很难时

口腔和咽腔拥有大量肌肉，让我们能够说话、吮吸、吃饭、吞咽、叫喊和哭泣。要顺利运用这些能力，舌头、嘴唇和面颊肌肉群必须非常灵活。比如，在说话的时候要在瞬息间无数次地改变它们相互间的位置。宝宝发出每一个音时，舌头、嘴唇和脸颊的运动都不相同。所以，虽然宝宝在学习字母时能够发出单独这个字母的音或者放到简单的单词里，但是无法把它放在复杂的语言结构或者长久表达中。比如他能发出“l”，但是在发“lou”时却简化成“ou”。

如果宝宝在运动口腔肌肉和使其相互合作方面有困难，我们也说他存在着口腔运动技能障碍。对此可能有不同的原因：

- 器官原因，比如舌系带较短。
- 大脑发育迟缓。
- 肌肉张力太小（肌张力减退）。宝宝的肌肉紧张感小，软弱无力。
- 持续地吮吸奶嘴、拇指或吮吸巾。
- 感知障碍，这将造成肌肉群缺乏运动。

信息

人们如何理解运动技能？

运动技能的概念是从拉丁语“motoriké téchne”即“运动学”，和“movere”即“运动，推动”引申而来。通常人们理解的运动技能是指肌肉群的整体行为。同时，运动技能还被分为不同的领域，具体如下：

粗糙运动技能：它能够帮助我们改变身体姿势和在空间里的位置。宝宝手舞足蹈、转身、翻滚、匍匐前进、爬行、坐起、站立和行走。通过这些粗糙运动技能的行为，宝宝能够积累经验，理解周围的环境，进而用语言表达出来。比如，宝宝爬上楼梯，并从上往下看。通过自己的经验，他获得了对“爬行”“楼梯”“高的”“上面”和“下面”的理解。

精细运动技能：它涉及手的能力。为了活动双手就需要必要的手部力量、手指力量、技巧和目标的准确性。用看、摸的方式，并带着目的接触或抓握某些东西，宝宝能够理解他周围的环境——这是智力发育和语言发育的主要前提。

书写运动技能：它能够通过手指的不同、均匀的运动使书写变得可能，并被认为是除了口腔运动技能外，人类最精细的合作能力。如果宝宝在精细运动技能上显示出了异常，那么他可能就不喜欢画画，于是宝宝在学习书写方面的练习就会很少，可能日后还会表现出书写运动技能的异常。

精细运动技能和说话

语言矫正师和语言治疗医生一再确认，精细运动技能（手的应用能力）发育不完全的宝宝往往在说话方面也有困难。原因可能是什么？在孕期内，宝宝的手、脚和口腔的发育就紧密联系在一起。人们甚至已经确认了，就在婴儿的手指从手掌中分离出来的同时，他的舌头也在口腔中出现了。因此，助产士会建议喝奶能力弱的宝宝的妈妈在喂奶时温柔地抚摸宝宝的手心，以此来帮助宝宝提高吮吸能力。对于有语言障碍的学龄前儿童来说，在说话的同时练习一定的手部和手指运动是比较困难的。比如在抬起食指的同时，抬起舌尖（就像发字母“l”必须做的动作那样）。

为好的口腔运动技能而做的训练

唇肌肉和舌肌肉的练习有助于形成更好的口腔肌张力。只有这样才能保证在发音时嘴唇能够闭合，舌头能够充分运动。如果有必要，你可以有目的地让宝宝每周做 4~5 天类似的练习，每次大约 2 分钟。当然，你也可以将这样的练习引入到游戏时间。

◎ **扮动物：**剪几个鬼脸面具——发出吧嗒吧嗒的声音，并大声吐气，张大嘴巴和眼睛，很严肃地盯着他。像一只兔子那样把上牙放在下嘴唇上，或像奶牛一样把舌头伸出嘴角，或者像壁虎一样突然伸出舌头，把嘴鼓成金鱼嘴状，然后不作声地一张一合。同时鼓励宝宝跟你一起做。

当宝宝学习说话的时候，也可以适当地放弃一些餐桌礼仪。

针对唇部肌肉的很好的练习：吹蜡烛——最好在吹生日蛋糕上的蜡烛时。

○ **吹棉花或羽毛**：把一个棉花团放在桌子上，让宝宝把它横着吹到盘子里，或者和宝宝一起玩“空气足球”。为了提高难度，你还可以用吸管来吹，用最柔和的气息就能让一根羽毛飞得很高。

○ **吹蜡烛**：让你的宝宝吹灭一根燃烧的蜡烛——有时离得近，有时离得远。这根本不简单，但更难的是你并排摆放 3 个正在燃烧的茶灯，只让宝宝吹灭其中的一个。

○ **洗浴的乐趣**：洗澡时宝宝可以尽情地吹手上的泡沫或者用吸管在水里吹泡泡。宝宝制造一阵狂风也不错，它可以驱动纸质的或塑料的小船在水面上航行。

○ **吃意大利面**：当牵扯口腔肌肉构造的时候，餐桌礼仪就要靠后了，用嘴唇吸意大利面需要很大的嘴部力量的。

○ **手工**：大体上是指精细运动技能的“练习”，如打磨、揉捏、修补珠子，折纸或画画，可同时促进口腔运动技能。

信息

宝宝在 2 岁后期应该能够做到：

○ 说两字句。

○ 模仿动物的声音。

○ 认识并说出重要关系人的名字。

○ 认识并使用许多不同的词汇。

○ 将不同的辅音应用到他的音素表达中，如 M、B、P、D、F、L、N 和 T。

○ 认识和使用一些形容词，如可爱的、热的、冷的、漂亮的和软的。

○ 表达愿望，比如他想喝东西或吃东西的时候。

他还应该：

○ 不再流口水，因为这是口腔运动技能松弛的标志。

○ 毫无问题地拒绝硬食（为了训练他的口腔运动技能，也允许他这样做）。

○ 自己用勺子吃饭。

○ 建立事物间的相互联系，完成小任务。

○ 用开口的杯子喝水，这有 3 点好处：1. 可以不用奶瓶了；2. 宝宝获得了自信，因为被允许用开口的杯子喝水；3. 这标志着宝宝理解了事物的相互关系（杯子一喝）。

1岁已经过去了，一年前还表现得无助且需要保护的新生儿已经成长为有独立意识的小大人了。宝宝2岁时的成长速度惊人。在健康和护理方面，需要你从其他的，甚至新的角度来考虑。

预防性检查

宝宝1岁时已经做了6次预防性检查了，现在已经不再需要这么多“身体检查”了。宝宝2岁时你只需要进行一次预防性检查的预约。

第七次预防性检查（检7）

检7——也叫作“两周岁检查”——在2岁生日前的3个月内进行，也就是在21~24个月。这时距离上一次检查已过去将近一年的时间了。和宝宝1岁时相同，医生在检7时也要检查宝宝的发育是否与其年龄相符。

身体检查

与以往一样，为了知晓宝宝的体重、身高和头围，身体检查以称重和测量开始。这些数值将被记录在黄色预防性手册的后面几页里。接下来，儿科医生要对宝宝的身体发育形成一个整体的印象：

宝宝的体重是过轻还是过重？个头小吗？皮肤颜色如何？皮肤特别苍白吗？有色素障碍、血肿、慢性易感染性皮肤变化，甚至是严重损伤吗？身体检查还包括感官和器官的功能性检查。宝宝听力如何，会把头转向一侧去听感知到的声音吗？他能在嘴闭合的情况下用鼻子呼吸吗？他的视力如何？斜视吗？有某只眼睛出现弱视的现象吗？或者当他的眼睛盯着某一物体时，头摆动得明显吗？心脏跳动正常，还是特别不一样？肺部有杂音吗？医生还会按按宝宝的腹部来对其内部器官如肝脏和脾脏有一定的了解。同样还会看一下性器官，比如要排除男孩患有睾丸高位或者女孩患有阴唇黏合。

紧随着内脏检查的是对骨骼的检查。是否出现脊柱变形，如脊柱侧凸（脊柱向一侧弯曲）或骨盆倾斜。宝宝的腿看上去怎么样？有“X”或“O”形腿吗？双脚有变形吗？掌握了这些信息后，医生一定能够给你一些准确的建议，告诉你如果你的宝宝开始跑了需要穿什么样的鞋。只有穿上正确的鞋，宝宝的脚才能自然生长（更多信息请参见第 184 页）。

小建议

如果你的宝宝不合作

有些儿科医生将检 7 称为“恐惧或尖叫预防性检查”。因为宝宝在检 7 时往往显得很害怕、很黏人或者很倔强。其原因更多的不在于对他的检查，而在于他不乐意配合。因为他正处于叛逆的阶段，2 岁生日前后，宝宝开始了与妈妈分开的进程——也是第一个抗拒阶段。所以，如果在检查时完全无法顺利进行，那么你干脆在 2~3 个月后重新预约一个时间。大多数情况下，那时宝宝就已经会听从医生的指令了。

语言理解和说话

为了评估宝宝的语言能力和听觉能力，医生一方面会询问父母相关问题，一方面还会做一些测试。比如，宝宝要回答这样的问题：“你的鼻子在哪儿？”或者，医生给宝宝下出指令：“请把红色的球递给我。”

宝宝通常应该在 2 岁生日前后有能力说出至少 10 句话，他的被动词汇量应该大于 250 个。此外，他还应该能够把两个单词连接起来（两字句），如“宝宝、汽车”或者“狗狗、可爱”。

大多数这个年龄的宝宝都能叫出一些动物和人的简单名称，比如，指出图画书里的一只狗，并同时说出它的名字（“汪汪”）。据经验，许多宝宝在 24 个月左右已经知道了自己的名字，并将它与动词连用（“巴斯蒂吃”）。

粗糙运动技能和精细运动技能

通过游戏行为，医生对宝宝的运动技能形成了一定印象。他同时注意到宝宝是否会走，如果是，那么是怎样走路的。如果不扶着东西是否能俯身，并重新站立。是否已经会扔球，并向前走几步。宝宝能在不跌倒的情况下绕过障碍物吗？医生可能会在宝宝的脚前放一个球，他能不用扶着就把球踢开吗？医生还会问你的宝宝是否已经有能力自己上楼梯了。

接下来需要观察宝宝的精细运动技能。宝宝能够用一只手把 4~8 个积木块搭建成一个塔吗？他能够用两只手从瓶子里倒出液体（比如水）吗？能用两只手把一颗珠子放进一个瓶口吗？宝宝怎样用笔的？他能用笔在纸上画一条竖线吗？他的运动过程是流畅的吗？

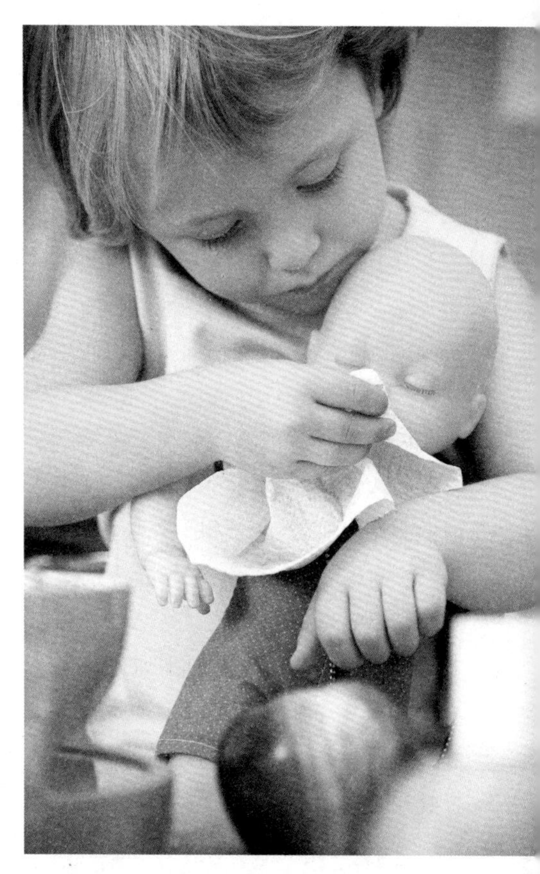

在游戏中，宝宝模仿他观察到的动作。父母经常会在其中发现自己的影子。

社会行为

医生还需要通过父母的帮助来获得一些有关宝宝行为发展情况的信息。其问题可能是：宝宝在家的行为是怎样的？他对书感兴趣吗？他能自己玩几分钟吗？他的睡眠行为是怎样的？宝宝在晚上能够连续睡眠吗？宝宝已经能够自己穿一部分衣服，比如袜子、裤子或者毛衣了吗？他能够自己洗手并擦干了吗？他开始模仿日常行为，比如用勺子给娃娃喂食或让毛绒玩具上床睡觉了吗？他和别的宝宝一起玩你追我赶的游戏了吗？

检 7 的内容还有牙齿护理、氟化物预防、龋齿、进食行为（如何对待甜食）以及预防接种。

奶嘴，再见

有时就像有魔力一样，为了满足宝宝强烈的吮吸需求，许多父母会给新生儿含一个安抚奶嘴。大多数情况下，这听上去比实际情况更容易。因此，宝宝总是把奶嘴吐出来，或者在睡觉的时候遗失它，然后醒过来。父母就必须起来好几次，为的就是保证宝宝在睡觉的时候奶嘴一直在他的嘴里。但所幸他们都是极具创造力的。奶嘴总是会在它实际应该在的地方：嘴里。如果宝宝接受了它，并通过它找到了平静，那么这一切看上去就完美了。但是没多久又到了宝宝该戒掉奶嘴的时刻了。而且据经验，这根本不容易。

为什么一定要扔掉奶嘴?

有大量论据反对使用奶嘴：一方面它加剧了牙齿畸形和语言发展迟缓的产生（见第 211 页）；另一方面还存在着感染率增加的风险，许多宝宝因为奶嘴而首选用嘴呼吸。与鼻息相反，用嘴呼吸时气体未经过滤就进入了身体，与此同时，病原菌也随之进入。

如果宝宝的牙齿已经斜了，那么现在放弃奶嘴就一点也不晚了。因为兜兜齿完全可能在几个月内自己闭合——如果一直不用奶嘴的话。

什么时候是放弃奶嘴的正确时间?

放弃使用奶嘴的理想时间是宝宝长出第一颗牙的时候，这通常发生在 1 岁生日前后——而这通常也是奶嘴刚好起到绝佳安抚作用的时间。毫无疑问，许多父母在听到这个消息时会很吃惊。但是牙医、颌骨治疗师、语言矫正师的建议是：宝宝的吮吸反射不应该被人为地延长到 1 岁之后。一旦宝宝能够咀嚼硬食，父母就应该用咬环代替奶嘴，并以此帮助宝宝加强咀嚼反射，这同样对放弃奶嘴有一定的帮助。

宝宝不可能一下子就放弃奶嘴，据经验，这往往是一个漫长的过程。你必须想象成，宝宝在奶嘴那里找到了一种形式的“朋友”，一个总是能在困难情况下提供安慰的人。在宝宝想要或应该安静下来的时候，它特别有用。所以让他和“好朋友”立刻分开不是一件容易的事。出于这个原因，父母绝不能在宝宝的面前把奶嘴扔进垃圾桶，因为那不是他的“好朋友”应该去的地方。

通常戒掉奶嘴需要 2~4 周，它的成功与父母的坚持有很大的关系，所以妈妈和爸爸在正确时间达成一致且统一口径是很重要的。

白天不用奶嘴

在放弃奶嘴的过程中利用好时间。如果宝宝在入睡的时候需要奶嘴，那么你就应该只为这个目的往他嘴里放奶嘴，在其他任何时间都不要给他奶嘴——更不能因为宝宝无聊了而给他奶嘴。你的坚持很重要，不要把奶嘴放得屋子里到处都是。为减少奶嘴的数量，旧的奶嘴干脆直接扔掉（不让它出现在宝宝的眼前）。你可以用这种方式确定奶嘴应该在什么时间使用（以及使用多长时间）。

奶嘴链使用的结束期

奶嘴链到目前为止的用途是帮助宝宝用来抓取奶嘴，现在不应该如此了。卸掉链子，或者把它保存好，当作宝宝孩童时代的纪念品。

奶嘴的代替品

要让宝宝坚持养成习惯，需要你的创造力和耐心，因为现在必须用其他物品替代奶嘴。要想找到替代品就要先思考一个问题，那就是宝宝现在为什么需要奶嘴。如果他感到无聊，你可以和他一起玩游戏，比如一起看图画书、串珠子、玩毛绒娃娃或一起散散步。宝宝伤心了，想要安慰，那你就应该花些时间陪他，温柔地抚摸他。充满爱意的语言和温柔的抚摸至少不比一个塑料安抚者达到的效果差。我们保证！

信息

用于睡觉的奶嘴

大多数的宝宝夜里入睡需要奶嘴，通常奶嘴能够完成这个任务。当时让宝宝学会在不借助工具的情况下入睡更有意义——这样宝宝在夜里也能够自己控制两个睡眠阶段的转换（更多信息见第 124 页）。父母越早帮助宝宝做到不含奶嘴睡觉越好。亲切的抚摸、温柔的睡眠曲，或一个睡前小故事都能够代替奶嘴。

请表扬，不要批评

必须放弃心爱的奶嘴对宝宝来说并不容易，因此这需要你的帮助，但责骂的作用很小。更好的办法是你对他的情况表示理解，因为吮吸的需求（可惜经常被人为地加长了）以及习惯的力量是强大的。毫无疑问，他的需求可能会反复。你对你的宝宝提出要求，他已经“长大了”，不应该再用奶嘴了。当然最简单的方式就是你有力的支持，你的耐心、不停地引导，以及爱的关注能够让宝宝更容易和奶嘴说再见。

放弃奶嘴的仪式

父母可以在宝宝放弃奶嘴的路上给予很大的支持。举行放弃奶嘴的仪式能够使宝宝将来更容易放弃奶嘴。

奶嘴仙女

父母可以发挥想象力或参照图画书编一个奶嘴仙女的童话故事。像圣诞节一样为这个大事件准备几天：有一个非

大一点的孩子给小一点的宝宝放奶嘴。

常可爱的仙女，专门收集小朋友实际上根本不需要的奶嘴，并把它带给新生的宝宝（他的父母可能没有钱买奶嘴）。为了对捐赠奶嘴表示感谢，小仙女留下了一个小礼物——最理想的是能够满足他很长时间以来的愿望……

在你给宝宝讲述这个小仙女的故事前，父母必须决定小仙女应该以何种方式“出现”。比如，宝宝可以和父母一起包一个包裹，上面写着奶嘴仙女的地址，然后送去邮局（提前告知邮递员，你稍后会再来取回包裹）。相反，奶嘴仙女（也就是你）之后也会邮寄来她的礼物。或者让宝宝把他的奶嘴放在窗外一个晚上，等晚上他睡着之后你用一个惊喜的礼物来替换它。

奶嘴树

这个奶嘴树起源于丹麦，现在在德国也越来越流行：宝宝把他的奶嘴挂在树上，当宝宝想念它的时候，可以去看它。有些地方还会定期举办“树节”，在这个节日里，宝宝和爸爸或妈妈一起被升降台升起，以便他们能够把奶嘴绑在树冠上。许多其他已经绑在树上的奶嘴通常有很强的激励作用：“其他小朋友也做到了。”用“奶嘴树”作为关键词，你可以在网上找到你家附近是否有过类似的活动，或者已经在某处有一棵奶嘴树了。有时根据父母的意愿，经过与当地政府协商报备之后，可以把树种在游乐场上。

捐赠给动物宝宝

据说在瑞典有个抚摸动物园，它因无数的奶嘴捐赠而被列入了吉尼斯纪录。因为宝宝们把自己的奶嘴“赠送给”动物宝宝，并因此扔进一个可以放在那里的大桶里。当地还有一些儿科医生会在前台放置一个大的毛绒熊，宝宝能够用奶嘴喂它，以期用这种方式帮助父母让宝宝放弃奶嘴。作为回报，宝宝能够得到一个小礼物。你可以问你的儿科医生他那里是否有类似的活动。

给新生宝宝的礼物

有些父母鼓励自己的宝宝把奶嘴送给家庭里或朋友圈里新出生的宝宝——所谓的送给地球新住户的欢迎礼物。对于大一点的宝宝你可以让他明白，小宝宝比他更迫切地需要奶嘴。当他把奶嘴打包好寄出后，他会相当自豪，因为他长大了。

正确处理“吮吸财产”

人们总是听到这样的建议：在奶嘴上扎一个洞，或在尖端剪掉一块，这样宝宝更容易戒掉奶嘴。奶嘴漏气，吸上去的感觉就不那么好了，因此对宝宝的吸引力就不大了。

这可能真的能起到作用。但在这个方法下，宝宝会不理解为什么他不应该再用奶嘴了，他还想要用一个新的来替代它。

牙齿发育

牙齿不是在长出之前才刚刚形成的 ——正相反。牙齿的发育在胚胎发育之后 40 天左右就开始了。牙齿和颌骨从一开始就不断生长着，直到牙齿在某一时刻长出，并能够在宝宝的牙床上看到。

人类全副牙齿的前 20 颗叫作乳牙。它们只在宝宝的口腔里待几年，大概从上学的年纪开始就会逐渐脱落，接着将由 8~12 颗侧牙补充。其中四颗叫作“智齿”，成人之后才会长出（有时也不会长出）。

“乳牙”这个名字的由来可能是因为宝宝在这个阶段主要的饮食就是妈妈的乳汁，还有进一步的解释是它有明亮的、乳白的颜色。事实上，乳牙明显比第二批牙白。由于它的矿物质含量，乳牙比成牙软，其珐琅质更薄。

长牙期

信息

为什么乳牙如此重要?

乳牙只存在几年，然后就会脱落。为什么我们还要刷它? 最后留下来的牙齿更重要? 错! 像日后长出的牙齿一样护理好先长出来的一批牙齿非常重要，否则会引起细菌滋生，这不仅会带来疼痛，还有可能影响接下来长出的牙齿。乳牙在很大程度上参与了颌骨的生长，填补了后来牙齿的占位作用。如果乳牙被提前拔出，喝奶时就出现了漏洞，漏洞逐渐缩小，就会阻碍后面牙齿的长出。

第一颗乳牙长出的时间因人而异，但通常在6~8个月时，然后每一个月都会长出一颗新牙。2岁半到3岁通常能长齐20颗乳牙，至此全副牙齿长齐。而据经验，每个宝宝的每颗牙齿出现的顺序是一样的。先是下面中间的两颗，然后上面中间的两颗门齿长出牙龈，接下来是上下外部的门齿，然后才慢慢长出臼齿（先上后下）。

长牙的痛

几乎每一个孩子在长牙期间口腔里都会分泌大量口水，而且长牙期内为减轻痛痒感，宝宝差不多把所有东西都往嘴里放。大多数的宝宝在长牙方面不会有任何问题，但研究表明，婴儿在长牙期会出现以下症状，如牙龈肿胀、摩擦耳朵、烦躁不安、常常在睡梦中醒来、吮吸减少、胃口减小等，有些宝宝在长牙期还会变得很敏感。而这些行为一再被加强，因为伴随着第一颗乳牙的长出，宝宝的饮食也会发生变化。要适应从奶水到硬食的转变也同样有问题等待着宝宝。

长牙期的缓解

长牙和一些身体症状，如发烧、腹泻、呕吐、厌食或咳嗽之间并无关系——这与长年以来的猜测不同。虽然许多年来，一旦宝宝身体上出现了异常，人们很快就说“宝宝长牙了”，但是现代研究证明，两者并不存在联系。

但也可能出现疼痛感。如果你发现宝宝正在长牙，而你不知道该怎么帮助他的话，你应该去询问你的儿科医生。他虽然不能让疼痛消失，但是他知道如何让长牙变得容易。其中包括各种药店有售的药物，如：

- **牙凝胶：**只需花少量钱，你就能在药店买到这种麻醉药，你可以用手指把它涂抹到宝宝的牙床上。但可惜不是每个宝宝都愿意张大嘴，而且这种药膏的功效通常很短（大多数不到1个小时）。

乳牙

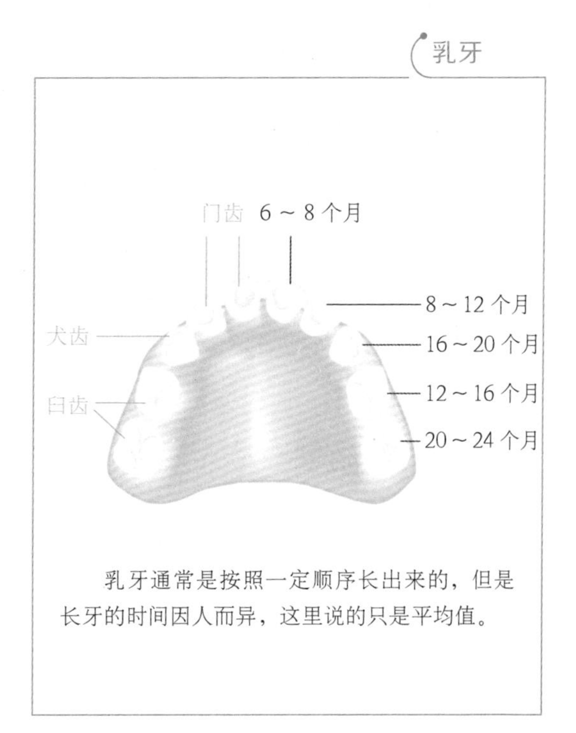

乳牙通常是按照一定顺序长出来的，但是长牙的时间因人而异，这里说的只是平均值。

小建议

另一种琥珀?

对于一些人来说这绝对是荒诞的无稽之谈，但是对于另一些人来说对于长牙真的有帮助：琥珀链。它的德语名字起源于低地、高地德语的“燃烧”之意，因为琥珀是有机材料，因此具有可燃性。儿童及青少年医生职业联合会警告父母不要使用这种链子，因为宝宝有可能被勒死和窒息。但是琥珀石的追随者坚信它有减少疼痛和协调的功效。他们认为用琥珀珠做成的链子是帮助宝宝长牙的理想物品。虽然没有科学研究证明它的功效，但是也没法证实它不好。

如果你要给宝宝佩戴琥珀链，那么你应该注意以下几点：

○ 链子既不能太紧地套在脖子上，也不能太长。

○ 石头必须挨个打结连接在一起，以防链子断掉的时候珠子散落一地。

○ 珠子必须打磨圆润，以防宝宝咬链子的时候伤到舌头。

○ 密封处也应该用琥珀，不要用金属。

○ 在购买时要注意琥珀应该是自然纯净的、非耐高温的棕色石头，不要被诱骗而买了用塑料做的人工石头链。

○ **宝宝出牙止痛舒缓无糖颗粒**：这种顺势疗法的混合药剂是治疗长牙疼痛的经典药物，其有效成分包括钙磷（Calcium phosphoricum）、洋甘菊（Chamomilla recutita）、哈尼曼尼碳酸钙（Calcium carbonicum hahnemanni）、磷酸铁（Ferrum phosphoricum）和磷镁（Magnesium phosphoricum）。但是这种能在药店里买到的小球并不是对每一个孩子都有用。所以，为每一个孩子找到合适的药物更值得推荐（见第 225 页）。

○ **咬环**：因为现在许多宝宝都喜欢咬硬物，所以我们推荐一种易冷却的咬环，对疼痛有一定的缓解效果。有一点很重要，那就是要把咬环储存在冰箱里，但是不要放在冷冻层，因为冷冻的东西不能放在宝宝的牙床上（有受伤的危险）。而且还要注意咬环既不能含有软化剂，也不能含有双酚 A（Bisphenol A）。

与咬环有同样效果的还有一些硬的食物，宝宝可以放在嘴里含着，可以是一个凉的、削了皮的胡萝卜或者颜色不深的面包皮（但是含有加速形成龋齿的物质）。

为防宝宝误食，不要让你的宝宝在你未监管之下单独用这些东西。有些父母深信从药店、卫生用品商店或婴儿专卖店购买的“堇菜根”的功效。当宝宝咬住这种风干的植物根部时，它能起到按摩的作用，同时流出的汁液还有麻醉的效果。但是这种植物可能会留在宝宝的口腔里，从而导致细菌堆积。所以在每一次使用之前一定要用热水彻底洗刷它。

○ **关爱：**宝宝长牙期间需要大量的关爱。温柔的安慰、抱在怀里、抚摸和依偎能赶走大部分的疼痛。“你不孤单，我帮你”——这种感觉有减缓疼痛的作用。像散步或有趣的游戏这些可以转移注意力的活动也能够帮助孩子片刻地忘记疼痛。

○ **栓剂：**如果你有一种感觉，宝宝在长牙期间完全无法安静下来，那么一种减少（发热）疼痛的栓剂至少能在晚上帮助他获得良好的睡眠。

有助于缓解长牙期的疼痛

疼痛	宝宝想要	变坏 / 变好	症状	药物
长牙	宝宝想被抱着到处走；不知道他想要什么，宝宝会发脾气	- 晚上，热 + 抱着到处走	一半脸变红变热，另一半惨白；长牙	Chamomilla D12 每天 3 次药丸
	宝宝想被抱着到处走，非常敏感	- 晚上，移动 + 温暖，盖住	长牙，大便有酸味，宝宝身上有味道	Rheum D12 每天 3 次药丸
	宝宝不想被抱着到处走	- 灯光、噪音、动荡 + 向后屈身，硬垫子	宝宝大声叫喊，向后伸展，想要上自己的床	Belladonna D12 每天 3 次药丸
	宝宝不想被抱着到处走，嘴和屁股变红	- 寒冷、安静 + 温暖、移动、热的饮食	口臭，牙龈发炎，大量唾液	Kreosotum D12 每天 3 次药丸

- 变坏 /+ 变好

儿童牙刷手柄的专业设计，使宝宝能够很好地握住：不会太长，也不会太粗。

口腔健康——乳牙的护理

宝宝一旦长出第一颗牙，就应该开始对牙齿的护理了。刚开始可能还不习惯，特别是宝宝还在被纯母乳喂养。但是这不仅和清洁效果有关，还和日常牙齿护理的周期有关。父母要从中形成一个仪式，比如抱着宝宝用小牙刷温柔地擦拭他的牙齿，让他知道牙齿护理和玩耍、吃饭、睡觉一样属于日常生活的一部分。

第一个牙刷

用小棉棒或无毛的布料温柔地擦拭刚长出来的小牙就足够了，温柔地从牙龈清洗到牙齿。手指牙刷（在药店和分类规范的卫生用品商店有售）也很适合。同样，特殊的“清洗训练员”也可以帮助宝宝为牙齿护理的仪式做好准备。它看上去就像一个牙刷，但是上面没有刷毛，而是柔软的、耐咬的薄片。

从 2 岁开始，父母就要每天用牙膏给宝宝刷两次牙。你可以买一个特殊的儿童牙刷。这种牙刷的头很小、很细，刷毛柔软，这样不仅牙齿能够得到舒适的清洗，而且也不会弄疼舌部肌肉和面颊肌肉。

牙膏——从什么时候起？

宝宝 1 岁时还不需要牙膏，毕竟还没长出几颗牙。但是如果你的宝宝长牙很早，已经有 6 颗或以上了，而且他还在定期服用氟化物药片（见第 81 页）的话，你可以给他使用不含氟的牙膏。

对于 2~6 岁的宝宝来说，有特殊的氟含量低（250~500ppm）的儿童牙膏可供使用。据经验，宝宝在达到上学年龄之前总会在刷牙时吞下牙膏，同时吞下较大含量的氟。

直到 6 岁时，宝宝才具备刷完牙后把牙膏吐出来的能力。因此从这个年纪开始才用氟含量高的产品。

（没）有口味问题

儿童牙膏皆迎合宝宝的口味，它们带有水果香味，味甜，略带薄荷的辛辣味。非常重要的一点是，宝宝的牙膏应该是无糖的，很可惜这绝不是理所当然的事情，所以在选购时一定要看清牙膏的配料表，否则刷牙不但不会保护牙齿，反而会对牙齿造成伤害。

正确的刷牙技巧

有一点很清楚，宝宝在刷牙时需要帮助。因此，父母应该（必须）在开始阶段每天给宝宝刷牙，2 岁起一天两次。为了不伤到牙齿和牙龈，要注意使用正确的刷牙技巧。因为“被擦掉的”牙釉质无法再生，所以医生建议使用 KAI 方法：K（咀嚼面）、A（外侧）和 I（内侧）。具体操作步骤如下：

◎ 挤适量牙膏在宝宝的牙刷上，对于 1 岁宝宝来说，用成人一半的量就够了。

◎ 先温柔地在咀嚼面（K）来回移动——上下左右。

◎ 现在轮到外侧（A）：竖着拿牙刷，以打圈的方式刷牙的外侧（画圆圈）——从后向前。然后让宝宝露出门齿，以便你在那里“画”圈。

◎ 最后刷内侧（I）：宝宝张开嘴，你小心地从牙龈方向开始刷到门齿边缘（“从红到白”）。

小建议

“我可以自己做”

你的宝宝想要什么事情都自己做——尤其是刷牙。那你就准备两支牙刷。一支用于让宝宝自己刷牙，你看着，你可以用另一支复刷一下。但是要用积极的表述：“你做得太棒了，我几乎不用再刷什么了。”这比“你不行，你还太小，现在我给你刷”更能激励孩子。

2 岁宝宝的饮食

2 岁时，宝宝已不再是婴儿了——不再只吃牛奶之类的流食了。相反，咀嚼反射和吞咽反射加强。越来越多的牙齿长出，所以牙床会发痒。宝宝通过发声训练口腔运动技能，以及他的舌头、面颊和嘴唇。所有能吃的和不能吃的都在嘴里游荡，并在那里被许多感觉感受器彻底地研究和“品尝”。

半流食阶段也慢慢地结束了，现在就到了正常的家庭饮食时间了（但还是有一些例外）。越来越多可以大量进食的食物来到了宝宝的盘子里。这很好，因为 2~3 岁的宝宝毫不挑食，而且很有兴趣尝试所有的东西——还有“新”食物和菜肴：松脆的小面包，弄碎了极好吃；葡萄，在嘴里就像一个圆球一样，而且咬一口会有甜甜的味道；胡萝卜，硬硬的、脆脆的；还有香蕉，软软的、甜甜的，很快就成了糊状……

信息

咀嚼代替吮吸

帮助宝宝学习咀嚼和吞咽。一旦宝宝长出第一颗牙，他就能咬东西了。现在你就不必再把所有东西都磨碎或干脆提供流食了。你用瓶子提供流食的时间越长，你（人为地）保持宝宝的吮吸需求的时间就越长——这与持续吮吸奶嘴的道理是一样的。

饭桌上属于自己的位置

大多数的宝宝在 1 岁生日之后都能够自己坐、起身、站立和行走了。他们能够通过声音和行动表达自己是饿了还是渴了。他们有牙，可以咬——还有许多功能。他们每天都朝独立的方向走上一大步，想要早日长大。属于某个团体的一部分感觉很好。所以，最晚从现在开始就应该允许宝宝成为座上宾，从家庭餐具里盛食物，和所有人一起吃饭。你可以在餐桌旁给宝宝准备一个儿童高椅，让他有一种很重要的归属感。宝宝将来可以坐在这里——用自己的盘子、自己的勺子、自己的杯子、自己的餐垫，甚至有自己的餐巾纸。这一清晰的结构给了宝宝安全感和关爱感，宝宝能够感觉到：“我属于这里，我的爸爸妈妈看着我，感受着我，我像一个大人一样有价值。”

宝宝需要多少能量？

官方建议是，2~3 岁的宝宝每天大约需要 1100 卡路里（cal）。这一数值也因人而异：活泼好动的宝宝比安静个性的同龄宝宝需要更多的能量，长得高、长得重的宝宝比长得娇小的宝宝需要的能量更多。在不同的生长阶段，宝宝对于能量的需求也有变化：如果宝宝正在

信息

德国饮食协会的饮食圈显示了每天的饮食计划应怎样组合。

长身体，那么通常就会比较容易饿——食物摄取与当前的自然需求相适应。

多特蒙德儿童饮食研究机构针对宝宝三餐的构成制定了一定的原则。宝宝需要：

- ◎充足的植物性食物和（无糖）饮料。
- ◎适量的不同的动物性食物。
- ◎少量的油脂性食物和糖。

每天饮食营养均衡的健康宝宝通常发育得很好。父母可以通过黄色的预防性手册上宝宝的身高和体重变化曲线来观察宝宝的成长情况。宝宝发育良好的其他特征有：

- ◎宝宝表现得健康活泼。
- ◎宝宝表现得满意积极。
- ◎宝宝的大便很软，且形状正常。

饮食小知识

不断变换的、营养价值高的混合型饮食很重要，它能够给 2 岁的宝宝提供最佳的能量，只有这样宝宝才能获得保持健康和成长所需的所有物质。健康的混合型饮食什么样呢？德国饮食协会（DGE）的饮食圈给出了细致的描绘，显示出不同的食物组在日常饮食中所占的比重。圆圈中所占的比重越大，图中所示的食物每天出现在宝宝盘子中的量就越大。

组 1：谷物产品和土豆

德国的基础饮食——对于大人和孩子一样——是谷物和土豆。因此每天 25% 以上的饮食都来自碳水化合物组。

谷物以面包、焙制食品、面条、麦片和纯粮食颗粒（比如大米、小米、藜麦）的形式出现。谷物中蕴含大量的营养物质，如维生素、矿物质、微量元素、植物纤维和不饱和脂肪酸，这些物质存在于谷物颗粒的表皮和胚芽中。

相反，在白面（405 型）及其制品（如白吐司面包、白面条、去皮大米或白色小面包）中几乎不含这些“宝贝”。所以请尽量使用全麦制品，如全麦面包和其他烤制品、全麦麦片或全麦面条。每天谷物摄入至少一半（多了更好）应该是营养全面的食品。宝贝越早有品鉴能力，就越理所当然地提早吃到这些健康产品。许多面包和谷物产品中含有经精细化研磨的全麦，因此需要长时间的咀嚼——这在各方面对宝宝都有促进作用（咀嚼能加强口腔肌肉运动，提高口腔运动技能、促进消化，使人尽早有饱腹感）。土豆虽然也能提供丰富的碳水化合物，但是与全麦产品相比，土豆中含有的植物纤维和维生素的量明显少，且不含生命所必需的脂肪酸。

组 2：蔬菜和荚果

这组食品和碳水化合物一起占据了每日饮食量的一半以上。这是有道理的，因为新鲜的蔬菜能提供丰富的维生素、矿物质和植物纤维，而且热量低。这也就意味着，蔬菜能让人吃饱，但是不让人发胖。因此长久以来，绿色新鲜蔬菜的追随者盛赞蔬菜是“更好的水果”，因为与甜水果不同，蔬菜几乎不含糖。

蔬菜可以生着吃——当作沙拉或切块（比如胡萝卜、黄瓜、辣椒、甘蓝等品种），也可以蒸着吃或炖着吃，这样通常更容易消化：如果宝宝对生食的反应比较敏感，那么这种方法是一个不错的选择。为了身体能够充分利用所有有益物质（还有溶于油脂的），你必须添加一定的油脂。所以你可以在炖或蒸蔬菜时放一点油或在生蔬菜里加一点酸奶。

荚果如菜豆、豌豆或扁豆是最重要的植物性蛋白质提供者。它们主要适合一锅炖或者做汤，但是也可以做面包上的涂层（比如豆腐涂层或鹰嘴豆泥 / 豆沙）。在菜肴里加油在这里也同样适用。蔬菜、荚果和组 1 的食物一起占据了每日三餐餐量的一半以上。

组 3：水果和坚果

水果不仅维生素含量极高，而且富含水分、矿物质和次生代谢产物。因其高果糖含量，还能快速提供人体可消耗能量。因此一块苹果更适合在两餐之间吃，因为果糖的摄入使得人体更容易度过“有机物深入期”。从量来看，水果在饮食圈中比蔬菜和谷物所占比重要小。

如果你的宝宝不喜欢吃水果，那你可以试着把水果做成泥状或糊状给宝宝当作饭后甜点。让宝宝自己选购水果，

信息

饮食什么时候才算营养全面?

当每日能量的一半以上都需要通过碳水化合物来满足，且大部分来自全麦粮食、荚果、蔬菜和水果，我们就说该饮食是营养全面的。

并允许他回家自己准备（洗、削皮、切块）的话，往往也能帮助宝宝喜欢上吃水果。在饮食上，榜样的力量常常扮演着重要的角色。如果你自己本身每天都吃新鲜的水果（和蔬菜），那么你的宝宝可能也会喜欢这么做。

坚果富含营养价值极高的植物脂肪酸。但只适合大一点的孩子嚼着吃，小一点的宝宝很容易直接吞下去。因此，开始时买坚果酱（不含糖）更好一点 —— 当作面包涂层或放在粥以及饭后甜点里。

信息

你的宝宝喝够水了吗？

2~3 岁的宝宝每天应该喝大约 750 毫升水，天热时、生病时或疯玩过后还要喝更多。宝宝喝的水是否已经足够多了，你可以通过他小便的颜色来判断：颜色越清（像水一样）越好。如果相反，小便的颜色越深（越黄）且气味强烈，那么就说明宝宝的机体缺水了。

组 4：饮品

水是生命所必需的。没有水，人体无法进行新陈代谢，这一点大人小孩都一样。请选择热量少或干脆不含热量的饮品，如水或者无糖的水果茶和草药茶，而且也没必要从一开始就给宝宝喝含碳酸的矿泉水。据经验，自来水的质量因地各异，但是一般更适合作为解渴的饮品。

无论如何不要给宝宝喝甜饮料，如可乐、汽水、柠檬水、麦芽啤酒、含糖的果汁饮料或水果蜜。

因为高糖量会给孩子的机体带来不必要的负担，加剧龋齿的形成，并造成对甜食的依赖。同样，有些速溶茶也不适合宝宝，在购买时要看清配料表。牛奶因其高脂肪含量也不适合给宝宝当解渴饮品。因为它的饱腹感很强，所以属于食品。有的牛奶可可的含量也很高，因此属于“甜食”。

组 5：牛奶和奶制品

牛奶一直都是宝宝的基础饮食。它富含牙齿和骨骼生长必需的钙质，还含有磷、蛋白质、锌、碘和维生素 B_1 和维生素 B_2。但是今天人们的观点发生了变化：牛奶和奶制品，如酸奶、凝乳、奶油和奶酪（即使量少，也含有牛奶的所有物质），虽然每天都应该摆上餐桌，但是必须是少量的。比如水果和奶油酸奶、水果凝乳和成品布丁、可可和牛奶混合饮品，一个手指的量就够了。因为它们的含糖量太高，富含油脂，且常常含有人工色素和食用香精。

牛奶真的是生命必需的吗？

对牛奶过敏或乳糖不耐受的宝宝消化不了牛奶和奶制品，这样就要求父母尽量用营养价值相等的食物替代它。谷类饮品（如大米、斯佩尔特小麦、燕麦或小米的饮品）或豆浆（以可口的口味出现，如香草味、巧克力或草莓味）就是不错的选择。绿色蔬菜能够满足宝宝的钙需求。但是也有一些宝宝自身对牛奶绝对抗拒，因为他们不喜欢牛奶的味道。父母经常倾向于用所有方式让宝宝喜欢上牛奶的味道——不得已时干脆加入巧克力粉。但其实根本没必要非让宝宝喝牛奶——如果宝宝拒绝的话。大多数的宝宝对事物有非常敏感的鉴别力，知道自己是否喜欢吃这些食物。牛奶虽然富含钙质，但我们也可以从其他食物中摄取钙质——全世界有成千上万的宝宝因得不到而不喝牛奶也可以健康地成长。

奶牛不喝牛奶

牛奶真的是一种主食吗，还是只是我们牛奶工业的一个神话？所有父母都被应邀来参与绘制这个蓝图。网络上和专业书籍中有大量与这个话题相关的信息，里面记录了许多对牛奶在饮食中重要地位的质疑。牛奶中的钙含量高这一点不容置疑，而且它经证明对骨骼和牙齿的结构也很重要。但是按照自然规律，牛奶是针对牛宝宝的，也就是小牛犊的。在大自然中，没有一种哺乳动物会喝另一种类的乳汁。（野猪喝雌鹿的乳汁？猫咪喝狗的乳汁？斑马喝水牛的乳汁？）动物医生也不建议给成年的猫咪或刺猬喝牛奶。

奶牛本身在断奶之后也不再喝牛奶，它们也不再能够消化牛奶了。只有年幼动物的胃里才产生能够承受牛奶的酵素凝乳酶（人们把从小牛犊胃里提取出来的这种酵素应用在奶酪的生产过程中，它们会使牛奶凝结成块）。成年的奶牛已不再分泌凝乳酶了。

还有一个问题很有趣，能产高钙奶的奶牛自己却不喝高钙奶，那么它从哪里获取钙源呢？答案很简单，奶牛是纯素食的——主要靠新鲜的、干燥的或发酵的草（干草或青贮饲料）为生。纯植物性食物已经可以给奶牛提供足够的生命必需的矿物质了。

“绿色”钙源

对于人类来说，植物也是很好的替代牛奶获取钙的物质。比如绿色蔬菜，如生菜、羽衣甘蓝、菠菜、茴香、牛皮菜、球茎甘蓝或西蓝花等。还有豆浆和豆制品，如豆浆酸奶或豆浆凝乳（豆腐以及以香肠、碎屑或奶油状出现的豆制品），以及坚果和植物的种子（杏仁、榛子、芝麻，以及制成的泥或酱），都属于高钙来源。

牛奶和奶制品是经典的钙供应者，但是还有其他好的选择。

牛奶种类大辞典

人们按脂肪含量对市面上能购买到的奶制品进行了分类：

○ **全脂奶**：含有3.5%或更多的脂肪。

○ **低脂牛奶**：脂肪含量仅为1.5%~1.8%，与全脂奶所含物质基本相同。

○ **脱脂奶**：这种提取了乳脂的牛奶只含有不到0.5%的脂肪。

○ **生牛奶**：它是“原始产品”，即从奶牛乳房中挤出的牛奶。生牛奶被挤出后只经过了过滤和冷却，保留了全部的维生素，并保持了自然的脂肪含量。生牛奶一般买不到，只能在奶场或在自然消费品商店或健康食品商店以优质奶（见下文）的方式买到。但有一点要特别注意，生牛奶中可能含有病原菌（比如沙门氏菌）。因此你应该在饮用之前煮沸。

○ **优质奶**：卫生质量经过严格检验的生牛奶。优质奶在自然消费品商店或健康食品商店能够买到。为了确保安全性，这里有一个建议：对于小朋友、孕妇和病人来说，在喝这种牛奶之前要先煮沸。

○ **鲜奶**：这种牛奶为杀掉可能存在的病原菌以及酵母和霉菌，被以75℃左右的温度加热了几秒钟（巴氏消毒法），因此变得无菌，在不开封的条件下保质期大约在6~10天。这种牛奶通过传统生产而成，与保质期长的鲜奶不同。

○ **ESL牛奶**：ESL代表着“延长放在架子里的寿命”（“Extended Shelf Life”）。通过特殊的工序，这种高温加热过的牛奶能够保持鲜奶的特质，但在不开封的条件下保质期可达21天。在ESL牛奶的包装袋上你可以找到“保质期长”的字样。

○ **奶粉**：牛奶被以极高温度加热过，也就是说在约135~150℃的高温下加热2~30秒。虽然所有的病原菌和细菌都已被杀死，但同时也失去了口感。未开封的奶粉保质期可达数周之久。

○ **不含乳糖的牛奶**：这种牛奶适合所有无法消化乳糖的人群。牛奶中原有的乳糖被分解成了易消化的单糖。

组 6：肉类、香肠类、鱼类和鸡蛋

这些动物性食物或产品不应该每天给宝宝食用，一周吃 1~2 次，且少量即可。

肉中虽然含有不同的矿物质（比如重要的铁）和维生素（如维生素 A、维生素 D 和 B 族维生素），但同时也富含热量，它的高脂肪成分是味道的载体——能够增加食欲。每周 1~2 次少量的肉类已经够了，而且最好选用家禽和低脂肪的肉类（瘦肉代替肥肉）。同理适用于肉制品和香肠制品（火腿肉好于萨拉米或肝肠）。蛋类也一样——对于 2~3 岁的宝宝来说每周 1~2 个就够了，毕竟还有其他蛋类以“隐秘”的形式出现在宝宝的饮食中，如焙制食品。

信息

肉是唯一的含铁源吗？

矿物质铁是形成携带氧气的血红蛋白的重要来源，因此它也间接负责细胞中的氧气供应。肉是一种非常好的铁物质来源，且更容易为人体元素所利用。除此之外，铁的需求还可以通过素食类的饮食来满足。植物类的铁来源有胡萝卜、茴香、菠菜和牛皮菜等蔬菜，谷物（燕麦、小米），豆类（豌豆、菜豆、扁豆），以及坚果和谷种（如亚麻籽和芝麻）。有一点很重要：维生素 C 能够促进铁吸收。因此将富含维生素 C 的水果或少量果汁加入蔬菜或谷物粥中更有利于人体的吸收。

组 7：油脂和油

高质量的植物油中富含单一和多种不饱和脂肪酸及维生素 E，主要是纯净的（非提纯的）种类，如油菜籽油、橄榄油、亚麻籽油、蓖麻油、蓟菜油、玉米胚芽油或葵花籽油有一种非常有益的脂肪酸成分，因此对机体非常有价值。尽管如此，你仍然要使用小剂量的油。原因是，我们的宝宝已经食用了许多“隐形”油脂了，比如在香肠、奶酪、坚果、冰激凌、巧克力、饼干或蛋糕中的油脂。每天 2~4 汤匙的植物油对于小宝宝来说是最理想的，大一点的宝宝需要的多一点。相反，动物油脂如奶油、黄油和人造植物油（人造黄油）一定要少用。它们在饮食生理学上的意义不大，大量的油脂会加剧宝宝机体不必要的负担。

饮食金字塔

为了帮助父母恰当地、健康地、低热量地喂养宝宝，农业和消费者保护部门与联邦营养部合作共同开发了一个体系：饮食金字塔。它和 DGE 的饮食圈（见第 229 页）具有相同比例的食物组，但同时还考虑到了饮食圈中缺失的甜食或味道浓郁的快餐。

有关量的问题

我们通常会按照份额或胃口吃光盘子里的所有食物，但是经科学家确认，自然的个体饱腹感（可惜）小于眼睛看到空盘子时给大脑发出的信号“盘子空了——不饿了”。在“超大号套餐”时代，广告业甚至也积极参与其中，因为它们决定了盘子（或食盒）里的量。

用自己的手量

多大的量对宝宝来说是合适的？联邦营养部的饮食金字塔形象地回答了这个问题：份额的大小可以用自己的手量——小宝宝手小，需要的食物量小；大宝宝手大，可能胃口也大。一份食物的量大致与填满一只手的量相当——有一些例外是两只手。

◌ **一只手的量**：一杯水或果汁，一个整苹果或一根胡萝卜，一片手指厚度的面包，一份手掌大小的肉或鱼，以及一把糖。

◌ **两只手的量（成碗状）**：切碎或小块的水果、沙拉、配菜（如土豆或面条和麦片）。

◌ **例外**：脂肪和油用汤匙量，按年龄决定分量。1~3 岁的宝宝每天的油脂量大约为 20 克（1 汤匙大概可盛 10 克）。

当然也有例外。手量只是一个约数，不必太严格遵守，也不是每天都相同——宝宝有时更饿一点，有时又不那么饿。进食量还和运动量相关，因为活泼好动的宝宝比不爱动的宝宝需要更多的能量。父母应该根据宝宝的不同情况决定他的进食量。

金字塔的区域

图片中的每一个方块都代表着宝宝每天每个食物组应该吃的分量，不能超过最下层的量，也不能少于最上层的量。目标就是，在一天结束时金字塔上

饮食金字塔

普遍信息服务部，方案：S. 曼哈尔特

金字塔显示了每天饮食计划的理想分量组合。

的区域没有剩余，或者宝宝不再进食。这对宝宝意味着：

○ 每天应该喝 6 杯水。

○ 应该吃 2 份（每份一只手的量）水果（比如一个小苹果或一把草莓）和 3 份蔬菜（后者双倍也可）。

○ 应该吃 4 把谷物或 4 块手掌大小谷物产品，其中一份可以用土豆代替。

○ 应该吃或喝 3 份奶制品，如 1 杯牛奶、1 盒酸奶和 1 片手掌大小的奶酪。

○ 应该吃 1 块手掌大小的瘦肉、禽肉、香肠或鱼肉或者 1 个鸡蛋。

○ 脂肪和油用汤匙测量，允许2汤匙。

○ 在金字塔的顶端也有一定的规则：小熊糖、薯片或薯条的量以宝宝的一只手为宜——如果需要的话，甚至可以每天如此。

健康饮食：一小碗樱桃已满足宝宝每天对新鲜水果的需求量。

信号灯颜色

除了“推荐的量”之外，金字塔里还分为红、黄、绿三色，用以指示宝宝在享用每种食物时应该加足马力还是应该紧急刹车，甚至停止——就像一个信号灯一样。

“绿色”食物

○ **第一层**：矿泉水和自来水、草药茶和水果茶、高度稀释的水果汁（比例是 2∶1）。

不包括：牛奶和可可。它们不被当作饮品，更多的是被划分到提供蛋白质、脂肪和碳水化合物，且属于奶制品类的黄色组。不加稀释的饮品，如柠檬水、冰茶、可乐、蜜汁和果汁饮料，因其高含糖量属于上层的红色组（糖类）。

○ **第二层**：沙拉、蔬菜，煮熟或生吃，一份可以偶尔用一杯蔬菜汁代替。荚果也属于这一类。属于这一层的还有新鲜水果——应季的。水果干因缺乏水分而变得非常甜，所以份额应减半。（即使宝宝的一只手可放 4~5 粒杏干或芒果干，你也应该每份只分2粒。）和蔬菜一样，两份水果中的一份也可以用水果汁替代。

不包括：果汁和加糖的水果罐头（均属于红色糖类组）。

◎ **第三层：**谷物，如面包、谷粒组合、麦片和大米、面条和土豆（比如自制成的土豆酱、盐水煮的去皮土豆、带皮的熟土豆或锡纸烤土豆）。

不包括：加糖的麦片或其他含糖量高的混合粮食，它们属于红色糖类组。被当作健康的奶制品快餐的“面包片”也是同样的道理。还有油脂含量高的土豆菜，如土豆焦皮、土豆煎饼、炸土豆、薯片、薯条都属于油脂组或顶端红色组（薯片、薯条）。

“黄色”食物

◎ **第四层：**牛奶和奶制品，如酸奶、脱脂乳、凝乳或奶酪（45% 油脂）、肉、家禽、香肠、鱼或鸡蛋。

不包括：节食凝乳、特殊的儿童酸奶和“儿童奶制品”因其高含糖量（葡萄糖也一样，它总是被美化成“从水果中提取的糖分”）和油脂量被归为糖类组（金字塔顶端）。黄油和奶油虽然属于奶制品，但是它们的高脂肪含量把它们提升到了红色的油脂层。肥肉含有大量油脂，同样属于油脂层（红色组）。重要的是，配料中油脂含量特别高的产品，如维也纳肉排、雏鸡块和小鱼棒，既属于黄色肉类组也属于红色脂肪组。如果你把这些食物或类似的菜端上餐桌，你应该在金字塔上把黄色和红色的区域都涂掉（当然也可以画一个“已选”的对号）。

“红色”食物

◎ **第五层：**黄油、人造黄油、食用油、煎炸油脂、奶油、蛋黄酱、坚果等。

特别之处：坚果虽然从植物角度来看属于水果，但因其高（有价值的）脂肪含量被归为红色脂肪组，因此要谨慎食用。

◎ **第六层：**其他食品如糖类、饼干和蛋糕，还有高盐、高脂肪的小食品，高糖的产品，如混合麦片、儿童奶制品和“果汁包”也属于这一类。

宝宝的就餐时间

不仅是吃什么，什么时候吃对宝宝的发育来说也很重要。因为和大人一样，宝宝的表现也要与一天的进程相适应。三餐可缓冲低谷状态，影响全家人的普遍健康。

固定的就餐时间

许多宝宝在进入2岁的前半年时都不再有上午打盹的习惯了。他们越来越能够在早起之后保持几个小时的清醒时间，并更喜欢睡一个长长的午觉。这种转换也是找到一个新的饮食规律的好契机。

常规的安排就是三顿正餐（早餐、午餐和晚餐），再加上两顿加餐。这样，宝宝基本上每两个小时吃点东西，并不再因无聊、失望或伤心而吃东西，因为吃饭有固定的时间了。

早餐

在前一天的晚餐和第二天的早餐之间一般不会超过10小时，在此期间宝宝不吃东西。晚上是一个自然的封斋时间。因此宝宝的机体必须慢慢习惯到了早上才进食。最适合当早餐的就是谷类食物，一片全麦面包或麦片可以很好地替代目前为止已习惯了的谷物粥。但是，许多宝宝不喜欢如此“粗糙的”食物。这也没问题，市面上还有用磨细了的谷物制成的全麦面包，柔软的燕麦粒也是容易买到的全麦产品。

你可以在面包上涂一层薄薄的黄油，上面再放一层甜的水果，加一片奶酪或瘦的香肠；也可以在麦片里加几粒鲜水果、牛奶（动物乳汁或谷物乳液）或酸奶。饮品我们推荐一杯牛奶、无糖水果茶或草药茶〔比如南非博士茶（Roiboos）〕，甚至只是一杯水。

信息

断奶

许多妈妈在宝宝1岁前就已经给他完全断奶了。但是，有些宝宝2岁时还在吃母乳，因为母乳对妈妈和宝宝都有益处。我们不反对宝宝2岁时还在满足他这方面的需求，但关键是，这时宝宝喝母乳已喝不饱了。所以这个年纪的宝宝再在正餐前后喝母乳意义就不大了。这时的母乳已不再是饮食的需求，更多是对关爱和照顾的需求。毕竟当宝宝2岁时应该开始将硬食列入就餐计划了。

午餐

宝宝在一个漫长的上午里认识了世界，还可能是疯玩了一上午，在这之后，他只需要休息一下。幸运的是，下午开始之前还有一顿午餐。大多数宝宝在这一餐都会吃点热的东西，通常既有植物性食物，也有动物性食物——面条、米饭或土豆配蔬菜，再加一块肉、鱼或一个鸡蛋。理想的状态是，这些配菜都用全麦产品。建议是，如果宝宝习惯了白面条和白色（去皮）米饭，那么，你就可以逐渐混入越来越多的全麦产品，直到宝宝适应。为了让宝宝喜欢吃并能好好吸收，你可以穿插着用“普通的”和全麦的产品。

荚果富含蛋白质，是可以代替肉类的健康饮食。豌豆、菜豆、鹰嘴豆等做法多样，宝宝也喜欢吃——当你跟他一起吃的时候。

晚餐

为了让消化器官在晚上不会太过疲劳，晚餐最好是易消化的食物。煮熟的蔬菜，比如以蔬菜汤的形式，带可口的汤的蔬菜是理想的晚餐，因为它比较容易消化。还可以给宝宝吃些加了乳酪、香肠或涂层的面包。许多宝宝每晚会吃一碗甜的或味道浓郁的谷物粥，比如麦糁粥、烩饭或玉米粥——加蔬菜或水果。

正餐间的加餐

对于宝宝来说，加餐最好用一块应季的水果（比如苹果、梨、香蕉、草莓、一半去核的葡萄）、一块生的蔬菜（如胡萝卜、甘蓝）或者一杯酸奶。偶尔也可以吃一块饼干——最好不含糖，且是全麦产品。

菜肴要适合宝宝

即使牙齿早已在宝宝的嘴里冒头，宝宝能咬了，但准备食物时也要符合宝宝的年龄。具体如下：

- **少放调味料**：太多的精盐会伤害宝宝的肾，最好使用海盐。盐要少放，

信息

甜食和巧克力

每一个宝宝都喜欢吃甜食。这并不奇怪，因为甜食给人温暖的感觉。科学家确定，糖对人的神经系统有积极的影响。还有，宝宝在母体中就已经喜欢吃甜食了，因为羊水有糖的成分，而且母乳尝起来也微甜。宝宝从一开始就习惯了这个味道。

技巧就在于在自然需求和健康饮食之间找到一个平衡点。最简单的方法是不要太早让孩子接触糖，越晚给他吃越好。即便吃，也给宝宝吃自然的产品，如未经提纯的蔗糖或者植物糖，如大米糖浆或苹果汁（在自然食品商店有售）。糖、巧克力和饼干，这些含糖的食品比一般的白色家用糖更适合宝宝吃。

如果你的宝宝已经吃了糖，尝到了它的味道，那么就绝不要再隐瞒或者把它当作压力手段或奖励。禁止只会带来反抗，更好的是控制、适量地给宝宝吃甜食，比如作为饭后甜点。

因为宝宝还不习惯你的口味。辣味调料也一样。

◎ **不要太软**：刚开始，宝宝的食物要温的、软的，但是不必磨得粉碎——相反，软的小块食物更能激发宝宝去咬，从而促进口腔肌肉的运动。给宝宝时间去习惯不同硬度的食物——煮过的、生的。

◎ **小心，不要误吞下去**：硬的大块食物有被宝宝吞下的可能，更糟糕的是，可能引发窒息。糖豆、坚果（花生）、硬橄榄或未切成小块的香肠在开始阶段是禁忌。

◎ **适当分量**：要嚼碎肉需要有力的口腔运动，你可以给宝宝一些小块的食物用于练习咀嚼。

颜色丰富的食物可以增加食欲，食物工厂用的东西你也可以用。

端上新菜品

大部分的宝宝天性好奇，他们对探索世界很感兴趣，而且很愿意接纳新事物，对食物也一样。到目前为止，宝宝可能只知道流动的热牛奶、茶或水，以及不同口味的粥。一下子出现了脆水果，在咬碎的时候甚至还会发出声音；或者一块松脆的吐司面包，美味可口，入口即化；还有意大利面，长长的细面条很适合用手卷，面汁的口感极好。

带汤汁的意大利面柔软、筋道，人们还可以吸着吃；米粒可以随意咀嚼；香肠片要卷起来；绿豌豆在盘子里优美地滚动；菠菜也是“多面的”……简而言之，新的食物对于许多孩子来说不仅是一个美味的乐园，还是一个眼、鼻、耳、嘴和手的无尽的感知源泉。

对舌头的挑战

宝宝必须对所有这些食物进行咀嚼和消化，这才是真正的意义，这也是一个挑战。给宝宝时间去习惯新的味道，习惯不同的结构和硬度。毕竟餐桌上有许多东西需要去发现，所有这些都靠舌头上不同的味觉感受器来感知。咸的？甜的？苦的？酸的？辣的？

对于这些经历，宝宝需要时间形成自己对它们的体会。

但不是对于所有的孩子来说，新的味觉体验都是一个能够给他带来欢乐的伊甸园般的状态。有些宝宝还是想要他熟悉的食物，坚持要他一直以来喝的粥。“它应该尝起来和以前一样，就这样决定了！”所以可能会出现宝宝拒绝新食物的现象。当时的原因根本不在于他不喜欢，有时候完全是他想要追求自主性（见第 172 页）。如果遇到这种情况，你还是要把上面提到过的食物摆上餐桌，然后自己表现出吃这些食物的极大乐趣，很可能有一天宝宝就会想要尝试爸爸妈妈总是煮出来，看起来又如此喜欢吃的东西了。

小建议

午餐对你太早?

共同的早餐在大多数情况下都能正常进行，但是午餐却很困难。因为与大多数的孩子不同，很少有妈妈在中午 12 点左右会饿。那怎么办?

试着从宝宝 2 岁起就把每天上午的加餐时间往后推几分钟。这样让宝宝能坚持更长的时间，在晚些吃午饭之前还能保持精力充沛。你应该能够在任何情况下为孩子准备食物——因为宝宝爱吃才是最重要的。

儿童食品多有意义?

广告中，食物经常被包装成是特别为宝宝设计的，但是父母购买时切忌轻易相信这些广告神话和那些所谓的检验章。事实证明，这些所谓的“儿童食品”与普通的食品相比根本没有优势。相反，它通常比自己做的食物（比如香草口味的酸奶或凝乳）含有更多的糖、油脂，而且价格还贵。儿童产品没有明显的意义。

吃饭也需要学习

一旦精神和运动技能发育完全，许多宝宝就想要什么事情都自己做——吃饭也一样。模仿是独立的重要辅助方法。宝宝从你那里观察到，你是怎样从杯子里喝水，怎样把土豆块盛到勺子里，再送进嘴里的。一旦他理解了事物之间的联系，就会自己做了。在这方面得到训练的可能性越多越好。尽管如此，自己吃饭还是一个很大的挑战——对孩子来说如此，对大多数的爸爸妈妈来说也如此。

自己从杯子里喝水

从奶瓶里喝水或喝奶很简单，但是从杯子里喝水就完全不同了。宝宝需要把手伸向杯子，用手指抓住杯把儿，握紧。他举起杯子（同时保证液体不从杯子里洒出来），并慢慢地放到嘴唇边，然后张嘴，微微倾斜杯子，直到杯子边缘碰到嘴唇，杯子里的液体流到嘴里，并保证不会发生侧漏，接着还有吞咽……

对我们成人来说，喝水是一个自动的过程，我们不需要想很多。但是宝宝需要先锻炼他的精细运动技能，他得到的锻炼机会越多越好。有些宝宝在 1 岁左右时就能做到自己从杯子里喝水了。但大部分的宝宝在 1 岁半前后才能掌握这样的技能。

自己用勺子吃饭

比能自己喝水要求更高的是自己用勺子吃饭——宝宝 1 岁生日前后就对此产生了兴趣。先要把勺子正确固定在手里，然后盛饭，也就是保证粥或土豆泥待在勺子里。如果成功了，那么就把勺子抽出来，放在嘴边，并保证“运载的货物”留在勺子里，同时需要改变勺子的方向，这根本不简单。因此这里有一条规律：宝宝得到的练习机会越多，就能够越早做到自己吃饭。因为你几乎教不了他如何使用勺子，宝宝学习过程中最好的支持是信任、时间、耐心和决定，而不是宝宝弄脏衣服时的责骂。

信息

没机会饥饿

作为父母，你自身对宝宝的饮食行为有极大的影响力。如果你每天安排好三餐时间，并和宝宝一起“举行仪式”，那么宝宝很快就会知道每隔几个小时会吃到能让自己很饱的食物。这种知识能让宝宝更好地理解饥饿、饱腹和就餐时间。用健康搭配的菜肴阻止饥饿感，于是就不必再让宝宝的嘴里总是嚼着小面包或小香蕉了。

就餐礼仪

长久以来，人们认为父母不需要刻意地教宝宝餐桌礼仪，他会自己模仿整个流程：饭前要洗手、闭着嘴咀嚼、手肘离开桌子、挺背坐直、使用刀叉……

同时，三餐时间应该是一个祥和地聚在一起共同吃饭的时间。一家人一起坐在桌边是一个非常宝贵的时间（一顿饭大概在 15~20 分钟）。相反，不断地要求和严苛的规则对双方来说都是巨大的压力。还有一点不能忽视：餐桌礼仪更多不是教育出来的，而是从父母和大一点的哥哥姐姐那里模仿得来的。在许多情境下宝宝只模仿你，所以你要记得，你是榜样，不是批评者。

下面的建议对缓解就餐压力有帮助：

○ 制定尽可能固定的就座顺序，每一个家庭成员应该有他自己的位置。这个顺序能带来安全感。

○ 人多吃得更香，所以尽可能保证全家人一起吃饭。

○ 如果按每个人的意愿来走的话，

就无法保证全家人一起吃饭了。所以要等全家人聚起之后开饭，所有人吃完之后再结束就餐。

◎ 理想状态是用一个仪式界定共同就餐时间的开始和结束——比如就餐祈祷或餐桌格言。

◎ 即便不能总在一起吃饭，也要和宝宝一起坐在桌边——即使加餐也一样。用这样的方式让宝宝归于平静，并花时间来吃饭。积极的作用是，如果宝宝发生了误吞现象，你能在旁边及时采取措施。相反，一边玩一边吃的宝宝会分神，无法形成一种感觉，即他正在吃什么，吃了多长时间。久而久之，宝宝就会狼吞虎咽、不假思索地吃东西。

◎ 吃饭的时候全家人坐在一起认真地吃饭——不看电视，不听收音机，不读报纸，不打电话。

◎ 保持良好的氛围，不要成为你的一言堂，但也不要和伴侣进行过于严肃的谈话。心情愉悦地吃饭，宝宝才能更容易模仿。

◎ 记住你榜样的作用，吃饭吧唧嘴，嘴里塞满食物说话，用手抓着吃，手肘支撑着饭桌出声喝着汤——这些不良行为都会被孩子看在眼里。如果你看到宝宝也这样做，就不要责骂他没有规矩了。

◎ 即使宝宝还小，你也应该尝试着让他参与到谈话中来，这会让他有一种归属感。在饭桌上一味谈论工作或经济的父母，当孩子没一会儿就没有兴趣听你们谈话，而宁愿自己去玩的时候，就不要感到惊奇了。

带把手的杯子让宝宝更容易自己喝水。很快他就能用普通的杯子了。

◎ 如果你的宝宝想要帮你收拾餐桌——太好了！你害怕餐具被打破？那么你可以给宝宝准备一个漂亮的塑料儿童餐盘。但是宝宝用“真正的”陶瓷盘来吃东西味道会更好，因为大人也用这样的盘子吃饭，用同样的盘子可以满足宝宝对信任和尊重的需求。你用无言的行动向宝宝证明了他和大人的同等价值，以及你对他的信任，信任他能用好真正的盘子、杯子或者碟子。就算盘子碎了也没关系，毕竟大人也有可能发生这样的情况。

◎ 对于小宝宝来说，长时间安静地坐在桌边简直是一种折磨。大多数的宝宝在 15 分钟之后就没了耐心，想要从高椅上下来，所以要考虑一下你的“套餐计划”。

◎ 离开、移开座位……一旦离开餐桌，就餐也就应该结束了。如果宝宝想要起身，你就问清楚他是否饱了，并且在下一顿饭（加餐）之前不要再给他吃的东西了。

饭桌旁的小丑及其后果

不只是大人，孩子也要遵守饭桌上的规矩。父母越早制定清晰的规矩，越坚定地遵守，宝宝学习得就越好。因为清晰的规则和坚持能够提供一个框架，在这个框架下宝宝能够感受到安全和关心。在接下来的几年里，宝宝越来越想要检验规则的界限。什么是允许的，什么又是不允许的，他不断地想要知道，他在你这里能够感受到安全。这是一个很大的挑战，但你必须面对它。

划定清晰的界限

你表达的规则越清晰，宝宝就能够越早地理解和执行。即使他看上去不是这样，但宝宝一定会感谢你的坚持和与之相联系的你对他的制止。技巧就在于你制定规则的方式。声音能制造音乐，但叫喊和精神烦躁只能让孩子感到不安。你一定要做，但是要尽可能温柔地做。首先要注意一点：如果你的宝宝有不当行为，你一定要做出反应。

◎ **宝宝不坐在桌边：**有些宝宝的“坐肉”极少，几分钟之后就要从高椅上爬下来，吃完饭就满屋跑。

规矩：吃饭时必须所有人都坐在桌边。

坚持：让宝宝返回椅子上，并说：“只有所有人都坐在桌边时才可以吃饭。”如果他还要站起来，那么他的就餐时间就结束了。

小建议

你的就餐行为究竟如何?

在宝宝挪到桌边的时候，就是仔细思考自己饮食行为的最佳时间。如果你不去做，那么即便是最好的建议也都不管用。只有你自己有规律地拿起苹果或者全麦面包吃，影响才可能显著。相反，如果爸爸排斥蔬菜，那么宝宝可能也会这么做。因为爸爸一定对他的行为有着具有说服力的解释。

○ **宝宝把饭菜当玩具玩：**这里要区分他是出于无聊而玩，还是在做实验。有些父母对于孩子在就餐时利用所有感官进行感受时表现得很宽容，也很有耐心——宝宝用手抓面条，塞进嘴里，把面包撕成碎片或者一遍一遍地把汤舀到勺子里。但这一阶段一般时间不会太长。

规矩：如果你注意到宝宝是出于无聊拿饭菜玩，甚至到处扔，那么，你应该（多次）用明确的“不”来阻止。

坚持：如果警告三次宝宝还不停止，那么就餐时间结束。如果你的宝宝是一个“坏”食客，并像小鸟一样在盘子里拨来拨去，那么你就直奔主题——吃饭结束。即使宝宝的抗议声很大，在下一顿（加餐）饭之前也不要给他吃的。不过也可以小小地妥协，给点小吃。

信息

鼓励代替失落

如果你喂宝宝吃饭，当然会更简单一点：事情进行得更顺利，衣服、桌子和地板保持整洁，你大概能知道宝宝吃了多少。尽管如此，你要认真对待宝宝对于自立的意愿。宝宝想要长大，他需要你的全力支持。如果父母阻止宝宝（即使他们“只是想要保持完美”），并全部代劳，那么就会导致宝宝失落和泄气：为什么他在将来还应该要努力？但是这又不值得……2 岁被认为是饮食行为发展的决定性阶段。如果宝宝在走向独立的路上总是被阻止或打压，那么，就有可能发展成饮食障碍。因此，只有他需要帮助的时候你再喂他，绝不要在他不想吃的时候还喂。因为他已经饱了，不再需要了，或者出于其他原因他不想张嘴——你就应该接受。

睡眠行为

衷心地祝贺！你和你的宝宝已经共同度过了他出生后的第一年，即使白天有时让人很累，但至少在睡眠发展方面，你有望在几个月之后朝着恢复的方向走上一大步。因为从现在起，宝宝应该能在晚上睡整觉了。这样，父母终于能够在长时间的辛苦之后享受到舒适的夜晚时光了。

宝宝2岁时虽然在睡眠时间总长度上没有明显少于前12个月——因为宝宝通常还需要大约14个小时的睡眠——但是睡眠时间段的分配有所改变，因为白天睡觉的时间明显少了。在婴儿期，宝宝的睡眠时间会把24小时分为好几个“单元”。宝宝睡几个小时之后就会醒来，不分白天还是黑夜，而且想要喝奶、换尿布、陪聊天。

1岁生日之后，这些睡觉行为就会发生改变。小的“睡眠单元”慢慢融合在一起，直到最后，白天只剩下两个单元，晚上是一个更大一点的单元。随着时间的推移，宝宝越来越能够做到白天保持数小时的活跃，以至大部分的睡眠时间全部推移到了晚上——同时，你也可以进入你的睡眠时间。

宝宝需要多长的睡眠时间？

据经验，宝宝2岁初期时还需要在白天打两次盹：上午一次，下午一次。大概18个月的时候，大多数的宝宝在白天只需要睡2~3个小时。有些父母在宝宝2岁的时候就会问，宝宝是否还应该在白天睡觉。事实上，大多数的宝宝在2~4岁就戒掉午睡的习惯了。他们只在夜里休息，缓减一天的疲惫。

个性化的睡眠需求

每个宝宝都有他自己的、独特的睡眠行为，这与个人习惯、内部生物钟、成长阶段和发展动力，以及最原始的睡眠需求有关。但是基本上可以说，一个醒着的、睡饱了的宝宝会表现出满足和喜悦，并对用自己所有的感官发现的世界充满了乐趣。相反，睡眠不足的宝宝会表现得无趣，经常困倦、疲劳，无精打采，还经常揉眼睛，白天玩耍时也总是想睡觉。

如果你想要知道，你的宝宝是否睡足了，他是如何把睡眠分配到24小时中的，以及你怎样能够找到共同的、和谐的睡眠规律，我们建议你对宝宝的睡眠行为做一些记录（见第394页）。如果你每天记录下宝宝什么时候睡觉，什么时候醒着、吃饭、喝水和哭泣，那么你很快就能知道，宝宝一天一共需要多少睡眠时间，白天和晚上是如何分配的。

宝宝晚上要睡这么长时间

宝宝现在晚上平均能睡10~11个小时——这直到宝宝到了上学的年纪都不会改变。即使睡眠的总体时间会随着宝宝年龄的增长而减少，但也几乎不会影响到晚上的休息时间。上幼儿园和上学的孩子会去掉白天睡觉的时间，这样兄弟姐妹们几乎能够保持在同一时间上床睡觉。一直从7岁开始，夜里睡觉的时间开始减少——粗略估计是每年减少15分钟。

小建议

午睡的时间

你的宝宝白天到了习惯的睡觉时间还没有困意，甚至在你让他上床睡觉或者在床上躺着玩、躺着唱歌的时候进行强烈的抗议吗？好了，所有这些信号都表明他的睡眠行为发生了改变。在这种情况下，你就干脆让他醒着，把他再从床上抱下来，过1~2个小时后再让他午睡。为了弥补“错过”的睡眠，许多宝宝会将休息时间延长1~3个小时。相应的，下午的睡觉时间就应该取消，以保证宝宝至少在晚上上床睡觉之前能保证有4个小时是醒着的。

找到规律

如果你和你的宝宝还没有找到共同的睡眠规律的话，一份宝宝的睡眠记录就很有意义。毕竟一个尽可能长一些的睡眠时间对于所有家庭成员来说都重要且必要——不只是对于我们最小的家庭成员来说。但是作为父母你可以让宝宝的规律适应你的规律——很简单，只要你决定宝宝晚上什么时候上床睡觉就可以。只是你必须决定，你理想的状态是什么：你想要每晚享受更长一点的“无宝宝”时间，还是更喜欢早上？如果宝宝 19 点入睡，那么他在第二天的五六点就会醒来，然后精神百倍地坐在床上。有些宝宝虽然能多睡 1~3 个小时，但可惜这是无法训练的。相反，如果宝宝 20 点才睡，那么你或许可以在早上多睡 1 个小时。因为宝宝 2 岁时晚上的睡眠时间大概是 10~11 个小时。

每日流程结构

宝宝喜欢（并且需要）有规律的日程安排。只有这样，日常生活对于他们来说才是可计划的、可预见的——知道早餐后等待着他的是什么（大多数情况下安排了游戏时间），或午餐后紧接着是什么活动（通常是午睡），这给了宝宝一种安全感，使他不必在毫无准备的情况下应对意外。

信息

家长就是节拍器

家长必须知道宝宝内部生物钟所敲打的节拍。“被允许”（或者最好说：必须）自己决定何时睡觉或者吃饭的宝宝几乎无法找到合适的规律，所以往往会造成饮食和睡眠障碍。

如果宝宝每天的日程安排都有一定的规律，白天和晚上（几乎）总是在同一时间上床睡觉，那么几周之后他就会总是在同一时间感觉困——完全出于自身。因为他的生物钟已经调整到这个时间。当然，同理还有就餐时间。除了睡觉和业余时间的单元，规律的就餐时间也是结构化的日程安排中的一个固定板块。

理想情况

随着时间的推移，大多数的家庭都形成了自己睡觉和吃饭的时间规律。宝宝理所当然地几乎与其他家庭成员在同一时间醒来，之后保持几小时的清醒和活跃，直到午饭后享受较长时间的休息，同时为剩余的半天储存足够的力气和能量。现在他有足够的时间来散步、跑步、攀爬、跳跃、手舞足蹈、玩耍、唱歌、聊天、听故事、看图画书、拥抱、依偎和吃饭——简单来说，就是为了幸福长大所需要的一切。

这么多的节目当然会感到疲劳，当太阳落山的时候，这一天就慢慢地结束了。晚饭之后还有睡前故事和几个温柔的抚摸单元——接下来就是整夜的长睡眠，为迎接第二天的到来。

现实情况

但不是所有宝宝的日常生活都这样井井有条。有些父母也根本不想这样，他们更喜欢自由灵活的行程，并能应对宝宝由此而得出的习惯。他们带着宝宝到处去：朋友间的晚餐、电影院、商业谈判，以及所有的日郊游和周郊游。对于大多数的宝宝来说，这是一个极好的事情。他可以坐在妈妈或爸爸的怀里，在大人们中间，感受父母的亲近，有时还可以在某一个角落以舒适的睡姿睡上一会儿。

但是，如果你想在晚上享受只有你和你的伴侣而没有孩子的时光，那么这种模式就是不合适的。因为，为此你必须提供给宝宝一个睡觉的时间窗——也就是一个适合你的家庭模式的时间窗。如果你想要晚上外出，那么你需要一个保姆。宝宝适应一个新的、固定的时间并接受它还需要几天的时间。

你需要在规律中注意这些

如果你牢记以下几点，那么在有规律地计划一天的安排时就更容易一些：

- 你不必每天都精确到同一个时间点吃早饭、午饭或晚饭。但是在相同的时间里，每天的就餐时间还是要有一个大概的范围。
- 虽然宝宝总是在同一时间上床睡觉是理想状态，不过如果早或晚15~30分钟通常也没问题。但是睡眠规律一定要确定。
- 注意宝宝上床时是不是真的足够困了。只有足够困了，他才能很快入睡。
- 总是在清醒的时候让宝宝上床（见第120页）。
- 不要使用入睡辅助用具。如果你的宝宝需要奶嘴或只有你抱着他到处走、喂他吃奶、给他奶瓶、躺在他的身边，或者把他放在车里推着走才能入睡，那么他就无法形成自己的规律。这些宝宝在夜里也更难入睡。
- 按照你自己的需求和宝宝的需求来安排一天的规律。你一定能找到你们的共同点。比如，有些宝宝在上午很晚的时候才会困，以至无法坚持到午饭时间，那么他睡觉之后再吃饭也根本没有问题。这或许正好符合了你的习惯，因为时间尚早你也还不饿。但如果稳定了下来，你也应该坚持先后的顺序。
- 如果你正参与建立日常规律，那么，你自己自然也得遵守。预约医生、约会和购物不应该进入宝宝的“新”的睡眠时间。至少应该按照时间安排坚持3~4周，宝宝才能有机会形成一个规律。当然也根本没那么简单，尤其是宝宝已经大一些的时候，但是这种坚持是值得的。一旦一切都形成了规律，你就可以偶尔有一些例外——在你（或宝宝）有一个重要预约时打破规律了。

○ 周末不必严格遵守平时的日常规律。周六、周日的安排可以轻松一些。这样随着时间的推移，宝宝就形成意识，周末与其他的时间不一样：大多数情况下父母都在，早餐时间更长，或许还有更多的空闲时间……

信息

你的宝宝真的困了吗?

一下午疯玩跑跳的宝宝一定会累。尽管如此，夜幕降临之前也不应该让宝宝再疯玩了。现在是休息的时间，这给了宝宝一个信号——睡觉时间到了。“困倦”的信号就是不停地打哈欠或呆滞的眼神。如果在你抱他的时候，他还是一直揉耳朵和鼻子，或者伸展四肢，并做出抵抗，那么他很可能是困了。

新鲜的空气让人疲倦，白天在外面疯玩的宝宝晚上通常很容易入睡。

运动让人疲劳

当然，只有宝宝困的时候让他睡觉才有意义。同时根据经验，宝宝站大约4个小时之后，晚上能够特别好地入睡。在午睡后和晚上睡觉之间的时间是宝宝一天当中最长的清醒阶段，相应的也是一天之中经历事情的最佳时间。午饭或下午茶吃得饱饱的，中午和晚上睡得足足的，宝宝就会表现出最好的精神面貌，并乐于开展美好的活动。大多数的父母上午会和宝宝在家里度过，因为他们还有许多工作要处理，下午则一般为自由时间。

要尽可能多地外出呼吸新鲜空气。

或许你会在附近发现绝佳的游乐场（往往改道去附近更好的游乐场是值得的）。

宝宝在那里可以荡秋千、玩滑梯、坐木马，最主要的是可以玩沙子。所以，去游乐场的时候带上模型、小桶和铲子是很有必要的——在哪种天气下不要紧。除了很棒的游乐设施外，宝宝还有可能遇到朋友和志趣相投的伙伴，你也有机会建立新的联系。

没有坏天气

是的，对于宝宝来说还真没有。无论太阳高照还是狂风大作都是一样的：散步不仅现在是，而且将一直是宝宝最喜欢的活动。你可以给宝宝穿上防水的橡胶靴，穿上雨衣到外面玩耍，让雨滴尽情地滴到脸上，用手接雨水玩，跳进水坑，在水里前行，好奇地数蚯蚓，收集蜗牛壳和石头，还有许多可以做的。

从睡梦中唤醒

有些宝宝的睡眠就像一只土拨鼠：如果中午 11:30 睡觉，15:30 之前不会自己醒来。或许一开始是诱人的、舒适的，但是在一些情况下宝宝的午睡不得不被中断——比如，必须去把大一点的兄弟姐妹从幼儿园或学校接回来或者有一个重要的约会；宝宝还没有吃午饭，直接睡过了；冬天还可能发生宝宝醒来的时候外面天已经黑了。通常人们认为，在晚上上床睡觉之前宝宝至少要“站立”4 小时。为了遵守这条规则你就必须及时叫醒你的宝宝。但是，毕竟没有人会在听到吵闹的轰隆声、拉起百叶窗、刺眼的光线和严厉的要求而从睡梦中惊醒时还保持高兴和好心情——宝宝和大人一样不喜欢这个场景，宝宝甚至可能以叫喊作为反应。如果接下来是畅通无阻地大吃，那么这将破坏他剩余时间的全部胃口。所以要谨慎地进行，花时间慢慢地叫醒他。用充满爱意的话语、温柔的抚摸和轻柔的亲吻让宝宝更容易从美好的梦境中回到现实世界中来。

信息

激素控制着白天和黑夜

激素帮助我们能够在早上睁开眼睛，醒来，保持一天的好心情，当黑夜降临时变得困倦。比如，一旦光线照进卧室，身体就会分泌皮质醇。这种激素让人变得清醒，并有助于起床；当太阳光触及眼睛的视网膜时，血清素流于体内；相反，睡眠激素褪黑素只有在天黑的时候才流入身体。

自主的睡眠行为

你也有过类似的经历吗？宝宝 1 岁时，如果你和宝宝走在路上，并和其他妈妈交谈（爸爸们很少对此感兴趣），就会很快出现这样一个问题："这样宝宝还能睡整觉吗？"很少有妈妈能够在此情境下泰然地反驳："这是当然，已经一次睡 8~10 个小时了。"但大多数情况下夜晚很难熬，就好像"正常的"睡眠行为是好父母的质量标准一样。为什么是这样？

理论上讲这很简单，也很实用：找到规律，遵守确定的时间，在吃饭、玩耍和娱乐之后睡觉。但实际上经常不是如此，因为许多宝宝都表现出了自主的睡眠行为。

宝宝早上起得非常早

与大人相似，宝宝中也有早起者和晚起者，他的内部时钟决定了他属于"百灵鸟"类型还是"猫头鹰"类型（见第 109 页）。如果宝宝很早就醒了，那绝对是他的自然表现。

小建议

针对宝宝的入睡仪式

宝宝喜欢仪式——睡觉也不例外。特别是小夜猫子更能从中受益，因为他们能够对接下来发生的事情有一个预知。

晚上的上床过程要尽可能的和谐，这样宝宝才能获得安全感，因为宝宝可以及时调整他现在做的事情，而不必经历"令人不舒服的"意外。入睡仪式有助于宝宝从容地完成从白天到黑夜的过渡。在做过各种激动人心的活动之后，他可以告别经历丰富的白天，并调整到安静的夜晚模式。当然晚餐、脱衣服、洗澡、刷牙和穿睡衣均属于固定程序。在理想状态下，这些活动要一直在同一时间以相似的顺序发生。

但是在固定程序之后还可以有一个自选项目——和妈妈或爸爸依偎在一起，花些时间来迎接夜晚的降临。和你在一起的时间使宝宝更容易入眠，因为他感受到了你的亲近和关怀。宝宝补充了妈妈或爸爸给的能量，并带着这种爱的感觉进入梦乡。你也可以把宝宝抱在怀里或膝间，共同回顾这一天的经历，并讲给他听。（"今天我们在祖母家吃了蓝莓蛋糕——带奶油的。非常好吃，对不对？"）或者给他讲个睡前小故事，念一首摇篮诗，或者唱一首摇篮曲（见第 255 页）。然后宝宝就进入了甜蜜的梦乡……

但还有可能是在已有的规律中混入了“一个错误”。为了查明早醒的原因，睡眠记录可以提供帮助。宝宝几点上床？早上什么时候醒？他一天睡几个小时？白天最后一次小睡什么时候结束（中午睡得晚）？不要忘记，一个健康的宝宝在24小时内大概睡13~14个小时，其中大约10~11个小时在晚上，其余在白天。

信息

真正的少觉者

有些宝宝即使你采取了措施和技巧仍然对他们没有帮助：他们早上还是很早就醒了。这类宝宝真的就是觉少的宝宝。他们的父母别无选择，只能适应这种睡眠行为。

晚上睡得（太）早?

如果你的宝宝每天起得非常早，你应该再考虑一下他的睡眠时间：晚上早早地就上床睡觉了吗，大约18：30或19：00？凌晨5：00时他的睡眠定额就用完了，于是就睡醒了。

解决办法：把宝宝睡觉的时间每天向后推几分钟——直到宝宝能和其他家庭成员在同一时间起床。

早上早早地一起吃饭?

宝宝在凌晨4~6点醒来，决定开启新的一天，虽然他的父母有完全不同的意见，他们更想多睡一会儿。许多父母在这个时候都痛苦不堪，他们理所当然地认为宝宝可能是饿了，于是递给宝宝一瓶奶——希望他能吃饱再睡一会儿或者至少自己玩一会儿。

但是往往事与愿违，宝宝习惯了这第一个就餐时间——并调整了他的睡眠时间。这意味着，宝宝之所以这么早起床正是因为他这么早就能得到奶喝，即使他根本不饿，而只是睡饱了。

解决办法：把每天第一顿饭的时间往后挪，理想状态是你和宝宝一起吃早餐。最简单的方法是把（已经睡饱的）宝宝从他的床上抱起来，放到你的床上，和他依偎在一起或者跟他一起起床——按照时间。

白天打盹次数（太）多?

早上很早醒来的宝宝通常在别的宝宝刚起床的时候又睡了。毫无疑问，因为他们在补晚上缺失的觉。这当然是身体系统中的一个错误。

3~4个小时的清醒时间之后，宝宝又会疲劳地进入睡眠——与时间无关。我们的目标是帮助宝宝早上睡久一点，或者减少白天的打盹时间。

解决办法：试着让宝宝在进入白

天的第一个睡眠单元之前保持几个小时的清醒时间——一步一步进行，直到宝宝 18 个月时能够一直坚持到午睡。白天太多的小睡会减少夜里的睡眠时间。

宝宝晚上睡得晚

与早起者相反的就是“晚睡者”——不仅大人，宝宝也如此。他们的父母每晚累到闭眼，什么也不想做，只希望赶紧上床睡觉，但是宝宝却精神得要命，他们在房间里乱跑，还邀请你一起加入，完全没有困的迹象。

许多夜行者在第二天早上都会睡到很晚才醒。这不奇怪，因为他们要睡 10~11 个小时。他们的长睡眠大概在午夜才开始，所以要从夜晚一直持续到上午。

解决办法：早上叫宝宝起床，即使在这一刻的他看上去睡得很好，因为 12 个小时之后有一个轮回。如果现在不叫醒他，那么午睡时间就会顺延到下午，导致宝宝在夜里很晚的时候又会变得很精神。最好调整宝宝的内部生物钟，让他在早上早点开启新的一天，所以你必须叫醒他。要找到规律，宝宝在困倦之前必须有几个小时是醒着的、活跃的，然后再制定相应的睡眠时间。例如，如果你的宝宝早上起床 4 个小时之后困了，而你想要在大约 12 点时吃午饭，那么你就应该最晚在 8 点左右叫醒他。同样重要的还有限制午睡的时间，或者省去到目前为止一直进行的白天的第二个睡眠单元。只有这样宝宝才能够在晚上早些入睡。

信息

睡眠障碍的生理原因

虽然很少出现，但是阻止宝宝睡眠的还有些生理原因。如果是由于这些原因而产生的睡眠障碍，父母应该带孩子去看医生。像中耳炎、感冒鼻塞这样的感染性疾病，还有不消化、神经性皮炎（以及随之而来的搔痒）、咽扁桃体肿大（息肉）或过敏（可能伴随着鼻塞）都可能导致睡眠障碍。除了身体原因之外，宝宝 15 个月时经历的第一个抗拒期会在他不想睡觉时对父母造成压力。在 2 岁生日前后，噩梦也会妨碍宝宝晚上睡觉（见第 358 页）。

摇篮曲和摇篮诗

谁拥有最漂亮的小绵羊

谁拥有最漂亮的小绵羊?
金黄色的月亮,
它在我们树后,
住在天上。

夜里它来了,
当所有人都想睡了的时候,
它从家里出来,
安静地挂在天上。

然后放牧它的小羊们,
在蓝色的牧场上;
因为所有白色的行星,
就是它的小绵羊。

它们不会伤害任何事物,
它们相亲相爱,
是姐妹是兄弟,
在上面,星星挨着星星。

我应该带给你一个,
这样你就不会喊了,
必须像小绵羊一样友好,
必须像它们的牧人一样友好。

睡吧,孩子,睡吧

睡吧,孩子,睡吧!
爸爸守护你,
妈妈摇晃着小树,
那里有梦落下。
睡吧,孩子,睡吧!

睡吧,宝贝,睡吧

睡吧,我的小宝贝,
一直睡到天明,
一直睡到房子里的公鸡,
啼鸣冲破天际。

睡吧

睡吧,我的小宝宝睡吧,
睡吧,宝宝累了。
小床软软的,一切归于安静了,
因为我的小宝宝要睡了。
小马睡着了
小牛犊在马厩里,
在高高的牧羊场上,
所有的小鸡,
它们在那整理它们的床铺,
对着可爱的孩子喊道:“晚安!”

小家伙的拇指

小家伙的拇指粗又美,
躺在他的床上。
用被子盖住头,
人们连他的头发都看不到了。

打鼾,梁木弯曲了。
走近点,他在那里躺着。
小家伙睡了一整晚,
但是早上醒来了。

宝宝祷告

我累了,我去休息,
两只眼睛闭上了。
爸爸,让你的眼睛掠过我的小床。
所有我熟悉的人,
上帝,安静地置于你手。
所有人,大人和小孩,
都应该归顺于你。

小星星,小星星在夜里,
挂在天上守卫我们的房子。
保护我的爸爸和妈妈,
兄弟和姐妹。

宝宝长时间地醒着躺在床上

有些宝宝虽然不累，但是躺下很快也能入睡，可他们几个小时之后就会醒过来，并决定把夜晚变成白天。他们坐在床上，自言自语，大一点的宝宝甚至起身从床里爬出来。他们的爸爸妈妈经常因此不知所措，毕竟晚上是睡觉的时间——而且开始时一切进行得很好。现在又是怎么回事？

睡眠记录表（见第 394 页）又可以帮助我们对宝宝的睡眠行为有一个总体认识。宝宝什么时候睡觉，睡多久？晚上什么时候醒，醒多久？经常发现宝宝的内部生物钟不在正确的节拍上——睡眠—清醒规律被打破。通常宝宝在床上度过的时间比他真正睡觉的时间多得多，因此他不只是把床看成睡榻，还看成了舒适的游乐场地。世界颠倒了，因为床上的时间被认为是睡觉的时间。

解决办法：注意让宝宝在床上的时间主要以睡觉度过。也就是说，如果他晚上还不困（比如因为他活跃的时间不够长），那么让他上床睡觉就收效甚微。最好把他从床上抱下来（当他困的时候再把他放到床上），让他在外面玩，等正确的时机到来时再把他重新放回去。早上也一样：如果宝宝醒了，就不必再让他"停"在他的小床上了，即使这对疲惫的父母来说极具吸引力。

宝宝把白天错过的觉在晚上补回来

晚上醒来的宝宝经常在第二天晚上又会把错过的觉补回来。经常会出现这样的现象：他很快入睡，但是不长时间又起来了，这让爸爸妈妈很吃惊。其实宝宝是伪装的"夜猫子"，他们在"正常的"时间上床睡觉只是因为把白天没有睡的觉推迟了。

解决办法：早上按时叫醒宝宝，限制他的午睡时间。用这种方式让宝宝知道，晚上就是睡觉的时间——错过睡觉时间不能用打盹补上。

信息

顺势疗法的帮助

安眠药和镇静剂虽然能让宝宝安静下来，但是无法帮助他拥有更好的睡眠——因为不能解决问题。顺势疗法不同，它可以真正帮助宝宝更容易入睡或连续睡眠。但没有同时适用于所有宝宝的"万能药"，更多的是改变他的心理状态。你可以问问儿科医生是否建议给你的宝宝采用顺势疗法。

每个宝宝都能学会睡觉

宝宝（以及他们的父母）出现睡眠障碍最主要的原因之一，常常是当宝宝在床上躺着的时候很难自己入睡，他还需要一个或许多已适应的入睡辅助用具，如奶嘴、奶瓶或爸爸的胸膛，以及爸爸臂弯里特定的摇晃技巧。更好的是，妈妈或爸爸也同时躺到床上去。

好消息是，现在帮你的宝宝独自入睡还不晚——前提是你知道他需要什么。你的宝贝不必学习睡觉，他从一开始就已经会了。但是作为父母的你们必须明白你的宝宝需要什么才能入睡，只有这样你才能帮助他自己完成。因为有一条是肯定的：你的宝宝也想要晚上连睡 10~11 个小时——不必醒来很长时间。你和你的宝宝一定有同样的需要，即使这看上去并不总是如此。

帮助我自己做

在本书第 116 页，你已经读到了宝宝如何睡觉，并通过观察得知是什么入睡辅助用具夺走了宝宝的睡眠。如果父母晚上总是需要起床帮助宝宝重新入睡，就会出现问题。因为他需要自己特殊的入睡辅助用具，他靠自己的力量无法入睡。

传统的入睡错误有：

◎ 抱着到处走，抱在怀里或放在吊床上摇晃。

依偎的时间一定要有，但是应该让宝宝自己，在自己的床上入睡。

◎ 奶嘴。

◎ 喂奶。

◎ 轻抚。

◎ 放在车里推。

◎ 特定的声音如电吹风、洗衣机或吸尘器。

◎ 与妈妈或爸爸的身体接触如握手。

更好的是：

◎ 妈妈或爸爸也立刻睡觉。

因此从一开始给宝宝机会和信任，让他自己入睡是很有意义的。如果没有考虑这个，那么很容易产生一个不合适的睡觉模式，然后要改正这个“错误”就需要很多的理解和耐心。但这不意味着父母应该允许宝宝喊叫，而是更应该让宝宝学会用正确的信号来做出适当的反应。

白天应该尽量满足宝宝对于亲近和关怀的需求。如果他的“内部能量存储罐”被填满了，那么有助于他在没有与父母身体接触的情况下度过夜晚并独自入睡。

你自己决定

父母是否想要改变这种睡眠干扰全由他们自己决定。不是每个父母都觉得每晚起来多次照顾宝宝入睡是很有压力的事情。有些父母在这方面很有无私奉献精神，愿意所有事情都为宝宝代劳，而且深信这是唯一正确的选择。但是大部分的父母还是对此很有压力，或者至少偶尔感到精疲力竭，想要结束这种两难的处境。因为长达几个月的晚间睡眠中断耗费了父母的精力，长期的睡眠不足导致精疲力竭。人们总是能听到父母抱怨：“我不行了，我再也受不了了。”

如果你也这样觉得，那么你应该尽早向儿科医生、儿童精神病科医生或儿童医院门诊寻求建议和帮助。医生可以帮忙检查宝宝的睡眠问题是否是由于发育障碍引起的。

知道宝宝为什么哭

如果宝宝夜里醒了，而且找不到他的入睡辅助用具了，那么他哭就完全可以理解。因为他感到无助，想要找回过去的（入睡）状态；同时，他也会寻找你的安慰，因为你能够消除他的苦恼。宝宝的反应完全正常和自然。生气、责骂，甚至惩罚他都是错误的行为。实际上宝宝有权利要求得到他目前为止从爸爸妈妈那里得到的入睡辅助用具。

如果你遇到了这种情况，那么你有两个选择：你可以继续给宝宝提供帮助，或许他某一天也能学会自己入睡——但是这往往需要持续好几年；或者你可以借助特殊的睡眠训练来改变这种情况。

信息

哭喊能让肺部更强壮吗？

40~50 年前，人们围绕着宝宝的睡眠行为还很少有争议。有些奶奶直到今天的观点还是：“让宝宝哭，总有一个时刻他能睡着。”当然是这种情况——总有一个时刻他会哭得没有了力气（这是请求重新建立他的入睡场景），放弃反应，进而睡着。但是幸运的是，现在妈妈们知道如果她们让宝宝长时间哭喊的话，不能促进宝宝的睡眠。相反，这种方式会疏离父母与宝宝之间良好的亲子关系。

按照法伯（Ferber）博士的方法学习睡觉

20世纪90年代以来的父母对理查德·法伯（Richard Ferber）博士的睡觉训练法有不同的看法：一些父母多亏他具体的指导并通过训练项目最终找到了对自己和对孩子都合适的睡眠规律，而另一些父母则对此很排斥。对他们来说，法伯提出的学习睡觉的方法对孩子是一种额外的负担，这种负担严重且长期地动摇着宝宝对自己和对父母的信任。

睡觉训练"征服"了世界

美国的儿科医生理查德·法伯博士在美国波士顿的儿童医院领导了一间睡眠实验室，并向父母提供意见，如何让宝宝独自入睡。他认为宝宝早期已适应了经常被父母允许的某一特定的不正确的睡眠模式，他的睡觉训练就是以这个认识作为基础产生的。但是许多父母终会在某一刻不再想（或能够）接受这种睡眠习惯，因此他们要寻找机会让宝宝放弃这种习惯。比如，在法伯博士的方法中有一个训练项目，在这个项目中宝宝能够学会在不借助于目前为止正在用的入睡辅助用具的情况下独自入睡。

同时，法伯还以行为疗法为依据来进行训练：他认为，当人们学习了一种行为，那么也有可能会放弃已经学到的东西或学习新的东西。具体来说就是，宝宝必须学着放弃使用入睡辅助用具，学会独立入睡。

关于这个方法，法伯写了一本书，在全世界的销售量高达数十万册。不计其数的父母实施了他的项目，并真的发现在几天或几周之内宝宝的睡眠行为就有了明显的改善——同样，自己的睡眠也跟着好了起来。因此在美国，当人们说到训练宝宝独立入睡时都会把这个过程称为"法伯化"。

这个方法如何发挥作用?

参与训练的宝宝年龄应该至少6个月。在白天清醒并活跃了几个小时后，宝宝累了、困了，上床时还是醒着的状态。现在举行一个简短的入睡仪式——一首睡眠曲、一次祷告或一首诗以及几个抚摸单元。重要的是这种简短的入睡

信息

不是不惜一切代价

理查德·法伯本人并不因"法伯化"这个概念而兴奋。在一次采访中他说，他工作的意义就是找到解决所有宝宝睡眠问题的方法。但是却不能总是成功："当父母将我的方法尝试了6周，而宝宝还是每晚哭闹的时候，我都会感觉很沮丧。"

仪式在每晚同一时间以同一种方式进行。比如在一个晚安吻或上紧玩具钟的发条后关掉房间的灯，父母安静且毫不迟疑地离开房间。

如果宝宝抗议，或开始哭，那是因为他想要原来的入睡模式，此时父母不能理会他的要求，几分钟（时间要准确制定）之内不许再踏进这个房间。在规定的时间之后才可以返回房间，试着用温柔的话语或抚摸来安慰你的宝宝（因为他有可能还在大声反抗）。但是，不允许父母把宝宝抱起来或者干脆满足他的要求（比如奶嘴、奶瓶或身体接触），因为这样宝宝会认为这是你对他哭喊的“奖励”。几分钟之后（再次精确制定）父母重新离开房间，如果宝宝还一直在哭（宝宝通常会这样做——他们甚至会精力充沛使出全身的力气哭喊），那么在一定时间之后你可以再返回去安慰他。

法伯方法的目的

通过“被动的”安慰，宝宝应该学习放弃现在用的入睡辅助用具。父母有规律的“折返”应该传递给宝宝一个信息：他不是一个人，他的父母一直在他身边——即使他睡着了，只是他应该自己入睡。

法伯方法的缺点

法伯方法的有效性需要父母具有大量的耐心、毅力和强大的神经。没有一个妈妈能够轻易地忍受宝宝哭泣的烦恼。想要冲进宝宝的房间，把他抱在怀里的冲动极强。在这种高强度的压力下很快就会出现这样的想法：“这违背自然”或者“这种方法对我和宝宝来说完全不合适”。这不奇怪，因为法伯博士严格制定的暂停时间可能无休止地延长。每一次要延长几分钟，最长的可能是30分钟——这真的很长。

小建议

小妥协

如果你认同法伯博士的基本理念，但是不认同这么长时间的暂停时间（以及与之相联系的宝宝长时间的哭喊），那么还有建立在同一原则基础上，但暂停时间较短的睡眠训练项目。如果想了解更多的相关信息，你可以在新晋父母咨询室或网上找到大量的信息。在实施一项训练之前，你应该提出以下问题：

- 宝宝的睡眠行为真的有打扰到你，一定要改变它吗？
- 睡眠障碍的基础真的是入睡困难吗？你没有找过其他原因吗？
- 你的伴侣已经做好帮助你实施这个项目的准备了吗？
- 你和你的伴侣能够在接下来1~2周内（在工作上）承担得起这个项目的实施吗？

宝宝需要亲近

“婴幼儿不仅在白天，晚上也需要联系人给予温暖的照顾和亲近。”来自伯尔尼的哺乳咨询师西比乐·吕鲍尔德（Sibylle Lüpold）如是说。她创办了一个反对这种睡眠训练方法的网页，在这个网页上有来自儿童健康领域的不同专家的发言。当宝宝感觉自己一个人的时候，就会产生极大的恐惧感并尝试所有可能想要到达联系人身边的方法。在这种情况下经常用哭喊的方式。如果父母没有满足宝宝对于亲近和保护的需求，那么宝宝就会感受到分离的痛苦和信任的裂痕，这可能会伤害到亲子间的稳定联系和宝宝将来的发展。“任由他哭，不是一个好的选择。”哺乳咨询师解释说。如果父母具备了专业知识，更好地理解宝宝的睡眠行为并能够处理好关系，会更有意义。

与兄弟姐妹一起睡

当第二个宝宝来到这个世界上时，父母会提出这样的问题：我们应该把两个孩子放到一个房间吗，这样好吗？这当然会引起疑虑，毕竟他们的睡眠行为有所不同。但是因为宝宝在 7 岁前，夜里的长睡眠阶段是不发生变化的，而且大部分的宝宝需要睡 10~11 个小时，所以完全可以尝试着让他们一起睡觉。

自 1 岁起，有的宝宝可以更早，你可以尝试着让宝宝们“搬到一起”。虽然过程不总是一帆风顺的，但效果往往是惊人的：如果两个兄弟或姐妹分享一个房间的话，这对两个宝宝的睡眠行为常常都有积极的影响，小宝宝经常突然就能够睡整觉了。也许是因为另一个宝宝睡觉时发出的声音让他感觉自己不再孤单。有时，第二天早上两个宝宝会躺在一张床上，因为爬到姐姐或哥哥的被子下面比爬到爸爸妈妈的房间要容易得多。

一起睡觉：不只是小宝宝享受到了亲近，大宝宝也一样。

从一年前开始，你不仅是妈妈或者爸爸，而且还是教育者。在宝宝出生头几个月里，你与生俱来的、自觉的行为方式（比如声区）帮助你正确地、合适地对宝宝做出反应。但是最晚从现在起，你必须有意识地决定你在特定的场合下应该做出怎样的行为。

宝宝 2 岁这一年你将面临许多新的挑战。你的宝宝在接下来的 12 个月里要进行“自我发展”（见第 172 页），而你必须陪伴在他左右，最好是爸爸妈妈一起努力。因此一定要先商量好你们的教育风格是怎样的。

对于大多数的父母来说，教育的目的是支持和加强刚刚的全面发展，以期宝宝发展出一个自主的个性。其中还包括传递一些重要的价值观，如尊重、注意和相互间的友好。只有以身作则，让宝宝看到什么才是正确的行为才是成功——这是一个责任重大的任务。当然，教育总是在必要的自由、约束和界限中游离。但是有一点是确定的，父母和宝宝间的联系构成了教育的基石，它甚至是宝宝接受教育的前提。

宝宝需要规则

教育科学家共同认为，宝宝需要界限。你不仅要保护宝宝免受伤害，还要给他心理上的支撑。但是把宝宝锁在阴暗的地下室作为惩罚是正确的吗？回答是不容置疑的：不！

惩罚和结果

直到 20 世纪 70 年代，父母还会因为一些小错误而惩罚自己的宝宝——可惜，现在有时也是如此。而且父母往往会“秋后算账”，当孩子晚上回家之后，爸爸再“惩罚”不听话的孩子。惩罚是“犯罪行为”的结果，两者并无直接相联的关系。

今天，大多数的专家认为，有些惩罚是没有意义的，因为这仅仅只是让宝宝觉得受辱，但并没有使他们明事理。这种惩罚行为的结果是不同的。宝宝年龄不同，反应也不同：

◎抗拒、反叛和抵抗。

◎盛怒、敌意和攻击性（比如打回去）。

◎说谎、报复行为。

◎听话、绝对的顺从和屈服。

◎适应和迎合。

◎败退、逃走、回归和幻想。

共同生活的界限和规则

一方面是爱、尊重和联系，一方面是界限和规则：两者能相互适应吗？绝对可以，两者甚至互为条件。如果宝宝 2 岁时度过了他的第一个抗拒期，且逐渐形成自主性，那么你就为宝宝的进一步发展和教育奠定了一个好的基础。

说“不”的勇气

或许你已经开始记录“说不日记”了，在日记中记录每天说不的句子（见第 174 页），以此来看你说“不”的频率，或许你会发现你说“不”的频率很高。如果没有，那么你要和你的伴侣想想在与宝宝的共同生活中哪些规则对你来说是重要的。这里有几条建议：

◎**危险场景**：为了宝宝不发生危险，规则是不可避免的。比如宝宝不能一个人跑到街上去，只能牵着你的手才可以。你要坚守自己的行为，并向宝宝告知：“如果你单独跑到街上去会很危险。如果你一个人在街上，就必须回到婴儿车里坐着。”坚持这个规则，对第一次“违规”做出反应，只有这样宝宝才能知道这条规则对你来说是很重要的。这同样适用于其他危险场景，如玩插座或在车座上不系安全带。

◎**保护他人**：弄疼别人或伤害别人的权利都是不允许的。拉妈妈的头发、踢别人的小腿，打另一个孩子都是不允许的。你的态度要强硬：“不，你弄疼我了”“不，你弄疼莎拉（Sarah）了”。

◎**争吵**：如果两个孩子发生了争吵，那么大多数情况下是关于玩具或其他物品（财产纠纷）。你先观察宝宝如何解决争端，然后你可以立刻教孩子在想要某个物品时必须要先问对方：“问问亨里克（Henrik），你可不可以玩这个小车。”宝宝虽然还不能表达这个句子，但是他可以用疑问的眼神看着相关的小朋友，很快他就能说出“车”或“玩车”的词汇了。

◎ **吃饭 I**：父母决定他们煮什么，而宝宝决定他们吃什么和怎么吃。根据年龄的不同，他们能够自己动手吃饭。舀出一勺热汤对于1岁半的宝宝来说还太危险，但如果是土豆泥他或许能够完成——如果他事先在你的帮助下练习过的话。

◎ **吃饭 II**：在饭桌上吃饭。但是许多父母都感到这条规则有难度，或者他们从没有这样想。1岁末、2岁初时宝宝变得越来越好动，你要和他达成一致意见，吃饭只能在餐桌旁吃。如果宝宝“在路上”吃黄油面包或饼干，那么你就轻柔地把东西从宝宝的手里拿开，然后站到桌子旁边说：“看，你应该在这里吃。”

◎ **愿望**：父母无法从早到晚地负责宝宝的各种事情或者把宝宝的每一个愿望都表达出来。宝宝1岁，特别是头几个月的时候，立刻对他发出的信号做出反应这一条非常重要。但同时你的宝宝应该也能短暂地等一会儿，直到你手上的工作做完，有时间跟他玩。还有和他一起看图画书的请求也可以等几分钟：“我想先把这个做完。”同样适用于宝宝饿的时候：“我知道，你饿了。我正在煮饭，一会儿饭就好了。这里有一块苹果，你先吃一点。”用这种方式，宝宝就知道了你很认真地对待他的需求，即使你没有立刻满足他。

信息

统一战线？

父母双方在教育这方面虽然要达成一致意见，但是也不必形成统一战线，一致对抗你们的宝宝。可能在打扫儿童房的时候你会发现你们的意见会有所不同，对于噪音的定义也可能有不同的“承受程度”。宝宝随着时间的推移会知道，比如，你不喜欢大声的音乐，但是你的伴侣喜欢——或者反过来。有可能你一天的心情就受到了影响。昨天你还觉得这大声的、持续的打击乐如此之好，可今天你就头疼，而这种声音对你来说就太大声了：“我头疼，这对我太大声了。”你会惊讶地发现，这样的信息对宝宝来说比这样的句子“停，声音太大了”效果更好。

仪式给人支持和方向

“啾啾，啾啾，啾啾，我们所有人都就位——祝你有个好胃口！”这个相似的格言对于许多宝宝来说在饭前都不陌生。他们会耐心地等待，直到所有家庭成员都在桌边就位，即使他们饿了。

仪式是一种方向性的指引，因为它们使共同生活下的日常生活结构化，比如吃饭前饭桌用语或者饭前祷告。

另一种方法就是将一年划分成几个时间段，比如上幼儿园的宝宝就已经学会按照一些特殊时间来划分一年十二个月了:“圣婴节之后就是我的生日，然后是复活节，然后是妈妈的生日。”他们经历一个又一个节点。除此之外，还有生命中只有一次的仪式，比如入学、第一个圣餐仪式、坚信礼，或者中学毕业典礼，乃至以后的婚礼或第一个孩子的出生。许多宝宝还会形成自己独有的仪式：对于一些人来说，浴室里的牙刷一定要按照同一个顺序排列；对于另一些人来说，每一个家庭成员都必须坐在某一个特定的位置上——无论是在自家的餐桌上还是在饭店里。否则这个世界就乱了。

怪癖还是仪式?

你知道这个故事吗？一个小孩儿不想喝晚餐粥，第二天他拒绝所有除了水的东西。他的父母当然很着急。几天之后，按照宝宝定的“仪式”，晚餐要按下面的模式进行：妈妈身着睡衣坐在一张儿童椅上，爸爸喂粥，并戴着帽子，穿着雨衣。只有在这样的条件下宝宝才吃东西。瑞士讽刺作家弗兰茨·霍勒尔（Franz Hohler）坦率地说，整个事情还会继续发展，最后，妈妈得穿着睡衣躺在柜子上看着他，并且……

读到这里你当然可以微微一笑，即使有点夸张，但是这则讽刺故事展示了仪式也可能变成怪癖。然而在现实生活中这些怪癖却一再出现。它们帮助宝宝克服日常生活中的困难，减少宝宝在上幼儿园的年纪所遇到的一些问题，比如上床睡觉时对于分离的恐惧。孤独和黑暗对于许多宝宝来说都是很恐慌的。如果每晚锁上所有的门，把玩具青蛙放在床尾，刺猬放在床头，水杯盛满水放在床边，把小娃娃放在枕头底下。如果这些固执的习惯不会浪费太多的时间，那么宝宝则是正常和觉醒的印象，孩子们很快就会长大，所以你不用太紧张。

一天的结构

直到1岁生日，许多宝宝在上午和下午都要睡觉，但是现在大多数的宝宝就只睡午觉了。刚开始这种改变会带来一些混乱，但是1岁的睡眠仪式有助于只用一个睡眠停顿来重新划分一天的结构。当一天总是以相似的方式开始，那么这就是一个稳定的基础。午餐的过程也应该总是相似的——在家、在日托班或者幼儿园，还有饥饿的感觉、洗手、系上小围嘴儿，当然还有在一天中的固定时间从厨房里传来的香味：现在是午饭时间。吃完饭后听一个小故事，然后允许眼睛休息一会儿。下午在一起做些事情之前，可能还有个果盘。每天去散步或晚上聊聊一天发生的事情，也会给宝宝带来稳定的结构和安全感，让他感觉安全和强大。

不同的教育风格

幸好在今天几乎所有的父母都不再要求孩子绝对地服从了。毕竟随着时间的推移，教育方法也发生了改变。但是下面的理论直到今天仍对儿童教育产生着深远影响，在实践中这些理论往往以混合的方式出现。或许你很快就能发现自己的父母的教育方式更倾向于哪一个理论，你自己想要用哪种风格呢。

独裁式教育风格

在父母和孩子之间存在着一个清晰的权利关系：对于宝宝行为的控制只能由父母来承担。独裁式教育的父母很看重服从和适应，他不希望宝宝对他的独裁究根问底，如果宝宝这样做了，那么就按不听话或违反规则来惩罚他。

因为宝宝不得不接受父母的规则，所以他们之间很少进行交流（“你就这样做，因为是我说的”）。宝宝的意见虽然也被接受，但是他很少有机会自由地发展，同样很少被鼓励去独立行动。结果就是缺乏自信和独立性——这与成熟的、独立自主的个性截然不同。

独裁式的教育风格主张强硬的，甚至无限制的体罚，这常常导致孩子（至少在青春期）彻底反抗他的教育者，并很少显现出社会行为。

“我们总是对的”

独裁教育的脚步还没有停止。孩子只能走父母预先设定的一条路——一个不容更改的方向。孩子的意见不被接受，自主性被严重打压。因此，孩子的自发性、创造力、感受力和自主性的发展被迫滞留。

反独裁式教育风格

与独裁式教育风格不同，20世纪60年代诞生了反独裁式教育风格：完全不强迫的一种教育。孩子只需要面临非常少的要求，他的行为没有或几乎没有界限。他自己控制自己的行为，父母完全信任他。

这种方法是以这样的理念为基础的：孩子的发展不应该以任何一种方式被限制，他需要大量自由的空间。反独裁式教育风格的目标是让孩子发展成为具有自我意识的、具有创造力的、具有斗争能力的个体。自我发挥具有很高的地位。宝宝应该能够自己找到并内化世间的价值和规则。但是这种自我发挥对大多数孩子来说很快就成了苛求。

放任主义教育风格

“放任主义（Laissez Faire）”起源于法语，翻译过来就是：“去做吧！”正如名字中显示的那样，在这种方法下，孩子被放任不管。对于父母而言没有严格的规定，没有命令，也没有惩罚，简而言之就是：没有行为准则。每个人都可以做任何他想做的事情。在做抉择的时候，青少年儿童是积极的一方，他们可能考虑父母的愿望和想法——或者不。“允许和满足”就是他们的格言。

与反独裁式教育不同，“放任主义”有界限：保护孩子，并确保别人的自由。像“停，你踢我，这弄疼我了”这样的禁令是被允许说的。

民主的教育风格

从独裁（大人下命令，小孩服从）到民主的教育风格是一条漫长的路，期间也多了许多绊脚石，甚至有些路还会结束在死胡同中。但是反独裁教育也带给人们许多益处。反独裁浪潮和“放任主义”是对孩子常年打压的一种回复。所有的改革都将面临突破某个界限或者错误理解目标的危险。

今天，许多父母和教育专家都是民主教育风格的拥护者。他们把孩子看成一个独立的个体，甚至（部分的）把他们看作是一个伙伴。孩子的年龄越大，他们就越应该被允许独立和负责地行动。他们的父母从旁指导，并为其设定框架，他们在这个框架下允许自由移动。界限（早期是禁止）属于民主风格，但不能肆意使用，需要成人试图解释给孩子听，事情为什么必须这样：“允许你蹦蹦跳跳，但是请在地上，不然沙发会坏掉。”当危险袭来或孩子想要弄坏某些物品时，父母可以实施其知识权威。比如，允许宝宝在纸上乱画，但是不能在白墙上。

如符合年龄，孩子也可以参与父母的抉择。主要是当这个抉择是关于共同生活的主题，且涉及孩子自身的时候。民主教育的关键词就是：相互尊重、按照年龄地自我负责、促进自主性、教育成为成年人、制定界限，以及接受学习。

伙伴式教育的梦想

民主教育的好想法被部分引入了伙伴式教育中，又进一步得到了发展：在这里，孩子被当成了平等的伙伴。

问题是，孩子和大人无法成为平等的伙伴，因为他们的行为不在一个水平线上。成人有经验和知识上的优势地位，有些决定只能他们来做。或者你可以让宝宝参与做决定的过程，比如在你想买一台新的洗衣机、一台新电脑，或者一辆新车的时候。

近30年来，根据《德国民法典》第2款第1626条之规定，父母有义务感知孩子的意愿，并根据孩子的年龄和成熟程度进行适当的考虑或让孩子参与决定，这在伙伴式教育中被彻底地误解。孩子的意愿不一定总是符合他的成熟程度。每晚的、大多数情况下不喜欢的刷牙行为不属于这些条款中对于可变性基础的决定。

性发展和性教育

宝宝的性状态在婴儿期、幼儿期和学龄前阶段各不相同。只有你知道了宝宝有怎样的快感，你才能得心应手地应对。

快乐的感觉

1 岁时，也有可能会更长，皮肤和嘴是快感的源泉。2 岁时，宝宝能够在清空膀胱和大肠的过程中感受快感（专业人士称其为肛门阶段）。对于按压的乐趣，据猜测，可能是排泄的过程中产生的疼痛变得可以承受（毕竟吃硬食后的排泄物与哺乳期的排泄物不同）。附着和坚持与快感相连——随着年龄的增长，宝宝能够更长时间地憋住小便和大便了。

不适当的联系

2 岁时，性教育与变整洁和抗拒期紧密地联系在一起。有些父母总是过早地开始进行“便盆训练”，这经常发生在抗拒期（18~30 个月）。现在宝宝正走在自我认知的道路上，太严格和太早的清洁教育会阻碍他的自主性。宝宝只有一种实现意愿的可能：在便盆上再把粪便憋回去。如果之后粪便落到了襁褓里，且宝宝随即被责骂，那么这也可能是性发展的结果。因为宝宝在憋着和排放的过程中产生愉快感觉的身体部位被责骂，甚至被指肮脏，这种羞耻感和厌恶感被传输到生殖器领域，于是就产生了深远的影响。肛门区和生殖器区往往直到成年期还是一个禁忌话题。

生殖器的发现

从出生起，宝宝就开始了对自己身体的发现之旅。1 岁时他发现了生殖器。此时他越来越有意识地去感觉它，因为他知道了通过触摸生殖器能够产生愉快的感觉。

信息

便盆儿上的小脑筋

整洁的意识开始于头部，因为 18 个月起大脑才开始感知“膀胱或大肠满了”的信号，并把信息继续向相应的方向传播。如果你过早地开启“便盆训练”，那么粪便也只是偶尔落在盆里。但这主要是你的成果而不是宝宝的，因为你认真地观察宝宝，并及时把他放在了便盆上。所以你最好再等等。从本书第 368 页开始，你能获悉何时该放弃襁褓了，如何无压力地保持彼此的清洁。

除了肛门区，性器官在宝宝 2 岁时也成了快感（性器官阶段）的重要来源：男孩子拉阴茎或将包皮卷上去再卷回来；女孩会先用娃娃或泰迪熊按压大腿，以此对阴蒂产生压力，之后她们或许会发现还能够用手指刺激阴蒂。原因可能在于男孩子能够看到他们的生殖器，而女孩子不能。

有些父母会因为他们的孩子表现出了相似的快感而感到很不安，其实宝宝只是觉得发现整个身体很激动。用手抓住脚或肚子、抠鼻子（也是一种快感）、抓和摩擦生殖器——所有这些对宝宝来说又很新奇。因为抓阴茎和阴蒂能够产生快感，所以不产生快感那才是傻呢。毕竟宝宝整天思考的就是让自己的感觉好，感觉舒服。

实话实说

孩子们在 2 岁左右，会发现男孩和女孩间的“细微不同”。女孩觉得，自己会长出阴茎——毕竟头发和手指甲也长长了。但是大人常常会拿话敷衍她，说等她以后长大了就会有胸了。目前阶段似乎没有其他的说辞。这个阶段的宝宝更想要和他的兄弟 / 姐妹或朋友拥有一样的东西。相反，有些男孩子认为阴茎能够被割断——就像头发和指甲被剪断一样，女孩子的就没有了（见第 301 页的“受伤的恐惧”板块）。

从一开始就告诉你的宝宝，男孩和女孩都有生殖器，它们就像眼睛、鼻子和耳朵一样属于他们身体的一部分。面对女儿的时候你要强调她们有些极富价值的东西，并用一个可爱的名字称呼她的生殖器；让你的儿子知道，虽然女孩没有阴茎，但是她们有别的。

信息

这就是我——有面容，有性别

18 个月以后，宝宝才能够在镜子中认识自己，并知道他面对的这张脸是属于他的。在这个时间点前后，他们也开始按照外部特征，如声音、衣服和发型来划分性别。刚开始时生殖器并不扮演着角色。所以，也可能发生两个 2 岁的宝宝问邻居家大一点的宝宝和他一起玩的孩子中谁是女孩。只要男孩有长长的头发，他也被小宝宝划分到“女孩”的行列里。直到 2 岁末，宝宝们才会在内心明白，自己是一个男孩还是女孩，这个世界上有男人也有女人。所以就让你的宝宝安静地在镜子前看一次他的裸体：这就是我，我长成这个样子——这是我的脸，这是我的生殖器。

宝宝上托儿所了

过去十年里，人们对于照顾3岁以下的宝宝来说已经做了一些事情。但是，当父母双方在宝宝出生后都想回归工作的时候就需要大量的组织天赋了。人们开始思考一个问题，应该由谁来照顾孩子。通常有哪种可能呢？

◎ **祖父母：** 过去，让祖父母照顾小孩儿的情况很普遍。但是随着就业市场上逐渐增大的灵活性，家庭间住的距离也拉大了，因此，这种照顾形式往往因为距离而无法进行。此外，许多祖父母还在上班，也没有时间照顾第三代。祖父母照顾小孩儿的时候还有很重要的一点：你需要事先向他们讲明你的教育理念。祖父母应该并允许与父母的反应不同——比如额外塞给宝宝一块巧克力。如果是偶尔拜访，就不需要制止，但如果是每日交往，那么就需要制定共同的准则。

◎ **白天保姆：** 一位女士必须上过这样的课程，其内容（比如宝宝的发展、教育、饮食和活动）和时间由各个青年福利局决定。只有经过这样的培训，她才允许照顾5岁以下的宝宝。在这里，宝宝还可以接触到其他同龄的孩子。

◎ **朋友：** 你和朋友可以轮流照顾你们的孩子，用这种方式相互帮忙。

◎ **互惠生：** 一位年轻的女孩子在家照顾孩子，并同时承担一些较轻的家务。在一定时间内，她是这个家庭的一分子。这看上去很实用，但也有可能带来弊端。因为互惠生通常只在这里待一年，无法进行持久的照顾和联系。长年来照顾宝宝的保姆可以保证持久性，但是雇佣价格很贵。

◎ **托儿所：** 在托儿所里，宝宝和其他小朋友构成一个小组，由教育学方面的专业人士（教育工作者和托儿所保育员）来照顾，并按照年龄促进孩子的发展。

照顾的愿望在增加

直到几年前，大多数的父母都希望在头几年和宝宝待在一起。最早在3岁结束后宝宝就应该上幼儿园了。相应的，幼儿园被当成是社会的广泛层面中的最后一个出路——当妈妈出于经济原因而根本不能待在家里的时候。

今天，父母的想法和愿望发生了改变：虽然大多数的父母还是想在宝宝1岁时由自己照顾他，但对于1岁的宝宝来说，三分之一的父母已经希望有家庭以外的力量承担照顾的工作了。宝宝2岁时，甚至有超过三分之二的父母这样想。还有一件有趣的事情：甚至有一半不工作的母亲也希望将宝宝送进托儿所或幼儿园照顾。

联邦政府对此做出反应，并在过去几年加大了托儿所的扩建力度。比如

2007年底在一个中等大小的县，平均只有5家托儿所，2010年底就已经达到了49家。

托儿所是这样成功的

父母总是会有这样一个痛苦的经历：父母们刚刚决定了一家托儿所，就没有空位了。在城市里，托儿所一直都缺少位子。尽管如此，你还是不应该毫无选择地让宝宝入托，而是要注意以下几点，以确保宝宝在你工作的时候真的得到了很好的照看。

对托儿所的看法

在你给宝宝报名之前，作为妈妈或爸爸的你必须清楚你想要怎样的家庭以外的照顾，以及托儿所有何特殊的地方。彻底地研究一下这个话题。如果这家托儿所的框架条件符合你的要求，且你对它的看法是积极的，那么入这家托儿所就能够促进孩子的成长。

框架条件

咨询一下这家托儿所的教育理念，询问它的日常安排。餐桌礼仪等仪式进行得很好吗？看护人员如何看待看护场景的：认为这是有价值的看护，或更多的是一件麻烦的事情？人们会认真地观察孩子，并在需要的时候记录下所观察到的东西吗？老师会定期——至少一年两次，2岁以下的孩子更要经常——借助于有价值的观察来向父母报告宝宝不同的发展领域（在框架下这被称为教育伙伴关系）吗？宝宝的个性发展如何？在这里，人们很重视宝宝的独立性吗？因为这正是此时需要得以促进的。

为了对托儿所的设施有一个尽可能准确的印象，你应该记录下这里一天的流程。然后你应该深究或询问，宝宝是否被允许自己吃饭、自己喝水或者自己洗手。

信息

入托会伤害到我的宝宝吗？

宝宝不被妈妈照顾是否会受到伤害，没有一个问题比这个更被情绪化地讨论过了。科学研究早已表明，入托绝不会伤害到宝宝——前提是这家托儿所符合框架条件。入托的宝宝在语言和社会性的发展上甚至经常比许多同龄的孩子要快。贝塔斯曼基金会在2008年的一项研究报告中确定，入托能够在很大程度上提高日后进入文理高中的可能性，虽然这是由多方因素决定的。如果一个孩子入托，那么可能在抗拒期内对父母和孩子都会产生令人满意的影响。

照料的比例分配

组别大小——12 到最多 15 个 3 岁以下宝宝——以及所谓的照料比例是衡量托儿所好坏的重要框架条件。每一个老师带的宝宝不应该多于 4 个，最好是 3 个。也就是说，老师与宝宝的比例应该在 1∶4 或 1∶3。即使在相关草案中已有相应的说明，你最好也再具体询问一下相关数据——毕竟我们无法保证纸质意向书真正的实施情况。

适应和联系

从家庭平稳地过渡到托儿所，并共同适应这个过渡阶段对于宝宝的发展和父母与宝宝间的联系来说都具有很大的意义。

告别仪式不要过长，否则会在宝宝面对分离时造成不必要的困难。

在托儿所的适应阶段可以根据个性需要来安排，并事先与父母商定。焦点就在于在老师与宝宝间发展一个稳定的关系。像换尿布、喂饭和睡觉这样的照顾场景应该小心进行，因为宝宝在这些亲密的场景下需要已经与之建立了或能够与之建立信赖关系的人。为宝宝适应托儿所生活计划足够的时间。在前 2~3 周内，你应该做好准备，在准时回去上班前完成适应过程。在前几个月不要计划度假。宝宝必须要适应新的节奏。1 岁半以下的宝宝在适应新环境的过程中特别敏感，这个年龄的宝宝对分离的反应非常敏锐。

多长时间一次和一次多久？

刚开始时，妈妈在宝宝入托后常常只想在几个上午上班或只上 2~3 个全天班。这背后往往隐藏着一种可能性，宝宝发展得越好，必须去托儿所（或白天保姆那里）的次数就越少。同时产生了更加清晰的规律：“从周一到周五我去托儿所。午睡或下午餐吃过之后，妈妈来接我，然后我们就回家了。周六和周日是家庭日，周一我又去托儿所了。”不断重复的规律给了宝宝安全感，它们就像一个堡垒一样抵御着日常生活中的混乱。

相反，一天去、一天不去无法给宝宝带来规律感。比如，如果你只工作 4 天，那么把自由的一天放在周一或周五对孩子来说最好（前提是你在这一天不想送宝宝去上托儿所）。如果你能够自己决定，那么在宝宝 1 岁半以后入全托（每天都在托儿所）对宝宝和父母来说都是最好的。

人员的资质

虽然这一点是最后提及的，但它却十分重要。许多幼师在培训中所获悉的有关 3 岁以下宝宝的发展、需求、学习和学习条件的知识很少，他们带着照顾 3~6 岁宝宝的知识和经验背景来到了托儿所。因此你一定要问清楚托儿所里幼师的专业背景。对于幼师的雇用也很重要。我们希望托儿所雇用对年龄组有积极态度的人。如果幼师不想带小宝宝，托儿所应该接受。

现在上幼儿园了？

对于入托的高需求导致许多幼儿园已经为 2 岁宝宝敞开了大门，并将它们的计划适应了更小的宝宝。比如加开小班，每天为 2~4 岁的宝宝提供特殊的项目。

如果你想要为你的宝宝报名上幼儿园，那么你应该提前确定那里是否针对小宝宝。如果正常的幼儿园没有这种特殊的规划，那么小宝宝只能作为“陪跑者”和“插班生”。但是在一个好的教育理念下，你应该思考幼儿园的组别是否太大了。因为与在托儿所一组 15 个宝宝的格局不同，在幼儿园每组有 25 个宝宝。

信息

在托儿所的一天

无论宝宝是半天还是全天都在托儿所：在一天的流程中，下面的仪式都给了宝宝支持和方向。比如，如果你总是在同一时间来接宝宝，那么他就知道下午甜点吃完之后你就会在他的身边了。

宝宝在托儿所一天的行程大致如下：

○ 入托，接下来自由玩耍。

○ 早聚（先打扫）：唱歌和点名。

○ 早餐（以洗手作为预告），以饭前歌谣作为仪式。

○ 有目的的训练项目，如以小组为单位画画或运动游戏。

○ 细心的照顾：换尿布。

○ 午餐（先洗手），带餐前歌谣。

○ 午睡并慢慢醒来。

○ 下午餐，同样带有餐前歌谣。

○ 自由玩耍和有目的的训练。

○ 父母接宝宝回家的时间。

“我们玩，玩，玩，以至我们至死方休。”著名的儿童文学作家阿斯特里德·林格伦（Astrid Lindgren）有一次这样表达过。这绝不是个别情况，宝宝在6岁以前游戏的时间大约是1.5万个小时——自己，和父母，以及和其他的小朋友一起玩。爸爸妈妈也为宝宝的游戏行为做出了贡献。一方面，宝宝需要父母作为玩伴或玩具，比如在玩球的时候，或者像喂一个宝宝那样喂他们。父母必须给宝宝创造一个游戏的环境，准备好“材料”，一再地给他做示范，并激发出新的灵感。因为宝宝必须玩，也必须被允许玩。

你试着回忆一下，你自己小时候玩过什么。在哪？和谁？怎么玩的？用什么玩的？或许你的记忆无法回到孩童时代，但是你一定还能够感受到游戏所带来的特殊的魔力。即使你离开孩童时期的幻想世界已经很久了，但它还是会留下痕迹，并在今天帮助你成功地应对生活中的一些挑战。

因此需要继续给宝宝创造玩的机会。或许你已经给你和你的宝宝预留了特定的时间：“这是你和我的时间。”就待在宝宝的身边。

孩子们只是玩……

宝宝2岁时的游戏行为反映了宝宝

在认知、语言、运动技能和社会方面的发展。直到1岁末，除运动游戏外，宝宝还适合以下游戏方式：

◎ **联系游戏**：宝宝把不同的物品相互联系起来。比如，他把积木块或衣夹放进碗里或罐里，然后再取出来。这种“填充物与容器”的游戏直到宝宝2岁仍然是最受喜爱的游戏之一。所以，你可以继续收集空纸箱、易拉罐或酸奶盒。

◎ **功能性游戏**：比如宝宝梳头发，用笔涂鸦。但是允许在哪里画不允许在哪里画他还不知道，所以在杂志上、书上和信上他都画过。

◎ **象征性游戏**：用香蕉或刷子打电话，烹饪木勺梳头发——简单的“这样做，就好像”的游戏属于小宝宝的固定节目。2岁时还会继续发展。

信息

游戏时的专注力

宝宝渐渐地学会在游戏时保持长时间的专注力。一项研究表明，对于一个28个月大的宝宝来说，平均每一个游戏周期所持续的时间是12分钟。在这个时间之后他会把注意力转向其他的东西——经常会发生移动。如果你的宝宝有一次能够长时间地自己玩，你一定很高兴：坚持从事一件事情10分钟，对于这个年纪的孩子来说就是巨大的专注行为了。你将会有足够多的与宝宝共同玩耍的时间。

象征游戏——这样做，就好像

宝宝通过模仿父母和大一点的兄弟姐妹已经获知，某些物品有哪些功能：用勺子可以吃饭，牙刷不能梳头，用小扫帚可以清扫。当刚开始时，示范和模仿是直接相继发生的（当你喂你的宝宝时，他紧接着会尝试用另一个小勺自己吃东西），而现在你可以看到宝宝越来越经常地进行延迟性模仿。有些妈妈已经发现自己的宝宝是怎样全神贯注地用黑色的鞋油涂抹到浅色的袜子上的——宝宝在前一天看到爸爸是如何擦鞋的……

◎ 2岁的上半年，宝宝的发展有了巨大的飞跃：玩具盘子上有积木块，现在可能是一个汤勺，所以它不属于其他放入桶里的积木块。宝宝可能还会从空杯子里“喝水”，他们这样做就好像杯子里真的有水一样。在背上吻一下，他就变成了白天在动物园里看到的巨型乌龟。这种象征游戏也被专业人士称为想象力游戏。

◎ 2岁的下半年，宝宝开始不再只是完成针对自己的行为，而是也转嫁到别人身上：他会给你梳头发，用空勺给你喂饭，如果你一边吃一边大声说“真好吃啊”，他会很高兴。他还会给他的泰迪熊或娃娃喂饭。过不了多久，他甚至会把勺子放到娃娃的手里，抓紧它，做出娃娃好像在自己吃东西的样子。2岁生日前的几个月里，宝宝独自玩着角色扮演的游戏，并模仿着日常生活中的场景：他们

什么放在哪儿？大多数的宝宝在这个年纪都对拼图游戏产生了兴趣。

给毛绒玩具做饭，摆桌子。然后让泰迪熊坐在桌旁，乖巧地用勺子吃饭。

秩序游戏

宝宝按照一定的标准，如颜色或形状来整理物品。这种能力被专家称为“分类”，在日常生活中，人们简单直接地称它为“秩序观念”。它是逻辑思维的基本前提，让你的宝宝在日常生活中多加练习。

空间和结构游戏

○ 12~18 个月，宝宝对容器产生了巨大的兴趣，所以有些积木块就落入了纸盒里。你的小小探索家早在 8~9 个月的时候就已经在他把手放进杯子里时积累了有关“深度”的初始经验。现在，“在里面”这个概念被内化了。鞋盒和其他纸盒促进了宝宝对空间的想象力。装满和清空是这个年龄阶段的一种重要游戏形式。如果你规定哪些抽屉和架子隔层允许宝宝用来填满和清空，而哪些又“属于”父母使用，那么就可以减轻一些压力。

○ 在 1 岁生日前后，宝宝理解了容器里具有空间，人们可以往里面放东西。但人们如何把木头珠子从瓶子里拿出来？如果把手伸进去，瓶口又太窄。宝宝 18 个月时，对于空间的想象得到了很好的发展，他已经知道将瓶子倾斜来使珠子滚出来。

○ 宝宝 1 岁时能够用两个积木块搭建一个宝塔。看似简单的东西，但就像侦探剧一样激动人心：宝宝先是把一个积木块放在地上，现在他必须把另一块刚好放在上面。为此他必须事先相应转动一下手，并对准使其停下来。现在小心地松开手，然后拿开，并保证美丽的宝塔不会瞬间倾倒。15~20 个月，宝宝搭建的宝塔越来越高。为此他不仅用积木块，还用书、盘子或者鞋盒来搭建。

○ 2 岁末时，宝宝能够在水平方向摆放物品了：积木块、玩具车、煮饭锅或小椅子（比如公共汽车上的）在房间里穿梭而行。同时还会被分类：所有红色的衣夹形成一条路，所有绿色的衣夹形成一条路。现在正是摆游戏铁路的好时候。

共同玩耍——提高游戏能力

这个年纪的宝宝喜欢在别人附近玩——无所谓是在父母身边还是其他小朋友身边。给和拿、相互喂食、一起“打电话”、喧闹，都能给宝宝带来乐趣。宝宝喜欢做“老板”，并在你面前演示你应该做什么。你要跟他一起做，因为这种共同的游戏能够加强你们之间的联系。

积累自己的经验

宝宝自己玩的时间越来越长了，毕竟他知道他和你有一个安全的“港湾”。观察一下你的宝宝：他在玩什么，他是如何探究这个世界的。比如，当在秋天踩过落叶，发出窸窸窣窣的声音时，请给他足够的时间玩耍。不要打断他，但是可以在他要求的时候参与进去：跟着他的眼神，和他一起徜徉在树叶的海洋之中。

许多父母都有过早干涉宝宝的发明和试验的倾向，因为他们想要帮他。他们经常说教，并过早地给出建议：“看，你如果这样做……”

虽然这一定是好意，但却妨碍了宝宝自主能力的形成。即使你认为宝宝的实验有问题，你也要等，让他安静地到处做实验。当然，有时要克制住一定需要很大的毅力，但是父母一定要学会让宝宝自己决定哪些游戏和哪些行为对他来说是有意义的。

小建议

针对父母的游戏规则

○ 不要打扰宝宝自己尝试的行为，即使你有更好的主意也不要打断他，同时不要向他展示怎样做才是“正确的”。请让他自己寻找出来。

○ 只有当你的宝宝提出要求或真的存在不可逾越的困难时再帮助他。同时，你不要简单地结束他的行为，而是指导和帮助他尽可能自己解决问题。

○ 按照宝宝所展示的做，而不是向他展示他应该掌握什么。

○ 如果你有一个重要的约会，必须在某一特定时间打断他玩耍，那么你一定要提前告知他。

现在是游戏时间

不断地对你的宝宝提出要求：“我们现在玩什么呀？”他一定知道答案。你可以用这样的话引入一个新的游戏：“我有一个主意……”同时，你要试着对不同的场景进行反应。比如，你可以给宝宝拿来一个球，并建议他玩一轮“爬行射门”或“驾球马车”的游戏（见第 279 页）。

玩具和游戏材料

一直以来，日常生活中的用品和从自然中获得的材料都很适合用来玩耍和做实验。仍然要记得，运动应该占主要地位。宝宝需要“游戏空间”来进行共同的运动游戏。

下面的玩具我们推荐 2~3 岁的宝宝使用（部分玩具可能在宝宝 1 岁时就拥有了）：

买来的东西

- 不同大小的球。
- 玩具车、线控玩具、摇摆木马、推拉车。
- 杯（塔）、积木块、敲锤、塑形插板、环杆。
- 娃娃、泰迪熊、毛绒玩具。
- 拼图。
- 图画书。
- 玩具工具，玩具餐具。
- 玩具铁轨、汽车（大的和小的）。
- 沙子玩具。

从家里和自然中获得的材料

- 锅、杯、碗。
- 洗衣筐。
- 大纸箱、小纸箱。
- 枕头、杯子、垫子、床单、毛巾。
- 石头、核桃、栗子、贝壳、冷杉球果、木块。

为创意设计准备的材料

- 蜡笔、粗蜡笔。
- 牛皮纸、裱糊、瓦楞纸板。
- 颜料、水彩、粗毛笔。
- 代用黏土（或者陶土）。

运动游戏

宝宝 2 岁时开始把他走路和攀爬的能力变得精细化，因此要经常带宝宝到户外去。在城墙上保持平衡和在操场上任意驰骋一样有趣。即使下雨，宝宝也不必放弃活动，因为下面的游戏也适合在室内进行。

隧道

几周之前没有比在饭桌或沙发桌下爬来爬去更有趣了，现在就没什么特别了。用瑜伽垫、没有底的大纸盒制成的隧道，或者一个卷起的地毯就可以给宝宝设置新的挑战了。

颜色和形状的世界对于宝宝来说是无尽快乐的源泉。

在桥下

你可以用手和脚支撑地面搭成一座“人桥”，这样宝宝就可以在桥下面来回爬，或者推着他的小车穿过了。如果你跪在地上（爬行姿势），那么这个桥就矮一点，看看这样宝宝还能爬过去吗。当然，宝宝也可以自己变成桥，然后你推着小车从底下穿过，也许泰迪熊也想从桥下通过。

行走的毯子

玩这个游戏需要一个平滑的地面和两个毯子。你和宝宝都趴在毯子上（你可以给宝宝准备一张小毯子，或者将一张大毯子折叠成小毯子），然后用手脚撑地，并往前移动一段距离——越来越远，越来越远。看谁先到达一面墙、一只泰迪熊或者一把椅子那里。

爬行射门

用两把椅子当作球门，宝宝朝那里爬，并试图用头把一个质量较轻的水球或玩具球顶到门里去。如果成功了，就要用力地欢呼一次，然后到你做。

用手走路

父母和宝宝都把手穿到鞋里去，然后一起像小熊一样在房间里走（四肢着地走路）。同时，必须越过很多障碍物，如椅子、桌子、纸箱或用枕头堆成的小山。

驮着东西走

把一个小枕头放在宝宝的背上。现在宝宝必须尽可能快地爬到另一个房间去，但是不能把“包裹”丢失。成功了，那么就轮到下一个枕头。你还可以再想一想宝宝能够运送什么。

火车和疲倦的火车头

宝宝坐在地上的毯子上，这就是一节车厢。你是火车头，然后拉着他在房间里走。因为这根本不容易，所以你可以像一节旧车头一样喘着粗气，精疲力竭地说：“好重啊。”但是要猛地一用力——出发，哐哧—哐哧—哐哧……

驾球马车

经典玩法是，你们两个分别把腿叉开，面对面坐在地上，并来回滚动一个球。因为刚开始这对宝宝来说并不简单，所以你们之间的距离应该小一点，之后可以逐渐加大距离。

火腿卷

在地上铺一条毯子，让宝宝躺在上面，并保证宝宝的头抵住毯子的边缘，就好像毯子是一片能够把宝宝卷进去的火腿肉，并只有头露在外面。你的手放在宝宝的肩膀和臀部，并不断地用话语给这道“火腿特色菜”一个小的推动力：“卷吧，卷吧，小火腿！”但要注意让宝宝自己做滚的动作。为了品尝到可口的火腿卷，就得打开它，然后再摊开，立刻吃掉它！

骑自行车

赤脚和宝宝面对面地坐在地板上——距离正好够你们屈膝时能接触到对方的脚（你可以用手支撑地面），现在你们可以一起在空中蹬自行车。编一个合适的小故事："我们快快骑，然后越来越慢，我们上山了。噗，这真的很累，但是下山我们就根本不用蹬车啦……"在你们"骑车回家"的路途中，你们可以中途休息一下，比如看一会儿图画书。

滑板前行

把一个纸箱放在一个滑板上，把宝宝放在纸箱里面推着他在房间里到处走。一会儿去这儿，一会儿去那儿，一会儿转圈，一会儿向左……或许可以邀请泰迪熊同乘。之后，在上幼儿园的年纪，宝宝喜欢不放纸箱，直接坐在滑板上，并自己用手移动滑板。然后你就可以用椅子建造一个障碍滑道。

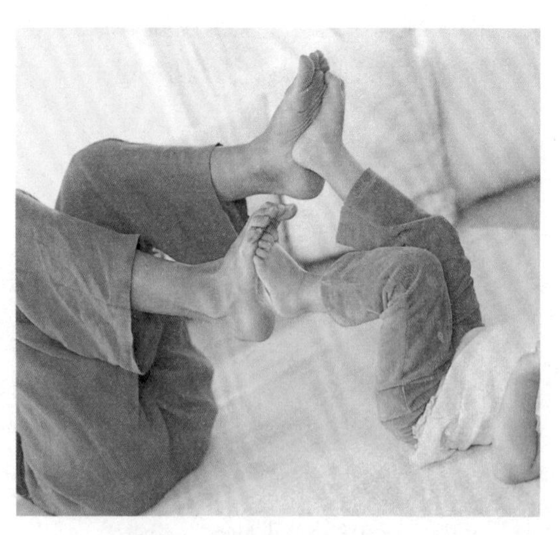

谁说宝宝需要自行车的？有妈妈或宝宝在就够了。

纸箱赛跑

允许宝宝把他的泰迪熊或娃娃放到一个纸箱里在房间里推着走。如果还有朋友在，那么游戏就会变得更有趣，然后客厅就变成了赛道："跑，跑。"看看谁领先。

如果你有大一点的纸盒，你甚至可以推着宝宝走。多么有趣！

当，当，当……汽车跟在后面

推完之后可以拉。在玩具（比如一辆大汽车）上绑一条绳子，并在上面固定一个或两个小铃铛。这样宝宝就可以拉着它在房间里玩了，而且还能听到玩具跟在自己身后。这根本不简单，向前走，再不时地回头看看玩具还在不在，而且还要全程保证身体不失去重心……

最大攀爬限度

双腿微微分开，屈膝坐下，并让宝宝坐在你面前，用你的双手紧握他的双手，然后他可以试着爬上这座"山峰"。

越过山丘

用家具和其他结实的物品，如椅子、

沙发、倒过来的洗衣筐或洗手盆来建一个攀爬障碍跑道，让宝宝爬过去。这是一个雨天时的绝佳选择，同时也可以锻炼宝宝的注意力和持久力。

在倾斜的轨道上

除去一块架子板或烫衣板的尾部，然后把它放在一个硬枕头上或一个卷在一起的毯子上（注意：刚开始时倾斜度要小）。宝宝小心地在上面走或爬，或者趴在上面滑着走也很有趣——就像坐在球上或小汽车上一样。有些宝宝在2岁末时已经想要翻跟头了，这在斜面上也更容易一些。

人肉滑梯

坐在椅子上，双腿伸直至双脚正好支撑地面，然后就可以让你的宝宝爬上爬下了，最好让他带着尿布玩滑梯。

链球投掷

把一根1～1.5米长的绳子拴在一个水球上，然后让宝宝做实验：可以把球放在后面拉着，可以转圈，可以让它急速旋转，甚至可以像链球运动员那样把它用力地投掷出去，但是最好在花园或公园里进行。

带子赛跑

将一块大约5厘米宽、1米长的布条或一根宽的礼物包装带绑在一个烹饪木勺或灯杆上，让宝宝尝试着不让带子在跑的过程中接触地面。

抓尾巴

把一条彩色的毛巾插在你的裤腰或裙带里，然后在屋子里到处跑，宝宝必须抓住或拉出毛巾。这不简单，但是能成功做到后你们欢呼雀跃。

松鼠跳

宝宝2岁末时，从椅子上或桌子上（室外的话从墙上也可以）跳进你的怀里会给他带来很大的乐趣。满足他的愿望，这能增强他的自信。

旅行中的哥伦布

在开始游戏之前，宝宝自己或在你的帮助下可以用五颜六色的彩笔装点一个卷纸芯，然后冒险之旅就开始了：在屋子里行进，并用一只眼睛透过望远镜观看。看看发现了什么！在惊险刺激的“旅行”中，宝宝的运动力、感官和创造力都得到了锻炼。

骑旋转木马

宝宝趴在地上的毯子上，用双手扶住地面。现在，你拉着毯子慢慢地穿过房间。缓缓地开始，然后拐一个弯，并提高速度。之后你可以让毯子转几个圈，恐惧快乐随即产生。你还可以从后

宝宝在攀爬时锻炼了平衡感，这是他保持平衡时需要的。

面把你的手臂顺着宝宝的腋窝下伸过去，抱住宝宝的上半身，把他举起来，开始共同旋转……

平衡动作表演

在两把椅子之间放一个架子板或烫衣板，让宝宝在上面保持平衡——先扶着他的手，之后再让他一个人走。

可以全年进行的打雪仗

和宝宝一起用旧报纸团成网球大小的“雪球”——或许你还得进一步“打磨”一下，然后你们就可以玩一场有趣的打雪仗游戏了。

如果你事先悄悄地将几个乒乓球或软木塞混入雪球中，你还可以让宝宝玩寻宝的游戏，这可以锻炼宝宝的精细运动技能。

马车行

玩这个游戏，你需要事先准备一个呼啦圈或一条浴巾。你像小马一样钻进呼啦圈，把它抬起来，你的宝宝站在你身后，像马车车夫一样用双手握住呼啦圈。

用浴巾也一样，把浴巾绑在你的腰上，让你的“车夫”拽住浴巾的尾巴。然后作为拉车的“马”，你现在可以加速向前，宝宝跟在你身后。稍事休息之后，你们还可以互换角色——呼哈！

F1赛车

作为赛车手，你需要一个大的方向盘：你们中的每个人身上都套一个呼啦圈，并用双手扶住它放在腹部的高度。现在发动引擎（“噗、噗”），然后启程在房间里跑。刚开始，可能宝宝的呼啦圈还被拖在地上，但是很快他就能像你一样把呼啦圈固定在身体较高的位置上了。

锻炼身体感觉和感官感觉的游戏

宝宝用所有感官来感知这个世界，并这样每天锻炼着他们的感觉能力。你可以从旁给予帮助，比如，经常问这样的问题：“你听到了吗？你听到鸟叫了吗？松球摸上去感觉怎么样？栗子呢？”或者对他提出要求：“试一下。闻一下，极好的。”下面的刺激也能在游戏中加强宝宝的感官和身体感知力。

按摩

用指尖或展开的手掌轻轻地抚摸宝宝的全身，轻轻地敲打他的身体。用毛巾、羽毛、棉花球或毛笔滑过宝宝的全身，或用一个小的按摩球小心地滚过他的皮肤。询问一下，什么让他们感觉特别愉快，然后你帮他们按摩。

涂霜和涂油

注意，现在他变得又滑又湿的！因为你的宝宝被涂了婴儿霜或婴儿油进行按摩。如果宝宝能够在镜子里观察到整个过程那就特别好了："这是我的身体。"为了避免全都滴到外面，你可以在宝宝下面铺一块大的浴巾。房间里的温度当然也不能太低。

温暖的栗子浴

和宝宝一起收集大量的栗子，把它们放在浴盆里，再灌满水，接下来把它们放在手巾上摊开彻底晾干。现在把栗子放入一个大的枕套中，并装上拉链。把枕头放在暖气上，令其加热，就像一个热毯一样。现在宝宝就可以在上面嬉戏玩耍了，多好……

崎岖不平的马路

用软木塞、核桃、叶子或石头把空的鞋盒和大的塑料碗装满，然后把纸盒和碗放在地上排列好。现在你的宝宝（当然还有你）可以赤脚跑过这些"马路"。然后问宝宝："什么感觉舒服？什么感觉痒？什么感觉不舒服？"

洗脚

分别在两个大的塑料碗中装入热水和冷水，让宝宝交替着赤脚伸进水里去。这是一次有趣的体验，对健康也有好处。

收集石头

宝宝喜欢找东西，并在散步的时候收集各种各样的东西。你可以利用他的这个兴趣，带他到河边或海边去，然后你们一起在岸边收集大小不一的石头。回家后把石头洗洗，再放到一个大的塑料碗里。现在你的宝宝对石头有了感觉或用手在装有石头的碗里"游泳"。哪种看上去最漂亮？哦，是的，人们还可以用石头发出声音。

具有内心生活的气球

把几个气球吹大，再放掉气。用漏斗在每一个气球里填入一把糖、大米、豌豆或菜豆——或者两三个铃铛。

然后把气球再次吹大，并打上结。现在宝宝可以感觉、摇晃、倾听——到底什么是有趣的？如果气球微微透明的话，宝宝在摇晃的时候还能看到里面的东西在动。

啤酒杯垫子放在哪儿？

让宝宝闭着眼睛躺下，然后把一个

杯垫放在宝宝的一个身体部位上，比如大腿或者脚上。你的宝宝应该能够说出杯垫现在在哪。接下来把许多个杯垫分发到全身。如果专注度还够，那么就一个接一个地拿走杯垫，并问宝宝：“我把哪里的杯垫拿走了啊？”这个游戏可以在宝宝自己摇晃身体时结束。

发声衣架

用几段绳子把不同的物品绑在一个衣架上，比如钉子、钥匙、铃铛、小叉子、勺、黄油面包纸……宝宝用一个烹饪木勺就可以弹奏这个“乐器”了。你可以用一只手拿住挂钩，或者把它挂在相应的高度上。

芬芳的橘子

展示给宝宝看，如何能把丁香花插进一个橘子里（皮较软）。然后橘子就会发出芬芳的香气，同时还能锻炼宝宝的精细运动技能。

从装点一个橘子可以发现，宝宝处理一件物品的时间越来越长了。

这个闻起来是什么呢？

让宝宝闭上眼睛，给他闻不同的水果块。他能猜到是什么吗？或者在做饭的时候问他闻到了什么：“你猜我们马上要吃到什么？”

这个尝起来是什么？

同样有趣的还有通过品尝来判断是哪种水果。玩这个游戏也可以用小的面包块，表面涂上果酱、蜂蜜、黄油，夹上香肠或新鲜的奶酪。为了降低难度，刚开始时，你只能测试两种不同的东西。也可以让大一点的宝宝捂住鼻子，然后品尝不同的东西。

锻炼专注力的游戏

宝宝的专注力发展得很慢。2 岁的宝宝只能把注意力集中在一个物品上 10 分钟，这已经是很长的时间了。你可以用下面的游戏帮助宝宝加强专注力。

哪里发出的嘀嗒声？

在房间里藏一个能够发出很大的嘀嗒声的表或一个上了发条的玩具表，现在你可以让宝宝听：表在哪儿呢？这儿呢！然后再来一次……宝宝的年龄越小，他越倾向于到之前找到过钟表的地方去找，之后事情就发生了改变。

寻找彩色毛巾

把许多彩色的毛巾藏起来，但是要露出一个小角。如果是还处于爬行阶段的宝宝，那么就把毛巾藏到离地面近的地方——在视线内。之后可以把毛巾往上放。

抓蛇

移动一条放在地上的绳子或一条长（浴衣）腰带：这是一条巨型蛇，它在房间里穿梭，一会儿慢，一会儿快。宝宝必须抓住它。

枕头塔

你自己舒服地仰卧在地上。现在允许你的宝宝用枕头在你的肚子上搭建一座塔。它会有多高呢？

枕头马路

你还可以用枕头修一条马路，枕头与枕头间的距离应该正好让宝宝爬过或跳过，而不接触地面。宝宝需要在路的尽头转身，从原路返回。他必须在全程保持注意力高度集中。

踩脚趾

你在房间里慢慢地到处走，而你的宝宝踩在你的脚上，接下来你们一起在房间里穿梭。你的宝宝站在你的脚上，你抓住他的手，带着他向前、向后或轻轻摇晃。

这个游戏的改良版也很有趣：宝宝站在你的脚上，你按照下面的节拍走路："大钟响，嘀—嗒，嘀—嗒"（跟着时钟的节拍慢慢地把重心从一只脚转移到另一只脚上）。"小钟响，嘀—嗒，嘀—嗒"（以两倍的速度走）。"小怀表响，嘀—嗒，嘀—嗒，嘀—嗒，嘀！"（短步急走，速度再翻一番。）

各就各位

把报纸揉成球，然后用它来填充一个洗衣筐（不必装满）。现在把筐抬到一定的高度，慢慢地、激情饱满地说："各就各位，预备，出发！"并让纸球倾泻而出。宝宝必须尽可能快地把球收集起来。

从一块石头到另一块石头

在地上铺一张单色的毯子，把它当作一条河流，将小枕头、木板或（最难的）杯垫摆在上面，现在让宝宝试着跨过"河流"而不弄湿脚。

第一次尝试骑马

你俯卧在地上，你的宝宝坐在你背上。现在你慢慢地四肢着地，开始爬行。宝宝能坐稳吗？宝宝为了不掉下来，可能会趴在你身上，抓紧你，之后才能坐着在房间里"骑马"。

跷跷板

你坐在椅子上，宝宝坐在你的脚上，

你抓紧他的手。现在抬起你的腿（跷跷板向上），再降下来（跷跷板向下）——总是上上下下。

飞机机长

在本书第 148 页的飞行游戏中再加一个小故事："我们现在起飞了，它向上倾斜了。现在我们达到飞行高度了。哦，遇到了湍流……"适当地把动作编成故事。遇到湍流时你要用力地摇晃。当"飞行员"坐在你的脚上时，他的注意力必须更加集中。这其实是很难的。

还有比在阳光下抓肥皂泡更美好的事情吗？估计没有。

进球!

把洗衣筐放在椅子或沙发前当作球门，开口朝向你。尝试着和宝宝一起把一个轻的橡胶或毛绒球射进门里，看谁进的球更多。

刚开始时，射门动作需要高度的专注力：脚在踢球之前必须中断跑步的动作，然后才能碰到球。并不是每一次都能成功，但是加强练习，总有一天可以的。到那时要给他热烈的掌声。

抓肥皂泡

这个游戏很适合在室外玩：你站在一把椅子或一段墙上，并往空气里吹肥皂泡。宝宝兴奋地抓泡泡里的影像，这里紧张（专注力）和放松相互交替。

运棉花

在宝宝的手上放一团棉花球，他应该用伸展的手臂把这团棉花运送到另一个房间的筐里，并保证它不被吹掉。如果他成功了，那么就进行下一轮。

手部游戏

到宝宝 2 岁能够使用剪刀的时候，他们就必须学会用手和手指来做事情了。因为这些手部游戏通常都在桌边进行，所以同时也能锻炼宝宝的耐力和专注力，而且在这个过程中还有可能产生真正的艺术品，其中不乏你想要保留下来的东西。

拧紧和拧开

1 岁生日前后，宝宝开始学会拧盖子：拧开和拧紧。找一些东西供宝宝做这样的练习，比如一个小的塑料瓶或带旋转盖的罐子。宝宝将会很喜欢这个玩具，并全神贯注地“研究”它。

撕纸

让宝宝把一张 A5 大小的纸撕成小碎片，最简单的材料就是报纸，黄油面包纸或复印纸更结实，这样他就需要更多的力气。因为他的全神贯注和努力，所以有可能发生宝宝坐到地上的情况。但是多亏厚厚的襁褓，他才不会疼。

大家一起来叠塔

越多的家庭成员或朋友一起做这个游戏，这个游戏就越有趣。你们可以这样开始：攥紧拳头，然后放在桌子上，并将拇指伸出向上。现在让你的宝宝用一只手抓住你的拇指，并将他的拇指以同样的方式伸出向上（这个必须事先练习）。接着轮到下一个人……如果所有拇指都“围起来”了或者宝宝再也无法够到最上面的拇指，那么这个塔就建成了。然后将整个塔在桌面上夯实，所有人高兴地大声唱：“黄油、黄油，捣碎！”

我的手

允许宝宝用毛笔和颜料在手掌上作画，然后让他把手小心地按压在一张白纸上。之后把这幅画挂在儿童房里，让他能够骄傲地看到自己的作品。这对宝宝的自我发展很有帮助。

洞画

把叠好的毯子放在（儿童）桌上并在上面铺一大张纸，这时宝宝就能用指甲在纸上戳洞了：“我的作品。”

建房子

在游戏房改造一个大纸箱：剪一个能开能关的门，至少剪一个带百叶窗的窗户——然后这就是你们的家了。宝宝可以用蜡笔或颜料装点你们的房子。但是不要忘记，房子不是一天建成的，它需要很多天的努力。

大声和小声的手指运动

让你的宝宝模仿你：先用所有的手指小声地敲桌子，然后只用食指，之后再用整个拳头——一会儿大声，一会

小建议

哪儿要抛光，哪儿就会落抛光产生的碎屑……

如果宝宝用颜料、水彩、糨糊或黏土做手工，可能会弄脏衣服，所以给宝宝罩一件旧 T 恤或画师穿的罩衫。你可以将其进行改良：把袖子剪短，反着穿进去，在背后系上扣子。用防水布或塑料制成的桌布能让清洁工作变得简单。或者你可以在桌子上铺一层厚厚的报纸。不过，也不要忘记，在桌子下面也会留下痕迹，所以你可以在下面铺一条旧毛巾或报纸。

儿小声。或者将双手平放在桌子上，然后消失在桌子下面，并从下面敲桌子。还有一种可能：用手指在桌子上跑，然后只用拇指或中指跳跃。你还能想到什么？

盖章

盖章对于大宝宝和小宝宝来说都很具有吸引力。把颜料放在旧盖子里，并在每一个颜料上都放一个章——即使他被允许到最后时把所有的颜料混在一起。以下物品适合作为图章：

○软木塞（特别是香槟木塞）。

○海绵块（干后用一点水把颜料变稀）。

○粗毛笔。

○酸奶盒（只将底部浸入颜料）。

○卷纸芯。

○旋转塞。

○波纹纸板（事先卷起并扎在一起或用胶带绑在一起）。

○拆玩具车轮胎和橡皮动物的脚——宝宝非常具有想象力。

收纳箱

如果宝宝喜欢整理和分类，那么他可以制作一个自己的收纳箱。为此，你需要给他准备 3 个鞋盒和许多杯垫。找一天让宝宝用颜料将杯垫涂成红色、黄色和蓝色。下一次轮到装饰鞋盒。然后你在杯垫上开一个豁口，这样宝宝就可

盖章的时候很需要创造力：宝宝可以用什么蘸颜料再按到纸上？

以做整理分类的游戏了：红色的杯垫放到红色的纸盒里，蓝色的杯垫放到蓝色的盒子里。

五颜六色的茶灯

宝宝可以把五颜六色的透明纸撕成或者剪成小碎片。如果他接下来还有兴趣，那么你可以立刻继续做，否则你得在之后的一天继续进行粘贴的工作：在一个原来装果酱或黄瓜的玻璃瓶外面涂一层糨糊，然后将纸片粘上去。待糨糊干了之后，再在玻璃瓶里放一个茶灯。一个完全自制的、独一无二的茶灯就做好了。

小建议

用于粘贴的糨糊

宝宝一定会消耗大量的胶水和胶带，宝宝适合用用水稀释过了的糨糊。你最好一次性调和出大量的糨糊，放到玻璃瓶中密封可以保存几个星期，而且可以随取随用。

衣夹太阳

你可以用下面的话开头："太阳照，太阳黄，但是太阳不是每天都发光。不过你可以自己制作自己的太阳。"让宝宝用黄色颜料给一个纸盘或一张硬纸的两面上色。当颜料干了的时候，宝宝就可以在纸盘或硬纸的四周夹上衣夹了。然后太阳就做好了——又是在无人帮助的情况下自己做出来的。

酋长

用硬纸箱剪一个约5厘米宽的纸条，把这个当作皇冠戴在宝宝的头上，然后在上边缘夹上一圈五颜六色的衣夹。一个有趣的印第安头饰就这样做好了。

魔术图

和你的宝宝一起思考，人们在纸上能够贴什么：彩色的纸片、软木塞、叶片、棉花团、秸秆块……接下来搜集所有的东西，然后开始：在一张A3纸上涂上糨糊，并把所有东西都贴上去，或许最后可以再铺上沙子当作魔术沙。

CD塔

让你的宝宝把CD或DVD穿到一个烹饪木勺的手柄上。

珠子摞珠子

绳绒线对于创意构造来说是一个理想的材料，可弯，可折，可以塑造成不同的形状。宝宝也可以把一些大的木头珠子穿到上面，或者把珠子事先打孔，再让宝宝穿到线上。穿上，取下，穿上，取下——可以无限地进行下去。

信息

在游戏中学习说话

宝宝爱诗歌，而且能够源源不断地从美妙的语言中获得新的知识。现在购买一部歌谣集是一个正确的选择。在本书第388页你可以找到符合各年龄宝宝阅读的诗歌。你也可以慢慢地朗读一些合适的小故事，然后问宝宝书里发生了什么，用这种方式来鼓励宝宝自己说话。

2 岁的里程碑

终于能睡整觉了

短暂的夜晚再见！据经验，大多数的宝宝 2 岁时开始能够连续睡眠了。最晚从现在开始，宝宝晚上就不需要牛奶，不需要换尿布了，于是父母又可以享受他们应得的睡眠了。

我已经这么这么高了……

能够站起来是宝宝生命中非常重要的一个里程碑，因为从此宝宝就可以进行多种姿势转换了。比如，当宝宝想要从地上站起来的时候，能够先进入蹲坐的姿势，而且还能在不摔倒的情况下跪下去。此外，很快他也能理解这个问题："你多高了？" 然后他会自豪地将他的手臂伸过头顶，并高兴地宣布："这么高了！"

一步一步走入新的一年

当宝宝能够稳定站立的时候，通常离他迈出第一步就不远了。刚开始时，他还需要扶着东西，比如抓着你的手指，扶着沙发或者墙。但是因为他每天坚持不懈地练习，所以他能够在短时间内成功地做到不借助外力也能走路。从这个时刻开始，宝宝就获得了相当大的自由。

像大人一样吃饭

最晚在 1 岁生日之后，宝宝就能够吃大部分大人们吃的食物了。还不止这些，他很快还能学会自己吃饭和喝水。

楼梯的魔力

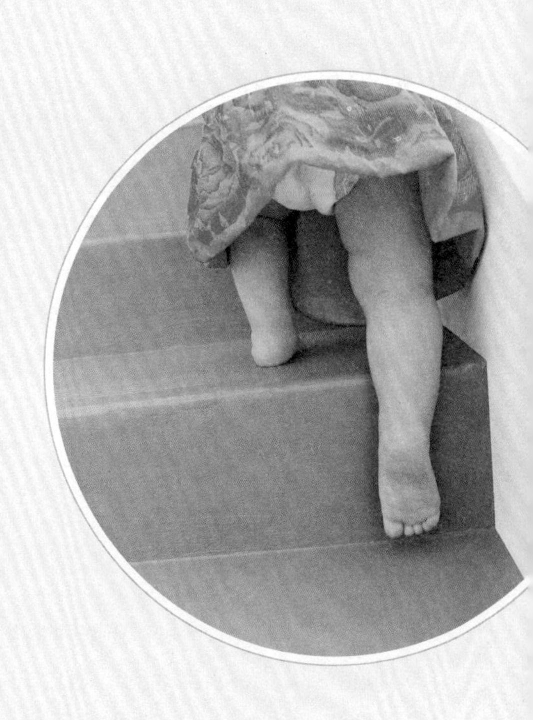

爬楼梯对于许多孩子来说都有很大的乐趣，因此，几乎没有一个楼梯在他们面前是安全的。其实爬楼梯很好，因为能够锻炼宝宝的肢体协调能力，加强肌肉力量，获得自信，并在最后登顶时，他会感到无比的自豪。在大约 1 岁半时，宝宝还只能一只脚先登上台阶，然后第二只脚再跟上。在短暂的停留停歇后，他再上下一个台阶……刚开始，宝宝上楼梯时还必须抓着扶手或你的手，但 2 岁时宝宝就可以“空手”走几个台阶了。

双手抓握

一旦你的宝宝掌握了钳式抓握，对于他来说就开启了抓握的更大的领域：所有的东西都能够被抓取和抓握，手和手指的配合进行得非常顺利。无论是发刷还是一根头发，一本书还是一片纸屑，一根手杖还是一根牙签：宝宝都准确地知道，什么物品需要什么样的抓握技巧。小的物品就使用“高级钳式抓握”或“低级钳式抓握”，大一点的物品就用双手抓牢。不仅是抓握和抓紧进行得越来越顺利，松手也一样。这就意味着，你的宝宝不仅能够拿起积木块，还能够放开并放在你的手里。

发现之路

宝宝 2 岁时每天都会锻炼对细节的观察能力。裤子上起的绒，水杯上的头发或者手袋上闪闪发光的金属小片，任何一个像这样的细节都会引起宝宝的注意。他一旦发现，必定要仔细观察。无论是多细小、多不明显的东西，几乎都逃不过他的“鹰眼”。

小小摞高者

宝宝 12~15 个月时会把两个积木块摞在一起。大约 18 个月，最晚 2 岁时，就能够增加到三个。塔的高度越高，当它倒下时，宝宝的欢呼声就越高。

玩球艺术家

球是圆的，质量很轻，还可以玩——宝宝 2 岁初就知道这一点了。有些宝宝 15 个月大时甚至能够完成扔球的动作，虽然扔的距离还不远，但是会一直扔。不过抓握还是个问题，直到下一年才能够做到。

高，更高，最高……

2 岁时，宝宝产生了攀爬的乐趣 ——爬上椅子、沙发、桌子、楼梯、小柜子、爬到床上，并再爬下来。无论爬到哪、爬多高 —— 最主要的是向上。从现在开始，没有物体对宝宝来说是安全的了。

往回走……

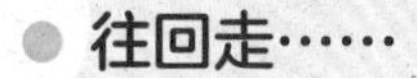

走、跑、站、转身，所有这些能力，宝宝能在 1~2 岁掌握。2 岁末，大多数宝宝能够完成往回走 4~5 步的动作。

秩序狂热爱好者

许多 2 岁的宝宝喜欢将东西分类。他们按照颜色来整理笔，按照大小来整理珠子，按照形状整理积木块。许多日常生活中的物品都能唤起他极大的兴趣，特别喜欢的是衣夹。打开，合上，放在手上。最后，宝宝会乐意按照颜色来将衣夹分类。

3 岁

行为发展

1 岁生日是一个大事件——即使你的宝宝可能还不知道为什么这一天会如此喧闹。2 岁生日时宝宝已经能更好地理解所有这些准备、礼物、蛋糕以及前来的宾客都和自己有关。或许宝宝已经知道它的名字叫“生日”，并且当有人问他“你几岁了？”的时候，他会自豪地伸出 2 根手指，露出灿烂的笑容。2 岁——也衷心地祝贺你，你已经做了 700 多天的优秀父母了。加油，继续做！

3 岁这一年，宝宝日渐独立。但是他还是最喜欢你在他身边，以及在你做所有事情的时候给予他的“帮助”：比如买东西、做饭、摆桌子、吸灰尘。但是宝宝在有了安全感，知道妈妈或爸爸就在附近的时候，也能自己玩上几分钟。而抗拒期或自主期还是一如既往。但是渐渐地，宝宝在某些特定的场景下能够表现得更从容，毕竟他的容忍度和克制力在与日俱增。比如在半年前，你的小倔头还无法忍受你不让他吃刚买的饼干，并变得非常生气，大声叫喊。现在他已经知道他很快就能吃到饼干了——当他到家的时候。

还有精神上的“成像之旅”也在继续。主要是因为与父母的热烈交谈。你的知识越来越经常地受到测试：“为什么猫咪有毛？”“为什么猫头鹰晚上不睡觉？”通过和宝宝相处，你也学到了一些新知识……

社会—情感发展

一个宝宝的行为是更加安静和矜持，还是更加开放和爽朗，与他天生的脾气秉性有关。宝宝出生时就有了自己的个性：他们有自己的睡眠行为，自己的饮食习惯或对别人如何抱自己、抚摸自己和悉心照料、关怀自己都有着特定的喜好。还有一些“外在因素”，比如父母的教育方式、他周围的环境、他的文化，以及他目前为止的经验也会在他身上留下烙印，所以每个孩子都是不同的。从这个孩子的个性中就能知道将来他走向社会时会如何表现。在对他而言陌生的环境中，他会表现出与他脾气秉性相适应的行为：有的孩子可能会害羞、矜持，并想要寻找妈妈或爸爸的亲近，而有的孩子出于巨大的好奇心、乐观的生活勇气和行为驱动力几乎停不下来。

宝宝的本质在一生当中并不是一成不变的。所有性格特点都可能部分或整体地在或长或短的时间里发生改变。比如，许多宝宝在头几年更加胆怯，这是由其基因库决定的。但是这种胆怯往往在3~7岁会有明显下降——前提是父母尊重宝宝的拘谨的行为方式，不责骂他，不把他放到对立面，而是用简单的储备任务来吸引他，比如要求他与别人接触：“你能把钱给售货员阿姨吗？”或者“去问问那个小朋友叫什么名字”。

感觉的广阔世界

如果没有感觉，那么我们的生活就会变得淡而无味且绝望。宝宝1岁时就已经能够表达自己的“原始的基本情感”了。通过声音、手势和表情，他能表达出高兴、生气、悲伤、吃惊和兴趣。作为父母的你已经学会解释这些提示，并对此做出适合的反应。

宝宝2岁时已经能够更加容易地向你表达他的感受，主要通过声音。理

信息

叫出感觉的名字

说出各种情感的名字根本不是件容易的事情。比如你能立刻找到形容喜悦和生气的词语吗？这里有几个建议：

喜悦和幸福：幸福的、兴奋的、喜悦的、心情好、活跃的、高兴的、愉快的、明朗的、轻松的、快乐的、喜形于色的、有趣的。

害怕和生气：悲伤的、害怕的、生气的、不快的、盛怒的、不开心的、忧郁的、无助的、恐惧的、震惊的、不幸的、苦闷的、激动的。

想状态下，宝宝 3 岁时能够用话语表达他的情感（“我很高兴”“丽娜生气了”）。这根本不简单，而且需要父母做榜样。当父母能用语言表达出每一种情绪，并用适合于儿童的方式继续传递给宝宝时，那么宝宝就能够学会无障碍地说出自己的需求。这种能力使生活变得更加丰富多彩。你不需要等多久，宝宝在 2~3 岁就能完全有意识地表达自己的情绪了（这对于有些成年人还很困难）。但你现在就可以为此奠定基石了：

◎ **敏感化：**试图让你的宝宝对他的感觉变得敏感。最简单的方法就是在不同的场合下对你的宝宝提出问题：“你感觉怎么样？”“我们一起去游乐场，你觉得怎么样？”“如果我批评你，你会有什么样的感觉？”

◎ **给出反馈：**表达出他的面部表情：“你看上去很幸福”“你很高兴啊”“现在你很生气”“你根本不喜欢我，对吗？”“你很激动，是吧？”“你看上去很悲伤。”

◎ **做榜样：**父母应该给宝宝做榜样，因为宝宝是通过模仿进行学习的。这同样适用于自控能力的养成。比如，当宝宝正处于抗拒期，大声反抗的时候，你也要保持安静，这样宝宝就从你身上学到了这种能力。已经 3 岁的他能够比几个月前更好地控制自己的感情了——宝宝变得一年比一年稳健。

◎ **表示理解：**在 3 岁末，许多宝宝能够越来越好地面对失败了。你也可以从旁试探：问宝宝这一刻的感觉，如果不成功就安慰他。而且要在他悲伤、害怕或者害羞的时候，表示出对他失望的理解：“我理解你因为午饭前没吃到巧克力而生气”或者“如果我不想戴帽子，却必须戴时，我也会生气，但是今天外面非常冷”。

◎ **助人的画面：**图画书也能帮助小朋友表达情感。让宝宝描绘出他看到了什么或者看到图片时感觉到了什么。

◎ **加强同感：**宝宝从出生开始对情绪的感知就很细腻，并能够感受到父母的情绪。如果父母情绪不好，那么即使沉默宝宝也能感受到。如果你想加强宝宝的这种能力，就可以让他表述出对别人情绪的认识：“你认为索菲亚现在心情怎么样？”帮助他找到合适的话语进行描述。

◎ **非常重要：**在所有这些“练习”中都要认识、经历，并用语言来表达宝宝的感觉，而不是去评价和评判他们。

社会情感

世界上的每一个人都会有其独特的原始基础情感。而在今后的行为中则会采用建立在第一感觉世界上的“第二级情感”，如骄傲、害羞、责任、妒忌和尴尬。这些感觉及其对行为的影响由每个人成长的社会环境和文化来

宝宝能够，也应该表达自己的情感，只有这样他才能学会说出自己的需求。

决定。出于这个原因，人们也称它为“社会情感”。据经验，它形成于宝宝2岁后期，并在接下来的几年里逐渐稳固。

对某人、某事、某物的害羞、尴尬或嫉妒的感觉只有在他与其他人共度一段时光之后才能经历到。这对孩子来说也一样。他们在与其他孩子或大人的相处中学习如何应对第二级情感。

当你发现宝宝不能做一些事情的时候，他会害羞且尴尬。比如你用严肃的话语跟他说他应该待在地上，而不是爬上书架或在沙发上画画的时候，你会在宝宝的脸上看到尴尬或羞愧的表情。宝宝感觉自己已经超过了父母设定的界限，而且他的行为很不受爸爸妈妈的欢迎。

在3岁末，许多宝宝能够做到一旦有成人踏进房间，就立刻中断“被禁止的”行为。这清晰地表明他已经发展了一种良知，而这种情感会从现在开始到学龄前不断得以加强。

信息

表扬

当然，舒适的感觉，如称赞和自豪也属于第二级情感。当你表扬你的宝宝的时候，他会非常高兴，从而产生自豪的感觉。但也应该以正确的方式表达出来。父母在表扬宝宝时也可能会犯错，如下面的例子所示：一个小男孩自豪地向爸爸展示自己刚刚画的作品。爸爸看了看画，说：“你画的真好看。这是什么？”这个年纪的宝宝认为别人能够和他自己一样知晓他们想要表达什么。“但是爸爸，这是一辆消防车。”宝宝将会这样说，而且他不明白爸爸为什么这样问。其实爸爸说“很好，这幅画我很喜欢”就够了。

宝宝的恐惧感

宝宝在这个年纪感受的有些恐惧感与成人的恐惧感相比实在乏味。比如宝宝对于吵闹声的恐惧与成人面对疾病和死亡的恐惧相比，实在不值一提。尽管如此，我们还是应该在宝宝表现出一种或多种具有年龄特征的恐惧感时予以认真对待。

典型的发展恐惧

下面的恐惧案例经常发生在2~3岁的孩子身上。它们非常平常，在你充满理解的帮助下，你的宝宝会像脱掉婴儿连衫裤那样脱掉他“胆小鬼”的外衣。

对于巨大变化的恐惧

宝宝需要可靠的感觉，这可以从父母给予的安全感和关怀中获得。生活经验的缺乏让宝宝的灵活性还不够高。你必须把他的日常生活安排得井然有序且容易理解。如果他们感觉到了安全，那么他们就会移动到熟悉的地带、安全的地方。但是，如果出现了巨大的改变，那么宝宝对这个地方就会迅速产生动摇。有时可能一个假定的细节就够了：比如妈妈没有事先告知她的头发会被剪短或以新发型来到托儿所或幼儿园，有些宝宝会因此受到巨大的惊吓。有些宝宝对颜色的不同也有更强烈的敏感度（比如头发颜色的变化）。这些敏感的宝宝甚至会在妈妈敷着保湿面膜从浴室中走出来时感到非常害怕。

对于房间装修的变化也一样：特别是当2~3岁的宝宝已经熟悉了自己的环境、玩具和家具的时候。如果你计划着搬家，那么你应该在新家中尽可能保留多一些宝宝熟悉的东西，尤其是他的床。

分离的恐惧

分离带来痛苦——这对所有人都一样。但是对于宝宝来说，分离除了痛苦之外还会带来失去的恐惧。我被遗弃了吗？爸爸还会来接我吗？妈妈还会回家吗？妈妈走了，我待在哪儿？宝宝常常对黑暗也有恐惧，因为这让他既看不到居住的环境也看不到自己的父母。自己一个人的感觉和黑暗组合在一起会使恐惧加剧。

毁灭性恐惧

只需要一次就会全盘否定……父母不应该低估宝宝所谓的毁灭性恐惧。有些宝宝对吸尘器有恐惧心理。为什么？非常简单，一方面这个东西会发出很大的噪音，另一方面宝宝看到这个机器不仅能够去除灰尘和脏东西，还能“消灭”小的玩具零部件、蜘蛛或小碎屑。这当然就促使宝宝思考一个问题：“如果我离吸尘器很近，我是不是也会被吸走？”同样，有些宝宝看到脏水被排出的过程时也会有相似的担心：洗澡水流到哪里去了？如果我坐在浴盆里并滑到有塞子的地方，我也会消失吗？为了不引起这样的恐慌，父母应该在水流排出之前把宝宝从浴缸里抱出来。当宝宝冲马桶的时候，也可能产生这样的恐惧："如果水能冲走我的'排泄物'，那么，我还坐在上面，而水在哗哗响会发生什么？"

受伤的恐惧

有些宝宝害怕受伤。在这个年纪，他们可能已经熟悉了自己的身体，比如在他摔倒导致膝盖出现伤口时会感觉到疼痛。所以流血的伤口会给他们带来恐惧感。那么这时就需要安慰、关怀和膏药——当出现看不见的伤口时也一样需要。

对"凶恶"物品的恐惧

在宝宝的想象中，动物和物品都是有思想的生物：如果宝宝从椅子上摔下来或被地毯绊倒，那么他会认为："椅子把我弄疼了"或者"坏地毯，哎哟"。许多成年人因为说坏椅子而加强了宝宝的这种恐惧感。2~3岁的宝宝还不能理解这种幽默，并把你的话当作真实想法。因此不要把孩子跌倒的责任推到相关的物品身上。

语言也能够带来恐惧

"抬这个都快让我累散架了。"在妈妈把水箱抬到三楼之后说。"散架"是这句话的最后一个词，宝宝把这个词记住了："散架？昨天我的塔也散架了，被毁坏了。如果妈妈散架了也会发生这样的情况吗？"所以，作为父母你应该时刻想到你的宝宝在认知发展上还没能达到你的程度，因此还不能理解你话语里的抽象含义。

噩梦

大脑从不休息，晚上也一样。所以，宝宝在白天收集到的经历和印象都将在夜里被整理、加工和储存——而且常常会再经历一遍。不好的事件也一样，比如幼儿园里的争吵、沙箱里不停地推撞或被大人责骂。

处理恐惧

最重要的信息是，要认真对待宝宝的恐惧感，认真听他说。如果你轻视了这件事（"你不用这样"或"事情没那么严重"），就无法增强宝宝的自信心。只有你认真听他说，安慰他，把他抱在怀里，和他讨论这个场景，才能增强他的自信。关怀、爱、理解和被接纳的感觉是抵抗恐惧最好的方式。

宝宝在你的帮助下越能自信地面对恐惧，恐惧感就能消失得越快。比如，如果宝宝认为他的床下藏着一只怪兽，不敢入睡，这时你应该跪在床前，仔细观察，向他展示床下的物品。然后平静且确定地向他解释："我看了。这里没有怪兽，一切都很正常。"相反，如果你用扫帚赶跑怪兽，就等于间接承认："是的，这里曾经有一个怪兽。"即使你已经赶跑了怪兽，宝宝还是会害怕它某一时刻还会再来。

当另一个小生命到来时

在德国，每年会有超过 60 万名的新生儿出生。据统计，每个家庭平均有 1.3 个宝宝。虽然独生子女家庭的数量有所增加，几乎没有一个家庭孩子的数量超过 3 个或更多，但从数字上来看，在几乎一半的家庭里，宝宝都是和另一个兄弟或姐妹一起长大的——重组家庭的数量上升也不可忽视。兄弟姐妹待在一起的时间几乎与和妈妈待在一起的时间相同，之后甚至会翻倍。这对宝宝生长的影响不容小觑。

应该什么时候生第二个宝宝?

当第一个宝宝稍大一些的时候，父母们经常自问是否要第二个宝宝，如果回答是肯定的，那么什么时候才是最佳时机。但对于这个问题并没有普遍适用的答案，最理想的时刻并不存在。这个决定更加取决于许多个人标准。有些人认为两个宝宝相继来到这个世界上最好（年龄差小于两岁），因为这样宝宝们在相处上比年龄差较大的宝宝们更容易一些。他们总是能有一个玩伴，大多数情况下还有相似的兴趣爱好，能够玩同一个玩具，之后还可以上同一家托儿所或幼儿园。

像这样的考虑当然是说得通的。但是凡事都有两面性：妈妈在短时间内经历两次怀孕，这在身体上必定要消耗很大的精力。父母同时拥有两个襁褓里的宝宝，要一直经历夜不能寐的日子。而且宝宝无法把他的玩具“传给”他的兄弟或姐妹：儿童车、儿童高椅、栅栏床、双轮滑车或脚踏车往往都要买双份，因为他们同时处于需要使用的年纪。这需要耗费大量的金钱。

相反，如果两个宝宝来到世界上的

兄弟姐妹待在一起的时间很长。如果一切顺利的话，他们将成为一个伟大的团队。

相隔时间较大的话，一个已经不需要过多操心，父母就有新的精力照看另一个宝宝了。大一点的宝宝已经上幼儿园，小一点的宝宝至少有一个上午的时间能和妈妈单独在一起。他可以从姐姐或哥哥那里获得他们玩过的玩具和穿过的衣服，以后在家里除了父母之外还多了一个榜样。这让两个宝宝都能从中获利。

一次两个

事实上，弟弟或妹妹的降生打乱了哥哥或姐姐原本平静的世界。因为，如果大一点的宝宝是独生子女的话，那么他就不必与别人分享爸爸妈妈的爱和关注。但这些都随着弟弟妹妹的到来而变得不一样了。当新生儿降临时，特别是头几天或几周，所有的事情都会围绕着这位地球的新住户。他的每一个轻微动作都能引起父母的注意，他能够得到爸爸妈妈的安慰、哺乳或喂食、拥抱、换尿布和亲热的抚摸。所有人都比以前的说话声音要小，人们必须踮着脚尖走路。家里一下子来了许多带着礼物的客人。通常，所有人蜂拥而至宝宝的婴儿床前并大呼：“哦，多可爱啊！”这让大一点的宝宝感觉如何？

兄弟姐妹间的对抗

通常大一点的宝宝都会对弟弟妹妹的到来很高兴，也会表现出充分的理解并非常乐意提供帮助。小宝宝也真的很小、很好玩、很可爱。但大宝宝开放的“热情好客”和好奇心在几周或几个月之后就会消失：宝宝突然开始心情烦躁，像“这个婴儿什么时候离开”“我们什么时候把他送回去？”或“我们要把他卖掉吗？”这样的话经常能够听到。这是一个很明显的象征，第一个出生的孩子渴望得到之前不被他人分享的父母的关注。大宝宝感觉自己被边缘化，关注度减少，在某种程度上“失势”了。专家称这一过程为“内部危机”，它常常与嫉妒和对抗的感觉相联系。除了强烈地表达出想要小宝宝消失的愿望外，还有其他标志预示着危机的出现。比如，你的宝宝突然吮吸大拇指，想要再次成为一个婴儿（比如希望要一个奶嘴）或者重新经历一次十分抗拒的阶段。当你

信息

“妈妈床上的敌人”

心理学家将这位小的家庭新成员到来时大宝宝的心理变化做了如下比较：想象一下，如果你的伴侣将另一个女人或男人带回家，并向你解释称：“亲爱的，这是亨丽埃特 / 保罗，她 / 他人非常友好，而且很可爱。我把她 / 他带给你，我会像爱你一样爱她 / 他，从现在开始她 / 他就和我们住在一起了。你要爱她 / 他，等你们熟了，就可以每天在一起玩了。这很好，是不是？”

如果你的第一个宝宝能够参与到你怀第二个宝宝的整个孕期过程，那么这会增加他对这个宝宝出生的期待。

在晚上抱小宝宝睡觉时，大一点的宝宝也会产生嫉妒心理。

如果你发现大一点的宝宝有这样的或相似的行为方式，不要责骂他。你要意识到，这背后隐藏着宝宝寻求帮助的需要。他的这些非同寻常的行为表示他觉得自己遭到了忽视和冷落。对抗和嫉妒实际上是爱你的一种表现。他全身心地爱着你，因此也想要一如既往地得到你之前给予他的全身心的爱。他想要离你很近，因为在你身边他能感觉到安全和关怀。

对于他来说，没有比你的臂弯或膝间更熟悉的地方了："请你抱紧我，妈妈。"可惜，在日常生活中总是发生相反的场景。因为父母往往在新生儿出生后的头几周或几个月里精疲力竭且没有耐心。对大宝宝的需求没有产生理解，反而是责骂，这往往适得其反：面对宝宝的怒气增加——负面情绪产生。

如果两个孩子的年龄差在 2 岁左右，父母就应该牢记一点，你的大宝宝可能正处在自主和自我发展的阶段。为此，他与他联系人之间应有的联系还没有完全中断。因此，与别人"分享"他的父母，对于他来说太难了。此外，研究还表明，在兄弟姐妹间的年龄差少于 1 岁或多于 3 岁的情况下，他们间的对抗性最小，大宝宝产生嫉妒心的可能性也最小。

这样大宝宝和小宝宝就能更好地相处

兄弟姐妹之间相互嫉妒是完全正常且健康的。在接下来的几年里，兄弟姐妹间的对抗也会一直存在。如果父母能够记住以下几条，那么就能减轻大宝宝对于小宝宝到来的焦虑心理：

○ **为宝宝做好准备**：在怀孕的最后几个月就向你的宝宝解释，你在期待着另一个宝宝的降临。而且他可能在某一个时刻也想要知道你的肚子为什么一天一天大了起来。但是不要过早地告诉他，否则等待的时间太长。

○ **寻求"帮助"**：许多有关小弟弟小妹妹到来的图画书能让宝宝了解当有

另一个小宝宝来到家里时，这意味着什么。此外，你还可以向有经验的朋友咨询相关信息。

◎ **不要有错误的幻想**：不要欺骗宝宝说他很快将有一个很棒的游戏伙伴，因为这是完全错误的。新生儿根本就不是玩伴 —— 到他能成为玩伴还需要至少一年的时间。

◎ **辅助妈妈**：在你怀孕的时候就给你的宝宝买一个玩具娃娃，能给它洗澡的那种。有些宝宝就变成了“怀孕了的”玩具妈妈。小宝宝降生后，妈妈和大宝宝一起给两个“小宝宝”哺乳，换尿布，对其悉心照料会变得很有趣。所有这些，男孩和女孩一样喜欢做。

◎ **欢迎礼物**：当小宝宝从医院回到家里时，可以给大宝宝带一份礼物。如果能满足大宝宝一个长久以来的愿望（比如一个小推车、一辆玩具车、一个漂亮的毛绒玩具或者一个摇摇马），那么小宝宝将“赢得一手好牌”。

◎ **让他帮忙**：如果你让大宝宝帮你做事，那么从一开始这盘棋你就赢了：做饭、晾衣服、吸灰尘 —— 所有这些只有你的大宝宝能做，小宝宝太小做不了。

◎ **征求意见**：谁先来的，谁就应该先有发言权。如果小宝宝哭了，你可以问问大宝宝他的弟弟或妹妹可能想要什么（“你知道小宝宝为什么哭吗？”），用这种方式增强大宝宝的自我意识和感情移入能力。

◎ **小的注意力**：请求来看小宝宝的朋友和亲戚也给大宝宝带点小礼物。父母要做到让大宝宝觉得他永远是第一位的。吃饭的时候，他也应该比他的弟弟或妹妹先上桌，如果需要分发东西，你也要先从大宝宝那里开始。毕竟这在他的弟弟或妹妹出生前也是如此。同时，小宝宝要学会等待和有耐心，他们要知道在他们的姐姐（或哥哥）之后才轮到他们。

小建议

伤人的话语

父母总是不假思索地说一些话。然而在说话时应该遵循“三思而后行”的格言。下面的句子是针对“兄弟姐妹之爱和嫉妒心”的话题，汇编而成的。你应该尽可能避免这些语言，因为这很可能伤害到你的宝宝。

○ 我现在没有时间，我必须先喂小宝宝。

○ 小宝宝比你勇敢得多。

○ 你妹妹 / 你弟弟比你小。

○ 怎么了，小宝宝为什么哭了？你做了什么？

○ 把玩具给小宝宝，他比你小。

○ 你已经不是小宝宝了。

○ 你还不能给小宝宝喂奶，你太小了。

○ 你走开，我宁愿一个人做。

○ 你已经长大了，不再需要奶嘴了。

○ 你现在能够自己穿衣服了。

兄弟姐妹的地位

不久以前，科学家才开始研究兄弟姐妹间的关系。从大约 30 年前开始，兄弟姐妹间的地位及其影响才成为了一些心理学家研究的焦点。

适合有兄弟姐妹

兄弟和姐妹在一个人的生命中扮演着很重要的角色——也是终生的。伴侣可以选择，但兄弟姐妹不可以。

比兄弟姐妹本身更重要的是父母在头几年如何与自己的孩子相处，以及如何处理各兄弟姐妹间的位置问题。比如，第一个出生的宝宝是男孩，他每天都能听到，他是大哥哥，他和小妹妹完全不同，而妹妹总是被叫作“我的小宝宝”或“我的小可爱”。

第一个出生的宝宝

第一个出生的宝宝本身就受到了优待，因为他在很长一段时间内独享了父母的关爱。研究表明，第一个出生的宝宝经常必须为小宝宝做出榜样。他要将自己的知识继续传递下去，因此扮演了一种形式上的“老师的角色”。人们猜测这就是为什么在职场上哥哥或姐姐总是比弟弟或妹妹更成功的原因。他们从中学习到了如何与人相处，如何负责任，以及如何教别人知识。

三明治宝宝

在拥有 3 个或 3 个以上宝宝的家庭中，中间的宝宝通常处于不利位置。他们被“挤”在哥哥姐姐弟弟妹妹中间，因此叫作三明治宝宝（在 4 个宝宝的家庭中则有 2 个宝宝处于三明治宝宝的位置）。

老大还能享受到一段时间未被分割的父母的爱，而中间的宝宝从未有过这样的待遇。他们只在短时间内被当作最小的孩子得到宠爱。在英国的一项研究报告中显示，几乎有 50% 的三明治宝宝感觉自己被忽视，并表示为得到父母的关注必须要战斗。但因为他们在家中的位置，他们也学会了使用交际手段。

研究表明，三明治宝宝在日后比他的兄弟姐妹更知足、更幸福：虽然他们很少得到娇惯和照料，但是他们很早就学会了独立，并能够和其他人很好地相处。

最小的宝宝

当最小的宝宝被父母和周围的环境——通常是无意识的——置于中心位置，并已在娇惯的时候，会引起大宝宝的嫉妒和愤怒。而这往往有可能形成对小宝宝的敌意，于是大宝宝们会联合起来折磨小宝宝或让小宝宝生气。

因为有了这样的童年记忆，有些最小的孩子直到成年，在每次遇到（职业上的）困难时还是没有信心。而另一些人则因此表现出了很强的意愿和很大的野心，想要证明给他的哥哥姐姐看，他们有能力承担大事件——不会总是“小可爱”。

独生子女都自我吗?

许多父母——在德国是一半以上的父母——都决定只要一个孩子。

幸运的是，对独生子女持有偏见，认为他们自我且傲慢的时代已经过去了。他们没有学过与人分享，这似乎成为他们的一个污点。

今天，组里的独生子女和大家庭里的孩子一样受欢迎。通常，他们和有兄弟姐妹的同龄人显示出了一样高的社会能力。

他们拥有很高的社会能力要感谢他们考虑周到的父母，他们的父母知道，他们可以找到代替孩子缺失的兄弟姐妹——通过同龄的朋友。这也能够避免他们出现早熟。因为如果独生子女从一开始就与同龄人有联系，那么他们就学会了区分成人的文化和儿童的文化。他们知道与成人说话时要更能言善辩，与游戏伙伴说话时更童真，这促进了他们智力的发展。科学家称这种能力为“适应各种语言文化”。

学会分享

独生子女总是被批判说他们不懂得分享。怎么会这样？他们不需要和父母争夺他们的玩具。为了学习分享，独生子女需要和同龄的孩子接触。如果宝宝在上幼儿园之前很少与同龄的孩子接触的话，刚开始时他们真的很难适应分享和给予。因此，独生子女的父母应该注意让宝宝及时与其他的孩子待在一起，可以是每周的亲子小组，在白天保姆那里，或者在托儿所。

有些东西宝宝只能从其他孩子那里学到。因此对于独生子女来说，定期与同龄的小伙伴进行联系是非常重要的。

孩子间的接触

宝宝需要与同龄人进行接触——越早越好。在第一年，这种接触可以发生在爬行小组中、婴儿按摩课或婴儿游泳课上。通常你能在每周一次的见面中找到和谐的一组母亲和宝宝，愿意在第二年也经常见面。从 3 岁起就可以为其他人开放“自己的（游戏）王国”，并在家接待朋友了。但是宝宝也必须先学习。

结交友谊

3 岁时，宝宝之间就能结下深厚的友谊了。如果说两个宝宝之间存在着某种化学反应，那么在接下来的几周和几个月里将表现得越来越明显。宝宝们共同找到一个角落，他们在那里一起建塔，再一起推倒它，或者一起在沙箱里玩烤蛋糕。但真正在一起的游戏时间相对来说还太短。据经验，一次通常为 5 分钟左右，之后就需要妈妈的短暂反馈（“我的妈妈真的在附近吗？”），然后再继续玩。

相互支持

通常，宝宝们会相互帮助（“我帮你”或“我展示给你看”）。相互帮忙和合作是重要的社会能力，它可以从宝宝间的相互接触中产生——这很棒，而且非常有价值。所以你要尽可能多地促进此类情况的发生。

此外，宝宝在前期阶段还能学到，人们在不好的时间里也要团结在一起。如果一个人感觉不好，另一个人就要安慰他，去抚摸哭泣的孩子，把玩具给他玩，称他为“我的朋友”。

包括小争执

因为宝宝现在以第一人称来说话，所以他们在和别人玩耍的时候，也喜欢用个性来实施自己的意愿：“给我”或“我想要这个”，这些句子父母们一定不陌生。在与同龄人相处时，宝宝渐渐地形成财产和拥有的意识。尽管如此，我的和你的，以及给和拿，总是不简单的课题。当某些事情不合他意的时候，他的朋友很快就被归入了“好的和不好的思维方式”中。然后就产生了“安娜不好”或“雷欧弄坏了”的言论。

父母不在的时候

根据宝宝相互见面的频率和相互理解的程度不同，他们单独与朋友待在一起的时间长短也不同。胆子大的孩子甚至能够在 3 岁生日前后的时间里，第一次在妈妈或爸爸不在身边的情况下在别处过夜——但这确实是少数。更经常出现的情况是宝宝直到上学还不能在没有父母的情况下在别人家睡觉。

据经验，第一次尝试在别处过夜可以从祖父祖母家或者叔叔阿姨家开始，之后再是小朋友家。不要强迫他，而是让他自己决定什么时候，在谁家过夜。

理解世界——智力发展

你应该为宝宝到目前为止学会的所有事情而感到兴奋：他已经在智力形成之旅上建立了一系列认知里程碑——所有这些的发生速度飞快。这还远没有结束：语言发展不仅使理解变得容易，而且宝宝越来越能更好地理解世界了。为什么？为什么？现在就开启了第二个“十万个为什么”的时代。当他第一百次问你狗狗为什么有四条腿的时候他绝不是想让你生气，而只是想在这一刻检验他的知识（见第 207 页）。

第二个“十万个为什么”时代

第二个“十万个为什么”时代是认知发展中非常重要的阶段。你要做好心理准备，因为你偶尔会不知道答案。在这个过程中，像这样的问题链就产生了：“我想要这个。”——“现在不行。”——“为什么？”——“因为商店关门了。”——“为什么？”——“因为今天是星期天。”——“为什么？”

大一点的宝宝（上幼儿园的年纪）就喜欢这样的游戏。无止境地提出为什么的问题让他们非常高兴，而且当父母精神崩溃而彻底放弃的时候，他们觉得很有趣。“因为香蕉是弯的”，通常成了最后的答案。

整理：将世界归类

宝宝 2 岁时很喜欢把相同的事物归类：蓝色的积木块、红的、黄的……现在他逐渐扩展了他的视野：厨房用品（锅、平底锅、碗）、餐具（勺、叉、刀）、汽车（小轿车、载重汽车、公共汽车）和动物（狗、猫、鸟）。这样宝宝就学会了越来越多的上位概念。通过颜色的归类，宝宝学习了称呼颜色——先是基础颜色如红色、蓝色和黄色，其中红色常常是“第一个”颜色（“红色的杯子在哪儿啊？”）。宝宝也开始能区分大小了，比如，你用纸箱给宝宝剪出两个大的和两个小的圆圈，并问他哪个是大的，哪个是小的，他都能正确地回答出来。他还能把自己和其他孩子做比较：“我比蒂莫高。”“蕾娜个子矮一些。”

数量关系

宝宝在这个年纪学会了归纳数量：他知道“一”“比一多”，“再一个”和

小建议

长途驱车的游戏建议

问你的宝宝：“什么能飞啊？”“人们可以乘坐什么？”“什么可以在水里游？”或者“你认识哪些鸟？”最后一个问题可能还比较难。但是，如果你们一起思考，你一定会发现你的宝宝已经知道很多了（比如鸭子、鸡、鸽子）。

一个橘子、再多一个橘子、更多的橘子……慢慢地，宝宝形成了对数量的认识。

“许多”。你可以用游戏的方式加强宝宝的这一认知能力，比如，你让他再递给你一个衣夹。之后他还学会了理解并使用“我们”这个词。“我们”是很多人：妈妈、爸爸和我。

宝宝先学习认识 2 以下的数量：“这是多少？”一个或两个物体，他通常能够正确地说出。许多 2 岁的宝宝虽然能够数到 5 或者更多，但是他们还无法理解数字领域，他们只是把数字的顺序理解成一首诗或一首歌曲。但是当大人们很高兴他数数数得这么好时，他也会感到很自豪。

空间上的理解

宝宝 1 岁时已经熟悉空间上的关系词“在里面”了：他不断把手伸进一个杯子里或一个罐子里。宝宝 2 岁时，当你对他说牛奶在冰箱里时，他能够理解其中的含义了。现在，他慢慢地学会了“在上面”“在下面”和“在后面”，这并不简单。虽然大多数的宝宝已经理解像“把泰迪熊放在椅子上”或“泰迪熊在沙发后面”这样的说明，但是当人们说某些东西在他们前面时，许多宝宝还无法理解。他们会回头看，或者转身。

时间概念

“今天下午”或者“今天晚上”——几个月之前宝宝还不能完全理解背后的含义。而能够理解的前提是他总听到。刚开始时，宝宝学习理解较短的时间段。如果你中饭时对他说：“午睡之后我们去外婆家。”比你早上对他说下午要去拜访外婆更能让孩子理解，因为上午和下午时间间隔还太大。而对于一天流程的内部想象（仪式，见第 264 页）让宝宝更容易理解时间的概念。但是许多 3 岁的宝宝还是会混淆昨天、今天和明天这三个时间名词。

记忆力

当你和宝宝一起看一本书时，你可以要求宝宝复述里面的故事。如果你高兴，他就会高兴，而且这种积极的感觉会留下痕迹：记忆力和语言理解能力在游戏的过程中得以锻炼。每晚和宝宝一起聊聊这一天发生的事情，特别强调感觉的世界："你很高兴，我们今天拜访了大卫。"用这种方式来增强他的记忆力（见第20页）。

如果你在一个2岁半的宝宝面前将两个物品藏起来（比如把娃娃藏在沙发垫下面，把玩具汽车藏在花瓶后面），那么2分钟之后宝宝还能够想起被藏的物体，即使你在此过程中分散了他的注意力。

无形的朋友

由于语言上的巨大发展，宝宝在3~4岁时的想象力发展会有很大的进步。许多宝宝会想象出一个只存在于他幻想中，和他一起玩，或者陪他一起买东西的朋友。在与这个幻想的角色游戏中，宝宝能在一个安全的环境中尝试不同的社会场景。如果宝宝有一天对你讲述这个"幻想中"的朋友，你要保持淡定。如果你的宝宝和其他的孩子有接触，并有了深刻的印象，那么你就不需要担心。他"真正的"朋友可能会对无形的伙伴产生疑问，会问"他在哪儿""他是谁"。

但是你不必在这个游戏中提供额外的帮助。如果与这个无形的朋友一起去买东西，那么可以算正常。一定的时间段内在饭桌上多摆一个盘子也可以接受，但是额外要一份意大利面则不可以。

在房间里玩捉迷藏的游戏：你的宝宝能够越来越好地找到藏身地点，而且在你找到他的时候，他会非常高兴。相反也能带来同样的乐趣：你藏，他找。

在接下来的 12 个月里，宝宝的运动技能发展继续大踏步地前进，但是步子并不如前两年那样大。从现在开始，宝宝要在运动中加强所学的知识。走、跑、坐、蹲，站，所有这些宝宝都能毫不费力地做出来 —— 而且可能还会做到更多动作。因此，从现在开始有一项“训练”就摆上了一天的日程中，它有助于所有所学的技能更流利、更优雅、更轻松地从手部（或脚部）出发。

大多数的宝宝在 2 岁生日前后已经能够走得非常稳健了。宝宝能够越来越好地、有意识地控制速度和身体的运动，并不再摔倒。一年前在他想要停下来时，除了一屁股坐下别无选择，现在他可以有目的地控制速度，并在他想停下来的时候停下来。他能够保持站立、蹲下，并全神贯注地抓住放在他前面的物体。当他想要检查这个物体时，他可以毫不费力地从蹲姿再站起来，继续向前走。宝宝已经能够很好地掌握他的步伐，所以不需要再用他的手臂来保持平衡了。手臂悬空他也能走得很稳，并能够优雅地躲过地上的小坑小洼，比如，翘起的地毯边缘、小台阶或地上的小凹陷 —— 这太棒了！

走和跑

对有些2岁的宝宝来说，瞬间转换方向还有些困难。比如在他走向沙发时，妈妈叫他，他们需要先停一会儿，转身，改变路线，然后走向妈妈。但是之后这个动作会越来越连贯。在接下来的几天和几周，宝宝的每一步都在优化和完善，直到走路这个过程自动储存在大脑里——就像成人开车一样。学开车的人刚开始也需要先用框架和结构学习开车，但不久之后就能够自动控制踏板和变速杆，转动方向盘，同时注意路牌和其他交通指示标志，甚至还可以听收音机或与同乘者进行交谈……这与宝宝学习跑步的过程是相似的。他也必须先分解、熟悉和尝试每一个细节，直到最后越来越自信。

大概在2岁半到3岁时，大多数的宝宝变得非常好动且灵活，并像大人一样能够双脚踏在地板上：每走一步都将整只脚从脚后跟到脚趾全部展开。同时宝宝会尽其所能地适应大人们的速度，通常用不一样的长步子或短步子。

后退

向前走得越稳健，向后退的成功率自然就越高。宝宝刚开始可能只能向后退1~2小步，而且大多是在他想避开障碍时无意识地做出的动作。但是宝宝已经有能力有目标地向后走了，比如，当他想要把纸箱拖到另一个房间的时候，或者在“追捕游戏”中看到别人这样做。

用脚尖走路

有些宝宝2岁半的时候还开始尝试另一种走路方式：踮脚尖走路。严格来看，他们不是用脚尖走路，而是用脚趾肚。大多数情况下发生在游戏中，比如当你和宝宝一起跳舞或做一些小型的跑、唱或跳舞的游戏时。同样，在尝试站直的过程中，宝宝会将手臂尽量向上伸，并踮起脚尖——喜形于色地说：“我这么高了！”许多宝宝在大约3岁时能够用脚尖成功走完大约3米的路程。宝宝很快意识到自己能够很小声地、悄悄地行走——他喜欢用这种方式靠近你或悄无声息地到达他锁定的目的地。

跑

宝宝走路的步子越稳健，对于他来说把脚从地上抬起就越容易，当然也能再次安全地着陆。2岁生日前后，大多数的宝宝突然提高走路的速度，干脆跑了起来。刚开始可能还有点倾斜和踉跄，因为他的脚和腿还不能正确地一起运动，但是他将从现在开始训练，几周之后腿和脚就变得越来越灵活，进而能够与他的速度相匹配。如果宝宝跑得很快，那么两条腿就有可能短时腾空，为了不在如此快的速度中失去平衡，宝宝的两只手臂在空中有力地摆动，这看上去非常有趣。

许多宝宝在 2 岁生日前后就已经能够一次性跑 5 米左右而不摔倒了，大概一年之后他们甚至能够跑出 3 倍远的距离。毫无疑问，自从宝宝有了这样的能力，他对奔跑类的游戏和追捕类的游戏更感兴趣了 ——他们立刻抬起自己的小腿，开始跑。

信息

团体活动：玩球

宝宝能够做到非常稳健地走路需要经历很长时间。然后突然就进入了下一步：宝宝大概 2 岁时能够单腿站立大约 5 秒钟，所以踢球已经不再成问题了，2 岁时，宝宝能够踢动一个大（水）球而不会摔倒了。从现在开始，宝宝一有机会就会锻炼自己的这项技能，只是准确性还有待提高。

但不只是踢足球能给宝宝带来巨大的乐趣，扔球和抓球也是很热门的游戏。开始时，宝宝还必须用全身的力气把球扔出去，尽管如此，却只能扔出较短的距离，大约 3~4 米。3 岁时，宝宝会扔得越来越好，而且在这个过程中不会失去平衡。

向上：爬楼梯

楼梯、梯子和台阶对于还裹着尿不湿的小探险家来说有着神奇的魔力。这并不奇怪，从这里可以向上，然后就可以俯瞰所有的东西，并看到一个完全不一样的世界。所以不难理解宝宝为什么想要登上每一个台阶。对于一个 2 岁的宝宝来说，他将一周比一周做得更好。刚开始时，宝宝以直立的姿势向上走，而且要抓住旁边的扶手。而仅仅几周之后，他就能用这种方式下楼梯了。3 岁生日之后，你的宝宝不必再紧握扶手了，甚至能手里拿着东西上楼或下楼了。而且还有一些细节发生了改变：初期宝宝上楼时总是两只脚上一个台阶（相继迈出）。大约 3 岁时，宝宝就能够做到一只脚迈上一个台阶，同时另一只脚迈上另一个台阶了 ——就像大人那样。只是下楼时还需要长时间的两只脚相继迈出，这给了他安全感。

跳

宝宝一旦尝到了暂时离开地面的甜头，便突然对跳产生了浓厚的兴趣。太棒了 ——跳的感觉一级棒！许多宝宝在大概 2 岁半时能够双腿双脚合并，相继从地面跳起多次（专家称其为双腿跳）。一旦做得越来越好，他就会开始尝试用合并的双腿跳起一小段高度。运动技能强的宝宝甚至能够连续跳 1 米高而不中断，而且速度惊人。3 岁生日时宝宝通常开始喜欢玩“套袋赛跑”和“运蛋跑”这样的游戏。因为从现在开始，宝宝开始锻炼双腿协调能力和手部运动技能的共同合作。

蹦

不只是原地蹦或直线蹦能够引起宝宝的兴趣，宝宝开始尝试着从高处往下蹦。比如从台阶蹦到地上。基本上所有东西都适合先爬上去，再蹦下来——妈妈和爸爸的床、沙发、小椅子、地下停车场上的矮墙或森林边的矮树墩。对于父母来说还是那一条：睁大眼睛。因为有些东西，如放衣物的箩筐、CD 播放机、不稳定的架子或转椅，可想而知都是不适合从这里往下蹦的，即使在宝宝的眼里这看上去是很吸引人的。

走平衡木

最晚从现在开始，宝宝喜欢所有能够在上面保持平衡的东西——最喜欢的就是房前的路边石。能够走平衡木（而且要允许他这么做）是非常有意义的。因为在一个窄小的区域内保持平衡要求有高度的身体控制能力、身体感知能力和自信。在宝宝想要跨过一个安全的物体时尽量给予他自由。如果他需要你的帮助，那么你最好在宝宝齐腰的位置上把手递给他，而不要在他头部以上，这样不容易保持平衡。如果在散步的时候宝宝有机会在稳固的物体上保持平衡，那么你应该充分利用这一机会。给他提供必要的支持（和耐心），让宝宝尽情去做：在森林里的矮树墩上，在低矮的阳台或矮墙上。

保持身体平衡

一个很好的平衡力练习：让宝宝把两只脚平行放置站立且两只脚尽量挨在一起，闭上眼睛。现在让他试着坚持 10 秒钟而不失去平衡。刚开始时会很难，但大多数宝宝 3 岁时就能做到了。

信息

和着有节奏的音乐跳舞

随着音乐跳舞能够加强宝宝的韵律感和创造力。宝宝在游戏中学会了将歌词变成动作，而且保证动作也在节拍上。比如宝宝在《泰迪熊，泰迪熊》（见第 389 页）这首歌里练习原地蹲起，双手抱在头顶上，并同时唱歌。这根本不简单——但这是一种将运动流程自动化的绝佳方式。

安全范围内的运动欲望

没错，危险无处不在。宝宝现在到了强烈渴望运动，并在一切可能的场景下尝试跳跃、攀爬和奔跑的年纪。当然并不总能免除危险，但是宝宝还不知道危险发生时他将面临什么。这也好，因为他不会害怕。但是谁又能绑着手脚移动？这只能阻碍发展的进程。

尽管如此，父母还是应该在一些场景下思考怎么做才能保证一切顺利进行。这当然要求父母给予高度的注意力。特别是乐于发现的孩子，喜欢细细地拆分他的环境，最喜欢的就是站在高处俯瞰整个世界。

注意的正确尺度

宝宝不应该在过分保护下长大。父母当然想给自己的宝宝最好的。但是，如果让他远离每一次（包括痛苦的）经验的话，真的就有意义了吗？人们往往把 2~3 岁的宝宝称为“襁褓里的研究员”。因为宝宝在这个阶段什么事情都愿意有意识地感受、经历和记录。当然，在宝宝马上就要从楼梯扶手上滑下来，或者想要在三轮车上保持平衡的时候，你也不应该完全对宝宝袖手旁观。这里适当的保护也是允许的。

但是，宝宝每天想要尝试的许多其他小东西的愿望还是要满足的——比如在散步的时候想要走平衡木，想要上凳子、爬梯子或者跳石头。宝宝积累的经验越丰富越好。因为这能带来自信和信赖。这也是为什么你要给宝宝安全感，让他知道你信任他，而且不怀疑你会感受和接受他对攀爬的需求。所以你就干脆睁大眼睛，在必要的时候给他提供支持就可以了。

负责安全性

为了使父母和子女之间的沟通不会大部分由“留神”“注意”“小心”或者“别动”这样的警示语构成，你应该把房间里和花园里可能的危险源都清走。以下建议可以作为本书第 198 页提高家居的儿童安全性建议的补充：

○ 不要让宝宝在你不在身边的时候在花园、露天平台或阳台上玩耍。他现在什么都想爬，而且在阳台扶手前也不停。如果花园的门是开着的，他还有可能跑到街上去。而且，如果宝宝一个人在花园里，可能会和你不认识的人有接触。

○ 要对雨水桶、池塘、鱼塘或小水坑绝对小心。因为水对宝宝的吸引力很大。如果没有被安全覆盖，那么你一定要时刻关注他。因为总是能读到宝宝被淹死的悲惨事故，所以你一定要加倍小心！

○ 在浴缸里也要注意，绝不要让宝宝在没有大人在的时候坐在水里——即使是门铃响了或电话响了的时候也不行。

○ 将宝宝所在的地方清扫干净。家居的混乱很快就会让我们的小小探索家遇到危险。他可能会把到处堆放的螺丝刀插到插座里，把指甲锉伸到鼻子里，或者尝试着用指甲刀自己剪指甲，爸爸总是能用打火机或火柴划出美妙的火光，他也要试一下……

○ 研究一下生长在你家花园或阳台上的植物。它们真的对宝宝来说是无毒无害的吗？（更多信息见第 199 页小建议）。

○ 绝不要忘记：你要为孩子负责，时刻注意宝宝的动向，当然也包括在公共场所，如游泳池、游乐场或马路上（特别是在过马路的时候）。宝宝比你想象的更快、更好动。绝不要想“还有别人呢，如果有事发生他们会告诉我的”，然后就去看书、打电话或者聊天去了。你是孩子的负责人！

即使是宝宝的哥哥姐姐也是如此，他们还太小，无法对小宝宝负责。因此你应该尽可能少地把与安全性有关的任务交给他们。

洗浴是很美妙的，尤其是两个人一起。但是兴奋起来宝宝很容易就潜到水下去。因此父母不要让宝宝在大人不在的时候独自待在浴缸里，几秒钟也不行。

从蹲到翻跟头：这需要勇气，但的确很有趣。

坐

此时，宝宝已经能够毫不费力地坐在地上了。有些宝宝更喜欢跪坐，即双腿呈 V 形：他们把双腿向后弯曲，屁股坐在两个脚后跟之间。这种坐姿对于许多大人来说很不舒服，但是宝宝的关节很灵活，他们喜欢这么坐。同样还有盘腿坐，这也是宝宝 3 岁时经常选择的坐姿。

当他想要起来的时候，宝宝能够顺利地转换成蹲姿，并在这个姿势下保持几秒钟的时间而不失去平衡。在你的鼓励下，他甚至能够勇敢地翻个跟头。为此，他会先将头抵住地板，然后向前翻一圈至背靠地板躺下。在头顶上走一次 —— 多有趣啊！不仅如此，绕着身体的纵向轴旋转也很有意思。你可以自己尝试一下：放松地躺在地板上，将双臂举过头顶，然后向一侧滚。此时发出的声音将吸引宝宝驻足观看，并心想："嘿，妈妈在做什么呢？我也想尝试一下。"

两轮车还是三轮车？

有些宝宝喜欢坐在儿童车里享受"散步"，相反，另一些宝宝更喜欢自己活动。他们想走、想跑、想跳 —— 或者骑着三轮车或两轮车走。但是哪些车对宝宝来说更好呢？

脚踏车

刚开始，宝宝的动作虽然并不规范，需要用脚碰触地面才能往前走，但是三轮脚踏车还是能给宝宝带来无尽的乐趣。毕竟他可以独立操控，决定方向和速度，按铃或按喇叭 —— 就像在真正的汽车上一样。据经验，大多数宝宝在 3 岁生日前后就能够正确骑脚踏车了（有些宝宝可能 2 岁就可以了）。

骑三轮脚踏车要求一些小技巧：比如，宝宝必须均匀地、适当地对踏板施力。同时还需要有很强的空间感知力，这样他才能顺利地转过拐角，躲避障碍。

三轮脚踏车还有一个好处，它的速度适中，正常使用的情况下几乎不会翻倒，大多数款式的车都有一个小"后备厢”，可以用它来运载一些小东西——蜗牛壳、小棍子、石头、沙子、冷杉球果或者毛绒玩具。此外还可以带一个连杆，这样在宝宝累了，或者你要帮他控制方向以及超速的时候可以拉着他。

用脚和轮子控制速度

两轮车有用木头、金属或塑料制成的，相对来说结构更简单，造价也更昂贵。但还是和车的款式有关：两轮脚踏车的最大优势在于：如果需要，它可以让宝宝的双脚随时随地触及地面，这给了宝宝安全感。虽然两轮脚踏车要求宝宝控制好平衡、速度以及腿部力量，但这都是可以学会的。

当宝宝坐在车座上，双脚蹬地向前走的时候，他能够达到惊人的速度，特别是在他光着脚的时候。这时候父母一定要跟上，因为许多宝宝以为父母走路也可以这么快。经验显示，学会骑两轮脚踏车的宝宝日后在学习骑自行车的时候也更容易一些。这并不奇怪，毕竟他

两轮之上的发现之旅：这使散步有了双倍的乐趣。如果宝宝没有兴趣散步了，父母就可以给他买一辆两轮脚踏车。

们已经有能力掌握平衡，并能够控制速度了。有些两轮脚踏车还有手刹，这样宝宝就能够学习刹车了。

一次值得的投入

两种车型都很容易让宝宝爱上运动，学习控制身体平衡、四肢协调能力以及运动速度。如果地下室或车库的空间以及钱包允许，那么购置两台车是很值得的投入。尤其是家里有不止一个孩子的时候。你也可以在跳蚤市场或网上买二手的三轮和两轮脚踏车。我们的建议：让宝宝先用朋友或熟人的车试骑一下，看看宝宝是否喜欢。

精细运动技能

宝宝 3 岁的时候除了走、跑、跳等复杂运动技能得以增强，还有其他能力也逐渐提高。宝宝的手也变得越来越灵活。宝宝的年龄越大，手指就越来越灵巧，从而其手眼协调能力也越来越好。感知能力越强，他移动物体的准确性就越好。

建造、整理和插入

宝宝越来越喜欢堆高，喜欢把所有东西堆起来：积木块、木头魔方、乐高砖、易拉罐等。从现在开始，宝宝的原则就是越高越好。因为他的手关节能够按照一定的轨迹弯曲和旋转了，所以他的动作越来越灵活：他能够准确地按照目标建造一座塔，把 4~8 个魔方相互叠加在一起。宝宝 2 岁半的时候如果具有足够的耐心和毅力，甚至能够堆起 8~10 个积木块。几乎能带来同样乐趣的就是再把建好的塔推倒——然后再重新开始。如果宝宝独立建塔，妈妈或爸爸不从旁帮忙的话，宝宝就有了巨大的优势。如果你也想一起玩，那么你们应该自己建自己的塔，并推倒它。

不仅堆高能够给宝宝带来乐趣，分类和整理也可以。这需要宝宝极为细致和精准地把混在一起的衣夹、笔或积木块按颜色分开或按顺序放好。

拼图和拼插玩具

宝宝喜欢整理和排序，所以拼图游戏是不错的选择。此外，积木拼插游戏也非常受欢迎，宝宝需要把积木块插在合适的洞里。游戏过程中不仅要选对积木块，而且要把它准确地放在洞里。这既需要准确的感知能力，还需要足够的手眼协调能力，才能把积木块放到正确的位置上。这根本不简单，是一个很好的锻炼。

2 岁的宝宝已经有能力把片状物或环状物插到一根棍子上，把大珠子用一根线穿起来，或把葡萄干塞到瓶子里。这需要应用到钳式抓握（见第 56 页）。几个月之后，宝宝将试图把小东西再从瓶子里倒出来，把小珠子穿到一根铁丝上。还有一个特别受欢迎的游戏，把（生）面条串起来。刚开始最好用粗面条，之后也可以用通心粉。那将是很漂亮的一个项链。为了让“面条项链”色彩斑斓一些，而不只是“黄色面条”，你可以事先用食用色素给面条上色。

画画和涂鸦

最晚从现在开始，你就不应该把笔到处放了，因为你一不留神，它们就会被拿走。现在涂鸦正盛行！一旦宝宝手里有了笔，就会拿它乱画，紧急情况下没有纸也能画。从此时起，宝宝越来越能用活动的手关节来拿笔了，这种能力使得他不仅能画线，还能画出圆的形状，虽然宝宝3岁前还继续用整个拳头握笔，但是在3岁生日前后宝宝就会像大人一样握笔。

如果有人事先给一个3岁的宝宝展示过画圆圈、V形或十字的话，他就能模仿着画出来了。他们的画表现出了无限的想象力。虽然宝宝画的汽车或大树不像大人们所熟悉的样子，但对于孩子来说，三条长线，两条短线，再加上一个点就是邻居家的红轿车了，这绝对值得好好地表扬一番。宝宝现在喜欢用颜料来做实验，水彩就很适合，但是更好的是用手指画颜料。

剪纸和手工

剪刀似乎对宝宝有着神奇的吸引力。他们毫不费力地就能学会使用剪刀，把纸张剪成小片（见第378页）。同时，许多宝宝已经表现出他们更喜欢用哪只手。但此时断定宝宝是左撇子还是右撇子仍为时尚早。

与剪纸同样有趣的还有折纸和贴纸。可以随心所欲地摆放手里的一切物品对宝宝来说极具魔力，而他应该一直在你面前体验这份魔力。

宝宝喜欢不假思索地剪。结果并不重要，重要的是过程。

语言能力发展

“生日快乐！”大多数宝宝在2岁生日时已经能够对这个句子传递出的信息有一个大致的印象。加上父母的手势、表情和语调，宝宝理解了，生日与美好和舒适的事物有关。此时，许多宝宝已经掌握了50~150个积极词汇。当然，他的被动词汇库也在变大。

因为宝宝的发展是全方位进行的，所以一个领域内的技能会自动转换到另一个领域。比如，当宝宝能够独自爬上一个斜坡的时候，他同时也获得了空间感知能力——上面和下面，向上和向下。相应的概念也在他的语言理解上留下了印记。如果宝宝的精细运动技能已经发展到能够拧开瓶盖的话，那么他就对“开”和“关”有了认识。如果他打开水龙头，并改变温度的话，那么他就学会了“冷”和“热”的含义……宝宝在感知能力方面获得的刺激越多，他收集的经验就越多，然后宝宝会把这些经验储存在大脑里。在语言发展方面，宝宝听到的适合儿童的词汇越丰富并具有多样性，他接受的就越多，他的语言储备量就越大，将来能够运用的词汇也就越多。

父母在宝宝语言学习中的作用

每个宝宝都有他自己的速度——这条规则同样适合语言发展阶段。作为父母，你无法加快宝宝学习说话的速度，但是可以促进宝宝的语言发展进程。

大自然赋予我们人类能够学习说话的许多重要技能：宝宝能听、看、品、闻以及触摸。此外，他还必须与别人交流，以做出反应。宝宝感知到被你关注和接受的越多，他健康发展的基础就越好。对于学习说话而言意味着如果你和他说话，看着他，认真地对待、倾听他的声音，让他说话，和他玩，而不只是“练习”，那么宝宝的语言学习就会有一个良好的开端。

每一个你对宝宝投以全身心关注的瞬间都是无比宝贵的。你可以跟他聊一小会儿，和他一起看图画书，唱歌、跳舞、大笑、画画、做手工，或者给他讲故事。最重要的是你和他在一起，而不是同时在做其他更重要的事情。不一定几个小时都这样过。这儿几分钟，那儿几分钟也绝对比根本没有好。

邀请宝宝参与交流

如果你每天鼓励宝宝和你聊天，那么他学习说话的效果会非常好。要注意你给他提的问题，最好是一些“开放性”的问题，让宝宝无法用简单的是或否来回答，否则相比较而言你获得的信息要少。比如你问：“你今天在幼儿园都做了什么呀？”会比你问：“今天你在幼儿园过得好吗？”能知道得更多。如果你想要不仅仅交流一些简单的词汇，而是展开真正的对话，那么你应该用不同的方式表达你的问题，并邀请你的宝宝说话。比如，你们在看一本带动物插图的书时，你与其问：“猫在哪儿？”不如问：“猫在干什么？”最好接下来抓住宝宝的回答，再稍加修饰，以使其成为一个完整的句子。比如当宝宝回答：“猫咪喝。”那么你可以加以确认：“对，没错，猫咪在喝牛奶，嗯，美味的牛奶。”

宝宝需要看书

看书在语言学习中是一个极好的辅助方法，它可以促进语言理解能力发展，扩展词汇量，避免枯燥，能够让父母和宝宝一起度过有意义的时光。宝宝喜欢坐在妈妈或爸爸（或其他喜欢的人）的膝间，和他们紧紧地依偎在一起，翻着书，听着熟悉的声音。科学家甚至指出，早年和父母一起看图画书，并听到爸爸妈妈朗读的孩子之后能够更轻松地开启学生生涯。一份英国的研究显示，如果爸爸妈妈从宝宝 9 个月大时就开始给他朗读图画书的话，那么他们 7 年以后在学校里明显比没有得到朗读

读书可以明智，看图画书也能！因为它可以帮助宝宝理解世界。

图画书的孩子学得更好。参加了阅读项目的宝宝能够更好地听、写、说、算。显然，看书几乎促进了所有领域的精神发展；而且，一起阅读还能给宝宝传递一种他被关注和感知的感觉。所以每天都给宝宝朗读，将是最理想的状态。但可惜实际情况并非如此，有 25% 的德国人从不看书，一份调查报告显示，从来没有听到过朗读的宝宝占 42%。

“阅读起航”项目

“阅读培养，帮助孩子理解世界。”德国联邦教育部长沙万（Annette Schawan）在 2010 年强调。因此这一年在全国（德国）范围内启动了“阅读起航——阅读的三个里程碑”项目。联邦教育和研究部为读书捐献行为共花费了 2 600 万欧元。

这一全国性的项目首期计划 8 年，主要针对处于社会焦点的父母和孩子，然后再惠及所有学龄儿童。孩子将在 3 个年龄节点收到政府赠送的阅读礼包，礼包中有适龄图书、给父母的亲子阅读指导和当地的阅读服务大全。其中，适龄图书的第一本书在第六次预防性检查期间获得（在宝宝出生后 10~12 个月）；第二本书主要针对 3 岁以上宝宝，可在当地图书馆获得；第三本书在孩子入学以后由学校代为分发。

小宝宝和看电视

宝宝通过模仿进行学习，为此他就需要亲近的联系人在身边，并通过不断地尝试积累经验。认可、关怀和安全的感觉让宝宝成长。但是宝宝首先需要相互影响，也就是社会共同感——这当然也适用于语言发展。宝宝与周围人交流，玩玩具，研究日常物品，应对各种感觉和所处的场景，并在这个过程中学习说话。相反，科学家断定，坐在电视机前的孩子虽然能够听到人们说话，但是并未学会自己说。因为这缺少语言发展中的三角关系（见第 201 页）和反馈，即对说出的词或句子是否正确的反应。只有做出反应，宝宝才能重新听到发音，并获悉他的信息已经到达，最后得以理解。而且两个人交谈比一个人自言自语要有趣得多。没有一个或几个交谈对象，说话的乐趣很难持久下去。

看电视有促进作用吗？

看电视对宝宝与人、物或场景的探究并无帮助。相反，连环的画面太快，让其无法产生影响，抓不到手里，无法理解（句子的含义）——与在书里的情况相比。电视剧里的情节并没有发生在荧光屏上，因此，我们的小观众是被动接受的。

经证明，看电视多的宝宝拥有的词汇量少。因为看电视时宝宝并未参与对话，并未与别人产生相互作用。此外，从扩音器里传出的词汇与宝宝从积极的行动中学到的概念相比能够印在脑子里的更少。与读书不同，看电视对于语言学习的作用就很少。书籍展现的图片和显而易见的故事可供人们一起讨论。舒适地坐在妈妈的腿上，相互依偎在一起，倾听温柔的话语，还没有哪一个电视节目能够替代。

宝宝的电视行为

美国科学家调查发现，2~5 岁的美国儿童平均每周有 32 个小时都在电视机前度过。0~2 岁的宝宝每天看电视的时间大约已经达到 60 分钟，3~5 岁的宝宝甚至达到了 75 分钟。这明显太多了，科隆的联邦健康教育中心[Die Bundeszentrale für gesundheitliche Aufklärung (BZgA)]称：3 岁以下的宝宝根本不应该看电视或玩电脑，3~5 岁上了幼儿园的宝宝每天看电视的时间不应该长于半个小时。但必须承认，这只是理想主义。因为这种理想的状态在现实中基本达不到，特别是如果小宝宝的哥哥姐姐在家的话就更难实现。在这种情况下，你应该按节目类型分类，考虑一下在大孩子看电视的时候，你是否能够和小宝宝一起度过你们“自己的”时间，这样小宝宝将享受到你全部的关注。

这一点在看电视的频率上也同样适用：量大伤身。当然，3 岁的宝宝偶尔看些简短的少儿节目并无害处。但是你应该思考两个东西：如果你的宝宝好上了这一口，那么将来他就很难放弃这份欢乐了；此外，电视剥夺了更有意义的、积极的家庭时光。

如果你选择了电视，那么你最好和宝宝一起看。这样必要时你就可以做出解释，并在适当的时候关掉电视机。

24~30 个月宝宝的语言发展

2 岁半是语言发展中非常紧张的时刻，因为父母很快就能确认，宝宝如何在思维上理解你说的话。

提高语言理解能力

一个宝宝积极地利用所有感官研究世界时，他的语言能力也随之增强——前提是他的父母给他提供词汇。

在这期间，你的宝宝逐渐理解了人们每天都在使用的物品的概念和意义，而且还能完成一些小任务。比如当你说“请把桌子下面的鞋子给我拿来”时，他可能会按照你的指令去做。刚开始时他更多的只是对句子里的一个词有反应，而现在他已经能够将一个句子里的 2~3 个概念和它们的意思联系到一起了。

抽象的想象还很难

在 2 岁的前半年里，宝宝的语言理解大多还与情景相关。比如在宝宝面前放好刀、叉、勺，并请他把勺子递给你，那么他可能就会给你。但是，如果桌子上只有刀和叉子，而你仍然请他把勺子递给你，那么他可能会把刀或叉子递给你。宝宝在这一刻还没有理解勺子这个概念，因为勺子不在他的视野范围内。另外一个例子：如果你对宝宝说：“你的娃娃可能冷了，被冻着了，你能给它戴一顶帽子吗？”并同时递给他一支牙刷，那么他可能会给娃娃刷牙。但是几个月之后，他就会疑惑地看着你，因为他知道这个逻辑关系是不对的——冷和牙刷有什么关系？

丰富的词汇

宝宝 3 岁时说话变得更容易了。他会说、记录，并尽可能地重复。2 岁初期时，宝宝说话的语速还较慢，而现在就正常了。宝宝每天都在扩展他的积极和消极词汇。每个动作，每次散步，以及每个你让宝宝参与的日常行为都会成为“词汇池”，宝宝可以尽情地“垂钓”。宝宝注意力越集中地度过一天，听到的词汇越丰富，他的词汇量增长得就越快。

纯粹从数据上来看，宝宝在这个时段每天学习 8~10 个小时——直到他在大约 30 个月之前能说 450 个单词，当然，并不是所有的词宝宝都能正确地发音，但这根本没有关系。对于许多单词来说，目前还只是缺乏正确的音素，因为有些辅音不容易发出来，比如一些在口腔靠后区域形成的很难的喉音，如 K、G 和 R。难发的还有咝音，如 S、SS、SCH、Z 和 X，以及辅音组合如 FR、FL、KL、KR、TR 和 SCHL。许多宝宝还不能正确地发出这些音素，但是几个月之后就能学会了。

如果你注意到宝宝总是被某一个字母“绊倒”，那么你可以用不经意的方式不断重复这个词，但要说得清楚一点，以便宝宝能够听出区别。随着时间的推移，宝宝自己就能意识到你和他说这个词的方式是不一样的，于是他便会努力改善他的发音。你根本就不需要批评他。

创造新词

即使宝宝的发音不断完善，词汇量也与日俱增，但对于许多宝宝来说这还不够。他们还会发挥自己的创造力。听到这些新造的词是很有趣的，它们完全值得被记录下来，几年之后看到还可以给你带来乐趣。否则人们很快就会忘记这个时光，松脆的（含麸皮）面包片被叫作“便便面包”，叉车被叫作“堆货车”，闪电被叫作“闪光”，吊车被叫作“剃须车”，平衡被叫作“屏能”，圣灰星期三被叫作“煤炭星期三”……

一起大笑：有趣的适合宝宝的诗歌也能够锻炼宝宝说话。

可以说长句子了

谁的词汇量大，谁就有能力把许多个单词连在一起说。毫无疑问，你的宝宝能够说出越来越长的词汇链了：从之前的一字句已经变成现在的三字及多字的句子了。因为这个年纪的宝宝会按自己喜欢的顺序将词汇连接在一起（多数情况下按它的重要性），有些句子听上去会很奇怪，很搞笑，比如“Anorak穿衣服，更好我不冷”“我你等”“老鹰飞山”或“这个想我不要”。动词通常以动词不定式被使用，比如“外公车开”或“妈妈楼梯来”，只是偶尔能够成功地变对词尾（“宝宝哭了”或“爸爸来了”）。

即使这些未变形的多字句对不知内情的人来说听上去还不清楚，但是父母能够准确地知道他们的宝宝在说什么。大多数情况下，他们都是本能地做出反应，他们抓住宝宝的句子，并准确地重复出来。父母和宝宝用这种方式组成了一个完美的团队。

不要纠正他

尽量注意不要以训诫的方式纠正孩子的错误。这种总被纠正的感觉会扼杀他的积极性和说话的乐趣。因此不要直接指出他的错误，而是重复他的句子，但要用正确的方式。这样宝宝就不是通过批评而是正确的语言示范而学习如何说话——当然还通过表扬。尽可能给宝宝一个信号，让他知道你理解他发出的信息了。这种非直接的纠正被语言矫正师称为“纠正性反馈（Corrective Feedback）”。

如果宝宝说话比较晚

有些宝宝（男孩比女孩更经常发生）惜字如金。遇到这种情况父母不需要担心，因为这些所谓的语言发育迟缓的宝宝[专业用语是：“大器晚成的人（Late Bloomer）”]具备了所有学习说话的条件。如果一个2岁的宝宝能够说出的词汇还少于50个，无法造出两字或多字句，那么专家就称其为“说话晚的宝宝（Late Talker）”。如果你不确定你的宝宝属于哪种情况，那么你应该在宝宝2岁半左右带他到儿科医生或儿童精神病诊所做一些检查。你一定要谨慎行事，因为半数说话晚的宝宝都有至少50%的危险患有语言习得障碍。

他的自我感知

在此期间，宝宝记录下了他和你的不同——主要是在他的能力上。这些认知是你能提供帮助的基础。一旦遇到困难，宝宝很快就会失去兴趣，或者正好相反，他们积极地应对这些“问题”，以至忘却了周围的一切。现在情况不一样了。宝宝3岁时在某事不成功的时候就会引起别人的注意。如果他想要把娃娃的夹克衫脱掉或把两个乐高块插到一起，但是没有成功，那么他就会走到妈妈身边，用手势和简单的句子寻求妈妈的帮助。他会一直等在你身边，直到你把娃娃的小夹克衫脱下来，或者把两个乐高块插在一起，然后宝宝才会继续他的游戏。

信息

“我的”和“我”

宝宝在说到自己的时候，会使用他的名字（“Tobi Ball 在跑”，“Sophie 不困”）。他还需要几个月的时间才能理解他可以在提及自己的时候使用“我”这个词来代替他的名字。这并不像成人想象的那样容易学会。但是当涉及个人财产的时候，大多数2岁半的宝宝都能够快速学会使用物主代词：通常在宝宝3岁时会出现“我的”和“我”这两个词——之后才会出现“你”（“你给我的娃娃”或“你取书读”）。

能力和意愿

以前，宝宝都认为自己是世界的中心。但现在他认识到人与人之间是存在相互联系的，不是所有的行为都从他出发。这种认识也改变了他的语言。作为观察者，2 岁的宝宝能够说出他看到了什么，谁和谁在什么时候做了什么。此外，宝宝感知感觉的能力越来越强，并试图描述出这些感觉——还有特定的行为或物品的特点（形容词和动词的数量有所增加）。

培养宝宝的独立性

宝宝应对词汇和语言的能力，以及运动技能的发展让宝宝变得强大。他对自己形象的认识越来越清晰，对自己能力的认识也越来越明确。“如果爸爸能切苹果，那我也能，因为我也有手指，我可以用它拿刀。”这种想法会促使宝宝想要自己做很多事情。但是他热情的意愿往往比他实际的能力要强。所以他的强烈意愿总是会与父母出于安全原因对他的制止产生冲突就不足为奇了，结果就会导致失望、哭闹或发脾气。在这种情况下，父母需要更坚强的神经。或许当你意识到宝宝想要自己完成所有这些新任务是多么美好和重要的事情时，你就能更容易控制你的情绪，因为这说明宝宝在通向独立的道路上迈进了一步。如果你给他足够的时间，许多日常生活的事情宝宝都能独立完成。因此请从现在开始把对宝宝尽快独立和与之相联系的时间框架抛到脑后，以使父母不那么忙碌。比如在准备去散步的时候，宝宝可能想要自己穿鞋子、扣夹克衫的扣子或者自己开门。如果可以，你应该让他自己做，否则就会增加他的依赖性。尽管如此，宝宝还是没有成功，那么就需要你使用“外交手段”了。比如你可以说“或许下一次就能成功了”或“你已经做得很好了，下一次一定能做得更好”。这要比“你还太小”或“你做不了这个”的表达能够给宝宝更多的勇气。

自己穿衣服是一项挑战——宝宝想要（也应该）掌握这项技能。

宝宝的“十万个为什么”能帮助他更好地理解这个世界，增强他的语言能力。

30~36 个月宝宝的语言发展

能够提出问题就意味着宝宝在语言发展上迈出了一大步。虽然 2 岁的宝宝已经有了提问的能力（第一个问题年龄），但是他很少能使用正确的提问方式，因为他还缺少相应的词汇。因此他们会用语调（“这个？”）或有目的地重读（“妈妈？”）来帮助自己。

大概在 3 岁的后半年，许多宝宝学会了使用疑问词，如“为什么”“从哪来”“怎么样”或“什么时候”。至此，第二个问题年龄开始了：宝宝要理解这个世界，用提无数问题的方式——关于他的家人、其他人和他们之间的关系，关于他的行为和经历。研究世界的巨大兴趣，以及父母的反应和回答扩大了宝宝的词汇量，增强了宝宝的语言理解能力。

时刻准备着正确答案？

为什么水是热的？为什么刀会把人弄疼？为什么月亮会发光？挖土机能做什么？必须承认，要正确回答宝宝的所有问题并不是一件容易的事情。如果每天这种情况出现无数次，并总是出现在不合时宜的时刻，那这根本是件不可能完成的事情。同时，宝宝的好奇心和他对生活的兴趣完全可以不让你感到费力。毕竟每时每刻都能够选择你是否想要或能够做出回答。当然，你应该努力针对宝宝的问题给出诚实和满意的回答。用简单的语句来向他解释，而不是长篇大论一番。

但是也有些问题和情况会让你突然想不到该如何解释。这一刻你当然有权利说：“这是一个好问题，我必须再好好地思考一番。我们晚些时候再讨论吧。”或者也可以说：“这个我现在也不知道，稍后我可能会想到。”当宝宝长大一点，开始问及某些东西，或者请求许可时，这样的回答就很有帮助，比如：“我现在还不能决定，我再想一想。”

无论你是否知道答案或解决方法，

或者你是否需要想一想，都无所谓。你应该做的是尽可能直接地对宝宝做出反应，以此给宝宝传递一种感觉：“我在很认真地对待你。”如果你不知道答案，你也应该和他一起寻找答案，比如查询百科辞典或浏览网页。“这个你还不懂，因为你还太小”或直截了当的“不知道”一定是最坏的答案。如果你好好地品味一下这些话，你就知道为什么了。

增长的词汇量

在过去几个月和几年之中，宝宝已经熟悉了周围的环境，几乎明白了所有你说的话。他不仅知道了大量物品和场景的概念，还知道了动作、感觉和特征的概念。即使他的发音还不够完美，但已经足以让别人明白意思了。

而且，宝宝在不断地练习较难的由相继出现的辅音构成的音素组合，如 TR、BL、DR、FL 和 KN。这些辅音组合位于词首时，其发音困难尤其大。所以经常会发生这样的情况，即虽然宝宝能够完美地说出“Adrian”这个名字，但是却很难发出“Drachen”这个单词。三个或多个辅音相继出现的组合如“Straße”“Strauch”或“Sprechen”也比较难发，还有咝音 S、SCU 或 CH 也很难。但是这完全正常。

宝宝几乎能理解所有东西

语言理解力在 3 岁生日之前几乎不再被限制。宝宝静静地听你说话，默默地记住，不断地进行自我尝试，使用越来越多的正确名称。这样，他的词语表达越来越好，甚至已完全正确。从原来的“Nane”变成了“Banane”（“香蕉”），“Ato”变成了“Auto”（“汽车”）。长单词如“Wärmflasche”（暖瓶）、“Teetasse”（茶杯）或“Gummibärchen”（小熊糖），也能够做到部分正确使用。宝宝逐渐理解复杂的联系，并记住了他不总是事件发生的主体部分。如果上半年他还在自己承担工作，给娃娃换尿布，或给毛绒兔子喂饭，那么现在玩具可以自己“行动”了：这时娃娃喂毛绒兔吃饭，为毛绒动物推玩具车。

这些角色扮演的游戏对语言发展也有帮助，因为宝宝能够按照主语—谓语—宾语的语法结构而造出越来越长

信息

不问的人会变傻

没有愚蠢的问题，只有愚蠢的回答。你的宝宝也不是单纯地出于好玩而提问题，他是真的想要知道他的想象是否正确。请真诚地回答。宝宝理解不了讽刺和挖苦，至少在这个年纪还不能。你的宝宝无条件地爱你，会对你的回答信以为真。因此，你应该想好你对宝宝说什么。

信息

"我是我，你是你"

所有层面的发展过程都对宝宝自我个性的形成有着一定的作用。许多宝宝在 3 岁初期谈及自己时还在使用自己的名字。而在 2 岁生日前后能够以第一人称说话就已经很了不起了，因为"我"是唯一一个不能通过模仿学到的词。原因是：父母只有在说自己时才用第一人称，都是用"你"来称呼宝宝。因此宝宝需要自己发现，周围的人在谈及自己时说"我"，在谈及其他人的时候说"你"。为了理解这个，宝宝必须意识到在他自己和周围之间是有界限的。

的句子。因为宝宝对此形成了一种意识，那就是有些行为能够对另一些东西施加作用，于是他就经常把动词放在第二位，这样之前的"宝宝瓶子喝"就变成了"宝宝从瓶子里喝水"。宝宝甚至能够偶尔变对动词的位置，比如："Da kommt ein Gewitter（暴雨来了）""Mein Fuß tut weh（我脚疼）""Der Mann trinkt Tee（这个男人在喝茶）"。

语言也有规则

父母经常发现，他们的宝宝已经多次正确使用动词或名词的形式，然后又突然回到了原来的基础形式。比如他说"Gegeht"，而不是"Gegangen"；"Getut"，而不是"Getan"；"Geliegt"，而不是"Gelegen"。这并不是退步的表现，而是宝宝意识到语言存在规则的标识。他正试图正确使用这个规则。但是他还不知道德语包含多少规则，这就导致了一些有意思的表达出现。"Hier saßen wir. Wir müssen noch mal saßen"（正确句子应为"Hier saßen wir. Wir müssen noch mal sitzen"，即"我们坐这儿。我们必须坐这里"），"Ich hätte den Hund so gern auf den Arm nehmen möchten"（正确句子应为"Ich hätte den Hund so gern auf den Arm genommen"，即"我真想把这只狗抱在怀里啊"），或"Super hast macht"（正确句子应为"Super hast du gemacht"，即"你做得很棒"）。

连接两个句子

宝宝不仅学会了使用名词、物主代词和动词，还学会了正确使用连词。大多数宝宝最晚 3 岁时能说出由五个词或更多词组合而成的句子。通过用"和"或"然后"的简单连接，两个短句就组合在了一起，这样一个复杂的句子就产生了（比如，"我长大了，然后我也一起乘车去"）。宝宝用这种方式将越来越多的单词排列在一起，随着时间的推移逐渐出现更多的连词，如"当……的时候"或"如果……的话"。

宝宝在某一个年纪里一定要保证所有的事物都有它自己的秩序，整理蜡笔时也是如此。

对于介词的使用也越来越好。宝宝2岁初期已经对“在里面”这个词有了认识，在2岁生日前后能够说出这个词，并放到句子里面。许多孩子在学会使用“在里面”这个词之后或许还能学会使用“在上面”，刚开始通过手势表达它的意思（“妈妈手臂”，之后才通过语言）。3岁时又掌握了“在下面”“在后面”和“在前面”。

一个个短句子经常能组合成一个小故事。比如，乔纳斯（Jonas）想要从外公那里得到小熊糖。外公说：“你不能把小熊糖当饭吃。”乔纳斯回答：“我知道我不能把它当饭吃。”再比如，一个宝宝找到一个带洞的空蜗牛壳。“我能把它弄碎。我可以踩在上面。”他踩上去，然后看着残留的东西。“哦，好遗憾。”

分类整理

宝宝在3岁时还学会了分类整理物品的能力（见第309页）。他发现，刀和叉子不一样，而勺看上去又完全不同。尽管如此，这三样物品都属于“吃饭时的辅助用具”一类。人也可以分类——分成大人和小孩儿，年轻人和老年人。宝宝用这种方式学习区分孩子和成年人——以及与之相适应的单词。像动物、食物或汽车的主题分类宝宝早就知道了。他们还知道东西是可以组合在一起的。比如椅子属于桌子，肥皂属于洗手盆，锅属于炉灶。世界开辟得越来越广。

在颜色上也是一样的，首先宝宝把五颜六色的东西，如笔、衣夹或扣子按颜色分类，然后他们学习认识不同颜色的名词，直到最后能够说出什么物品是什么颜色。游戏行为和学习说话的发展是息息相关的。

抽象的语言理解

刚开始的情景语言理解逐渐发展成抽象语言理解。宝宝越来越有能力进行“想象”——对于没有出现在他面前的物品的想象。比如你递给他一个叉子，并向他建议说：“你可以用这个勺子喝汤。”这时你的宝宝可能会疑惑地看着你。毕竟他已经知道了这个是叉子而不是勺子。

你们也可以谈论他此时没有看到的人和物，比如“请你到浴室给我取一块尿

发展同情心、感知和命名感觉是 3 岁宝宝非常重要的步骤。

布来”。由多个部分组成的请求或命令宝宝也能听懂了，如“请你把小汽车从玩具箱子里拿给我，再把那份报纸递给我”。

小方块变成了小汽车

宝宝因其想象力而给了物品一个其他的意义，并把自己放入一些特定的场景中。这在游戏过程中变得特别清晰。于是书就变成了汽车，面条变成了蛇，木方变成了小鸟。这种信号游戏慢慢地变成了角色扮演。当宝宝能进行某些动作，并能够同时接受游戏伙伴的动作——比如他们在扮演售货员，医生或爸爸—妈妈—孩子的角色时，这种符号游戏就达到了高潮。

感知感觉

宝宝不仅能通过发表意见来表达自己，还可以通过身体语言——这一点，你自从他出生时就已经习惯了。宝宝 3 岁时已经能够快速地揣测出你的情绪（在这一点上女孩似乎通常比男孩要好）。宝宝渐渐地意识到他周围的人也是有需求的。他不仅接受了这一点，还对周围人的感受有了一定的认识，但对他来说，他自己的需求，以及这一需求是否被即刻满足仍是最重要的。因此，你可以用说出自己感受的方式来培养宝宝的情绪感知能力。给他一个表达，如“幸福的”“高兴的”“愉快的”或“悲伤的”（见第 297 页）。

如果宝宝早年间已经允许学习（感知）如何通过语言表达情绪，这对于他来说将是一个很大的优势。毕竟成年人自己都常常很难表明自己的感觉（“这让我感到很幸福”“我很高兴”或“我生气了”）。同时，感觉和语言及行为一样都属于社交手段。因此，鼓励你的宝宝寻找适当的语言来表达他的每一种情绪和感觉，这并不难。

图画书也有助于表达感觉。解释图画，并试图说明图中“讲述者”的感觉产生的原因（“小猫咪吐了，因为它的妈妈离开了”或“这个小女孩很高兴，因为她看到了她的祖母”）。当你在谈论感觉的时候，你就是在帮助你的宝宝理解这些抽象的概念。

时间的概念

宝宝 2 岁时对“昨天”“今天”和“明天”，或者“之后”和“晚点”还没有概念。而此时则逐渐改变了，因为他渐渐地对于时间状语有了感觉。宝宝大概 3 岁的时候能够理解你说的“午饭之后我们去外婆家”或“早饭之后我们去散步”。对于长一点的时间跳跃，如“昨天”和“明天”，他还是一如既往地理解不了。大多数宝宝直到 4 岁才能明白。

数数

如果你一直在孩子面前重复地按顺序数数，那么宝宝就可以像背一首儿歌一样记住这些数字。第一次有关数量上的区分是宝宝知道了“一个”和“许多”的不同。他还可以正确地使用名词的单数和复数（从“一个孩子”变成“许多个孩子”）。宝宝 4~5 岁的时候才对数量概念有一个更准确的认识。据经验，宝宝上学之前能够从 1 数到 5，也就是一只手上手指的数量。

爱开玩笑的小宝宝

宝宝的语言能力越强，就越有能力和你开玩笑，使你感到意外会让宝宝很高兴，比如，你让他拿件夹克衫，他却给你展示了一只鞋。迈尔家的儿子们会说：“我们是迈尔家的男人们，我们是迈男人，买男人……”或在妈妈把他抱在怀里的时候说：“出发吧，羊妈妈。”你一定要记录下这些有趣的表达。

唱歌——带曲调的词

歌曲对语言习得和语言理解非常有帮助和价值。而且宝宝喜欢韵律、文本和曲调的组合。独唱通常以进入幼儿园为起点。虽然刚开始时还很难找到正确的调子，但是大多数宝宝的进步很快。

信息

宝宝 3 岁末应该能够做到

○ 使用动词，如吃、喝、睡、跑、说，等等。

○ 提问（“这是？”“你在做？”）；有些宝宝甚至已经会说疑问词了。

○ 理解由许多部分构成的任务，还有那些与未直接接触到的人或物有关的任务。

○ 说出由多于两个词构成的句子，语法上不必完全正确。

○ 描述动作，比如当你和他一起看一本书的时候（“宝宝在哭”或者“狗狗在跑”）。

○ 认识并在提及自己的时候使用他的名字（有些宝宝甚至已经学会使用第一人称）。

○ 使用人称代词和物主代词，如“我的”“你的”，“我”和“你”。

○ 使用冠词（这、那）。

○ 在玩玩具或与小动物一起玩的时候能够展开“对话”。

发展多语言能力

语言能够打开国家的大门——如果宝宝出生时就能学两门语言，那将是一份很好的礼物。我们绝不会像在出生后的头几年里这样，以如此轻松和游戏的方式学习不同的语言了。

第二外语

不在本国生活的宝宝要面临两种不同语言。一方面是整个家庭相互沟通时的语言，一方面是家以外的人们所说的语言:所在国的语言。在买东西的时候，在爬行小组里，在幼儿园或在游乐场，宝宝听到的都是这种语言。

遇到这种情况的宝宝除了母语之外，还要尽可能消化一种陌生的语言（第二外语习得）。这不是简单的任务，但如果宝宝的父母和其他联系人（比如朋友或老师）能够向他传递一个信息，那就是这两种语言有着同等的合理性，两种文化应该被同等对待和尊重，那么宝宝就能更好地应对。科学研究表明，同时学习第二外语不会对母语教育构成阻碍。母语被认为是学习第二外语的基础。父母也不必负责第二外语的教学。你可以放心地交给周围的环境。宝宝一旦进入托儿所或幼儿园，就会遇到其他的宝宝与他们说的当地语言，这时宝宝的语言能力甚至会以一种惊人的速度进步。

双语性

如果父母双方的母语不同，比如妈妈说法语，爸爸说德语，那么情况就完全不一样了。从一开始，宝宝就经历两种不同的语言，因此称其为双语性。

如果想让宝宝学习两门语言，那么父母双方都用自己的母语和宝宝进行沟通就变得很有意义。这种情况发生得越频繁，宝宝就越容易同时掌握两种语言。相反，如果宝宝总是在两种语言之间来回穿插，那么宝宝就会不知所措。即使父母的一方只是不连续地说一种语言，并用这种不连续的语言和孩子交谈，这对小宝宝来说都是一种过高的要求。这将导致宝宝两种语言都学不好。人们称其为“双倍的半语言”。如果宝宝被禁止说母语——比如在幼儿园里——也会产生同样的后果。

宝宝决定

总有一个时间宝宝会自己决定想要与周围人用哪种语言说话。理想的状态是这种语言能够将他与他的对话者联系起来。

有时，在双语环境下长大的孩子开口说话的时间较晚。他们往往说一种语言比另一种要早。虽然他们理解父母的其中一方在说什么，但是稍晚一些才能使用积极词汇。这种情况下同样不要强迫孩子，而是用游戏的方式唤起他对学习语言的兴趣。

语言异常

当宝宝开始说话的时候，就不再只是学习听字母，牙牙学语，听并模仿发音或试着说出整个单词，而是每天收集大量的印象，并发现新的技能。

结结巴巴地说话

一般来说，说话就是通过一个“正常的”语言流而表现出来的。结巴的时候，原本正常的语言流发生中断，比如某一个音素（“Ii—i—i—i—ich”“M—m—m—m—mama”）或整个音节（“Au—Au—Auto”）被一再重复或延长音长。尽管如此，还不能在宝宝偶尔发生语言流受阻的时候就立刻说他结巴。因为许多宝宝在3~5岁时会表现出语言流上的“生理学不流畅”。这种症状早先被叫作“发展性结巴”，而今天则被称为“符合年龄的语言不流畅”。

即使宝宝好像说话结巴，但这种语言不流畅并不涉及语言障碍，而是只与语言流的障碍有关。与“真正的”结巴不同（专业表达叫作口吃），这种符合年龄的语言不流畅只发生在一定时间内，持续时间通常为6个月。但如果语言流受阻的情况超过半年，那么就可能发展成真正的口吃。因此父母应该及早给予宝宝帮助，如果你不确定该怎么做，那么你最好问问儿科医生或寻求语言矫正师的建议。

符合年龄的语言不流畅和口吃之间的区别

在外行看来，语言不流畅和初始阶段的口吃几乎没有分别。只有当人们非常认真地听时，两者之间的不同才能显现出来。以下现象属于符合年龄的语言不流畅：

◎ 重复句子成分（“然后，然后猫咪就喝了”）或整个单词（“他，他，他开始了”），只是几个音节（“大—a—象”或“电—an—话”）。

◎ 将一个音素延长不到一秒的时间（“我、自、己”）。

◎ 在一个句子面前犹豫不决，中断自己的表达，重新思考他想要说的句子。比如“然后我，我走进进……房子里，嗯……我站楼梯，在楼梯上……我然后我然后……站”。

◎ 非常重要的一点是：宝宝喜欢说话。他还没有因为语言受阻影响他说话的意识，而且不会紧张。

初始阶段的口吃

口吃初级阶段的表现则完全不同：

◎ 重复音节（“汽—i—i—车”）和单个的音素（“来—ai—ai—ai”“你—i—i—i”）。

◎ 将一个音素延长超过一秒的时间（“我——自，已”）。

当每说一个词都变成了挑战的时候，宝宝就需要帮助了，以便他能继续保持对说话的兴趣。

○ 在一个句子面前无声或在句子中间停顿 —— 有时也在一个单词中间。如果在一个音素处受阻，那么他将无法继续说话或者发出一个新的音素。

○ 口吃的孩子，其说话所需要的肌肉的张力往往很大。

○ 有些宝宝在遇到困难时会失落地中断自己的讲话或从一开始就避免开口说话。

○ 有些宝宝克服口吃会紧闭双眼，用脚跺地或双手攥拳。

发音障碍

发音障碍是指宝宝在发出一个或多个特定音素的时候存在困难。

○ 丢掉一个或多个音素（用“Lume”代替“Blume”）。

○ 用另一个音素代替一个或多个音素（用“Tomm”代替“Komm”，用“Tartoffel”代替“Kartoffel”，用“Jakete”代替“Rakete”,用“Sule”代替“Schule”）。

○ 用另一个在母语中根本不会出现的音素，比如（错误地）咬着舌头发咝音，来代替一个音素。

○ 有一点很重要，如果宝宝回到了之前的阶段（儿童语言），比如在其他兄弟姐妹出生之后，心灵受到创伤之后或住过较长时间的医院之后，那么这个过程只是暂时的，不会维持很久，但如果已经持续了几周，那么你一定要带宝宝去看医生或语言矫正师。

咬着舌头发咝音

如果宝宝咬着舌头发咝音 —— 在专业用语中，这一特点被称为“咝音发音困难”——那么他发“S”和“Z”这两个音时就会出错。其中一个重要原因是舌位错误。在 6 岁以下宝宝中间经常发生的典型的咝音发音困难中，“S”这个音常常是从牙齿间发出，而不是在后面，所以这个词听上去就会变得模糊不清。根据宝宝不能发出的音素数量的多少，专家将其称为部分（1~2 个）、多个（3~5 个）或普遍（多于 6 个音素）发音障碍。

信息

器官相互关联的原因

能够正常说话的其中一个重要前提是完好无损的听力。轻度的听觉障碍就已经能够导致发音障碍了，中度的听力问题甚至可能造成语言发展的停滞。你可以自己做一个试验，捂住一只耳朵，倾听一个声音，比如收音机里的声音。你能理解多少？如果两只耳朵都捂住又能听到多少？有可能几乎什么也听不到，对吗？

患有严重听力障碍或无听觉的宝宝在学习说话时严重迟缓，这时就需要父母向儿科医生或语言矫正师寻求专业的帮助。如果你感觉你的宝宝听力不好，不要迟疑，要及时带宝宝去检查他的听觉能力。

在鼻咽腔中有些我们说话需要的重要器官，如舌头、腭、口腔、喉头。只要其中一个器官的功能受损，发音和声音就会立刻受到影响。比如，嘴唇—颌骨—腭裂就会特别影响发音。

鼻息肉肿大的危害常常被低估，鼻息肉正处于咽鼓管从中耳通向咽腔的位置上。每一次吞咽，中耳在咽鼓管的帮助下得到通风——这对良好的听力是必要的。肿大的鼻息肉会阻碍这个过程的进行。如果宝宝晚上打鼾（生病除外），白天经常张着嘴，并用嘴呼吸，那么你就应该带宝宝到耳鼻喉科去检查一下。

语言迟缓还是只是懒得说话?

因为每个宝宝在语言发展上都有他自己的速度，所以，如果一些宝宝在1岁生日前后已经开始牙牙学语，而另一些宝宝在3岁生日之前还在慢慢地学说话，这也是非常正常的。但是说话晚的宝宝往往会有惊人的词汇量和良好的发音。有些宝宝在前三年几乎不会说话，突然有一天站在咖啡桌旁问：“我也可以要一杯热可可吗？”父母一定欣喜若狂，吃惊地说：“孩子，你会说话了？”

宝宝想要学习说话

即使说话晚的宝宝，在满3岁时的词汇量也应该扩展到至少100个，并能够将这些词汇组合成多词的句子。同样，他们应该有能力表达自己的愿望和需求。如果他无法做到这些，我们就建议你带宝宝到儿科医生或耳鼻喉医生那里做一下检查。毕竟宝宝正处于想要发现世界的阶段，他们不愿意错过每一个细节。对此毫无兴趣已违背了自然发展规律。

父母对自己的宝宝根本不会说话的担心不是没有道理的，即使其他父母，甚至一些医生鼓励他们要有耐心。观察宝宝的语言行为：你感觉他听懂你说的话了吗？他是如何说他自己或物品的？他是如何描述其他人的？如果他需要帮助他会如何表现？在游戏中或面对声音时会做何反应？尤其重要的是，你的宝宝感觉幸福和满意吗？如果通过上述问题，你能确定宝宝的语言行为属于正常，那么他可能很快就会说话。如果你不确定，就带他去咨询儿科医生或青少年儿童精神专科医生。在那里，医生会给出发生说话迟缓的可能性原因。

在语言治疗师处，孩子能够在一个轻松的氛围下克服语言学习中遇到的困难。

父母在哪能够找到建议和帮助

父母很难判断自己的宝宝是否属于“说话少的人”，是否正处于一个说话少的发展阶段期，或者是否有另外一个原因导致他出现沉默的状态。因此，当出现以下现象时，你应该向专业人士咨询：

- 除了“妈妈”和“爸爸”外，宝宝的词汇量只包含几个词。
- 即使到了 3 岁，宝宝也无法造出超过一个词的句子（说不出两个词的句子）。
- 说话时口齿不清。
- 你感觉到宝宝听不懂你在说什么。

不要等太久

如果宝宝 3 岁时说话还很不清晰，甚至只有他的联系人能够理解他说的意思，那么父母就应该寻求语言矫正师的帮助（儿科医生或青少年儿童精神专家将开出处方）。语言矫正师会以一种游戏的（以及主要是无痛的）方式完成对宝宝目前语言发展的总体认识。

即使你常常听到“会好起来的”，也不要耽误太久才去看医生。因为在宝宝学习语言的阶段对其产生影响是最理想的时期。这对日后入学也很重要，因为宝宝对音素的正确发音，不仅是为了正确地理解词汇，也是为了能够正确地书写和阅读。早有研究证明，阅读及书写能力弱的宝宝是正常宝宝的发音错误率和语言发展迟缓率的四倍。

可惜大多数的儿科医生直到宝宝 3 岁起才将其转诊到语言矫正师，有时甚至直到宝宝 4 岁或 5 岁时。更好的做法是在宝宝2岁时就与专家取得联系——如果宝宝根本没有开始说话，父母不确定或宝宝的耳朵经常发生感染，后者可能对听觉神经造成伤害——这样就可以避免一些不易察觉的症状，如化脓性中耳炎（通常持续多于4~6周的时间），这会明显延缓宝宝的语言发展。

语言矫正师是做什么的?

语言矫正法（德语："Logopädie"）这个概念是由"logos"（希腊语"词"的意思）和"Pädeuein"（希腊语"教育"的意思）组合而来的。一个语言矫正师的工作范围包括对语言障碍（语言系统中的所有领域如语言理解、语法、词汇），说话（发音、语言流、语调等），声音和吞咽的相关问题进行诊断和治疗。与"儿童语言"领域相关的治疗有：

○ 语言理解力（宝宝不能根据含义理解单词或句子，且因此而导致词汇量较少）。

○ 语言障碍。

○ 发音障碍[宝宝无法发出某些音素，于是说话时完全去掉或用别的音素代替，如用"Diraffe"代替"Giraffe"（长颈鹿），用"Tomm"代替"Komm"（来）]。

○ 听觉感知障碍（通过听觉神经在大脑中加工听到的声音）。

○ 口吃和其他语言流的障碍。

○ 哑症（宝宝拒绝与家庭以外的人说话，虽然他的语言发展与其年龄相适应）。

○ 吞咽障碍。

治疗需要多长时间?

语言矫正治疗通常会持续6~12个月的时间，如果需要还可能更长。频率为每周一次，有些个别案例还需要每周两次，额外还需要父母的指导。部分情况下，语言治疗师会在座谈结束的时候告诉你一些能够在家做的练习，以便你也能自己"训练"你的宝宝。如果儿科医生、青少年儿童精神科或耳鼻喉科医生的治疗包含在医疗保险中，保险公司将承担相应的费用。

信息

语言矫正师和语言矫正教育者

这两个职业群体的区别就在于接受培训的地点不同。语言矫正师在专门的职业学校学习3年（其中2/3时间为实习期）或在专科高等院校学习4年之后毕业。语言矫正教育者则需要完成5年的高校学习方可毕业。语言矫正师的地址你可以在行业分类电话簿或网站上找到。

几年之后，宝宝3岁生日前后又到了预防性检查的时候了。医生要确定你的宝宝在过去几个月里发育得怎么样——不仅在身体上，还有在社会和情感行为上。但重要的感觉器官，如眼睛和耳朵，儿科医生也会仔细地查看一下。因为如果存在听力问题或视觉障碍，那么就需要有针对性的治疗。

除了语言和运动技能的发展外，宝宝的味觉在他3岁时也有了显著的发展。很早以前，宝宝就可以分享家庭饮食，可以和你一起坐在桌边吃饭了。而且他也被允许随心所欲地吃各种各样的菜，只要他喜欢。许多母亲都不知道如何才能让自己的宝宝爱上吃饭。宝宝似乎从来都不饿，至少在该吃饭的时间不喜欢上桌。或者他们喜欢吃——但是只喜欢吃油煎饼、配或不配番茄酱的面条、汉堡包和比萨。但是如何才能让他吃一块花椰菜或一片菠菜呢?

作为父母你要先行一步，做一个好的示范。你要制定公平的规则和清晰的规定。有些宝宝甚至能在游戏过程中爱上美味的食物：在许多童话中也会出现食物，有些甚至会有一种导向功能。如果你的宝宝喜欢听童话故事，那么他就能将童话故事与某些食物联系在一起——或者联想出相应的故事，比如扁豆（《灰姑娘》）、油煎饼（《油煎饼的故事》）、姜饼（《汉赛尔与格莱特》）、红苹果（《白雪公主》）、野莴苣（《野莴苣》）……

预防性检查

几年前，许多父母和儿科医生都对（国家的）疾病防治设施提出了批评，即在预防性检查 7（在 2 岁生日前）和 8（在宝宝 4 岁的时候）之间间隔的时间太长。自 2008 年起又新增了一次检查：预防性检查 7a，在宝宝 3 岁生日前（34~36 个月）。

预防性检查 7a

与其他的预防性检查一样，预防性检查 7a 也应该及时发现宝宝身体上、语言上、心理上和情感上的问题，并尽早采取治疗。在测量完宝宝的体重、身长和头围之后，像往常一样，儿科医生还会从头到脚给宝宝做一个检查。

感觉器官

◎ 如果堵住宝宝的鼻子，他是继续尝试用鼻子呼吸，还是彻底用嘴呼吸呢？

◎ 他的听力如何？

◎ 皮肤有苍白、无血色、血肿、慢性炎症病变或严重外伤的症状吗？

◎ 儿科医生还会特别检查一下宝宝的视力，因为好的视力对日后的发育很重要。宝宝的两只眼睛视力均很好吗？还是一只眼睛视力较弱，如轻微斜视？为得知宝宝的眼部发育是否符合其年龄特点，儿科医生会对宝宝进行一个特殊的形状识别测试。

运动技能

通过游戏任务，医生能够确定宝宝的运动技能发展到了哪一步。比如他会要求宝宝单腿站立，并——如果可能——单腿蹲下。或者在诊疗室的地上横放一张纸条，让宝宝像走“平衡木”那样在上面走。

接下来轮到精细运动技能。宝宝已经能够完成像“拧”和“转”这样复杂的任务了吗？他能够用两根手指抓紧一个小魔方，以及将简单的拼图和模型块正确地拼接出来了吗？

信息

从长远来看，一切都还好吗？

宝宝的视力在大约 10~12 岁才发育完全。尽管如此，在早期阶段还是能够发现一些缺陷和障碍，应该及时得到治疗，否则日后将无法治愈。因此一定要在儿科医生那里做“眼部扫描”，大多数 2 岁以上的宝宝就可以做了。

腹腔和胸腔

借助于听诊器和用手按压，儿科医生能够对宝宝的内脏器官有一个整体的了解。宝宝的心脏跳动有异常吗？心脏跳动快、慢，还是不均匀？肺部情况怎么样？肝脏和脾脏是正常还是肿大？性器官有异常吗，如男孩睾丸高位或包皮粘连，或女孩阴唇粘连？

宝宝的骨骼系统

医生可能在检查刚开始的时候就测量了宝宝的头部，并把获得的数值记录在了黄色的检查手册中。头骨的发育符合该年龄段的特点吗？存在异常吗？接下来检查其他的骨骼：脊柱的情况如何？有缺陷、脊柱弯曲、错位或骨盆倾斜的迹象吗？腿的情况：宝宝有 X 或 O 形腿（向内或向外旋转）吗？大多情况下，在检查的过程中父母会被问及宝宝是否穿着合适的鞋（更多信息见第 184 页）。

语言发展

在所有这些检查中，医生都会以友好的方式与宝宝进行接触，并鼓励他一起做。同时，医生对宝宝的语言行为有了一定的印象。接下来他将为宝宝做一个标准化的语言测试，以此来检验宝宝的词汇量和发音是否与其年龄相符。一个好的儿科医生还会测试一下宝宝的非言语语言能力——针对的是在家说另外一门语言和说话晚的宝宝。另外，父母还会被问及宝宝是否已经会说 3~5 个词的句子了。

其他检查点

在检查 7a 时，儿科医生还会检查一下宝宝的牙齿：所有 20 颗乳牙还在吗？有龋齿吗？有牙齿颌骨缺陷或异常吗？他会问你宝宝的睡眠情况，以及宝宝是否经常感染或发生痉挛；还会谈及注射疫苗和饮食问题。

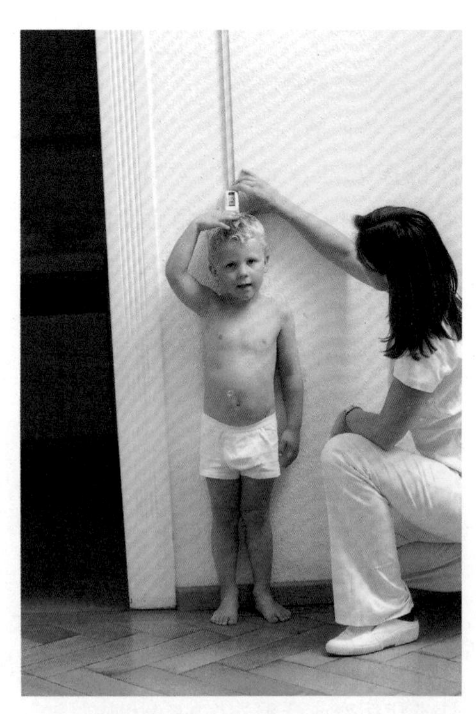

与之前的检查一样，检查 7a 也包括测量身高和体重。

像大人一样吃饭

实际上从现在开始，全家人一起坐在桌边吃饭可以进行得很和谐：宝宝所有的牙齿都长出来了，可以很好地咬（断）、咀嚼和吞咽了。他的精细运动技能也发展得很好，以至于他已经能够自己用勺或小的儿童叉子吃饭了。奶瓶早就不用了，取而代之的是宝宝能够自己用杯子喝水。简言之：粥的时代已经慢慢地过去了，从几周前开始，宝宝（除了少数例外）已经能够吃所有大人们吃的食物了。但实际上吃饭的时间往往不像期待的那样和谐，其中可能包含了不同的原因。

偏好和口味

每个人的口味都是不同的。有可能一个人喜欢吃的东西，另一个人就是不喜欢。甚至在一个家庭，家庭成员之间的口味也会有很大的不同——大人间如此，小孩儿间也是如此。市场和行为研究员调查表明宝宝真的有一些典型的喜好，比如：

- 天生喜爱甜食。
- 喜欢酸的和（中等的）辣的。
- 开始时几乎拒绝所有苦的食物（这种倾向在以后的时间里会慢慢减弱）。

此外，宝宝的嗅觉和味觉比大人们要灵敏得多。因此菜的口味应该清淡许多，少盐、少调味品（和糖）。

小建议

盘子里不能混乱

宝宝喜欢整洁，至少盘子上必须整洁。但是他更喜欢自己制造这些混乱。所以尽可能将食物分开放，因为宝宝会自己将它们混合在一起。

在你认定一些所谓的普遍适用的建议之前，如“所有宝宝都喜欢吃油煎鱼肉块和香草布丁”，最好知道什么符合自家宝宝的口味，什么不符合。

总是一样的

许多妈妈都认为自己的宝宝不是一个好的饮食者：他不喜欢吃蔬菜，拒绝吃水果，不吃全麦面包和无糖酸奶。可是却喜欢吃炸薯条配番茄酱、油煎饼蘸糖、面条或比萨。如果有人问妈妈们她们为自己的宝宝做什么吃的，她们会回答：“炸薯条配番茄酱、油煎饼蘸糖、面条或比萨。否则我的宝宝什么都不吃。”妈妈们当然知道这些食物不健康，但是当宝宝除了这些食物什么都不吃的时候，她们很难做到听之任之。但是这真的是解决办法吗？

可口的味蕾训练

宝宝一旦能够坐在桌边和家人一起

吃饭，他的舌头就经历了一场真正的口味洪流。

想象一下，就好像你到了一个陌生的国度，第一次品尝那里的地方美食一样。因为许多菜肴和食物对于你来说都是陌生的，所以你必须细细地品尝这种感觉和不同的口味。对于刚刚从吃粥到吃家庭饮食的宝宝来说感受是相似的。他不知道火腿是咸的或者尝起来有股烟熏味，他不知道奶酪还分很多种，气味、口味和成分都不相同，他不知道酸黄瓜是酸的、脆的，香草布丁是软的、甜的。每一道菜都锻炼着宝宝的味觉（甜的、咸的、酸的、苦的和辣的）。这些经验会同其感觉一样被存储起来，如“嗯，好吃，我喜欢吃”或“噗，不，谢谢，这不是我的口味，我不要再吃了”。

榜样先行：你自己要经常吃蔬菜和水果。这样宝宝也会跟着吃。

如果你知道了这个过程，那么对以下想象就不会太吃惊了，比起更健康的土豆甘蓝馅饼，所有的宝宝似乎都更喜欢甜的油煎饼。“甜”这个口味一直与舒适和兴趣联系在一起。此外，甜的口味我们从小就熟悉了。因为不只是水果的汁液有甜味，母乳也有。相反，“苦”的口味给许多人都留下了一个痛苦的回忆。

有其父必有其子

宝宝很诚实，而且会清晰且大部分明了地表达自己的愿望。如果他们不喜欢吃羽衣甘蓝，那他们为什么一定要吃？面条则美味得多，而且从孩子的视角来看外表也好看得多，特别是当看到字母面条、蝴蝶面、意大利面或通心粉的时候。

极少有宝宝能够在这个年纪满足父母的愿望进行健康的饮食，多吃蔬菜。还好，吃饭能够带来乐趣——理想状态是宝宝自己选择健康的饮食（既不违背自己的意愿，也不只是为了取悦父母）。要想达到这样的状态就需要一个榜样。只有当父母自己喜欢吃花椰菜及相关食品时，宝宝才能回归到健康食品的口味上。做一个好的榜样，并使你的餐桌变得丰富多样起来：酿三宝饭、香草烤肉串和蔬菜或肉末蔬菜宽面条比起糖油煎饼或番茄面，不仅能够提供更多的营养物质，而且视觉上也更悦目。宝宝也会喜欢。

但仔细想想，问问自己：你的饮食习惯是怎样的？你遵循德国营养协会的建议每天吃 5 份蔬菜和水果了吗？早餐你选择了哪种面包？白色的小麦面包还是健康的全麦面包？你每周都吃一次鱼吗？这些问题不能作为你的饮食指导，也无法让你成为一个健康信徒，但在回答这些问题的过程中，有些父母能够寻找到他们的宝宝为什么不易接受新菜肴的原因。

小建议

纯粹是口味问题

对于小朋友来说，去发现不同食物的味道是非常有趣的事情——它是生的还是煮熟的，成熟还是未成熟的，冷的还是热的。从中还可以引申出来一个新的游戏，你可以问：“我们看看冰箱里有什么？”“我们尝尝不同的水果？”或“不同蔬菜尝起来都是什么味道？”你可以干脆挑一些不同种类的食物，和他一起闻闻它的气味［胡萝卜闻起来是怎样的？熟透了的香蕉呢？李子呢？松脆的（含麸皮）面包片和新鲜的面包呢？］尝尝它的味道，分析它的构成。如果宝宝允许参与食材的选定，在做饭时一起洗菜、削皮、切菜的话，整个过程就会很有趣。

你到底饿不饿？

许多父母在回头看的时候都会有一种不好的感觉，那就是他们的宝宝过去比现在能吃（也喜欢吃）得多。但是，宝宝现在吃得少是完全正常的，因为宝宝 2 岁和 3 岁时的饭量往往会有所改变。宝宝虽然需要一定的能量，但已经不像前 12 个月那样成长得那么迅速了。

还有，宝宝 1 岁和 2 岁时的饭量一直都掌握在父母的手里。因为大多数宝宝在有勺子过来时都会很乐意张开嘴巴。但现在宝宝能够，也想要自己吃东西了，所以有时嘴巴也想要闭起来。

不再替妈妈吃一勺……

如果宝宝不想吃饭了，父母喜欢故技重施，说：“来，再替妈妈吃一勺。替爸爸、替奶奶、替 Helga 阿姨……”这个计策有时会起作用，因为宝宝毕竟想要让 Helga 阿姨吃饱，于是勇敢地张开嘴巴，虽然他根本不想再吃了。因为这个进行得如此成功，所以，邻居家的狗或邮递员都能成为“替他再吃一勺”的候补队员。

另一种劝说的方式是，告诉宝宝，爸爸妈妈在做饭时付出了多少辛劳。如果宝宝不吃光，他们有多伤心、多失望。

这两种“策略”我们劝你都不要用。宝宝不必为任何人吃饭。他有权利感受到自己的饱腹感，并说：“我不想再吃了，我饱了。”他也不必为你因他连碰都没有碰你做的饭，或者只是浅尝辄止地吃了两口而负责——不论你付出了多少心血。不要把他对你的菜品的拒绝当作是针对你个人的，也绝不要在情绪上给他施加压力。宝宝吃多少与他对你的爱的深浅无关——饱了就不吃了。

必须承认，如果宝宝一点都不吃，要处理掉（满）盘子的菜，确实不容易，而且很可惜。但是不要担心，宝宝一顿不吃不会饿坏的。相反，通过这件事你甚至能够获得双赢的局面。一方面你给了宝宝信任感，而不是给他施加压力——信任他自己知道他需要什么。他感觉到你理解他，看护着他。另一方面，宝宝通过清晰的界限和严格的遵守而知道了父母是值得信赖的。

还有一点不能忘记的是，你不仅为孩子做了饭，还为你自己做了饭。你干脆要求孩子坐在桌旁，和大家一起吃饭，因为团体吃饭更香（对你来说也一样）。

宁愿和平也不要战争

一勺米饭够吗？还是三勺更好一点？一块煎鱼还是两块？宝宝应该吃多少颗豆子？谁来决定多少就够了？无论是菜品的选择还是吃的量的多少都能引起父母与宝宝之间的纷争。宝宝很快就知道当饭菜不符合他的胃口时他可以用什么样的武器来获得“战争”的胜利：他拒绝就可以了——这直接戳中了想要宝宝多吃点（往往是满满一盘子）的父母的软肋。

毫无疑问，有些大人很快就想到了策略来达到自己的目的：奖励（“如果你把盘子里的东西都吃光了，那么你就可以吃糖”）或者施加压力（“如果你不把盘子里的东西吃光，今天就不允许看电视”）。但是父母没有预想到的是，他们一旦采取这些措施，他们就输了。因为宝宝很快就会感觉到吃饭是一个挑衅和压榨父母的绝佳机会。

界限让人停止

有一点你和你的宝宝从一开始就应该明确：你来制定规则。这就意味着宝宝既不能用拒绝的行为挑战你的权威，也不能在饭桌旁和你展开斗争。但更好的是，你将事情的顺序颠倒一下：先让宝宝自己尝试一下，并向他许诺，如果他不喜欢吃，可以不用再吃第二口；接下来约定好，将什么摆上餐桌由你决定，而是否吃和吃多少由宝宝决定——但是，他应该全部由自己尝过。有些家庭会在家里准备一个特别的小勺专门用来品尝食物，可以是一个非常小的（摩卡）咖啡勺，也可以是一个带特殊图案的小勺，还可以是一个特殊材料（比如塑料、陶瓷或银）的小勺。

具体而言，你可以自由地选择菜谱和准备菜肴，而且宝宝也愿意尝一点。如果他尝试了新的菜品，那么他就值得表扬："太棒了，你吃了满满一勺。如果你愿意，你可以再吃一点，或者下次再吃。"如果宝宝尝试后发现他不喜欢吃，不想下咽的话，在不得已的情况下可以再吐出来。

相应的，你让宝宝在品尝之后自己决定吃多少。有了这样一个明确的约定，任何人都不必强制执行。你可以每天在宝宝的餐盘里变换新花样，提供（健康的）美味，以此赢得宝宝对你的信任。你也完全可以信任你的宝宝，他知道每种食物需要吃多少。因为宝宝不断地尝试，所以他的味觉神经得到了足够的"锻炼"，哪怕有时只是一个短暂的插曲。

宝宝拒绝某一种新菜品是正常现象。如果这时妈妈们想用勺子喂宝宝吃他不爱吃的食物，那么这就违背了之前的约定。应该允许宝宝自己决定是否吃，吃多少。

这一点非常重要，即使宝宝拒绝多吃，甚至干脆什么也不吃，他也有权利吃到餐后甜点。就按平时的量给他。

上桌20次，20次被忽视

有时就像中了魔法一样，有些食物一再出现在餐桌上，但是宝宝一直都忽视它。父母并未因此而动摇，仍然把它摆上餐桌，而且自己也会吃，你就会发现突然有一天发生了"奇迹"：如果他的父母总是把花椰菜、鲑鱼或扁豆摆上桌（"爸爸妈妈不能总弄错，是吧？"），那么宝宝也会去尝试一下这个"新"食物。

小建议

把食物做成小份

有压迫就有反抗——这在亲子关系中并没有裨益。权利的纷争会减弱宝宝的食欲。因此，让宝宝自己决定他吃多少。先按照小份儿准备食物，这样就给了宝宝吃光盘子里食物的机会。至于一小份的分量我们建议你以宝宝的一只手为衡量的标准（更多信息见第235页）。有些菜肴，比如"不受欢迎的"蔬菜，在盘子里放一小勺就够了——这要比一点都没有好。再添饭比最后倒掉半份菜要更有意义一些。

用所有的感官享受

吃饭对于宝宝来说绝不只是获取食物这么简单。吃饭是一种有意义的体验，等同于一次发现之旅。毕竟吃饭不仅仅要品尝，还要看、闻、听和触。为什么在人们想要夹起豌豆时，它会在盘子里乱蹦呢？煮土豆羹时，需要添多少水才不会溢出汤来？我能够吃掉一整根意大利面，并保证汤汁不挂在嘴角吗？我在嚼松脆的（含麸皮）面包片时会发出多大的声音？老实说，吃油煎饼时用手卷比用刀和叉子卷要容易多了，不是吗？

不必总是小口小口地吃，宝宝喜欢有东西粘在嘴边，或者有液体淌下来的感觉。

许多宝宝都希望有朝一日能够把手指深深地插入果酱瓶里，然后舔掉手指上的果酱。他们或许还会想要用两只手在意大利面的碗里到处搅拌，为的是感受“面条长蛇”在手指尖穿梭的感觉——只需要一次，但不是所有父母都能够从容应对，给他这次积累经验的机会。宝宝也喜欢在准备做饭的时候一起帮忙：打蛋、捣碎土豆泥或在打奶油的时候拿着搅拌机。宝宝的探索欲在很大程度上得到了满足，这样，“正常”吃饭就再也没有任何障碍了。此外，共同准备食材和煮饭也能够唤起宝宝对食物成品的兴趣和好奇：“我们做的东西尝起来怎么样，好吃吗？”甚至对于最不喜欢吃的蔬菜也是如此，如果他自己将五彩六色的蔬菜摆在一起，甚至可以自己参与烹制的话，他一定会喜欢吃。

加餐的问题

加餐的意义可以用一句话来解释：在三餐，即早餐、午餐和晚餐之间补充能量。加餐的时候既不能太甜也不能太有饱腹感，最重要的是不要直接在正餐之前提供。毕竟宝宝的饥饿感应该在正餐时间满足，而不是在三餐之间。

可惜加餐的意义总是被误解。许多宝宝总是在咬、吞或咀嚼。他们不是有规律地在（差不多）固定的时间——三餐的时候——吃饭，而总是“加餐”。这会带来很多弊端：

◎ 宝宝一直处于吃东西的状态，几乎不愿意做其他的事情。

◎ 许多宝宝丧失了饥饿和饱腹的感觉，因为他们一直处于这中间的一个状态。

◎ 总是吃甜食、面包、坚果、水果（特别是香蕉）和干果的宝宝很容易长蛀牙，因为这些食物中富含碳水化合物和糖。致龋性食物在口腔内产生酸，并破坏牙釉质，产生龋洞，从而导致细菌更容易滋生。所以，口腔应保持空闲一段时间，使唾液能承担得起它的杀菌作用。

◎ 白天一直在吃东西的宝宝中午或晚上几乎就不饿了，相应的也没有兴趣吃正餐了。但是不久之后他们又饿了，又想要加餐——如此一个恶性循环。

◎ 此外，如果正餐中的蛋白质太少，那么宝宝就会对甜食产生兴趣。与肉、鱼、豆腐或荚豆不同，加糖、果酱或巧克力酱的油煎饼，加番茄酱的面条或加蛋黄酱的薯条中都缺少这种重要成分。所以要尽量多地在午餐时提供给宝宝碳水化合物（主要以谷物的形式）和脂肪，以及蛋白质。正餐的营养越均衡，宝宝对甜食的需求就越少。

健康且均衡的饮食

在饮食搭配上，宝宝当然希望像在天堂里似的状态，如果每天都能有最喜欢的才好呢！有时候小孩子真的是按习惯行事的人群。而丰富多变的饮食对宝宝的成长也是非常重要的。

如果父母为了获得融洽和睦而遵照宝宝单方面的愿望，比如真的每天将一杯榛子巧克力酱端上餐桌，那么就无法给孩子提供更多的选择，无法鼓励孩子体验更多的口味。

正确的选择

如果你家餐桌上的食物是丰富多样的，那么宝宝通常就不会出现营养缺失的现象。哪种食物对均衡健康的饮食是重要的，你可以在德国饮食协会的饮食圈中了解到（见第229页）。但尽管有众多的建议，还是有许多对于大人和孩子不好和不适合的食品来到各家各户的餐桌上。比如：

◎ **早餐：**总吃榛子巧克力酱（含有太多的脂肪和白糖），混合麦片（太多的白糖）和白面包、吐司或纽花面包（不含植物纤维且含有的维生素少）。

◎ **替代品：**从天然食品商店购买的巧克力酱（用红糖和高品质的植物油制作的且只能在周末少量享用）、全麦的燕麦片和混合燕麦片（不含糖），以及全麦的烘焙食品。

◎ **午餐和晚餐：**炸薯条（太油）、油煎香肠（有太多的脂肪和芳香物质）、番茄酱（有太多的白糖、芳香物质和防腐剂）和小麦面条（含麸质，植物纤维太少）。

◎ **替代品**：烤土豆、维也纳香肠、禽肉香肠、烤香肠、豆腐肠、在天然食品商店买的番茄酱（用红糖或苹果汁增加甜味的）和全麦面条（或者至少是小麦面条和全麦面条的混合）。

◎ **小吃**：薯片（太多的脂肪、人工增味剂和芳香物质）、咸花生（太油、太咸）、汽水、果汁饮料（太多的白糖、添加剂和防腐剂）、糖豆和棒棒糖（太多糖，有蛀牙的危险）。

◎ **替代品**：自制爆米花（当爆米花在锅里发出乒乒乓乓的声音时，宝宝一定很高兴，而且烹调时还会散发出很大的香味）、大米做的苏打饼干、意大利面包棒、自己剥皮的花生（给花生剥皮能给宝宝带来很大乐趣）、自制果汁、自制汽水和小熊糖（不会像糖豆那样在嘴里停留的时间太长）。

味道鲜美，是薯条和薯片更好的替代品：自制爆米花。

每天吃 5 份水果和蔬菜——这个如何进行？

大多数宝宝最喜欢的水果形式就是水果小熊糖，最喜欢的蔬菜形式是番茄酱。尽管如此，父母也应该按照“尽早练习”的格言努力让宝宝从小就喜欢吃健康的新鲜的水果蔬菜。因为官方推荐大人和小孩的水果蔬菜食用量是每天5 份。水果和蔬菜可作为正餐之余的加餐。这里有一些小窍门：

◎ 把苹果切碎加入麦片中，或者把香蕉或橙子切块放入谷物粥中。

◎ 用番茄条、香蕉片或新鲜的香草（如水芹或香葱）装饰面包。

◎ 将水果或蔬菜切成片、条或丁。

◎ 将牛奶和好吃的水果块混合在一起，或思慕雪（Smoothies）加冰块。

让宝宝参与决定盘子里食物的颜色：黄色（香蕉、柿子椒）、橙色（胡萝卜、杏、橙子）、红色（番茄、草莓、樱桃、苹果)、绿色(柿子椒、茴香、梨)、蓝色(李子、葡萄、蓝莓)——大自然的产物是无尽的。

好好吃饭的童话

宝宝喜欢童话故事——父母正好可以利用这一点。比如,你可以给宝宝讲一个关于维生素和矿物质的故事,并用宝宝能理解的方式给他解释这些微量营养物质的任务是什么,在哪些食物中含量特别丰富,如果身体缺乏这些物质会发生什么。这里有一些建议:

◎ 胡萝卜富含维生素 A(或其前身 β-胡萝卜素),适量摄入胡萝卜素有助于增强我们的视力(“这样我们就可以拥有像老鹰一样明亮的眼睛啦”)。

◎ 水果如苹果、橙子、草莓、奇异果中富含多种维生素(维生素 C),但是在辣椒、西蓝花和芸薹属蔬菜中也有。可以这样给宝宝讲:“维生素 C 能够像一张捕蝶网一样捕捉到入侵的有害物质(细菌或病毒)并使其变得无害。”

◎ 大多数新鲜的绿色蔬菜富含矿物质钙,并能够使骨骼和牙齿变得坚硬(“就像建筑工人用斧柄刮刀砌墙一样,他们则用钙来坚固牙齿”)。

◎ 蔬菜和全麦产品中富含植物纤维,植物纤维进入大肠——就像许多小扫帚一样使食物残渣更好地排出体外。

◎ 微量元素铁(肉类、谷物如小米、油料作物如芝麻)是一个“小帮手”,它可以使身体细胞更好地呼吸到氧气(“它们能更好地获得空气”)。

通过生动地描述,宝宝受到了鼓励,至少能偶尔吃些健康食品。但是不要做得太过——不要让宝宝觉得听了这些故事,如果他还是拒绝蔬菜和水果的话就会生病。

“从前有一碗混合麦片……”,故事能够唤起宝宝对健康食品的兴趣。

睡眠行为

到现在为止，你和你的宝宝已经一起度过 700 个夜晚了。希望你们很久以前就已经拥有了良好的睡眠，不用在宝宝入睡前上演各种“戏剧”，也不会在睡梦中被吵醒！大多数家庭已经找到了一个和谐的节奏使每晚的入睡能够顺利进行。当然也并不是总能如此，而事实上也不必总是如此。总会有一个阶段宝宝的夜晚过得不安宁，甚至被打扰。比如生病时的咳嗽、发烧或由于感冒而引起的呼吸困难，都会影响宝宝的睡眠。有时，我们的小病人还会有疼痛感（比如耳朵疼或肚子疼），因此而导致他晚上基本无法合眼。毫无疑问，宝宝在这样的特殊情况下都会渴望熟悉的场地和特别的关爱。通常这些叫作熟悉的环境：妈妈的臂弯或其他相似的地方。这种反应完全正常和“健康”。因为父母对于孩子来说具有颠扑不破的伟大意义：“爸爸妈妈总会待在我身边。无论是好时光还是坏时光。”能够感受到这种依靠对孩子来说非常重要。这能给他带来信任、希望和关爱的感觉。现在和过去的两年一样——将来也是如此。

夜里活跃

“原本我的孩子能够很好地入睡，原本他也能一直睡整觉”，但是这只是“原本”。许多家庭夜晚的宁静和谐偶尔会被打扰，比如当宝宝决定，晚上不只是睡觉，还要游走的时候，他最喜欢的目的地就是爸爸妈妈的大床。噩梦或所谓的夜惊也可能突然打断他原本安稳的睡眠。

信息

双腿独立

长达几周和几个月的时间，宝宝只能躺着，一旦他能够自己坐起来，你就已经很高兴了。但某一刻起他开始能够独立行走了——太棒了，这种灵活性给了他前所未有的自由。从这一刻起，你的宝贝能自己决定什么时候去哪，以及为什么朝一个方向走了。简单的能够出发的一个能力已经是走向独立的一大步了。你的宝宝能够自己决定出发，并有意识地远离你——下一刻他就脱离了你的视线。这里就显示出了自由的反面：突然变成自己的不安感。

宝宝为什么会夜游?

有些妈妈晚上会受到很大的惊吓，因为在她的床前站着一个人影，好在那是她的宝宝，但不好的消息是宝宝想要爬到妈妈的被子下面。

你做何反应由许多因素而决定，比如你的耐心、宽容度和自爱心。如果你愿意和他分享你的大床，而且他不会打扰你和伴侣的单独相处，你也能够承受宝宝晚上睡觉带来的噪音的话，你就掀开你的被子，给宝宝腾出一块地方。在你做这个之前，你应该想清楚：我现在这么做只是出于舒服吗？因为我不用为了把宝宝送回他的儿童床而离开自己舒服的被窝，下一次我该怎么做？或许下一次就是明天了——从现在开始的24小时内。

宝宝晚上想要爬上父母的床的原因或许有很多。但最主要的原因其实很简单：因为这里很舒服、暖和且柔软，还可以离爸爸妈妈这么近。宝宝积极地寻找方法与父母亲近。但是为什么宝宝对父母亲近的需求如此强烈，以至于晚上从睡梦中醒来并开始游走？每一位爸爸或妈妈都应该研究一下原因。

睡觉意味着分离

夜晚游走的其中一个原因可能是宝宝白天得到的关注太少。他得到的“爱的加油量”还没有完全满。白天得到了父母足够的亲密、安全感和关爱的宝宝通常对自己和这个世界都充满了好的情感。这种美好的情感会一直延续一整晚，所以与父母分离的时间也不会在睡眠中被打断。宝宝白天的感觉越好，不好的突发事件越少（比如妈妈突然离开了），那么晚上孤独感出现的概率就越小。有些宝宝在无意识的情况下自己就确信："我睡着的时候妈妈也不会离我而去。我可以离她非常近，我感觉很好。"最理想的是宝宝在白天能感受到这种被保护和被爱的感觉。

能够独立入睡和持续睡眠的前提是拥有足够的安全感，即使爸爸妈妈没有躺在他身边，他也知道他不是一个人。宝宝在白天已经学会和体会到了这种分离的感觉，比如，当他自己玩一会儿，而妈妈在隔壁房间里做事情的时候。有些宝宝会通过呼唤来确认妈妈是否还在，另一些宝宝则会立刻跑到妈妈身边——他害怕妈妈不见了。

这里父母有个特殊的任务：一方面应该每天给宝宝传递足够的安全和关爱的感觉，最好通过亲近的方式。父母应该用语言的方式促进宝宝的独立性，比如，和宝宝说"自己玩一会儿"或"晚上独自睡觉"。为了不再出现夜游的情况，白天对宝宝进行"训练"将很有帮助。帮助他自己做事情——通过你的帮助他能够学会独自做事情而不会感觉自己被遗弃了。

未说出口的邀请？

还有另外一个原因会促使宝宝晚上想到爸爸妈妈的床上去，那就是来自于父母一方无意识的"长期邀请卡"。妈妈（当然还有一些爸爸）往往很感谢宝宝来自己的床上睡，不然他们就得一个人睡了。这时，宝宝被当作了伴侣的"替代者"。还有其他情况父母的一方也会很高兴，比如当宝宝睡在中间的时候他不会与伴侣有太多的亲近。

一起入睡当然很好，但是宝宝应该学会自立。

这个你可以做

无论宝宝为什么想晚上在你这里睡都无所谓，它总归是有一定原因的。而你和你的伴侣应该仔细思考的是你们究竟想不想让他这么做。这根本不是反对共同的"家庭夜"，如果所有参与者都感觉很舒服，那我们就更不反对了。甚至有许多书是讲述"一起睡觉"，也就是“我们都在一张床上睡觉”的优点的。美国著名的作家和儿科医生威廉·西尔斯（William Sears）博士在许多年前就已经写了一本有关家庭睡眠优点的畅销书。据说西尔斯博士和他的妻子玛莎（Martha）曾与他们的8个孩子一起睡在一张2米宽的床上。他主要的教育方式是把家庭单元置于中心，而不是孩子的独立。美国儿科医生理查德·法伯（Richard Ferber）博士——“每个孩子都能学会睡觉”方法的创始人（见第259页）——则将严厉的规则放松。他在接受一名美国记者的采访时说：“有许多例子能够说明家庭大床的作用。我今天的观点是宝宝可以和父母睡，也可以自己睡。真正重要的是父母要清楚他们想要什么。”

但是，当其中一名家庭成员的睡眠被这种睡在一起的方式所打扰——因为空间不够，宝宝总是动来动去，甚至致使父母一方为了有足够的空间睡觉宁愿睡在沙发或儿童床上，那就需要采取行动了。你不要忘记，首先是你们在那里——你和你的伴侣。即使你的家庭生活中已经有许多事情都围绕着宝宝转了，但你和你的伴侣的满意度也很重要。良好的睡眠通常是开启美好和谐的一天的保障。

停止宝宝的夜游

要停止宝宝的夜游行为需要极强的坚定性，首先，你要采取一些措施让宝宝无法自己离开他的床或他的房间。比如，从一开始你就让他睡在睡袋里，把栅栏床里的床垫放得低一点，让宝宝无法爬过床沿，或者——在极特殊的情况下——在门框上装一个护栏。父母用这个护栏向宝宝表明他应该待在房间里，即使通向走廊的门是打开的。也就是说，宝宝可以引起别人对自己的注意，可以和父母交流，可以向他们呼喊。让他感觉到更多的是被制止，而不是完全被囚禁。因此，你千万不要把宝宝睡房的门锁住，以至于宝宝被关起来，不能离开房间，因为这将使他产生严重的心理阴影——设想一下，当你想要获得亲近，却经历相反的事情时，你会感觉如何？

如果所有方法都行不通，你的宝宝晚上还是会站在你面前，你也不应该屈服于你的小夜游者。必须承认，这并不简单。但如果你心软了一次，你就能预想到宝宝将来还会再试图使用这个方法。因为第一次成功的事情，第二次一定也会成功……因此，一定要在几秒钟之内把宝宝送回到他的床上去，并温柔且坚定地对他说外面已经天黑了，所有的宝宝和动物都睡着了，明天一早大家再一起玩。让他知道晚上就是用来睡觉的。

两个令人讨厌的“睡眠强盗”

你的宝宝曾经因为做噩梦或所谓的夜惊而从睡梦中惊醒？这两种情况下，宝宝都会大声喊叫、哭闹或大声地呼唤你们。如果你立刻冲到他的床前，他的反应会根据惊醒的原因各异而有所不同。如果你知道在这一刻能够做什么，你就能帮助宝宝重新感受到安全和关爱。

噩梦

区分这两个“睡眠强盗”的一个重要标准是，噩梦发生在后半夜的梦境睡眠阶段（快速眼动睡眠阶段，见第 107 页），而夜惊主要出现在前半夜，也就是从深度睡眠（非快速眼动睡眠阶段）向平缓睡眠阶段的过渡期。

当宝宝从噩梦中惊醒时，他需要安慰才能平静地再次入睡。

噩梦是一个梦境状态，当宝宝向父母呼喊的时候他已经从这种状态中醒过来了。但是关于噩梦的记忆还在，所以他会由于害怕和紧张而大哭，并害怕再次回到闭上眼睛继续睡觉的状态。许多宝宝即使到了第二天早上还能想起那个噩梦，大一点的宝宝甚至能够描绘出在噩梦中发生了什么。

2~3 岁的宝宝可能已经出现噩梦了。这个年纪的宝宝会感觉噩梦非常恐怖，因为他们还分不清梦境和现实的区别。

你可以这样帮忙

你的宝宝需要两只坚强的臂膀抱住他，给他保护和关爱。他在寻找安慰和帮助——以及确认刚刚只是一场梦，在他的“真实”世界里一切都是正常的。你可以把宝宝抱在怀里，轻柔地抚摸他，和他亲切地说说话。在这一刻，宝宝不想独自一人待着。你可以躺在他身边（如果他的床够大的话），或者把他带到你的床上去。在这种情况下，父母的亲近是最好的良药。当宝宝平复下来的时候，你可以再把他送回去。

不要试图在当晚分析他的梦。问题和恐惧最好在清醒的状态下，并在白天谈论。

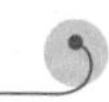

夜惊

与噩梦不同,夜惊（拉丁语为“Pavor Nocturnus”）主要出现在入睡后的1~3个小时——典型的时间是第一个非快速眼动睡眠阶段。凌晨的害怕状态不是惊吓。宝宝夜惊的表现与做噩梦的表现不同，他的眼睛睁大，大声叫喊，在床上坐起来，在房间里到处跑或做一些异常的事情。所以，父母不是因为宝宝叫他们而醒来，而是因为宝宝大声叫喊或吵闹。即使父母跑到了宝宝的房间，宝宝也几乎无法安静下来，而且宝宝似乎不认识自己的爸爸妈妈了。他会坐在或站在床上，挥舞双臂或到处乱打。他表现得害怕、惊恐和迷惑，他的呼吸急促，汗如雨下。

通常这样的状态会持续5~15分钟，然后就再次安静下来。宝宝的表情放松，呼吸和脉搏变得平稳，通常会迅速且满意地再次入睡。但是父母往往到了第二天早上仍心有余悸，而关于晚上发生的事宝宝什么也记不起来了。

夜惊的准确原因尚未研究出来，但是它的出现并不奇怪，它既不是行为异常也不是错误教育的结果。科学家把夜惊更多地看作是一种在某一年龄阶段出现的睡眠现象：大多数相关的宝宝年龄都在2~5岁，个别还有更小的。男孩儿出现夜惊的情况明显比女孩儿多。有些孩子的夜惊只出现几次，甚至只出现一次；相反，有些孩子却每晚都要经历一次。幸好这是极特殊的案例，极少出现每天发生夜惊的情况。

你可以这样帮忙

有针对性的行动很重要。夜惊时，宝宝的表现就好像他还处于深度睡眠，无法醒来。因此安慰是没有用的，宝宝根本感受不到。你最好任其发生，你能做的就是在宝宝四处乱打，即将摔倒或撞到头部时能够及时给予保护或不让他受伤。要记住，不要采取身体接触（拥抱、抚摸）的方式，因为这有可能反而使情况变得更糟。

专家的建议

如果你认为你的宝宝存在着睡眠问题，你自己无法掌控，那么你不要犹豫，要及时地向专业人士寻求建议和帮助。比如遇到以下情况：

◎ 宝宝的睡眠行为大大地消磨了你和你伴侣的精力，以至于你们白天完全处于精疲力竭的状态。

◎ 你们的伴侣关系在夜晚受到了宝宝的打扰。

◎ 因长期缺觉致使你白天极度疲劳，并因此影响到了你和宝宝的关系。

各大城市均设有相关问题的咨询处，儿科医生或父母咨询师将会给出相应的建议（具体地址请在相关网站上寻找）。

教育

宝宝在过去两年里学到的知识量是十分惊人的。你们已共同到达了无数个里程碑，同时也跨过了无尽的障碍，2岁的宝宝给你的生活带来了生气！在未来的几周内，你的宝宝将能够越来越多地表达出他想做的事情：吃饭、依偎、玩耍和嬉闹——还有许多许多。但有时你的宝宝会变得很固执，比如当他的某些行为被禁止的时候，如他对甜食无止境的热爱或强烈的运动欲望。这让父母一刻也不能得闲——因此也让你们时刻保持年轻的状态。

除了在接下来几个月里几乎每天都会出现的盛怒，你还要和宝宝共同迎接更多的挑战。比如设定界限，立规矩，并注意遵守。同样，你也应该知道当这些规矩被打破时你该做何反应。如果你的宝宝无论如何也不想放弃的时候你会怎么做？家庭内部相互关系的问题也很棘手。如果你的孩子把你称为“坏妈妈”或“蠢爸爸”时，你会做何反应？有些父母会一下子不知所措到说不出话来。但是情况很快就会发生改变，因为你的宝宝将来怎样跟你说话完全取决于你。而在这一年里最紧张的项目之一就是宝宝要渐渐地告别尿不湿，开始学习上厕所了。

言语上的失礼

你还记得吗？当你的宝宝第一次对你说“妈妈”或“爸爸”的时候你有多高兴，你十分的骄傲和喜悦。在这之后，宝宝还学会了说好多的话。这很棒，因为你们之间的交流每天进行得越来越好。但是突然有一天，你的宝宝在妈妈或爸爸这个称谓之前又加了额外的词——一个让你无法继续喜悦的词，“蠢爸爸”或“坏妈妈”。有些父母会想，我没有听错吧？然后就立刻出现下面的疑问：我们可爱的宝贝什么时候，在哪儿，怎么听到了这些词语？

大多数情况下父母都想不出来原因，因为在自己的家庭内部没有使用过这样的表达。宝宝从哪儿学来的？实际上宝宝很快就能学会这样的表述——据经验，是从大孩子那里学到的，比如他在游戏小组、游乐场、托儿所或儿童体操班上遇到的大孩子。小宝宝兴奋地把脏话和咒骂的表达收进了自己的词库中，而且他对语言的力量产生了深刻的印象。因为当人们对他的说话对象说这些词的时候，通常会引起让人印象深刻的反应。如果在别人那里能够成功，那么不在父母那里试一下，那就是傻了。

用不好的话交流

父母立刻对宝宝言语上的失礼做出反应，当然很重要——前提是他们遇到这种情况时很惊讶。毕竟宝宝是通过模仿学习的。如果父母在家对宝宝说了粗鲁的词汇，宝宝会说这个词就不足为奇了。

但首要任务是要找出是什么引起宝宝生气地说出这些词汇的。你可以对这些不得体的词汇做出相应的反应。“我理解你生气了，但我不想让你对我说出这样的话。”或者：“我知道你不想这么做，但是我们必须把笔从桌子上拿下来，因为我们现在要在桌子上吃午饭。”

眼对眼

发生冲突时，如果你在和宝宝相同的高度上看着宝宝的眼睛，并在你对他说话时用小名称呼他的话会很有帮助：“里奥，我跟你说，我不想听你说这些话。”用这种方式比居高临下地训斥他更能够让宝宝明白。直接的眼神交流和交谈甚至在解决大人之间产生的冲突时也很有帮助。

“肮脏的”谩骂语

从生殖器衍生而来的谩骂语对2~5岁的孩子具有很大的吸引力——无论他在何种文化环境中成长起来的。这是性发展的一部分。

当宝宝第一次说出“Seise（傻瓜）”时，大多数的父母都会觉得很好笑。在宝宝的嘴里这个词听上去让人感到如此高兴和友好，以至于人们更多的是想要微微一笑或放声大笑，而不是去责骂。尽管如此，你也要克制住，否则你就是在变相地鼓励他将来更频繁地使用这种表达方式。

但是你能做什么？早些时候往往就是一记响亮的耳光。现在会有更好的解决方法。当你说“我不想听到这个”的时候，你的主要目的就是给宝宝传递这样一个思想：“人们不这么说话的。”因为在第一反应下你谈到了自己。此外，与脏话同样吸引小宝宝的还有与肛门部位有关的诗歌。它们很容易被记住〔“zicke, zacke, Hühnerkacke”（游戏名称：“拔毛运动会”）〕。这时父母还要说：“我不想听到这个。”

对付愤怒和生气

宝宝对于愤怒的表达也会给父母带来很大的压力。但是人们究竟如何反应才是最好的？当然不可能总是按照图画书上描述的那样事先计划好该如何做出反应，但父母可以做孩子的榜样。因为宝宝的愤怒和生气是有原因的，父母应该找出这个原因。方法就是尽可能中立地对原因进行研究，而不把宝宝的发脾气、不良情绪，甚至不恰当的言辞当作是人身攻击。因为你的宝宝无条件地爱着你。他不是有意想要伤害你——更别说在 2~3 岁的年纪里。

在生第一个孩子时，你是第一次做父母。这意味着也是你第一次和宝宝一起经历他生命中的每一个里程碑，跨过每一个绊脚石。人们无法时刻知道应该

小建议

有预见性地结束这些场景

如果你深深地沉浸在某些能给你带来乐趣，且很难从中抽离的事物中，你在第一时间或许也不愿意中断正在做的事情——比如你应该去准备晚饭了，或者打扫房间，或者写邮件。宝宝也一样，父母突然从一个场景中打断宝宝正在做的事会很危险，常常会导致不满和生气。还有，在你给宝宝分配其他在他眼里“不要”的任务时，如“不要这样做”“去洗手”或“去刷牙”，他更想要继续玩一会儿。

如果你再给宝宝几分钟适应中断或结束游戏的事实，效果会更好一点。比如他正在厨房桌子上画画，而你想要把桌子清空的时候，你应该提前告知你的宝宝，至少提前 5 分钟：“亲爱的苏菲，你画的画棒极了。但是你一会儿不能在这画了，因为我们马上要在这吃午饭了。”这样你就给了宝宝机会在内心适应中断画画的事实，提前避免了一些问题。你可以试一试，很管用。

如何做出适当的反应，而且又该从哪得知呢？毕竟没有人天生就是完美的妈妈或超级好的爸爸，人们也是在角色中逐渐成长的。当有第二个宝宝的时候你就大概知道你可能会面临什么了。你会相应地做出更从容的反应，至少有时能够成功。

积极倾听和显露感觉

学习适当的交际技巧，如“积极的倾听”和“显露感觉”，即在戈登家庭训练（见第 364 页）中教授的那样，绝对很有帮助。主要涉及反馈：你从你的谈话对象那里听到和看到了什么——你如何尽可能中立、不带成见地理解他？教育日常中的一个例子：你的宝宝费了很大力气搭建了一个塔，之后意外倒塌了。他生气地咒骂起来。你可以这样表达你有积极的倾听，并显露出你的感觉：“我看到你真的生气了，因为塔倒了。你花了很大的力气去建它。”这种中立的反馈能比下面的反应更好地帮到你的宝宝：“你别这样，事情根本没这么糟糕”，“没关系，你完全可以再建一个塔”或“你干什么呢？那只不过是一个塔”。

这个方法的目的是给予宝宝对他所处场景的理解，而不是一味地责备他。因为感觉到被理解就能有安全和被关爱的感觉。这是和谐相处的重要条件。

顺畅的交流很受欢迎

困难主要在于如何适当地描绘感觉。如果不知道这一点，父母与孩子之间经常会形成“交际障碍”，比如，父母替孩子拿主意，对其进行教育或完全错误地解读了对方的感觉。因此父母和宝宝从一开始就学会清楚地表达他们的感觉会非常有用（见第 297 页）。因为只有当父母理解宝宝的表情和行为背后隐藏了什么样的感觉或当他们听到宝宝说出这样的感觉（“我很生气”“我很激动”“我很高兴”）时，他们才能对这些感觉做出反应并回馈给宝宝。

通过积极的倾听，你能给对方传递一种你理解他的感觉，而不是询问。如果一个人感觉到了被理解，那么沟通就能够继续。有些冲突能通过积极的倾听有效地消除，甚至一开始就被扼杀在萌芽阶段。

信息

家长教育课程

家长教育课程应当能够提高父母的教育能力，并为其指明如何在家庭冲突中非暴力地做出反应。许多家庭教育机构和其他教育承担者都会提供相应的课程，如“强大的父母—强大的宝宝”“戈登家庭训练”“三角P”或“安全”。你可以查询一下在你的附近有哪些课程，哪些方法最适合你。

戈登家庭训练

家庭训练法是美国心理学家托马斯·戈登（Thomas Gordon）的世界级畅销书籍《家庭会议》（*Familienkonferenz*）发展而成的课程。戈登家庭训练适合于3岁以下宝宝的父母参加，只要尚未出现问题或困难——也可以说它是一种预防性训练。

但是戈登家庭训练也可以用于“紧急情况”。因为父母可借助于学到的技能（比如积极的倾听和共同解决问题）来克服宝宝在家或在学校出现的意想不到的行为和问题。

积极的基本方法

与其他的父母课程不同，戈登训练的出发点不是宝宝做出了错误的行为，而是父母对这些复杂的场景应该负有责任，从而使宝宝免于被责备。戈登训练法从积极的基本态度出发，认为孩子这样做是因为他想尝试着去满足一定的需求。

因此，戈登家庭训练的目的是让宝宝学会自律，而不是一种由别人制定的纪律。这种方法是传统的惩戒和处罚方式的有效变式，向人们展示了一个新的、更好的方式来影响宝宝，使宝宝改变让父母接受不了的行为。

家庭训练代表一种合作和民主的教育风格。这种方法简单易行。

它是这样进行的

戈登家庭训练在30多年前被引入德国。受过特殊训练的课程培训师会教授感兴趣的父母，如何应对家庭生活中的批判场景或对其产生积极影响。课程内容包括以下几点：

○ 父母学习倾听孩子的声音，让孩子感觉到他被理解了（比如通过第一人称表述）。

○ 父母学习积极的倾听，使宝宝乐于谈论他的担心、兴趣和未来的计划。父母用这种方式成功地成为一个对宝宝来说更好的谈话对象，特别是在出现问题的时候。

○ 为了预测交流中可能出现的障碍，父母必须知道如何避免典型的交际障碍。比如责备、建议、指导、禁止和命令。父母必须学会在宝宝报告他的担心时仔细倾听，克制住自己。否则交流就会被打断，因为宝宝感觉到不被人理解，会因父母的态度而生气。

○ 重要的是解决冲突，同时保证没有输家。两方必须双赢——父母和孩子。建设性地处理家庭冲突很受欢迎。最终的结果应该是大人和孩子都感觉他们的需求得到了满足——交流成功了。

家庭训练不仅可以作为课程项目，还可以在家自学。

自然的性教育——教育爱的能力

宝宝能够越来越有意识地感受事物，探究它的本质，他自己的性器官也不例外。直到上幼儿园的年龄，这些身体部位仍是特殊的兴趣源泉。皮肤接触很重要：宝宝享受与你依偎在一起的感觉。给予和接收爱是自然的性教育的一部分。

我是女孩儿，你是男孩儿

2 岁的宝宝已经开始有区分男孩儿和女孩儿的能力了。大多数宝宝 2 岁时也知道女孩儿有阴道，男孩儿有阴茎。但是他们不知道自己是否始终是一个男孩儿或是女孩儿。性别确认在这个年龄还不稳定。直到 3~4 岁时，宝宝才慢慢地知道自己的性别不会改变。

作为父母，你要陪伴宝宝在正确的道路上前进：你要作为榜样教会宝宝以符合性别角色特点的方式发展。如果父母努力不让宝宝形成男女角色的刻板印象，那么宝宝就会发展自己的性别确认：男孩儿和女孩儿具有同等的价值，享有同等的权利。他们有许多共同点，但也有些不同。因此，专业人士在今天谈论起性别敏感教育时说：孩子从不是性别中立的。

但是，父母并不是唯一的教育者。孩子也在观察其他大人的行为方式，其他男孩儿和女孩儿如何穿衣服、说话和玩耍的。媒体也在性别确认上扮演着重要角色——先是（图画）书，之后还有广告、杂志和电视。宝宝感受到的东西经常会在亲子角色游戏上得以加工。因为宝宝很认真地观察大人——特别是自己的父母——之间是如何相处的，那么在角色扮演的游戏中就不再仅仅是购物、煮饭和喂饭，还会出现争吵和爱抚。如果宝宝有朋友来访，那么你也可以了解很多关于自己和其他父母的事情。你需要更仔细地观察。

小建议

典型的女孩儿？典型的男孩儿？

当你在为宝宝挑选图画书的时候，你要注意书的主人公是谁：这个角色经常由男孩儿或男人扮演，即使叙述者是动物也一样，比如大熊、狼或五颜六色的鱼，幸好还有小鸭子的故事……宝宝不应该有男孩越来越重要的印象，同样相反也不行。经典儿童书著作《长筒袜皮皮》(*Pippi Langstrumpf*)或《淘气包埃米尔》(*Michel Aus Lönneberga*)也不能缺：是在男孩儿还是女孩儿面前读故事完全无所谓，所有宝宝都爱听故事。

在同龄人之间，温存的交流很正常 ——如果两个人都愿意的话。

好奇宝宝和好学宝宝

宝宝对性这个话题有极大的兴趣。随着时间的推移，宝宝知道了性领域都包含什么，比如，他观察到你不会不穿衣服去买面包或乘公交车。你周到的解释同样帮助他理解界限所在："我知道你在触摸阴茎（阴道）的时候有愉快的感觉。但是它只属于你，不是每个人都能看的。"

医生的游戏

宝宝不仅想要检查自己的身体，而且在 3 岁末开始对别的孩子的身体也产生了兴趣。于是扮演医生的游戏就应运而生了，同时会好奇地对性器官做出评价："啊，你的阴茎是这个样子的"或"我的阴道是这样的"。

同龄人之间的医生游戏是很正常的。告诉你的宝宝，如果两个人都愿意就完全没有问题："如果你不想玩这个游戏或你感觉到了不舒服，甚至弄疼你了，你就可以拒绝。"如果游戏伙伴明显大很多，年龄差在 5 岁以上，那么情况就不一样了。在这种情况下你就应该禁止这种游戏，或对宝宝说，即使大孩子要求也绝不能照着做。

在户外的感官体验

夏天是宝宝在外面"裸玩"的好时节 —— 如果可以的话。虽然裸体或穿着浴袍不能去买东西，但是宝宝在适合裸体的地方能够积累感官经验，并确定女孩儿和男孩儿看上去是不一样的。之后 —— 从 4~5 岁开始 —— 人们就能够看到，男孩儿撒尿，女孩儿观察，并有时寻找方法自己也学着做。

婴儿是怎样来到世上的?

宝宝现在在镜子里和相册里能够认识自己了，很快他就将思考他从哪里来这个问题，然后就到了第一个"启蒙谈话”时间。你不必查阅生物学词典，也不必解释“技术”细节——这甚至是被制止的，宝宝根本不想知道细节。对于他来说，这与他了解收音机的功能或汽车仪表盘上某个按钮的功能没有什么区别。

解释的出发点可以是亲热和爱：宝宝喜欢亲热，大人也一样……宝宝必须先消化和加工知识，然后再提出下一个问题。宝宝到3岁末知道婴儿是在妈妈的肚子里长大，并通过阴道出来就够了。

对于父母来说重要的是，宝宝不会总是直接地问，而是想知道：“星星是月亮的孩子吗？”他们对这个话题同样感兴趣。如果宝宝自己并未提问题，那么你可以提出下面类似的问题作为敲门砖：“你知道婴儿先是在妈妈肚子里的吗？”或许你的朋友圈里有人正处于怀孕阶段，那么这是一个很好的使用这个敲门砖的机会。

信息

我的身体属于我

宝宝小的时候就应该知道他的身体属于他自己，别人无法决定。你作为父母可以做到以下几点（随着年龄的增长还可以增加其他的措施）：

○ 认真对待宝宝的感觉。当外婆想要抱他或亲他的时候，他哭了的话，你不要说：“这是外婆啊。”否则宝宝就会认为：“我的感觉，我的害怕没有被认真对待。”那么之后他也不会再向你讲述他从别人那里感受到的不舒服的接触。

○ 对宝宝不要太严厉。否则他就不会信任你，如果他被某人以“奇怪的”方式触摸了，他也不会跟你说。

○ 当涉及身体接触的时候，宝宝有权利说“不”。这同样适用于搔痒：一旦宝宝要求你停止，你就要停止——即使你知道，他很快就还想这样。

○ 和宝宝谈论他对身体接触的感觉：有时抚摸感觉很好，有时很奇怪或不舒服——根据情景不同，抚摸的人不同，感觉也不同。这样宝宝就知道了他不必所有事情都喜欢，而且他也可以说出来。

○ 教会你的宝宝他的身体属于他自己。比如一旦他可以，就让他自己用毛巾洗澡。

○ 不当的行为往往是从“无害的”抚摸开始的。如果宝宝对此很渴望，他就会开始参与。和你的宝宝亲近，抚摸他……但是只能在他想要的时候。亲近不能强迫。

尿布，再见！

如果你粗略地估算一下，就会发现宝宝 2 岁以前至少已经换过 3000 次尿布了。你早就成了换尿布大师。宝宝和你组成了一个训练有素的团队，过程早已程式化。现在胜利的曙光就在眼前：将来你肯定不用再换这么多尿布了。因为宝宝渐渐地对尿布满了有感觉了，并知道接下来会怎样。

身体意识增强

所谓的清洁教育与性教育和自主教育是同时进行的。可惜“清洁教育”（或者过去的表达“干净教育”）、“干净的”和“干燥”这三个概念被弄混了。比如，你说一个穿尿布的小孩儿是脏的还是湿的？

许多宝宝大概 2 岁生日前后就能够有意识地感知“膀胱满了”或“现在我必须排泄出来”的信号。从第 18 个月开始，大脑发育该功能，现在宝宝已经能够掌控他的括约肌了——他可以为了排便而松弛它，也可以为了憋住而收缩它。这些知识是告别尿布时代的一个重要前提。重要的是，你要以宝宝的发展速度为方向，而不是想其他宝宝什么时候不穿尿布。也就是说，最终由你的宝宝决定他是否以及什么时候想要“干净”和“干燥”。因此对你来说就是，当有些同龄的小朋友的成长速度已经超越你的宝宝的时候不要焦躁，也不要因此而有太多压力。

信息

压力会引起反压力

不要忘了，与变清洁的希望同时出现的，还有宝宝的抗拒期和对自主力的追求。如果你的宝宝正处在这个阶段，那么就不适合进行清洁教育。除非宝宝自己拿来便盆，说：“我想！”宝宝想要在这一时间自己做决定。如果他们现在感觉到了必须释放一些事情（比如排便）的压力，他们会用有意识的坚持来应对。这往往会造成便秘。

预示着即将告别尿布时代

从宝宝的行为上你能够知道他已经渐渐地不必使用尿布了。但是这只是预兆——在你开始训练宝宝使用便盆之前，还要再等等。

- 当你和其他成年人上厕所的时候，宝宝会表现出极大的兴趣。马桶对宝宝来说具有神奇的吸引力。当然，你必须自己决定你在上厕所的时候是否允许宝宝在场。如果你要给宝宝做榜样，那很好——但是不必每天如此。
- 午饭之后尿布是干的情况越来越经常地出现。
- 许多宝宝在婴儿时期会通过表情

或某些音素来表达他们在襁褓里做什么。如果他最近一再短暂地停止动作，并发出"哦"或相似的声音，那么就说明他感觉到有东西进了尿布里。

◎ 有些宝宝为了寻找一个自己的"安静小领地"，会安静地、小声地"隐藏"。他们会躲在窗帘后面、柜子里、床上或桌子下面排泄到尿布里。

◎ 如果宝宝有意识地说"屁屁"或"湿湿"，那么就标志着他知道这其中的关系。

大多数宝宝在他们不再需要尿布的时候都会感到很自豪："我已经长大了。"

特别是最后两个提到的标志清晰地表明你的宝宝已经准备好和尿布说再见了。现在就可以把便盆或坐便派上用场了。因此请注意这些标志，因为它们涉及一个非常敏感的阶段。如果它们被忽视了，那么就有可能发生你的宝宝将来一直有意识地"隐藏自己"，并只在"安静小领地"排泄到尿布里。

先干净，再干燥

据经验，对宝宝来说控制大肠比控制膀胱更简单。憋住粪便更容易、更长久一些，而尿液通常比宝宝希望的更顺畅地流出来。宝宝还必须学会在脱掉裤子前憋住尿。这通常要持续一段时间——除非他穿得很少。渐渐地，宝宝学会了在裤子被脱掉之前忍住这短暂的时间。在这个阶段给宝宝穿松紧带的裤子很合适，因为解开扣子和拉开拉链都需要时间。

夏天最佳

理想的状态是宝宝干爽地度过整个夏天。在这个温暖的季节里，他可以光着身子或只穿很少的衣服在房间里穿梭，跑到阳台，并能更快地坐在便盆或马桶上。许多宝宝把他的便盆"停放"在花园或阳台上，每天使用很多次——或多或少都能成功。这种浓厚的兴趣很重要，能够极大地促进清洁习惯的养成。我们推荐你再额外准备一个便盆，如果可以的话。

便盆还是马桶坐垫？最好两个都有！

如果可能你应该两个都给宝宝准备着：一个自己的便盆，他可以坐在上面，以及一个马桶坐垫，宝宝可以借助于它坐在大人的马桶上。宝宝更喜欢哪种方法，你让他自己决定。重要的是，如果使用马桶坐垫，宝宝需要一个坚固的小板凳，以使他能够稳稳地坐在马桶上面。宝宝会害怕掉进马桶里被冲走（见第 301 页）。这是变清洁的第一步。

咦，它去哪儿了？宝宝需要时间去适应新的场景——在卫生间也是。

纯粹是态度问题……

宝宝粪便的样子和气味也是其一部分，且能引发好奇心。因此，如果他尽可能中立地面对他的“产品”的话，将会非常有用——就像你给他换尿布时那样。不要如此评论：“咦，真臭。”毕竟排泄物也属于你的宝宝，对他来说有时甚至是神圣的。冲掉它也不是所有宝宝都感觉很好，有时甚至会引起胆子小的宝宝的毁灭性恐惧（见第 301 页）：“哦，天啊！我的一部分被浸没在水里，再也看不见了。”你可以从一开始就引入一些使用马桶后的小仪式。比如，你和宝宝可以在冲厕所之前对排泄物说：“再见。”

告别尿布——晚上也是

像白天一样，宝宝还学习在晚上控制大肠。大概一半的宝宝在 4 岁时才可以完全不用尿布，晚上也不用。换另外一个角度来说，大概 50% 的 4 岁宝宝还需要尿布，5 岁宝宝中有 10% 还在带着湿尿布过夜。男孩儿出现这种情况比女孩儿多（据经验，女孩儿白天干净得也比较早）。

如果宝宝 5 岁还在白天尿好几次裤子或晚上尿床，那么儿科医生就称其为不正常的尿湿。这可能是机体的原因，也可能是心理的问题（比如对兄弟姐妹的嫉妒或与父母的分开）。在这些情况下，宝宝就需要外界的帮助。

上幼儿园

每年8~9月都有宝宝初入幼儿园。但是在前一年就开始报名注册了。为了宝宝能够顺利上幼儿园，请及时为你的宝宝报名。为此，你必须先决定宝宝应该去哪家幼儿园。你可以在地方性（城市的）和“免费的”机构中进行选择。在“免费的”幼儿园中还分为宗教性的[比如天主教慈善联合会（Caritas）和新教服务联合会（Diakonie）]和非宗教性[如劳工联合福利会（Arbeiterwohlfahrt）、德国红十字会等]。此外，还有比如含某些教育概念的幼儿园，如蒙台梭利（Montessori）或华德福（Waldorf）教育。在许多乡、市和县，你甚至可以选择宝宝是去森林、文化还是运动幼儿园。

在你住处附近有哪些幼儿园，以及这些幼儿园有哪些特点等相关信息你可以在你居住地的某些机构获得；还可以和已经上幼儿园的宝宝的父母交流，以他们的个人经验作为参考。

应该选择哪家幼儿园?

当然，并不是总能按照宝宝的个性特点来选择幼儿园，比如附近只有一家

父母和老师之间的良好关系可以减轻宝宝初入幼儿园的不适应。

幼儿园的时候。但是，如果你有幸可以选择幼儿园，那么在准备阶段你一定要认真地考察一番，最后你再选择从这个夏末开始宝宝要上哪家幼儿园。

事先了解

你可以事先了解所有的幼儿园，许多幼儿园都会提供一天的开放日。事先打个电话，约个时间。在选择幼儿园时可以考虑以下几个问题：

- 在这家幼儿园，宝宝每天都做些什么？
- 如何让宝宝适应幼儿园的生活？

◎ 宝宝如何被称呼、提醒、鼓励、激励和促进？

◎ 老师和父母的合作（家长委员会）看上去如何？

◎ 有关宝宝发展情况的反馈多久一次，以什么样的形式呈现（家长谈话）？

不仅要重视该幼儿园的教育理念，还要考虑它的设施。你感觉教室里的氛围如何？花些时间，站在宝宝的角度想问题：你每天走进这样的教室，在这里玩会感到高兴和愉悦吗？

在第一轮选择过后，你最好带宝宝到你理想的幼儿园里玩半天，这样你就知道宝宝是否适合这里了。所以要及时询问宝宝的意见。

附近的幼儿园

在选择幼儿园的时候，离你居住地的远近当然也是一个重要的考虑因素。因为有一点你不要忘记：如果你理想的幼儿园离你家很远，那么你必须每天走 4 次这样的路程 —— 而且在接下来的 2~3 年里都是如此。这些路程耗费了大量的时间和金钱。如果幼儿园在你上班的路上，虽然看上去很合适，但是你要想到，当你放假的时候，你还必须走这段路。

所有在离家不远的地方找到的幼儿园都是有优势的，甚至可以找一家步行就能到的幼儿园。你或许偶尔可以和邻居家的父母一起结伴带孩子去上幼儿园。

这种方式的一个优点是你的宝宝可能认识一些大一点的宝宝，他们能帮助你的宝宝迅速适应幼儿园的生活。如果幼儿园里相识的小朋友住在附近那就更好了，因为之后宝宝们相互拜访的时候，你就不用开很长时间的车了。

再多想一步

即使你现在可能还不知道你和你的宝宝在三年的幼儿园生活之后将面临什么，但你也应该在选择幼儿园的时候花时间考虑一下这段时光。你的宝宝要上某一所小学吗？那么选择一所对孩子升入小学很有帮助的幼儿园就很有意义 —— 比如小学就在附近或采用了同样的教育理念（比如蒙台梭利或华德福）。这样的话从幼儿园到小学的过渡就会容易一些。

很快就开始了

如果你的宝宝到目前为止还没有上过托儿所或日托班，那么进入幼儿园就意味着是一个很大的发展和进步。因为这对于你们两个人来说都是释放。毕竟在前三年你们几乎每时每刻都待在一起。如果你的宝宝从现在开始每天都上几个小时的幼儿园，那么你们两个人都需要适应。

“晨会”（Morgenkreis）有助于宝宝在开始的时候迅速适应新环境。

对于所有人来说都是一个转变

新的环境，新的小朋友，新的面孔，新的规矩，新的玩具：幼儿园里什么都是新的。当然不是说这不好，但是要宝宝熟悉所有事物或许还需要一段时间，特别是对于喜欢妈妈每时每刻都在身边的宝宝。对于他们来说，妈妈突然离开他们的视线很长时间，而且叫妈妈时，妈妈也不会来，这将是一个非常大的转变。但幸运的是，幼儿园里有亲切的老师，他们全身心地照顾着孩子们。他们的目标就是让所有孩子在这里度过十分美好的时光。

但不只是你的宝宝必须适应新的状况，对你来说，突然和宝宝分开刚开始时也会不习惯。往往会出现这样的问题：我的宝宝没有我能应付得来吗？他会想我吗？他在那过得好吗？老师能够理解我的宝宝吗？老师喜欢他吗？其他宝宝和他一起玩吗？孩子们吵架怎么办？我的宝宝能找到好朋友吗？

你的宝宝或许也会在头脑里出现相似的想法：如果我在幼儿园感觉不好，谁会帮助我？老师喜欢我吗？如果小朋友对我不友善我该怎么办？我要在这里待多久？我为什么要来这里？最重要的还有：妈妈会来接我吗？这是一个转变的时间点。请期待着改变，并给你的宝宝传递积极的感觉。

小建议

谈论顾虑

这个适应的阶段对于所有参与者来说都是一个转变——对于父母、宝宝和老师。你可以和老师深入交谈一下，谈谈你的顾虑，但最好不要在孩子面前。这样可以消除你心中的疑虑，以便宝宝能够顺利开启幼儿园的生活。

据经验，你很快会知道所有的答案 —— 当你去接宝宝时他笑容满面地奔向你的怀抱，当他还想在这里待一会儿或已经开始迫不及待地想要明天再次加入他的团队。当宝宝喜欢上幼儿园时，你就可以享受不用时刻照顾宝宝的悠闲时光了。

成功入园

第一天上幼儿园和之后的第一天入学都是宝宝生命中非常重要的一步。从现在起，宝宝开始走他自己的路。让宝宝成功入园对于有些父母来说并不是一件容易的事情。以下建议有助于宝宝快速适应：

◎ **引起好奇心**：在你们经过未来要进入的幼儿园时向宝宝解释："看，这就是你的幼儿园。你可以来这里玩、做手工，也可以交到好朋友。"但不要太早让宝宝产生好奇心，因为到真正入园的时间间隔太长了。以入园前 4~8 周为佳。

◎ **书**：有大量描写入园和幼儿园日常生活的图画书。如果宝宝和你一起看这些书，他就会很快对"幼儿园"有一个概念。

◎ **开放日**：许多幼儿园都会在官方入园年龄之前提供为期几周的特殊开放日。宝宝可以（大多数情况下是和父母一起）参观 1~2 个小时，并现场感受一下气氛。宝宝能够认识他之后的老师，甚至还可能遇到相熟的邻居家的小朋友。你可以咨询一下相关信息。

◎ **一切慢慢来**：送宝宝入幼儿园不要选择在一个对于你和你的宝宝都很紧张的时间，比如另一个宝宝的降临、搬新家、迁往另一个城市，或正赶上你工作职务上的升迁。

◎ **灵魂安慰者**：问问幼儿园老师是否允许宝宝带一个小毛绒玩具或玩具车作为"朋友和帮助者"。但是玩具不能太大，最好能放在裤子口袋里（比如一个小娃娃或小汽车）。如果家里有两个宝宝上幼儿园，那么离开家上幼儿园通常更容易一些。

◎ **闲暇时间**：如果可以，在宝宝入园 2~3 周后不要再在下午安排大型的活动。因为宝宝可能在幼儿园已经玩累了，下午正是休息的黄金时间。参观动物园就等到周末吧。

◎ **规律性**：要保证宝宝入园后的出勤率，这样宝宝才能形成自己的小团队。比如，立刻计划一次为期几天或几周的秋游是不明智的，因为在此期间宝宝容易脱离原有的团队。

当难以说再见

总是会在幼儿园门口上演这样一幕：宝宝不想进门，并死死地拽住妈妈的裤腿。妈妈也同样忍受着分离的痛苦 ——甚至往往比宝宝更痛苦。在这种情况下，幼儿园老师就需要你的配

告别："再挥一次手，然后妈妈就走了，我和小朋友在这里玩。"

合。你要给宝宝做出榜样，给他安全感和关爱。告诉他，他今天将经历许多很棒的事情。这里将呈现美好的东西：唱歌、玩耍、读书、讲故事。相比之下，在家就会很无聊，他已经对一天的活动倒背如流了。鼓励你的宝宝参与这些美好时光，并告诉他，你很期待（中午）再来接他，因为他可以给你讲述他有趣的幼儿园生活。

最重要的时刻之一就是把宝宝转交给幼儿园老师，这就意味着你必须和宝宝说再见，并离开幼儿园，虽然这对你来说十分难。相信老师，他们将会好好地照顾你的宝宝。如果宝宝无论如何也平静不下来，老师会给你打电话的。但据经验，宝宝的眼泪在几分钟之后就会干了——一旦你离开他的视线时；相反，如果父母犹豫不决的话，才会使宝宝有不安全感——妈妈为什么迟疑着不离开？一定有什么地方不对。

特别是在适应阶段，注意不要当着宝宝的面问老师宝宝是否哭了，还是表现得很勇敢——以后也不要这样问。你最好问些愉快的事情，积极的事情应该是最重要的。如果你问宝宝在幼儿园都做了什么，你几乎总是会得到那个著名的答案："玩。"玩和学、玩和教育是相辅相成的。

几周之后反弹

有时宝宝能够顺利地进入幼儿园，但是几周之后突然出现了"不适应期"。他不想上幼儿园，哭，抱着妈妈的大腿。在这种情况下要牢记所有在适应阶段都很重要的事情：创建信任感，给宝宝安全感，让他知道你还会来接他，然后把他转交给老师，立刻说再见。

如果这个适应期持续了许多天，那么你必须查明一下原因：他和老师生气或者和其他小朋友吵架了吗？但是原因也可能出自家里：家里是否出现了让宝宝感到不安全的冲突？如果是出现了上述的这些原因，那么宝宝仅仅擦干眼泪也还是不够的。

3 岁时，宝宝理解得更多了，他的知识储备量大了，他想得更复杂、更抽象了。简言之，他变得越来越聪明了。因为专注力和耐力增加了，所以游戏时间也越来越长。著名的“这么做，就好像”的游戏不再总是与真实的场景联系在一起，因为语言和思想发展得越远，宝宝就越能沉浸在纯粹的幻想游戏里。

如果宝宝觉得一个游戏很有趣，就会感觉时光飞逝。你可以很好地观察到你的宝宝完全沉浸在游戏里的样子——他的年龄越大，沉浸在游戏里并忘却周围世界的时间就可以越长。心理学家称这种现象为“心流体验（Flow Experience）”（flow是英语单词，意思是“流”“流动”“流淌”）：“心流”被定义为一种将个人精神力完全投注在某种活动上的感觉，心流产生时同时会有高度的兴奋及充实感。当宝宝完全沉浸在他的“心流”里时，你不要去破坏，要让他自己去玩，吃水果也可以等几分钟。俗话说：“凡事都有它自己的时间（Es dauert, so lange es dauert）。”

“心流体验”的现象不会在我们长大之后突然消失。只是大部分人不再有机会忘我地投入到某件事情中。不过，在象棋选手、耐力运动员或电脑游戏痴迷者身上还是能看到心流体验的影子。

在游戏中理解世界

玩对于宝宝来说（几乎）和吃、喝、睡觉同等重要，因为它让宝宝理解文化和世界。意大利医生和著名的改革教育学家玛丽亚·蒙台梭利（Maria Montessori，1870—1952），把宝宝的游戏行为和大人的工作相比较：宝宝在玩耍中融入生活。

下面的游戏行为方式经常出现在3岁宝宝中间：

角色扮演

“这么做，就好像”的游戏比以往更多样、更丰富，每次持续的时间也越来越长，在3岁末时能够达到15~30分钟。

如果宝宝与同龄人有很多接触的话，他们会两个人一起玩，3岁的宝宝甚至会三个人一起玩。和真正的游戏伙伴玩与和泰迪熊或娃娃玩是不一样的：他可以表达感觉，传授自己的经验，以及用他的想法影响游戏（社会游戏）。

隐藏游戏

宝宝喜欢找被隐藏了的东西——最喜欢找爸爸或妈妈。不久之后他还会和其他小朋友一起玩捉迷藏的游戏，大概从4岁开始。

换装游戏

迅速进入其他的角色绝对是具有吸引力的事情，这是一种特殊的角色扮演游戏。在一个纸箱或洗衣篮里放一些旧衣服、手套、围巾和毛巾，有时还需要一顶让人惊艳的帽子。大号的鞋子也会让宝宝感到兴奋：“如果我穿着爸爸的大鞋子走路，我就是爸爸了。”

建筑游戏

开始时，宝宝会搭建一个塔。2岁末的时候开始将许多积木块摆成一条长龙或一辆火车，宝宝偏爱这种“建筑风格”。但是现在宝宝不再只摆积木块，还把小汽车和小的橡皮玩偶也摆在一起。只有当你的宝宝将这项“技术”掌握得滚瓜烂熟的时候，他才能将两种方法结合到一起，比如建一个楼梯。3岁末的时候，宝宝已经能够搭建一个建筑物了：他会为动物搭建一个圈舍或为他的小汽车搭建一个车库。但不必总搭建一些符合成年人传统观念的东西。有些塔建起来就是为了享受接下来推倒它带来的乐趣的。

戏水和戏沙游戏

直到宝宝入学，水和沙子都是特别受欢迎的玩具。甚至成人也喜欢在沙滩上建造辉煌的沙堡……

宝宝是否能戏沙受天气的影响很大，但是戏水则全年都能进行：在浴室玩。

小建议

医药箱

医药箱在宝宝这个年纪是非常受欢迎的玩具——特别是里面盛有真实的器具时，如绷带、棉签、膏药……

插板、环形金字塔

邀请宝宝一起来尝试这些“教学”工具：可以将它分开、组合、罗列、插入……让宝宝自己尝试所有的东西，自己发现并改正他的问题。这有助于他理解世界。

宝宝偶尔还会充满创造力地改编这些游戏：把金字塔上的环当作盘子或用小板子为他的玩具车建一条路。

拼图、图片乐透、多米诺

宝宝 3 岁时，桌上游戏变得越来越受欢迎。甚至彩色魔方游戏都能使宝宝兴奋，即使他们开始时还不能叫出这些颜色。开始时，宝宝还需要你作为玩伴来教他一些简单的游戏规则，之后他开始在你在场的情况下和朋友一起玩，最后你不在他也可以玩。

来，一起玩！

宝宝几乎整天都在玩，并不断冒出许多很棒的主意。当父母或其他小朋友想到一些他自己没想到的东西，他们也会很高兴。他会将这些游戏传递给他的朋友——将来甚至可能和自己的孩子一起玩。游戏文化就是这样产生的。

运动游戏

由于游戏文化的改变——已经不在大街上玩，而纯粹在拥挤的房子里玩了——宝宝每天的活动量大大缩减了。很遗憾，因为匈牙利医生艾米·皮克勒（Emmi Pikler）于 20 世纪 50 年代在维也纳一家医院任职时就观察到被圈在家里的孩子比在大街上或在后院玩耍的孩子发生事故和受伤的严重程度更大。

信息

用剪刀剪

随着时间的推移，宝宝越来越想要发挥自己的创造力，想要画画，做手工。为此，他必须学会使用剪刀。宝宝在 1~3 岁时你可以用以下方法来锻炼他使用剪刀的能力：

○ 给他一把儿童安全剪刀，让他在你的监护下在桌边操作。宝宝用剪刀练习和玩耍，用两只手打开、合上。

○ 将一张纸举在空中，宝宝全神贯注地剪下去，第一剪就这样产生了——宝宝用两只手握着剪子的手柄。现在你的“裁缝学员”会剪边了。

○ 演示给他看如何正确地用一只手拿剪刀。宝宝只做出剪的动作——还没有纸。

○ 你拿着一张纸，让宝宝能够剪成小条、小块——只用一只手。

○ 宝宝一只手放在纸上，并尝试着用另一只手剪。

○ 宝宝用一只手拿住一张纸，用另一只手剪，现在他可以剪一条直线了。

○ 大概 4 岁的时候就能剪出一个轮廓了。

即使是今天的运动医学专家也称：小时候发生过打滚、轻微摔伤或跌倒的孩子无形中为日后遇到特殊情况做好了准备，与不活动的宝宝相比受的伤要少。运动不仅能使人变聪明，还能带来安全感。

信息

奔跑，而不是坐着

把手放在心脏上，它跳动有多快？你有多活跃？你不必做倒立，也不需要做侧空翻，只需和宝宝在树林里或游乐场上飞奔的时候，你能够跟上他、鞭策他、鼓励他。如果你自己也能充满乐趣和毅力地参与到宝宝的运动类游戏中，他会玩得更开心。宝宝在这个年纪下，你不仅要充当语言发展上的榜样，在运动乐趣上也是。不要坐着，跑起来……

滑冰

先用五颜六色的颜料来装饰两个儿童鞋盒，然后让宝宝一只脚踏进一个鞋盒里。你的滑冰小选手就可以从一个屋子“滑”到另一个屋子里了。如果你家里有两个大一点的鞋盒（鞋店会很乐意送给你的），你也可以和宝宝一起“滑冰”。

障碍滑

用许多空的卫生纸盒搭建一个障碍跑道。宝宝必须尽可能快地滑过去而不摔倒，这根本不简单。开始时把障碍物之间的距离弄得大一点，之后再缩小。

报纸曲棍球

把几张报纸卷起来成为一个曲棍球棍。宝宝可以用它在房间里练习打气球。球门在哪儿？

两个人玩更有趣：和一个朋友或和父母。当宝宝掌握了足够的技巧时，你可以把烹饪木勺给他当球棍。这样他就可以把弹力球射进用纸盒做成的球门里了。

人们必须跟上的节奏

和宝宝一起找一些可以当作鼓来敲的东西：碗、锅、纸篓……你可以用勺子打鼓点，让宝宝试着以鼓响的节奏跑：一会儿慢慢地穿过房间，一会儿又急速小跑，当你停止敲鼓时，宝宝就要站在原地。紧张和轻松相互交替。

障碍擦地游戏

这个游戏要在平坦光滑的地面上玩：游戏者要使用两块抹布在地面上滑行，同时把地板擦干净。

鬼怪出没的时间

这个游戏适合在阴天下雨或晚上的时候玩（但是不要让宝宝上床之前太兴奋）：借助于手电筒让一束灯光打在墙上或地上。宝宝必须抓住这束亮光。成功了？然后你们交换角色。

滑雪——在夏天也一样

用一个硬纸箱剪两个大约 20 厘米宽、1 米长的滑雪板。用钉子在滑板中间固定一段宽松紧带或密封橡胶带（两个带子的距离大约为 30 厘米）用来套住脚。之后还可以在每个滑板的上面固定两个，这样宝宝就可以和他的朋友一起滑了。啊，能滑多远？

迷你凌波舞（Limbo）

把一个扫帚把（或一根杆子）抬高，让宝宝正好能从下面走过去。每过一次就把杆子往下降一点。最后降到宝宝只能从下面爬过去或匍匐着过去。当然，这个游戏也可以完全反过来进行：宝宝必须从杆子的上面跨过去。你可以先把杆子紧贴着地面放置，然后一点点抬高。

在“迷你凌波舞”这个游戏中锻炼的是宝宝的身体平衡力。配合着强烈的节奏会更有趣。

古怪的机器人

你的宝宝知道机器人是什么了吗？如果不知道，就解释给他听。当然，你在他面前示范给他更好：宝宝在你的肚子上按一下按钮（比如在毛衣上贴一个绿贴纸），然后你就突然在屋子里走动起来。只有当你的宝宝按了关闭按钮（红贴纸），你才停下来。现在轮到小机器人了：开启，出发，关闭。

十字交叉

一个有意思的消遣，同时也是对大脑的一个很好的锻炼：你用右手抓住左耳朵，并让宝宝跟着你做（“用你的右手抓住你的左耳朵”）。宝宝虽然还不懂“左”和“右”这两个概念，但是对于玩这个游戏根本不重要，至少他已经开始学习理解这句话了。想象一下人们怎样交叉双臂和双腿：左手放在右腿上，右肘支在左膝上，左手指向右眼或右脸颊——配合着音乐更有趣。

锻炼专注力、紧张感和灵活度的游戏

寻找或自己藏起来——这在现在非常受欢迎。藏起来的宝宝充满紧张感（恐惧乐趣）地期待着被找到。许多游戏除了灵活度还能锻炼到宝宝的专注力。宝宝现在已经到了足够玩这些游戏的年龄了，许多游戏甚至能够玩到入幼儿园的年龄。

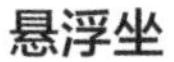

悬浮坐

你和宝宝一起坐在地上，用双手支撑地板，然后问宝宝："现在你能把你的腿抬高吗？很好，那手呢？非常好！"

或者你将腿蜷起来，把脚从地上抬起来，用手臂支撑自己，并以屁股为轴像旋转木马一样旋转自己。

盘腿坐

当你们并排坐在一起的时候，向你的宝宝展示如何盘腿坐。宝宝通常需要一段时间才能学会这个姿势（哪条腿在上面？），但是这很有趣。盘腿坐时你可以像小鸟一样飞翔或像泛舟湖上一样来回摇摆。你的宝宝还会带上他的泰迪熊一同"旅行"。

信号球

你和宝宝相隔 2 米相对而站，在你面前的地板上放一个球。在你把球滚向你的宝宝之前，先拍一下掌。在他把球停在他的脚前准备踢时，也要击一下掌。然后在他把球踢回给你时再拍一下手。现在又轮到你了——然后继续。像在所有游戏中一样，乐趣是最重要的，如果你有一次忘记拍手了也没关系。之后你可以再换一个"信号"：伸舌头、拍屁股、跺脚……当宝宝熟悉这个游戏之后，你可以把游戏升级：你拍一下手，把球踢向他，他拍一下手，并使球停止。然后再使用另一个信号：比如拍一下大腿，他再把球踢给你。你同样要拍一下大腿，停住球，做一个鬼脸，再把球踢回去……

你能怎样站立？

"你能一条腿站立吗？你能站着击掌吗？你能站着，把手举过头顶击掌吗？在背后击掌？……"你可以将这个游戏变形，如问："你能怎样走路？怎样跑步？……"

吹气球

你需要准备一个气球，让宝宝把球吹到指定的地方。如果有许多玩家在场，就可以所有人围成一圈，坐在地上，来回吹气球。当然，用头顶球也是允许的。

我是一个气球

你和宝宝两个人蹲在地上，把自己的身体缩成一团，就像两个空气球。接下来你给宝宝讲个故事。"爸爸（妈妈）来给气球打气了。气球越来越大，越来越大。"同时用胳膊在肚子前面画圈。"现在气球在整个屋子里跳舞啦——好棒！窗户开着，气球飞走了。风力好强，把它吹得越来越远。"

这时，你就在房间里旋转。"但是突然飞来了一只小鸟，把气球啄破了，空气跑出来了。气球变得越来越小，越来越小。"然后你们再一起蹲在地上"现在爸爸（妈妈）必须吹一个新气球了……"

你也可以编一些别的锻炼注意力和紧张感的小故事：堆一个雪人（一开始天寒地冻，不一会儿太阳出来了，晒得雪人都融化了），揉面团（面团发酵），大树在秋风中摇曳……

天气变化

这个游戏充满了紧张和放松：把一个枕头、一块小手巾或一个呼啦圈置于地上。这就是你宝宝的“房子”。当阳光明媚的时候，宝宝就出来散步。当下雨的时候，他必须立刻回到房子里——枕头上、手巾上或呼啦圈里。他要在那里等到太阳再次出来。

走跷跷板

把一条被子卷起来，在中间位置放上一块木板。现在你的宝宝就能像杂技艺术家那样从一边走到另一边了——然后再返回来。宝宝必须全程高度集中注意力才可以。

镜子、镜子……

你和宝宝相对而站，然后你做出各种动作，比如抬起一条腿、屈膝、挠挠头或做一个有趣的鬼脸。你的宝宝就是一面镜子，他必须模仿你的动作。之后你们可以交换角色。

动物开会

吹起一个水球，但不要吹满。让你的宝宝坐在上面（刚开始可能还会来回摇摆，不久他就能很好地保持平衡了）。你自己可以坐在一个体操球上或地上。现在你们两个模仿不同的动物：你们是两只鸟（两只胳膊像翅膀一样展开）、两只兔子（用两只手比作两只长长的兔耳朵）、两只狮子（你梳理梳理头发）、两只大象（用胳膊比作象鼻子）……除了注意力外，这个游戏还能训练宝宝的平衡感，并能带来乐趣。

捡球

和你的宝宝一起把报纸揉成许多个小的、结实的球（比网球小点），然后把它们扔在地上。现在你们一起把球从地上捡到放衣服的篮子或其他容器里——最好赤脚。如果觉得这样比较简单，可以用弹力球代替报纸球来玩这个游戏。

注意力训练——“动物开会”这个游戏并不会带来辛苦，反而会带来巨大的乐趣。

垃圾桶赛跑

把 3~4 个垃圾桶倒扣在地上。两个垃圾桶之间的间距应该可以保证宝宝从一个跨向另一个时能保持平衡（刚开始他可能还需要你用手扶住他，之后他就可以自己走了）。走到最后一个垃圾桶时转身返回——这根本不简单。

想要更多的乐趣？你可以不断地把最后一个桶拿到前面来，以此无限地加长这段路程。谁是最快的人？

喷气式发动机

吹起一个气球（不扎紧），然后以紧张的口吻说：“各就各位，预备，跑！”同时把气球松开，气球就会发出嗞嗞的声音并向前飞去。它会落在哪儿？气球落地的点就是新的起点。

毯子里的气球

玩这个游戏还需要增加一个大人或一个大一点的孩子：你可以吹几个气球，并把它们全部放在地上的毯子上。然后嘴里说着：“各就各位，预备，跑！”同时和另一个大人或大孩子一起把毯子向上扬。于是原本在毯子上的气球在屋子里到处飞。宝宝需要将它们捡回来，重新放到毯子上——然后继续。

杯垫障碍跑

每名游戏者需要 3 个杯垫（或者用纸壳做几个同样大小的圆状物）。宝宝站在两个杯垫上，第 3 个放在他前面的地板上。现在，让宝宝一只脚踏在第 3 个杯垫上，转身，拿起现在变空的杯垫，并把它放在前面的地板上。整个过程必须保证两只脚在杯垫上。

如果在杯垫上保持平衡还很难的话，你可以在地上先放几张 A4 纸，然后改成 A5 和 A6——直到宝宝在杯垫上也能完成动作。

伸展，拉伸

大概在 3 岁末的时候宝宝非常喜欢蹦蹦跳跳。具体动作如下：宝宝站在墙的前面，将胳膊伸向空中，尽可能地拉伸自己。然后你可以用胶带或一块有趣的小胶布把宝宝指尖触及墙壁的地方做个标记。现在宝宝就可以跳了：“小青蛙，跳跳跳！”这次他能跳多高？“小青蛙”第二天又能跳多高？第三天呢？下一周呢？

变戏法

这个游戏能够吸引所有的孩子：把 3~4 个宝宝熟悉的物品放在桌子上或放在地板上（如玩具车、勺子、弹力球和小娃娃）。宝宝必须记住所有的东西。然后，你用一块魔术手绢盖住它们，撒一些看不见的魔术盐——变戏法。把一样物品用魔术手绢藏起来拿走，问宝宝：“缺少了什么？”

怒气阀游戏

我们的小易怒者有时也需要一个阀门来释放他的怒气。最好的方法之一就是运动——特别是在户外。比如在（迷你）蹦床上跳几分钟就很管用。以下的游戏对抑制盛怒也很有效。

格斗

用报纸卷一个硬球杆（像第 379 页报纸曲棍球中一样）。宝宝可以用这个球棍击打沙发或椅子，或者你们互相格斗，不好的情绪肯定一扫而光。游戏升级版：枕头大战。

愤怒球

用报纸揉成网球大小的球，然后允许宝宝在房间里“发射”这些榴弹。试试，看怒气是不是也随之消失了？如果这些球被反复用到，你可以事先用毛刷在报纸球上涂上糨糊，晾干，这样报纸球就会变得更结实了。

撕纸

让宝宝站着撕一大张报纸（全身运动），并大声喊出来。接下来他可以把报纸揉成团，并扔进垃圾桶里。

用气球打拳击

吹起一个气球，然后把气放出来，再吹起它——这样气球不容易爆。把气球固定在一根小棍上（比如固定在灯笼棍上）。把它举到空中，这样宝宝就可以对着气球打拳击了。最好把气球放在宝宝一蹦刚好能碰到的地方，这样能够很好地消除他的愤怒。

避雷针

给你生气的宝宝一根绒线铁丝或一根扎花金属丝，宝宝可以弯它、折它，按照宝宝的意愿给它塑形：这是盛怒者很好的避雷针。

拳击沙袋

用报纸球填充一个购物袋，把袋子扎紧，用一条长绳把它固定在天花板上。现在宝宝就可以尽情地打拳击了。

打击乐

打击乐很适合用来发泄盛怒，这众所周知：给宝宝几个可以用勺子全力敲打的碗和锅。这样你就可以引入“大声和小声”的游戏了：先让宝宝大声敲，再小声敲——不断交替。如果你们在路上，且必须发脾气的时候，这个游戏可以用跺脚或拍手来代替。

出气筒

在一个空的卫生纸卷芯上开几个小“窗户”，并用透明胶纸或黄油面包纸盖住它们。现在，宝宝就可以对着芯管喊了，以此来发泄愤怒。如果他不生气了，还可以对着芯管唱歌。

在创意工厂

在制作以下小手工时，宝宝不需要你的帮助。你只需要帮他调好糨糊或准备好盐面团，所有工作就都可以由他自己完成了。宝宝因此会有一种他自己完成了某些事情的感觉，这有助于增强他的自信。但是他在做的时候，你要待在附近。你可以通过与之对话来给他新的灵感（“你还可以往面团里加什么呀？”）或应其邀请给予帮助。

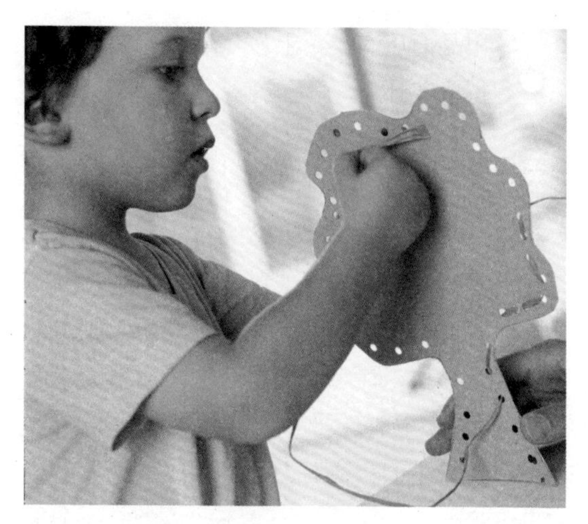

穿针引线是锻炼宝宝耐力和手指感觉的好方法。这个年纪的宝宝特别喜欢做。

弹珠画

把一张纸放进一个空鞋盒里，在上面点几块手指颜料。再往鞋盒里放一个玻璃弹珠——现在宝宝就可以施展魔力了：他可以来回晃动纸盒，弹珠就会滚过颜料，并在纸上留下痕迹，这样就形成了一幅美妙的画。

建议：如果你使用的是成品的手指颜料，要事先用一点水来稀释颜料，这样弹珠才能更好地从上面滚过。你也可以自己制作颜料：调制一份黏稠的糨糊（配方见第289页），然后分别装到几个玻璃瓶中密封保存，加入不同颜色的食用色素——完成。

沙瓶

这种花瓶制作简单，而且看上去很魔幻。宝宝需要先在一个玻璃瓶上涂满糨糊（瓶颈不涂），这已经很有趣了。然后让这个瓶子在一个铺满沙子（手工用沙）的盘子上来回滚动，当瓶子沾满沙子时取出烘干，这件艺术品就做好了。下次散步的时候可以捡些漂亮的花朵和树枝，回来插到我们漂亮的花瓶里。

穿线

用一个穿孔器在一个杯垫上打几个孔——沿着边缘留1厘米的距离。你还可以用硬纸板剪几个形象（比如蝴蝶或树），然后再在边缘打孔。现在宝宝就可以用一根粗线（鞋带、纤维绳、包扎带、礼物绳）穿过小孔了。你将会看到，宝宝始终会全神贯注，有时甚至会伸舌头。

复活节彩蛋花环

从上往下在每一个塑料彩蛋上打一个洞。让宝宝交替着把彩蛋和大的木头珠子穿在一根扎花金属丝（花店或手工用品商店有售）上。然后你再把金属丝折成花环——完成！

时尚项链

如果你的宝宝已经对缝制珍珠项链有了经验，那么他可以尝试更难一点的游戏：把一根粗的、五彩的面弄成一个个小块，让宝宝交替着把粗面条（或面块）、木头珠子和大纽扣穿到一根结实的绳子上，最后把绳子做成项链。

塑形盐面团

宝宝用盐面团（配方见本页“信息”）可以无休止地做各种各样的实验，而不会感到无聊。盐面团可捏、可卷、可平压，还可以用刀切成想要的形状，用笔钻洞打孔，添加小饰品……如果宝宝对成品不满意，就干脆把所有东西重新揉成一团，重新开始——真是妙极了！

对于特别好的作品，你还可以在室温下放几天或放在 130℃的烤炉里烤 2~3 个小时使其干燥。如果宝宝有兴趣，还可以再用水彩为他的作品上色。然后你还可以再给它上层清漆。

信息

盐面团配方

将两杯面粉和一杯盐充分混合，再加入少量水使面粉成团。为使面团有弹性，还可再滴几滴食用油。

花冠

在波纹纸板上剪出一个 6~8 厘米宽的纸条——大概比宝宝的头围长一点——然后把它围成一个王冠。宝宝可以在每一个波浪开口处都插一朵自己采摘的花，或者用五颜六色的树叶，或者用从手工制品商店买来的彩色羽毛。

机器人

在一个结实的纸质购物袋的底部和侧面给宝宝的胳膊和脑袋剪出三个洞。现在允许宝宝自己装饰这个袋子，比如涂上颜色、印上图案、贴上瓶盖或绒条……等所有东西都干了之后，宝宝就可以套上“装备”，然后像一个机器人一样在屋子里跑了（见第 380 页）。

沙画

在碗里倒入一些糨糊（配方见第 289 页），再让宝宝往碗里倒沙子，直到能够揉成团为止。接下来把沙团压入一个平坦的模子里，比如一个玻璃瓶盖。然后用一些小东西，如小石头、牙签、瓶盖、纽扣、丁香花干、玉米粒、面条、咖啡豆或菜豆来装饰它。现在还需要你来把一个挂钩粘到瓶盖上，最后再把这件艺术品挂到墙上。

宝藏箱

让宝宝用一个鞋盒为自己做一个宝藏箱。他需要先把纸盒的四周涂上糨糊，然后像在“沙画游戏”（见第 386 页）中那样用各种小东西装饰这个盒子。

星星灯

在金箔（手工制品商店有售）上裁剪出大约 10 厘米宽、30 厘米长的一条。将一条毛巾对折放在桌子上用来保护桌面，然后把金箔条放在上面。现在让宝宝用一个大钉子或一个粗螺丝在上面钻孔——这就是星星。完成之后，你把金箔较短的一边对折，订在一起。让宝宝把一个烛台放在盘子上，并在上面罩上星环。到了晚上把蜡烛点燃，灯就亮了：星星在房间里闪耀。

在金箔上刺图案可促进宝宝的动手能力和自信心：要充分信任你的宝宝。

灯笼，灯笼

为制作一个灯笼，除金箔外还需要一个空的、圆的奶酪盒和一个电灯管（手工制品商店有售）。剪出一块 30 厘米宽的金箔条，长度略长于奶酪盒的围度。现在让宝宝用一个钉子或一个螺丝在金箔上钻许多个小孔（下面垫上对折的毛巾）。接下来你把奶酪盒（灯笼底）的边缘涂上胶水，并把金箔整齐地贴在四周（也可以再额外固定一下），金箔长的一边重叠粘在一起。在上边缘粘上或订上宽约 2 厘米的硬纸条，这个过程中，宝宝在旁边陪伴你。在上边缘打两个孔，缝上一块 30 厘米长的铁丝当作把手，并钩住灯管。

秋天的大树

做这个手工作品你需要在秋天收集并压制许多彩色的树叶，用笔在一大张包装纸上画一个树干和一些树枝。让宝宝在树枝上涂上糨糊，然后把秋叶粘在上面。不要忘了，在地上、在树干的周围也放几片叶子——就像真正的秋天那样。

雪人

你用糨糊在一块深蓝色的硬彩纸上“画”三个大圆圈：这就是雪人的“轮廓”。现在让宝宝把白色的棉花或小的碎纸片压在上面。

儿歌，诗歌，歌谣

有许多好听的儿歌和诗歌能够唤起宝宝对于语言的创造性乐趣，并促进宝宝的语言韵律，还可促进运动，让大脑保持活跃。

经典的儿歌

小圈，小圈，转圈圈

小圈，小圈，转圈圈，
我们三个一起转，
（拉住手一起转圈圈）
我们坐在灌木下，
（你们一起蹲下）
所有人“跳，跳，跳！”
（往高跳三次）

嘿，哈，滑

嘿，哈，滑，
我们一起滑着走，
我们一起蜗牛跑，
无须花费一分钱，
嘿，哈，滑，
我们一起滑着走。
（你们相对而坐，将手放在一起，并有节奏地向前或向后移动）

兔窝里的小兔子

兔窝里的小兔子，
坐着和睡觉，
坐着和睡觉。
（你们蹲在地上）
可怜的小兔子，你病了吗？
因为你不能蹦蹦跳跳了。
小兔子蹦，小兔子蹦，
小兔子蹦！
（往高处蹦几次）

小兄弟，来，和我一起跳舞

小兄弟，来，和我一起跳舞，
我把两只手递给你。
一会儿这，一会儿那，
绕着跳，这不难！
（你们拉着手，转圈圈）

双手啪，啪，啪，
（拍手）
双脚嗒，嗒，嗒，
（用脚轻声地跺地）
一会儿这，一会儿那，
到处跳，这不难！
（再转一圈）

点头，点，点，点，
（点头）
手指敲，敲，敲，
（两只手指相互敲）
一会儿这，一会儿那，
到处跳，这不难！
（最后转一圈）

我是一只会跳舞的小熊

我是一只会跳舞的小熊，
来自森林里。
我在找一个女朋友，
很快就找到了她。
我们一起优美地、愉快地跳舞，
从一条腿到另一条腿。
（你们和着华尔兹的节拍一起跳舞）

我们是两只会跳舞的小熊，
来自森林里。
我们在找一个女朋友，
很快就找到了她。
我们一起优美地、愉快地跳舞，
从一条腿到另一条腿。
（从一条腿交换到另一条腿）

有趣的歌谣

嘀嗒，嘀嗒

嘀嗒，嘀嗒。
（用食指敲桌子或地板）

下雨了，下雨了。
（用所有手指敲）
大雨倾盆，大雨倾盆。
（用双手拍桌子）
打闪了。
（快速拍手）
打雷了。
（用拳头敲）
太阳出来了。
（用双手在空中画一个太阳）

小铃铛，小铃铛，小铃铛

小铃铛，小铃铛，小铃铛，
（用食指和着节拍敲鼓）
猫咪敲鼓。
（在节拍中拍手）
老鼠站成一排跳舞，
（用手指左右晃动）
整个地球都在敲鼓。
（大声跺脚）

我是一个小木偶

我是一个小木偶，
胳膊腿能动的小木偶。
（摇晃双臂和双腿）
一会儿左——嗯嗯，
（只有左边的肢体动）
一会儿右——嗯嗯，
（现在轮到右边动）
一会儿上——嗯嗯，
（双臂举过头顶）
一会儿下——嗯嗯，
（摆动手臂）
有时也会蹦蹦蹦。
（像一个木偶一样蹦蹦跳跳）

哞，哞，哞

哞，哞，哞，
牛圈里的牛这样叫。
我们给它喂食，
它给我们牛奶和黄油。
哞，哞，哞，
牛圈里的牛这样叫。
（有节奏地拍手和跺脚）

泰迪熊，泰迪熊

泰迪熊，泰迪熊，请转身。
（转身）
泰迪熊，泰迪熊，请弯腰。
（弯腰）
泰迪熊，泰迪熊，请抬腿。
（抬起一条腿）
泰迪熊，泰迪熊，做得好！
（鼓掌）
泰迪熊，泰迪熊，建房子。
（用手指搭一个屋顶）
泰迪熊，泰迪熊，看外面。
（把手伸出“屋顶”看）
泰迪熊，泰迪熊，伸出一只脚，
（伸出一只脚）
泰迪熊，泰迪熊，打招呼！
（招手打招呼）
泰迪熊，泰迪熊，给我看你的鞋。
（亮出一只鞋或脚）
泰迪熊，泰迪熊，你多大了？
（用手指告知或说出）

一头小灰驴

一头小灰驴，
漫游全世界。
摇摇屁股，
（大幅度地晃动屁股）
它喜欢这样。
咦—啊—咦—啊。
咦—啊—咦—啊—咦—啊。
（宝宝跟着大声嘶叫）

3 岁的里程碑

交朋友

增进友谊。在接下来的几周和几个月内，你会越来越清晰地感觉到两个孩子之间发生的化学反应。宝宝们会共同寻找一个一起玩的角落：比如建一个宝塔，再一起推倒它；或者在沙箱里烤蛋糕，再毁掉它 ——最喜欢的就是毁掉对方的东西。

第一天上幼儿园

许多宝宝这个时候都是第一次单独在外几个小时。这是他童年生活非常重要的一步 ——不仅对于宝宝，对于父母来说也是。充分相信你的宝宝会有很大的提高，并能够走好自己的路。

我这么大了！

3 岁时，宝宝的认知理解能力变得越来越强。比如当他被问到“你多大了？”时，他会自豪地伸出 2 根手指。

为啥？为何？为什么？

谁不问，就一直傻下去！“月亮婆婆什么时候睡觉？为什么狗要叫？花儿是怎么生长的？”第二个提问年又开始了，这是认知发展（理解力和感知力的发展）的重要阶段。

用两条腿活动

从现在开始，宝宝在没有你的帮助下能够到达他在脑子里设定的全部目的地。因此，他已经获得了大量的自由度和灵活性。他可以去厨房、浴室和你的睡房，可以上楼梯然后再下来，或者从房门飞奔而去。父母必须密切注意宝宝的动态。

涂鸦和画画

大概 3 岁的时候宝宝就可以像大人那样拿笔了，这是精细运动技能发展上的一个里程碑。宝宝对于形状和面积的感知能力变得越来越强。很快，在你事先给他演示过了之后，他就能画出圆圈、“V”或“十”字了。

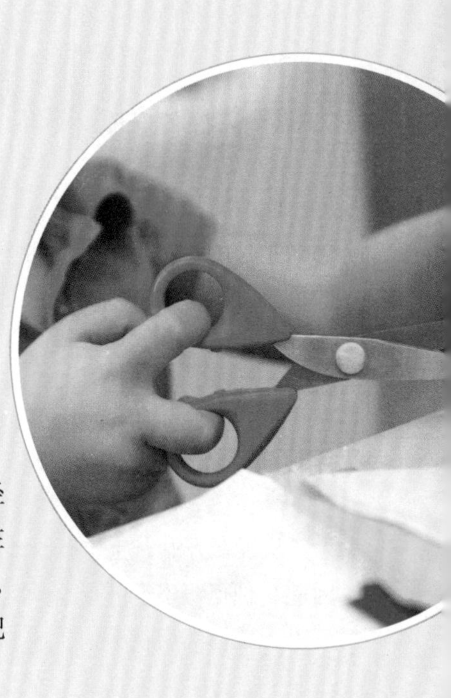

剪，剪

剪刀似乎对宝宝有着神奇的吸引力。他们无止境地尝试着，直到他们能够熟练地使用这个工具。刚开始时只会剪纸。

空间感

“在里面”这个词的意义宝宝在几个月前就已经开始了解了 ——宝宝 3 岁时又知道了“在上面”“在下面”“在前面”和“在后面”。开始时这并不简单，但是很快他就能够把汽车放在椅子的“上面”或把脚放在桌子的“下面”了。

跑

大多数情况下，宝宝都是在游戏的过程中掌握这个技能的：他突然一咬牙，加快他走的步伐，然后就跑起来了。有那么一小会儿，他的小脚不再附着于地面。为了不失去平衡，他还会大力挥舞双臂。

友好的帮助者

宝宝最喜欢的就是一直待在你身边，在你做所有事情的时候给予你帮助：他想和你一起去买东西、做饭、用吸尘器清理灰尘和摆桌子。如果你刚好没有时间，宝宝还会扮演你的角色，和他的毛绒玩具玩过家家、购物、做饭、清理灰尘……

抓球，扔球！

球总是深受宝宝的喜爱。宝宝现在能够做到短时间的一条腿站立，以便用另一条腿用力地踢球。进门！手球也很流行：宝宝很喜欢抓球和扔球，用力之大，几乎要使自己也一同飞出去了……

保持平衡

森林中一棵倒下的树、邻居家的一段矮墙或人行道的边沿，适合走平衡木的东西都被宝宝占领过。这很好，因为走平衡木要求宝宝具有高度的身体控制能力、身体感知能力和自信心。在可能的情况下，你应该支持宝宝的行为——最重要的是有耐心。

用脚尖走路

大概 2 岁半的时候，宝宝增加了一种新的走路方式：踮起脚尖走路（更确切地说是用脚指肚走路）。他很快就发现用这种方式能够悄悄地走路……

睡眠记录表

天 / 日期		上午						下午		
时间		7:00	8:00	9:00	10:00	11:00	12:00	13:00	14:00	15:00
睡眠阶段	在自己的床上									
	在父母的床上									
睡眠辅助	妈妈的胸脯									
	奶瓶									
	奶嘴									
	毛绒玩具									
	亲近妈妈 / 爸爸									
	被抱着 / 唱歌									
	摇晃									
	其他									
不安 / 喊叫	哭闹 / 不安									
	大哭 / 大叫									
安静的清醒阶段	被抱着 / 坐在大腿上									
	自己一个人玩 / 和某个人玩									

填入："—"代表睡眠阶段和睡眠地点，"×"代表睡眠辅助，"•"代表进食时间，"<—>"代表不安和叫喊阶

			晚上						夜里					
16:00	17:00	18:00	19:00	20:00	21:00	22:00	23:00	24:00	1:00	2:00	3:00	4:00	5:00	6:00

“>—<”代表安静的睡眠阶段

图书在版编目（CIP）数据

0~3岁宝宝健康成长宝典 /（德）比吉特·格鲍尔－泽斯特亨，（德）安妮·普尔基宁，（德）凯特琳·埃德尔曼著；封诚诚译．— 西安：太白文艺出版社，2019.4
ISBN 978-7-5513-1628-6

Ⅰ．①0… Ⅱ．①比… ②安… ③凯… ④封… Ⅲ．①婴幼儿—哺育—基本知识 Ⅳ．① TS976.31

中国版本图书馆 CIP 数据核字（2019）第 014428 号

著作权合同登记号　图字：25-2018-068 号

0~3 岁宝宝健康成长宝典
0~3 SUI BAOBAO JIANKANG CHENGZHANG BAODIAN

作　　者　［德］比吉特·格鲍尔－泽斯特亨　安妮·普尔基宁
　　　　　凯特琳·埃德尔曼
译　　者　封诚诚
责任编辑　彭　雯
特约编辑　时音菠
整体设计　Metis 灵动视线
出版发行　陕西新华出版传媒集团
　　　　　太白文艺出版社（西安市曲江新区登高路 1388 号　710061）
　　　　　太白文艺出版社发行：029-87277748
经　　销　新华书店
印　　刷　北京天恒嘉业印刷有限公司
开　　本　710 毫米 ×1000 毫米　1/16
字　　数　400 千字
印　　张　25.5
版　　次　2019 年 4 月第 1 版　2019 年 4 月第 1 次印刷
书　　号　ISBN 978-7-5513-1628-6
定　　价　79.80 元